Der große
Pilzatlas

Pilze und Naturschutz

Auch Pilze werden immer seltener. Auf der Roten Liste der gefährdeten Großpilze in Deutschland stehen nicht weniger als 1400 Arten, das sind fast ein Drittel aller Pilzarten, die hierzulande überhaupt vorkommen. Einige Pilzgruppen sind mehr, andere weniger betroffen. Sämtliche Ursachen für den deutlichen Rückgang sind sicher noch nicht bekannt, doch in jedem Fall ist die Wasserwirtschaft ebenso wie die Land- und Forstwirtschaft, saurer Regen genauso wie der Eintrag von Stickoxyden in den Boden dafür mitverantwortlich. Zerstörung bzw. nachhaltige Veränderungen ihrer Lebensräume bedrohen Pilze insgesamt wesentlich mehr, als dies Sammler tun. Dennoch sollte es selbstverständlich sein, daß gefährdete Pilzarten geschont werden, auch wo es keine ausdrücklichen Sammelverbote gibt. Deshalb findet der Leser bei jedem rar gewordenen Pilz einen Vermerk mit dem Grad seiner Gefährdung. Danach bedeuten die Zahlen:

① vom Aussterben bedroht
② sehr stark gefährdet
③ stark gefährdet
④ latent gefährdet

Die in diesem Buch verwendete Klassifikation der Pilze basiert auf folgenden Werken:
Courtecuisse, Régis: *Les champignons de France*. Éditions Delachaux et Niestlé 1994
Bon, Marcel: *Les champignons de France et d'Europe occidentale*.
Éditions Arthaud 1994

Originalausgabe: © LOSANGE – 63400 Chamalières – Frankreich

Danksagung
Die Autoren und die Redaktion des Originalverlags bedanken sich herzlich bei René-Jacques Bouteville für seine freundliche Mitarbeit.

Jeder Nachdruck, jede Wiedergabe, Vervielfältigung und Verbreitung, auch von Teilen des Werkes oder von Abbildungen, jede Abschrift, auch auf fotomechanischem Wege oder in Magnettonverfahren, in Vortrag, Funk, Fernsehsendungen, Telefonübertragungen sowie Speicherung in Datenverarbeitungsanlagen, bedarf der ausdrücklichen Genehmigung des Verlags.

**© 2008 für die deutsche Ausgabe:
Tandem Verlag GmbH
h.f.ullmann ist ein Imprint der Tandem Verlag GmbH**

Originaltitel: *Grand guide encyclopédique des champignons*
Übersetzung aus dem Französischen (für Agents–Producers–Editors):
Isabel Schmidt und Maria Wolf, München
Redaktion und Satz der deutschen Ausgabe: Agents–Producers–Editors, Overath
Projektkoordination: Marten Brandt und Sylvia Hecken
Coverdesign: Simone Sticker
Abbildung Covervorderseite: Y. Lanceau *(Cantharellus cibarius,* Echter Pfifferling*)*
Abbildung Coverrückseite: Y. Lanceau *(Morchella esculenta,* Speisemorchel*)*

Printed in China
ISBN 978-3-8331-4898-9

10 9 8 7 6 5 4 3 2 1
X IX VIII VII VI V IV III II I

www.ullmann-publishing.com

Dieses Buch wurde mit größter Sorgfalt verfaßt und die darin enthaltenen Abbildungen zusammengestellt, dennoch können inhaltliche Unrichtigkeiten nicht völlig ausgeschlossen werden. Da die auf Seite 4 dieses Buches erläuterte Kategorisierung von Speise- und Giftpilzen in der Praxis stets einer subjektiven Gesamtbeurteilung verschiedener Merkmale durch einen erfahrenen Sammler unterliegt, kann der Verlag keinerlei Haftung für die sichere Anwendung der Angaben und/oder mögliche Verwechslungen übernehmen. Weder die Autoren und Redakteure noch der Verlag können für jegliche Art von Schäden, die durch den Ge- oder Mißbrauch der Inhalte dieses Buches entstehen, zur Verantwortung gezogen werden.

Der große Pilzatlas

Jean-Louis Lamaison
Jean-Marie Polese

h.f.ullmann

Bedeutung der Symbole und Abkürzungen

 Ausgezeichneter Speisepilz: wird allgemein als Speisepilz empfohlen.

 Guter Speisepilz: als Speisepilz weniger bekannt, jedoch durchaus empfehlenswert.

 Giftig: Pilz, der mittlere bis schwere Vergiftungen hervorruft. Einige dieser Pilze sind roh giftig, im gekochten Zustand jedoch eßbar.

 Tödlich giftig: Giftpilze, deren Genuß nachweislich zum Tod geführt hat.

Pilze ohne Angabe eines Symbols sind zwar nicht giftig, jedoch als Speisepilz bedeutungslos.

H: Höhe – B: Breite – Ø: Durchmesser

Hinweise für den Benutzer

Bei der Erstellung dieses Werks wurde höchste Sorgfalt auf die Auswahl der Abbildungen und die Beschreibung der Arten verwendet, aber auch die ausführlichste Diagnose in einem Pilzbestimmungsbuch kann nicht die umfassende Erfahrung ersetzen, die ein Pilzsammler erst im Laufe der Zeit erwirbt. Lassen Sie deshalb selbst bestimmte Pilze beim geringsten Zweifel an der Diagnose vorsichtshalber von einem Fachmann nachbestimmen (Pilzberatungsstellen, anerkannte Pilzberater).
Im Zweifelsfall sollten Sie die fragliche Art nicht verwenden.

INHALT

Hauptmerkmale der Pilze 6

Was ist ein Pilz? 8

Merkmale zur Pilzbestimmung 9

Giftpilze 12

Tödliche Giftpilze 14

Boletales 16

Russulales 38

Tricholomatales 58

Pluteales 112

Cortinariales 122

Agaricales 152

Gasteromycetes 188

Nichtblätterpilze und Phragmobasidiomycetes 198

Ascomycetes 222

Register 238

1 - Boletales

- Bei ausgewachsenen Exemplaren läßt sich die Fruchtschicht (Lamellen oder Röhren) leicht mit dem Fingernagel vom Hut ablösen
- Zentral gestielte Arten mit Röhren (Röhrlinge); einige Arten mit deutlich herablaufenden Lamellen

Seite 16

2 - Russulales

- Fleisch spröde, im Unterschied zu den anderen Gruppen nicht faserig

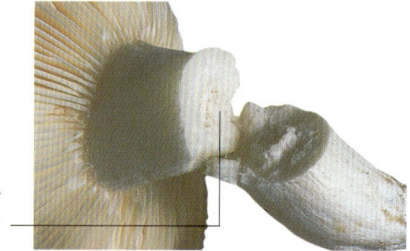

Seite 38

3 - Tricholomatales

- Fleisch faserig
- Lamellen am Stiel anhaftend (nicht frei), herablaufend, eingebuchtet, ganz oder teilweise angewachsen
- Lamellen weiß oder blaß
- Keine Scheide, kein Ring (außer Oudemansiella, Armillaria und Tricholoma cingulatum)
- Stiel nicht vom Hut ablösbar

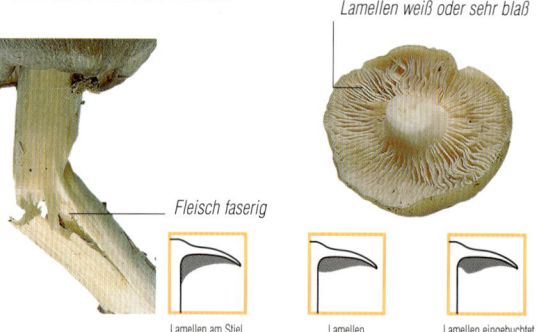

Seite 58

4 - Pluteales

- Fleisch faserig
- Lamellen im Alter hellrosa
- Ringlos

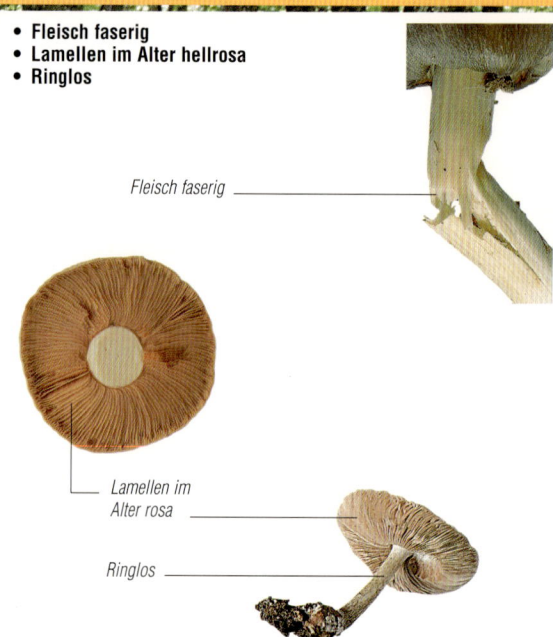

Seite 112

5 - Cortinariales

- Fleisch faserig
- Stiel und Hut nicht getrennt
- Lamellen am Stiel anhaftend (nicht frei), jedoch nicht herablaufend
- Lamellen im Alter rostfarben, braun, violettbraun, schwarzbraun

Seite 122

Hauptmerkmale der Pilze

6 - Agaricales

- Fleisch faserig
- Stiel vom Hut mehr oder weniger ablösbar
- Lamellen bleiben im Alter weiß oder werden schwarz (häufig im Übergang rosa wie bei den Egerlingen)

Lamellen nicht angewachsen, mehr oder weniger frei

Fleisch faserig

Lamellen bleiben weiß (Schirmlinge, Wulstlinge)

Lamellen rosa, Stiel beringt (Egerlinge)

Lamellen schwarzbraun (Mürblinge, Tintlinge, Egerlinge)

Seite 152

7 - Gasteromycetes

- Im frühen Entwicklungsstadium kugelförmige und mehr oder weniger unterirdisch wachsende Pilze
- Später teilweise weiterhin kugelförmig oder sehr verschiedene Formen entwickelnd. Keine Röhren oder Lamellen.

Jung kugelförmige Pilze...

...später weiterhin kugelförmig...

...oder sehr verschiedene Formen entwickelnd

Seite 188

8 - Aphyllophorales und Phragmobasidiomycetes

- Trichterförmige Pilze mit weitstehenden, unterm Hut herablaufenden, lamellenähnlichen, mehr oder weniger ausgeprägten Leisten
- Nicht schmierende, büschelige Pilze
- Auf Holz (oder am Boden) krustenbildende Pilze
- Pilze mit Stacheln an der Hutunterseite
- Holzbewohnende Pilze mit Poren an der Hutunterseite
- Gallert- oder gummiartige, holzbewohnende Pilze

Trichterförmige Pilze mit weitstehenden, an der Hutunterseite herablaufenden, lamellenähnlichen Leisten

Nicht schmierende, büschelige oder keulenförmige Pilze

Auf Holz (oder am Boden) krustenbildende Pilze

Nicht gallertartige Pilze mit Stacheln an der Hutunterseite

Pilze mit Poren an der Hutunterseite

Holzbewohnende Pilze

Gallert- oder gummiartige, holzbewohnende Pilze

Seite 198

9 - Ascomycetes

- Die Hauptmerkmale dieser Gruppe sind rein mikroskopischer Natur. Pilze dieser Arten können, wie die Gasteromycetes, sehr unterschiedliche Formen aufweisen, sind jedoch jung nicht kugelförmig (mit Ausnahme der Trüffel). Manche Formen erinnern an Becher, Schwämme, Hasenohren, Hirschgeweihe ...

Knollenförmig, unterirdisch wachsend

Knopfartig auf toten Ästen

Schwammartig

Becherförmig

Geweihförmig

Seite 222

Glossar

abgelöst: Bezeichnung für Lamellen, die den Stiel nicht erreichen

anastomosierend (Lamellen): mit Querverbindungen. Leisten, manchmal auch Lamellen, die am Lamellenboden durch feine Adern quer miteinander verbunden sind (Beispiel: Kremplinge)

angedrückt (Schuppen): an Hut oder Stiel enganliegende Schuppen oder Fasern

angewachsen: Lamellen oder Röhren, die mit der gesamten (adnat) oder einem Teil (adnex) ihrer Schmalseite am Stiel anhaften

Apothecium: Receptakulum, das mehr oder weniger die Form eines Bechers hat (Beispiel: Becherlinge)

Ast: Teil eines dicht verästelten oder verzweigten Fruchtkörpers (Beispiel: Koralle)

aufgerissen: Bezeichnung für eine in Schuppen zerrissene Oberfläche (Beispiel: Acker-Schirmpilz)

aufgeschlagen: Bezeichnung für den nach außen gebogenen Hutrand

ausgestopft (Stiel): Bezeichnung für einen wattig ausgestopften Stiel (Beispiel: einige Verpeln)

Büschel: Bezeichnung für viele, dicht beieinander stehende Pilze, meist Holzbewohner (Beispiel: Schwefelkopf)

campanulat (Hut): glockige Hutform

Cortina: schleierartige Haut, die den Hutrand mit der Stieloberfläche des jungen Pilzes verbindet. Beim Aufschirmen des Pilzes reißt der Schleier und bleibt als fädiger Überzug am Stiel und am Hutrand hängen (Beispiel: Schleierlinge).

dimidiat: halbkreisförmig. Bezeichnung für ungestielte, seitlich dem Substrat angewachsene Pilze (Beispiel: viele Porlingsarten)

eingerollt: Hutrand, der übersteht und überkragt

emarginat (eingebuchtet): Bezeichnung für Lamellen, deren Profil kurz vor dem Stielansatz eingebuchtet ist

Endoperidie: Innenhülle des Fruchtkörpers bestimmter Pilze (Stäublinge, Hartbovisten, Trüffeln)

Exoperidie: Außenhülle des Fruchtkörpers bestimmter Pilze (Stäublinge, Hartbovisten, Trüffeln)

faserig: aus langen Fasern bestehend. Einige Pilze haben eine faserige Konsistenz.

fimikol: auf Exkrementen wachsend

flaumig: mit feinen Haaren bedeckt

flüchtig: häufig im Zusammenhang mit dem Ring, der Manschette oder der Cortina, die im Alter verschwinden können

Was ist ein Pilz?

Erstaunliche Lebewesen

Sie haben keine Blätter, Stengel und Wurzeln, und ihre Zellen enthalten kein Chlorophyll, mit dessen Hilfe sie das Kohlendioxid der Luft verwerten könnten. Dennoch wurden Pilze früher zusammen mit Algen, Moosen und Farnen, d.h. den blütenlosen Gewächsen, dem Pflanzenreich zugeordnet. Inzwischen hat die Wissenschaft ihnen wegen ihrer individuellen Merkmale ein selbständiges Reich neben den Pflanzen und Tieren eingeräumt.

Pilze werden nach ihrer Größe in zwei Gruppen unterteilt: Die faszinierenden mikroskopischen Mikromyzeten, die im vorliegenden Werk nicht behandelt werden, und die Makromyzeten, die sogenannten Großpilze. Zu ihnen zählen all jene am Waldrand oder abseits der Wege versteckten Pilze, die das Sammlerherz höher schlagen lassen.

Entwicklung und Fortpflanzung

Die Großpilze umfassen Tausende von Arten mit sehr unterschiedlichen Formen. Der Fliegenpilz, mit seinem roten, regenschirmartigen Hut der bekannteste Wulstling, scheint wenig mit der wabenförmig gerippten Morchel oder der blumenkohlartigen Koralle gemeinsam zu haben. Alle diese Arten präsentieren jedoch den gleichen Teil ihrer Anatomie: den Fruchtkörper, auch Karpophor oder Sporophor genannt. Er trägt die Fruchtschicht des Pilzes, das Hymenium, bestehend aus Lamellen bei den Egerlingen, aus Röhren bei den Röhrlingen und aus Waben bei den Morcheln. Bei entsprechender Reife gibt das Hymenium Tausende von Sporen ab, die unter günstigen Temperatur- und Feuchtigkeitsbedingungen zur Bildung eines komplexen, unterirdischen Fadennetzes führen: dem Myzel. Die Myzelfäden (Hyphen) sorgen für den Fortbestand der Art. Aus ihrer Verschmelzung entstehen neue Sporophoren, die ihrerseits Sporen hervorbringen.

Abgesehen von diesen sehr allgemeinen Merkmalen erfolgt die Klasseneinteilung der Pilze nach der Form ihrer Fortpflanzungsorgane. So unterscheidet man Ständerpilze (Basidiomycetes), die größte Klasse, zu der alle

Stark vereinfacht dargestellter Reproduktionszyklus eines Pilzes

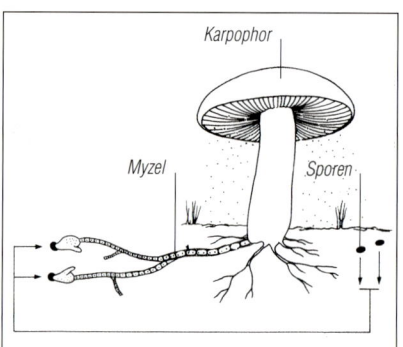

Aus der Küche

Von der Mykologie zur Mykogastronomie ist es nur ein kleiner Schritt, den die großen Meister der Pilzkunde zur Freude aller schon vor langer Zeit getan haben. Seither bereichern ihre Rezepte jedes bessere Kochbuch.

Abgesehen von den Adelsbriefen, die die berühmten Mykologen ihren Studienobjekten ausgestellt haben, erfreuten sich die Pilze auch bei den Laien schon immer großer Beliebtheit. Die umfangreiche Palette der Pilzrezepte reicht von den einfachsten bis zu den raffiniertesten Gerichten.

Zubereitung

Pilze lassen sich vergleichsweise einfach zubereiten. Um die ausgeprägten oder sehr feinen Geschmackseigenschaften der einzelnen Arten zu erhalten, sind lediglich einige Grundregeln zu beachten.

Zunächst muß jeder gesammelte Pilz einzeln untersucht werden. Auf jeden Fall sollten die zum Verzehr ungeeigneten Pilze bereits vor Ort aussortiert und die weniger schmackhaften Teile entfernt werden. Anschließend

Lamellenpilze, Röhrlinge, Pfifferlinge usw. gehören, und Schlauchpilze (Ascomycetes), zu denen die Morcheln und Becherlinge zählen. Bei den Ständerpilzen bilden sich am Ende eines aus mehreren Zellen bestehenden Organs, dem Ständer (Basidie), vier Sporen. Bei den Schlauchpilzen bilden sich acht Sporen in einer Zelle, dem Askus.

Pilze in ihrer Umwelt

Auch wenn dies nicht immer sichtbar ist, leisten Pilze einen erheblichen Beitrag zum Erhalt des biologischen Gleichgewichts der Natur, indem sie mit Hilfe ihrer zahlreichen Enzyme viele organische Abfälle des Bodens zersetzen und abbauen helfen.

Dies gilt insbesondere für die bodenbewohnenden Saprophytenarten wie den Wiesenchampignon oder den Schopf-Tintling sowie für die holzbewohnenden Arten, die abgestorbene Zweige, Baumstümpfe oder verarbeitetes Holz besiedeln, beispielsweise den Grünblättrigen Schwefelkopf, den Eichhasen und den Hausschwamm.

Parasiten erhalten sich auf Kosten lebender Gewächse. Einer der in der Forstwirtschaft meistgefürchteten Parasitenpilze ist der Hallimasch. Hin und wieder greifen auch einige holzbewohnende Saprophyten wie der Südliche Ackerling oder der Birken-Zungenporling noch lebende, aber bereits geschwächte Bäume an.

Dagegen sind Symbionten von größtem Nutzen für den Wald. Das Myzel symbiontischer Pilze umspinnt die jungen Wurzeln der Bäume und bildet eine Art Filz, die Mykorrhiza. Von dieser Verbindung profitieren beide Beteiligten. Während der Pilz die für das Wachstum des Baums notwendigen Mineralstoffe umwandelt, produziert der Baum die für die Entwicklung des Pilzes benötigten organischen Stoffe. Die meisten Waldpilze bilden Mykorrhizen.

Merkmale zur Pilzbestimmung

Zuverlässige Kriterien

Bei den Pilzen, wo kulinarischer Genuß und tödliche Wirkung so nahe beieinanderliegen, sollte die Bestimmung der verschiedenen Arten keinesfalls auf die leichte Schulter genommen werden, etwa mit angeblich unfehlbaren Tricks, die jeder wissenschaftlichen Grundlage entbehren.

Die einzigen zuverlässigen Merkmale, also mikroskopische, makroskopische und organoleptische, gibt uns die Botanik vor.

werden die Pilze gründlich geputzt, wobei Erde, Pflanzenreste und Sand abgekratzt oder kurz unter kaltem Wasser abgewaschen werden.

Pilze dürfen nicht zu lange im Wasser liegen, da sonst Geschmack und Geruch verlorengehen. Bei einigen Arten müssen die schleimige Huthaut und der faserige Stiel entfernt werden.

Manche Pilze können roh verzehrt werden, wie z.B. der Kulturchampignon oder der Kaiserling. Die meisten Pilze sollten jedoch oder müssen sogar gekocht werden, wie etwa der Graue Streifling, der Perlpilz oder die Morcheln. Grundsätzlich ist die Zubereitungsart so zu wählen, daß die ursprünglichen Geschmackseigenschaften nicht verlorengehen. Einige Pilze wie beispielsweise Kulturchampignons, Blut-Reizker und viele andere sollten nur kurz in einer heißen Pfanne angebraten werden.

Der technische Fortschritt, insbesondere die Erfindung der Mikrowellenherde, ermöglicht heute, das Vorgaren mit dem eigentlichen Garvorgang zu verbinden. Der Leser findet im vorliegenden Werk bei jeder beschriebenen und als Speisepilz empfohlenen Art hilfreiche Hinweise, die zur Freude am Pilzsammeln und -bestimmen auch die Gaumenfreuden kommen lassen.

Glossar

Forstwirtschaft: planmäßige Pflege, Nutzung und Aufforstung des Waldes. Pilze sind von großer Bedeutung für das Ökosystem Wald und somit auch für die Forstwirtschaft

frei: Lamellen stehen frei, wenn sie den Stiel zwar berühren, aber nicht angewachsen sind (Beispiel: Wulstlinge)

Fungus: Pilz

gelatinös: gallertartige Konsistenz (Beispiel: Judasohr)

genabelt (Hut): Bezeichnung für einen Hut mit einer eng umgrenzten Vertiefung in der Mitte (Beispiel: Trompeten-Pfifferling)

gerandet: knollige Stielbasis mit deutlich abgesetzter Kante

gestreift: Bezeichnung für einen Hut mit mehr oder weniger radialen, schmalen, meist dunkleren Streifen

gezont: Bezeichnung für einen mit ringförmigem, konzentrischem Muster versehenen Hut (Beispiel: Edelreizker)

Gleba: Fruchtschicht bei Stäublingen, Hartbovisten, Trüffeln

Hämolysin: Substanz, die die Zellwand der roten Blutkörperchen zerstört. Lorcheln und Perlpilze enthalten Hämolysine.

herablaufend: Lamellen, Röhren oder Stacheln, deren Ansatz am Stiel weit oder kurz herabläuft (Beispiel: Trichterlinge)

hirnartig (Hut): lappig gewundener Hut, der an die Form eines Hirns erinnert (Beispiel: Frühjahrslorchel)

humikol: humusbewohnend

Huthaut: Überzug der Hutoberfläche. Die Huthaut kann schmierend oder trocken, glatt oder filzig sein.

hygrophan: Eigenschaft von Pilzen, deren Farbe sich in Abhängigkeit von der Feuchtigkeit ändert (Beispiel: Stockschwämmchen)

Hymenium: sporenbildende Schicht am Fruchtkörper in Form von Lamellen, Röhren, Stacheln, etc.

Hyphe: Zellfaden; die Gesamtheit der Hyphen bildet – außerhalb von Fruchtkörpern – das Myzel

hypogäisch: Unterirdisch wachsende Fruchtkörper sind hypogäisch (Beispiel: Trüffel).

kleiig: mit kleinen kleieartigen Partikeln übersät

Knolle: verdickte Stielbasis. Der Riesenschirmling hat eine knollige Stielbasis.

korkig: fast holzige Konsistenz von Pilzen der Gattung Polyporus (Beispiel: Birken-Zungenporling)

körnig: Bezeichnung für das aus rundlichen Zellen bestehende, spröde, glatt brechende Pilzfleisch der Täublinge und Milchlinge

Glossar

Lamelle: Blatt auf der Hutunterseite. Lamellen tragen das Hymenium
Lamellenschneide: freie, nach unten zeigende Kante der Lamellen
Lamelletten: vom Hutrand ausgehende Zwischenlamellen, die den Stiel aber nicht erreichen
längsgerillt: mit feinen Fäden oder dünnen Fasern überzogen, häufig im Zusammenhang mit der Huthautbeschaffenheit
Leisten: lamellenähnliche Träger des Hymeniums (Beispiel: Pfifferlinge). Leisten sind im Vergleich zu Lamellen dicker, unregelmäßiger und mehr oder weniger anastomosierend.
lignikol: holzbewohnend (Beispiel: Hallimasch, Porlinge)
Mykologie: Pilzkunde
Mykorrhiza: enge Lebensgemeinschaft (Symbiose) zwischen einem Pilz und den Wurzeln einer höheren Pflanze, meist von Bäumen. Röhrenpilze bilden häufig Mykorrhizen mit Bäumen
Myzel: unterirdisches Geflecht, das den eigentlichen Pilz darstellt. Das Myzel ist für die Fortpflanzung der Arten verantwortlich. Durch Verschmelzung der Fäden des Geflechts können neue Fruchtkörper entstehen.
Netzzeichnung, genetzt: maschig miteinander verwobenes Fadengeflecht auf der Stieloberfläche (Beispiel: einige Röhrlinge)
Ostiolum: schmale Öffnung bei manchen Pilzen, durch die die Sporen austreten (Beispiel: Stäublinge)
Peridie: Hülle des Fruchtkörpers bei Stäublingen, Hartbovisten, Trüffeln. Die Peridie setzt sich aus zwei Schichten zusammen, der Endoperidie und der Exoperidie (Innen- und Außenhülle).
Peridiole: Glebabereich, der als ganze Einheit verbreitet wird
Pore: Röhrenmündung. Durch die Poren am Ende der Röhren von Röhrlingen und Porlingen treten die Sporen aus.
rasig: Wuchsform von Pilzen, bei denen viele Pilzstiele aus einem gemeinsamen Strunk kommen oder in der Basis zusammengewachsen sind
Receptaculum: Fruchtkörper bei bestimmten Ascomycetes
Reif: feiner Belag auf der Huthaut (Beispiel: Graukappe)
rhizomorph: bis zum Stiel reichendes Myzel (Beispiel: Breitblättriger Schleimrübling, dessen Rizomorph die Stielbasis umkleidet)
Ring: geschlossener, ringförmiger Velumrückstand am Stiel

Mikroskopische Merkmale

Von entscheidender Bedeutung für die Bestimmung und Zuordnung der Arten sind die mikroskopischen Merkmale. Im Labor untersucht der Wissenschaftler unter anderem Form, Aussehen und Größe der Sporen.

Der Laie muß sich hingegen auf die vor Ort feststellbaren makroskopischen und organoleptischen Merkmale beschränken, die auch zur Bestimmung der wesentlichen Speise- und Giftpilze ausreichen.

Organoleptische Merkmale

Hier sind vier der fünf Sinne gefragt: Sehen, Riechen, Schmecken und Tasten. Der Pilzsammler untersucht Farbe, Geruch, Geschmack und Konsistenz seines Funds.

Das erste Kriterium, die Farbe, ist beispielsweise ein typisches und auffälliges Merkmal des Schnee-Ellerlings, des Orangefuchsigen Rauhkopfs und des Wiesel-Täublings.

Aber: Selbst Exemplare derselben Art können, besonders in bezug auf den Hut, je nach Alter und Standortökologie (Feuchtigkeit, Beschaffenheit des Substrats etc.) farblich erhebliche Unterschiede aufweisen. Manchmal läßt sich der Farbton auch schwer definieren, da mehrere Farbschattierungen übereinanderliegen oder aneinandergrenzen. Das erklärt, warum die Farbe manchmal mit sehr vagen Begriffen wie grünlich, bräunlich, braungrau etc. beschrieben wird.

Ein leuchtgasartiger Geruch ist ein Hinweis auf den Schwefel-Ritterling oder den Stink-

Ansatz der Lamellen am Stiel

Eingebuchtet (angewachsen)

Angewachsen

Am Stiel herablaufend

DIE WESENTLICHEN UNTERSCHEIDUNGSMERKMALE DER PILZE

HUT

konvex

halbkugelig

gebuckelt

kegelig

eingedrückt

trichterförmig

STIEL

Cortina

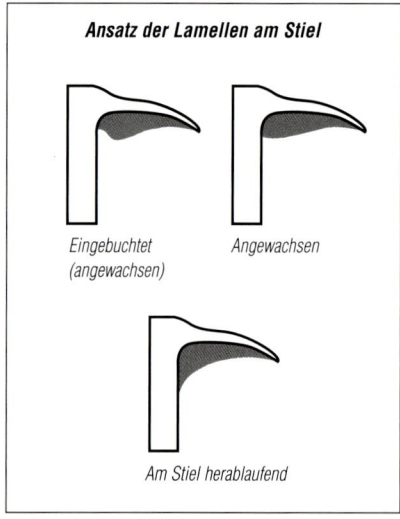

Volva, Scheide

sackartig

offenanliegend

mit Gürteln

Knolle

nicht gerandet

gerandet, knollig

Die Bestimmung der Pilze ist bei der großen Artenvielfalt nicht immer leicht. Sie erfolgt nach äußeren, ganz einfachen Merkmalen, die schematisch dargestellt werden. Die im Buch verwendeten Bestimmungsschlüssel richten sich nach diesen Kriterien.

Schirmling. Ein mehlartiger Geruch ist dagegen sowohl für die beiden ausgezeichneten Speisepilze Maipilz und Mehl-Räsling als auch für den hochgiftigen Riesen-Rötling charakteristisch.

Darüber hinaus unterscheidet man die Konsistenz, die beim Judasohr gallertartig, beim Steinpilz fleischig, beim Schwarzen Steinpilz fest, beim Spitzhütigen Knollenblätterpilz weich, beim Stiel des Nelken-Schwindlings zäh und beim Glänzenden Lackporling hart ist.

Makroskopische Merkmale

Die makroskopischen Merkmale wie Form der Pilze, Behang des Stiels (Ring, Scheide, etc.), Beschaffenheit der Huthaut (Schuppen, Fäserchen etc.) und Fruchtschicht des Karpophors sind leicht zu erkennen. Besonders auffällig sind Formen wie die des Riesen-Schirmpilzes, des Kegeligen Saftlings, des Austern-Seitlings oder auch der Toten-Trompete. Die Scheide und der Ring, Kennzeichen vieler Wulstlinge, darunter auch des Grünen Knollenblätterpilzes, unterscheiden diese von den ansonsten sehr ähnlichen Ritterlingen. Die Fruchtschicht, auch Hymenium genannt, ist ebenfalls ein wichtiges Bestimmungs- und Zuordnungsmerkmal, auf das auch der Bestimmungsschlüssel hier aufgebaut ist.

Absicht und Grenzen der Bestimmungsschlüssel

Die hier verwendeten und so einfach wie möglich gehaltenen Bestimmungsschlüssel stützen sich im wesentlichen auf makroskopische, zuweilen auch auf organoleptische, nie jedoch auf mikroskopische Merkmale. Der Leser soll mit ihrer Hilfe schnell die Art des Pilzes bestimmen können. Die Bestimmungsschlüssel gelten für die meisten Pilze der betreffenden Gruppe.

Dennoch ist darauf hinzuweisen, daß ein Bestimmungsfehler, auch wenn er auf rein mykologischer Ebene unbedeutend ist, schwerwiegende Folgen haben kann, nämlich dann, wenn die Schlüssel zur eindeutigen Bestimmung der Genießbarkeit eines Pilzes benutzt werden.

Wir raten dem Laien und Liebhaber der feinen Pilzküche daher, seine Ernte vor der Verarbeitung von einem Fachmann begutachten zu lassen.

Glossar

Röhren: kleine zylinderförmige Hymeniumträger an der Hutunterseite der Röhrlinge und Porlinge. Das Röhrenende bezeichnet man als Pore.

samtig: mit dichten, kurzen Haaren bedeckt (Beispiel: Samtfußrübling)

schleimig: die Konsistenz einer zähfließenden Substanz

Schuppe: Oft ist die Hutoberfläche eines Pilzes geschuppt.

sessil: ungestielt (Beispiel: einige Porlinge)

sinuat: Bezeichnung für kurz vor dem Stielansatz abgerundet ausgebuchtete Lamellen (Beispiel: Rüblinge)

sparrig-schuppig: mit aufgebogenen Schuppen versehen

speckig: speckartige Konsistenz der Lamellen (Beispiel: Frauentäubling)

Spore: Keimzelle von Pilzen, durch die die Vermehrung der Pilze erfolgt

Sporenpulver: Ansammlung von Sporen

Sporophor: Fruchtkörper. Er ist der sichtbare Teil des Pilzes, im Gegensatz zum Myzel, das im Untergrund verläuft.

Stachel: spitzes Gebilde an der Hutunterseite von Stoppelpilzen und anderen Arten, wie dem Gallertstacheling

stäubend: Das Fleisch der Stäublinge zerfällt im Alter zu Sporenstaub.

symbiotisch: Bezeichnung für Pilze, die mit höheren Pflanzen, meist Bäumen, eine Lebensgemeinschaft (Mykorrhiza) zu beiderseitigem Nutzen bilden

terrikol: bodenbewohnend

thermolabil: durch Wärme zerstörbar. Die in manchen Pilzen enthaltenen Hämolysine sind thermolabil.

untermischt (Lamellen): abwechselnd mit kürzeren und längeren Lamelletten angeordneter Lamellenstand

Velum partiale: Teilhülle. Eine das Hymenium bestimmter junger Pilze schützende Hülle; bleibt im Alter häufig als Ring erhalten (Beispiel: Egerlinge)

Velum universale: umgibt den gesamten Fruchtkörper. Eine den jungen Pilz schützende Hülle, die im Alter als Schuppen auf der Huthaut und als Scheide an der Stielbasis erhalten bleibt. Wulstlinge haben häufig Rückstände des Velum universale.

Volva: Scheide. Ein die Stielbasis mancher Pilze umschließendes Gewebe (Beispiel: Wulstlinge und Scheidlinge)

zerfließend: Die meisten Tintlinge zerfließen im Alter, d.h. ihr Hut löst sich zu einer tintenartigen schwarzen Flüssigkeit auf.

Giftpilze

Nach heutigem Wissensstand gibt es etwa hundert Arten, die mehr oder minder schwere Vergiftungen hervorrufen. Etwa ein Dutzend Pilzarten gelten als hoch- (insbesondere für junge und geschwächte Personen), wenn auch nur in seltenen Fällen als tödlich giftig. Erste Vergiftungserscheinungen zeigen sich meist schon im frühen Stadium des Verdauungsprozesses und erfordern eine Behandlung durch den Arzt. Darüber hinaus sollte auf weitere, zwar nicht giftige, aber gefährliche Arten hingewiesen werden.

A Giftige Wiesenpilze

- Feld-Trichterling *Clitocybe dealbata*
- Seidiger Rötling *Entoloma sericeum*
- Kreuzsporiger Glöckling *Entoloma conferendum*
- Spitzkegeliger Kahlkopf *Psilocybe semilanceata*
- Trockener Kahlkopf *Psilocybe montana*
- Heu-Düngerling *Panaeolus foenisecii*

B Giftige Mischwaldpilze

- Ziegelroter Rißpilz *Inocybe patouillardii*
- Pantherpilz *Amanita pantherina*
- Blutblättriger Hautkopf *Cortinarius semisanguineus*
- Blutroter Hautkopf *Cortinarius sanguineus*
- Zimtbrauner Hautkopf *Cortinarius cinnamomeus*
- Rotschuppiger Rauhkopf *Cortinarius bolaris*

- Fliegenpilz *Amanita muscaria*
- Tiger-Ritterling *Tricholoma pardinum*
- Schwefel-Ritterling *Tricholoma sulphureum*
- Rettich-Helmling *Mycena pura*
- Kreuzsporiger Glöckling *Entoloma conferendum*
- Scherbengelber Glöckling *Entoloma cetratum*

- Narzissengelber Wulstling *Amanita junquillea*
- Stachelschuppiger Wulstling *Amanita echinocephala*
- Ziegelroter Schwefelkopf *Hypholoma sublateritium*
- Grünblättriger Schwefelkopf *Hypholoma fasciculare*
- Gemeiner Fälbling *Hebeloma crustuliniforme*
- Grasgrüner Täubling *Russula æruginea*

Einige Fälblinge und Rötlinge, wie der Niedergedrückte Rötling, können Magen-Darm-Entzündungen auslösen. Der Satansröhrling, ebenso wie der Speitäubling, der Birken-Reizker und andere Arten können starken Brechreiz hervorrufen, besonders wenn sie roh verzehrt werden. Andere Pilze führen hin und wieder zu Unverträglichkeiten. Dies gilt für den Hallimasch, die Graukappe, den Körnchenröhrling oder den Karbolegerling. Feldpilze können mitunter hohe Pestizidkonzentrationen aufweisen und dadurch giftig werden. Nachstehend finden Sie eine Auswahl der wichtigsten Giftpilze.

- Dunkelscheibiger Fälbling
  Hebeloma mesophaeum
- Kegeliger Saftling
  Hygrocybe conica
- Karbol-Egerling
  Agaricus xanthoderma
- Ring-Düngerling
  Panaeolus semiovatus
- Glocken-Düngerling
  Panaeolus sphinctrinus
- Dünnschaliger Kartoffelbovist
  Scleroderma verrucosum

- Gelbwolliger Schirmling
  Lepiota ventriosospora
- Schwarzschuppiger Schirmling
  Lepiota felina
- Kamm-Schirmling
  Lepiota cristata
- Struppiger Rißpilz
  Inocybe lacera
- Seidiger Rißpilz
  Inocybe geophylla
- Birnen-Rißpilz
  Inocybe fraudans
- Kegeliger Rißpilz
  Inocybe rimosa

- Braunwarziger Kartoffelbovist
  Scleroderma verrucosum
- Gemeiner Kartoffelbovist
  Scleroderma citrinum
- Gefleckblättriger Flämmling
  Gymnopilus penetrans
- Dreifarbige Koralle
  Ramaria formosa
- Blasse Koralle
  Ramaria pallida
- Weißflockiger Kahlkopf
  Psilocybe crobula

Pilze wachsen praktisch überall und fruktifizieren zu jeder Jahreszeit. Die anspruchsvolleren Arten haben ein begrenztes Verbreitungsgebiet und treten nur zu bestimmten Jahreszeiten in Erscheinung.
Wiesenpilze wachsen auf Wiesen, Grasflächen in Parkanlagen, Weiden, grasbewachsenen Straßenrändern etc.
Mischwaldpilze wachsen in Laub-, Nadel- oder Mischwäldern.
Laubwaldpilze wachsen nur dort, wo die meisten Bäume im Winter ihre Blätter verlieren, auch wenn dort vereinzelt Nadelbäume stehen. Man wird jedoch unter einer reinen Nadelbaumgruppe nie einen Laubwaldpilz finden.

● Ölbaumpilz
Omphalotus olearius

● Leuchtender Ölbaumpilz
Omphalotus illudens

● Bleiweißer Trichterling
Clitocybe phyllophila

● Sternsporiger Rißpilz
Inocybe asterospora

● Grüngebuckelter Rißpilz
Inocybe corydalina

● Lilastieliger Rißpilz
Inocybe griseolilacina

● Beringter Flämmling
Gymnopilus spectabilis

● Kirschroter Speitäubling
Russula emetica

● Wechselfarbiger Speitäubling
Russula fragilis

● Alkalischer Rötling
Entoloma nidorosum

● Niedergedrückter Rötling
Entoloma rhodopolium

● Rettich-Fälbling
Hebeloma sinapizans

Tödlich giftige Pilze

Die Geschichte kennt viele versehentlich oder vorsätzlich herbeigeführte Todesfälle durch Pilzvergiftungen. Heute werden etwa sechzehn Arten als tödlich giftig geführt. Doch die Liste wird immer länger. *Amanita proxima* und *Tricholoma equestre* gehören zu den erst kürzlich in die Liste aufgenommenen Arten. Der Laie wundert sich vielleicht über solche Unsicherheiten bei der Einschätzung. Doch häufig zeigt eben erst ein Unfall, wie giftig ein Pilz wirklich ist.

A Tödliche Wulstlinge

● Grüner Knollenblätterpilz
Amanita phalloides

● Frühlingsknollenblätterpilz
Amanita verna

● Weißer Knollenblätterpilz
Amanita virosa

● Ähnlicher Wulstling
Amanita proxima

- Riesen-Rötling
  Entoloma lividum

- Wollstiel-Schirmling
  Lepiota clypeolaria

- Scharlachroter Hautkopf
  Cortinarius phœniceus

- Geschmückter Gürtelfuß
  Cortinarius armillatus

- Satansröhrling
  Boletus satanas

- Goldflüssiger Milchling
  Lactarius chrysorrheus

- Wurzelnder Bitterröhrling
  Boletus radicans

- Rosa Helmling
  Mycena rosea

- Schwarzgezähnelter Helmling
  Mycena pelianthina

- Birken-Reizker
  Lactarius torminosus

- Perlhuhn-Egerling
  Agaricus præclaresquamosus

Die Inkubationszeit, d. h. die Zeit zwischen Verzehr des Pilzes und Auftreten der ersten Vergiftungssymptome, hängt vom Gift ab. Sie ist jedoch eher lang: von mindestens sechs Stunden beim Grünen Knollenblätterpilz bis zu mehreren Tagen bei den tödlichen Rauhkopf-Arten. Die Wirkungsarten der Pilzgifte sind weitgehend bekannt: Sie greifen die Leber, die Nieren, das Blut und das Nervensystem an.

B Andere tödlich giftige Pilze

- Fleischbräunlicher Schirmling
  Lepiota bruneoincarnata

- Fleischrosa Schirmling
  Lepiota bruneolilacina

- Fleischrötlicher Schirmling
  Lepiota helveola

- Orangefuchsiger Rauhkopf
  Cortinarius orellanus

- Spitzbuckliger Rauhkopf
  Cortinarius speciosissimus

- Nadelholz-Häubling
  Galerina marginata

- Überhäuteter Häubling
  Galerina autumnalis

- Frühjahrs-Lorchel
  Gyromitra esculenta

- Kahler Krempling
  Paxillus involutus

- Violetter Kronenbecherling
  Sarcosphaera coronaria

- Echter Ritterling
  Tricholoma equestre

1 - Röhrlinge: Boletes ▶▶▶

- **Trockener Hut, schwammiger Stiel**

  Trockener Hut

  Schwammiger Stiel

  GYROPORUS **Seite 18**

- **Ausschließlich in Nadelwäldern wachsende Arten**
- **Schleimiger oder sehr schleimiger Hut**

  Schleimiger oder sehr schleimiger Hut

  SUILLUS **Seite 19**

- **Hoher, mit grauen oder rötlichen, rauhen Schuppen bedeckter Stiel**

  Hoher Stiel

  Mit rauhen, grauen oder rötlichen Schuppen bedeckter Stiel

  LECCINUM **Seite 22**

- **Trockener oder samtiger Hut, große Poren, leicht gewölbter oder langgestreckter Stiel**

  Trockener oder samtiger Hut

  Große Poren

  Leicht gewölbter oder langgestreckter Stiel

  CHALCIPORUS UND XEROCOMUS **Seite 24**

Merkmale der Boletales

- Die Fruchtschicht (Lamellen oder Röhren) ist bei erwachsenen Exemplaren sehr leicht mit dem Fingernagel vom Hut zu lösen.
- Es handelt sich um Arten mit Röhren und zentralem Stiel (Boletes); einige davon haben jedoch deutlich am Stiel herablaufende Lamellen.

▶▶▶ 1 - Röhrlinge: Boletes

- Poren färben sich auf Fingerdruck rot.
- Stiel deutlich genetzt

Weiße Poren, die sich auf Fingerdruck rot färben — *deutlich genetzt*

TYLOPILUS Seite 27

- Sehr fleischiger, nicht schleimiger Hut, sehr dicker Stiel mit Netz oder roten Pünktchen, sehr kleine Poren

Sehr fleischiger, nicht schleimiger Hut — *Sehr dicker Stiel* — *Sehr kleine Poren* — *Stiel mit Netzstruktur oder feinen roten Pünktchen*

BOLETUS Seite 28

2 - Leistenpilze

- Schleimig, weitständige Lamellen, die sich im Alter schwarz färben

Schleimiger Hut — *Weitständige, bei reifen Exemplaren schwarz gefärbte Lamellen*

GOMPHIDIUS Seite 34

- Nicht schleimig, mit dichten, orangefarbenen oder rötlichbraunen Lamellen

Nicht schleimiger Hut — *Gedrängte, orangefarbene oder rötlichbraune Lamellen*

PAXILLUS, HYGROPHOROPSIS, OMPHALOTUS Seite 35

Hasenröhrling [2]

Gyroporus castaneus

Synonym: *Boletus castaneus*

Klasse: Basidiomycetes – Ordnung: Boletales – Familie: Boletaceae

- H: 7–10 cm
- Ø: 3–8 cm
- Hellgelbe Sporen

Weiße Poren

Unregelmäßiger Stiel, Farbe wie der Hut

Festfleischiger, kastanienfarbiger Hut

▪ Bestimmung

Der Hut dieses recht kleinen Röhrlings hat eine schön gleichmäßig zimt- bis kastanienbraune Färbung. Er ist nicht sehr dick, aber festfleischig, die Oberfläche plankonvex, aber unregelmäßig gebuckelt, leicht samtig und trocken.

Die sehr kurzen **Röhren** sind weiß und am Stiel leicht ausgebuchtet. Die winzigen Poren sind bei jungen Exemplaren fast unsichtbar und so weiß, daß sie zur typischen Farbe des Pilzes einen deutlichen Kontrast bilden. Ältere Exemplare haben eine zitronengelbe Farbe und färben sich an verletzten Stellen rostbraun.

Der sehr feste **Stiel**, der rasch hohl wird, ist kastanienbraun und für einen Röhrling erstaunlich schlank.

Das **Fleisch** ist weiß und unveränderlich, fest, aber spröde. Es duftet ganz schwach nach Pilz und hat ein angenehmes Haselnußaroma.

▪ Vorkommen

Der Hasenröhrling ist zwar eher selten, wächst dann aber recht gesellig. Manchmal steht er allein, häufiger findet man ihn jedoch in kleinen Gruppen, auf Kalkböden, im Unterholz oder am Rand von Waldwegen. Sehr gern wächst er unter Laub, man findet ihn aber vom Sommer bis in den Herbst hinein auch in lichten Nadelgehölzen.

▪ Wert

Nicht jeder schätzt den Hasenröhrling. Manche behaupten sogar, er sei leicht bitter. Dennoch ist er ein ausgezeichneter Speisepilz. Sein festes Fleisch, sein manchmal, vor allem im Bergland, sehr ausgeprägter haselnußartiger Geschmack und sein steinpilzähnlicher Duft erheben ihn unbedingt in den Rang einer Köstlichkeit.

Verwandte Arten

KORNBLUMENRÖHRLING

Gyroporus cyanescens

Dieser blauende Röhrling ist wesentlich heller gefärbt – beige bis hellocker – und dikker als der Hasenröhrling. Sein Fleisch verfärbt sich an der Schnittstelle leuchtend blau (kornblumenblau). Auch dieser Pilz ist, trotz seines harten, oft hohlen Stiels, ein guter Speisepilz.

- H: 8–15 cm
- Ø: 6–12 cm
- Hellgelbe Sporen

Kuhröhrling
Suillus bovinus

Synonym: *Boletus bovinus*

Klasse: Basidiomycetes – Ordnung: Boletales – Familie: Boletaceae

- H: 4–8 cm
- Ø: 5–10 cm
- Olivbraune Sporen

Am Stiel herablaufende Röhren

Schleimiger, ockerfarbener bis ledergelber Hut

Große, zusammengesetzte, zunächst gelbe, später olivbraune Poren

Bestimmung

Im Vergleich zu anderen Schmierröhrlingen der Gattung *Suillus* wirkt der Kuhröhrling vergleichsweise klein.

Sein halbkugeliger, nicht sehr fleischiger **Hut** entfaltet sich rasch und ist dann sogar eingedrückt und fast flattrig gewellt. Seine glatte, schleimglänzende, fahle Haut schwankt von rötlich bis ockerbraun. Der hellere, fast weißliche Rand ist anfangs leicht eingerollt, später gewellt.

Seine kurzen und deutlich am Stiel herablaufenden **Röhren** haben ganz spezielle Poren, die sehr groß und eckig sind (sie können bis zu 2 Millimeter breit werden) und sich insbesondere aus kleineren Poren bilden. Zunächst haben sie eine olivgelbe Farbe, bei fortschreitender Reife der Sporen verfärben sie sich jedoch braun.

Der oft gebogene, zylindrische hutfarbene **Stiel** ist eher schlank und glatt. An der Basis erkennt man ein rosafarbenes, filziges Myzel.

Das bei jungen Exemplaren recht feste **Fleisch** gibt später nach, wird sogar elastisch. Es ist blaßgelb und kann sich an der Luft rötlich verfärben. Es ist fast geruchs- und geschmacklos.

Vorkommen

Der Kuhröhrling wächst sehr häufig in Kiefernwäldern an sehr feuchten Standorten, sowohl im Bergland wie an der Meeresküste. In manchen Jahren tritt er in den küstennahen Kiefernwäldern sogar sehr zahlreich auf (zum Beispiel in den französischen Landes). Er wächst in Regionen mit mildem Klima vom Sommer bis in den Winter.

Wert

Im Mittelalter wurde der Kuhröhrling von den Rittern geringgeschätzt. Sie überließen ihn dem Vieh und bevorzugten den wohlschmeckenden Echten Ritterling *(Tricholoma equestre)*. Heute weiß man, daß der Echte Ritterling tödliche Vergiftungen hervorrufen kann, während der Kuhröhrling – auch der junge – nur ein sehr mittelmäßiger, aber harmloser Speisepilz ist. Sein weiches, nachgiebiges Fleisch macht ihn quasi ungenießbar, abgesehen davon, daß er schnell von Maden befallen wird. Wie der Butterpilz und der Körnchenröhrling trägt der Kuhröhrling zum Wachstum der Kiefern bei, mit denen er Mykorrhizen bildet. Dank dieser Verbindung breitet sich das Gemeine Heidekraut *(Calluna vulgaris)* nur langsam aus und behindert so das Wachstum junger Bäume weniger stark.

Verwandte Arten

SANDRÖHRLING
Boletus variegatus

Er ist mit dem Kuhröhrling eng verwandt und hat einen fleischigen, konvexen, hell- bis dunkelockerfarbenen Hut, der mit charakteristischen Flöckchen besetzt ist. Die Poren sind klein und eckig, zunächst gelb, später grünlich bis braun und auf Fingerdruck leicht blauend. Der hutfarbene oder blassere Stiel ist eher lang und kräftig. Das blaßgelbe Fleisch blaut bei Luftkontakt leicht. Dieser in der Pilzsaison ebenfalls unter Kiefern häufige Pilz riecht nach Chlor und hat einen ziemlich unangenehmen Geschmack. Das macht ihn zu einem miserablen Speisepilz, der sogar Magen-Darm-Verstimmungen hervorrufen kann.

- H: 10–15 cm
- Ø: 5–15 cm
- Olivbraune Sporen

Butterpilz

Suillus luteus

Anderer Name: Butter-Röhrling
Synonym: *Boletus luteus, Boletus annulatus*

Klasse: Basidiomycetes – Ordnung: Boletales – Familie: Boletaceae

- H: 7–13 cm ● Ø: 5–12 cm ● Ockerbraune Sporen

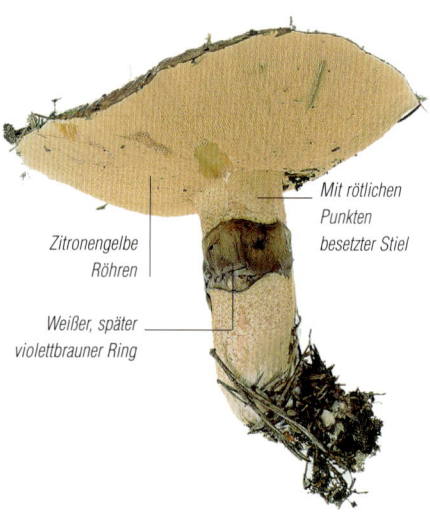

Zitronengelbe Röhren

Weißer, später violettbrauner Ring

Mit rötlichen Punkten besetzter Stiel

Brauner, schleimiger Hut

▎Bestimmung

Der recht massive Butterpilz ist am Stiel beringt. Sein dicker, fleischiger **Hut** ist ziemlich groß, zunächst konvex gewölbt, erst später flach. Die glänzende, im allgemeinen dunkelbraune, manchmal gelbe und mit feinen, dunkleren Streifen versehene Huthaut ist sehr schleimig. Am Rand hängen Stückchen oder Fetzen des weißen Velums, das die Fruchtschicht lange bedeckt, aber manchmal auch abfällt.

Die goldgelben **Röhren**, die sich später olivgelb färben, und die kleinen rundlichen, leuchtend gelben **Poren** verblassen mit zunehmendem Alter. Der zylindrische gerade oder gebogene **Stiel** ist dick und gedrungen und hat festes Fleisch. Der untere weiße Teil verfärbt sich mit zunehmendem Alter schmutzigbraun. Der dicke, häutige Ring, weiß wie ein Nonnenschleier, wird bei älteren Exemplaren im allgemeinen violettbraun. Oberhalb des Rings ist der Stiel blaßgelb gefärbt und deutlich sichtbar mit kleinen rotbraunen Pünktchen besetzt. Das weiße bis gelbliche **Fleisch** wird im Hutbereich rasch weich, anders als im Stiel, wo es schnell faserig wird.

▎Vorkommen

Der Butterpilz wächst unter Nadelbäumen, vor allem im Gras unter Föhren. Insgesamt ist er sehr verbreitet, in der gemäßigten nördlichen Hemisphäre, vor allem in den Bergen, tritt er örtlich sehr zahlreich auf. Er wächst im Herbst, manchmal recht spät, ausnahmsweise auch im Frühling.

▎Wert

Wenn man die leicht abziehbare klebrige Huthaut entfernt, ist der Butterpilz ein guter Speisepilz. Da er häufig auftritt und schön groß ist, verhilft er zu opulenten Mahlzeiten.

Junge Butterpilze

Man sollte jedoch junge Exemplare aussuchen, da das anfangs feste Fleisch dieses Pilzes sehr rasch weich wird. In Frankreich wird er zuweilen fälschlicherweise als Kiefern-Steinpilz *(Boletus pinophilus)* angeboten, an den er jedoch geschmacklich nicht heranreicht. Wie die anderen Boleten lebt der Butterpilz in enger Symbiose mit Bäumen, da sein Myzel und ihre Wurzeln miteinander verbunden sind. Eine solche Symbiose, die nicht nur die Entwicklung der Bäume, sondern auch das Wachstum der Pilze begünstigt, ist natürlich sehr wertvoll.

Versuche, Butterpilze unter Kiefern zu züchten, waren übrigens erfolgreich.

Verwandte Arten

KÖRNCHENRÖHRLING

Suillus granulatus

Der Körnchenröhrling, ähnlich gefärbt wie der Butterpilz, hat weder Velum noch Ring. Eine Besonderheit ist, daß er jung kleine milchige Tröpfchen abgibt.
- H: 8–15 cm
- Ø: 5–12 cm
- Ockerbraune Sporen

Aus den Poren austretende Tröpfchen

Der Stiel ist unberingt.

GOLDRÖHRLING
Suillus grevillei

Der Goldröhrling ist ebenfalls ziemlich weit verbreitet, wächst aber ausschließlich unter Lärchen, vor allem in den Bergen. Er sollte eher »Gelber Röhrling« (der Lärche) heißen, da er von oben bis unten leuchtendgelb ist. Von schlankerem Wuchs als der Butterpilz, unterscheidet er sich von ihm durch zwei Hauptmerkmale am Stiel: den weißen Ring, der selbst beim erwachsenen Pilz makellos bleibt, und eine allerdings nur schwach ausgeprägte Netzstruktur oberhalb des Rings. Selbst bei Entfernen der klebrigen Huthaut bleibt er ein mittelmäßiger Speisepilz.
- H: 6–15 cm ● Ø: 5–10 cm
- Ockerbraune Sporen

GRAUER LÄRCHEN-RÖHRLING
Suillus viscidus

Der Graue Lärchen-Röhrling ist eine ebenfalls eng an die Lärche gebundene Art. Sein blasser Hut trägt am Rand häutige Fetzen, Reste des Velums. Seine großen Poren werden graubraun oder leicht olivfarben. Der Stiel kann unterhalb des Rings eine rötliche Färbung annehmen. Es handelt sich um einen sehr mittelmäßigen Speisepilz mit weichem Fleisch.
- H: 7–15 cm
- Ø: 5–10 cm
- Tabakbraune Sporen

ELFENBEINRÖHRLING
Suillus placidus

Der recht seltene Elfenbeinröhrling wächst ausschließlich unter der Weymouthskiefer im Mittel- oder Hochgebirge. Der sehr schleimige Hut ist erst weiß und färbt sich später am Rand blaßviolett. Die gelben Poren geben bei jungen Exemplaren, wie auch bei den anderen *Suillus*-Arten, kleine Tröpfchen ab.
- H: 8–15 cm
- Ø: 5–10 cm
- Gelbbraune Sporen

Espen-Rotkappe

Leccinum aurantiacum

Klasse: Basidiomycetes – Ordnung: Boletales – Familie: Boletaceae

- H: 12–23 cm
- Ø: 8–20 cm
- Ockerbraune Sporen

Hut recht kräftig orange

Orangebraune Schuppen

Bestimmung

Der zunächst schmale und halbkugelige **Hut** ist kaum breiter als der Stiel. Dann wird er konvex, breitet sich später aus und kann recht groß werden. Die Huthaut, die eine typische, schön orangerötliche Färbung aufweist, wirkt trocken und samtig. Sie überwölbt die Röhren deutlich, vor allem bei jungen Exemplaren.

Die langen, feinen, freistehenden, weißlichen **Röhren** öffnen sich zu gleichfarbigen Poren, die sich mit fortschreitendem Alter grau verfärben.

Der mächtige, festfleischige, ja sogar harte **Stiel** ist meist im unteren Teil verdickt. Die weißliche Oberfläche ist mit orangefarbenen bis braunen Schuppen bedeckt.

Das weiße bis rosarote, dann grauende **Fleisch** verfärbt sich an der Stielbasis auf Druck bläulich oder grünlich. Zunächst ist es fest, vor allem im Stielbereich, wird aber später weich.

Vorkommen

Die robuste Espen-Rotkappe wächst weithin vom Sommer bis in den Herbst unter den unterschiedlichsten Laubbäumen: Espen, Hainbuchen, Birken und Pappeln.

Wert

Die Hüte junger Exemplare können gut schmek-ken, wenn sie noch fest sind. Der harte Stiel sollte weggeschnitten werden. So läßt sich dieser Art höchstens vorwerfen, sie schmecke leicht seifig und verfärbe sich beim Kochen unschön schwarz.

Verwandte Arten

Andere Röhrlinge dieser Gruppe haben einen leicht orangefarbenen oder ziegelroten Hut.

Rotbrauner bis orangebrauner Hut

EICHEN-RAUHFUSS
Leccinum quercinum

Rötliche oder braune Schuppen

Der Hut des Eichen-Rauhfuß, mit der Espen-Rotkappe sehr eng verwandt, ist wie die Schuppen auf dem Stiel leicht rötlich. Er bevorzugt Eichen-, Kastanien- oder Buchenwälder.

- H: 12–20 cm
- Ø: 5–18 cm
- Ockerbraune Sporen

Blaßoranger Hut

HEIDE-ROTKAPPE
Leccinum versipelle

Die massivere Heide-Rotkappe hat einen helleren, gelborangen Hut und einen schwarz geschuppten Stiel.

- H: 12–20 cm
- Ø: 8–20 cm
- Ockerbraune Sporen

Schwarze Schuppen

Hainbuchen-Rauhfuß
Leccinum carpini

Anderer Name: Hainbuchen-Röhrling
Synonym: *Leccinum griseum*

Klasse: Basidiomycetes – Ordnung: Boletales –
Familie: Boletaceae

- H: 10–20 cm
- Ø: 5–10 cm
- Tabakbraune Sporen

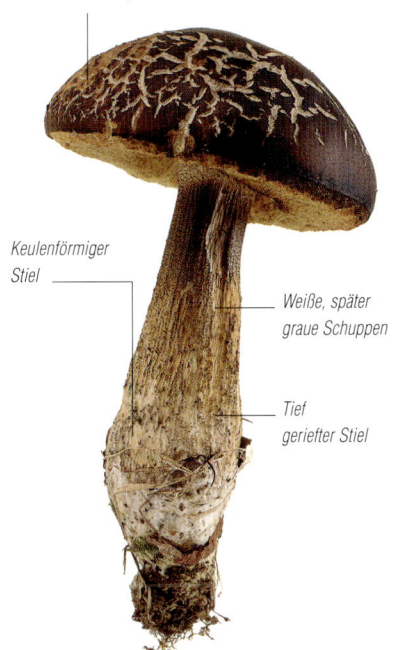

Bucklige oder bei Trockenheit rissige Oberfläche

Keulenförmiger Stiel

Weiße, später graue Schuppen

Tief geriefter Stiel

▌Bestimmung

Zunächst hat der Hainbuchen-Rauhfuß einen kugelig dicken **Hut**, der sich aber rasch ausbreitet. Die zimtfarbene bis braune Huthaut ist unregelmäßig gebuckelt. Sie kann bei Trockenheit zwar Risse bilden, ist aber bei Feuchtigkeit leicht schleimig.

Die langen, dünnen **Röhren** sind zunächst fest, werden jedoch rasch schwammig. Die schmalen, weißlichen **Poren** verfärben sich bei älteren Exemplaren grau.

Der **Stiel** ist keulenförmig. Seine Oberfläche wirkt zuweilen durch Schuppen rauh. Das zunächst weiße **Fleisch** färbt sich erst rosa und wird dann dunkler, wobei Schnittstellen sich violett, dann schwarz verfärben. Das Hutfleisch ist recht weich, der Stiel wesentlich fester, ältere Exemplare sind im allgemeinen schwammig.

▌Vorkommen

Diesen Röhrling findet man unter Hainbuchen, wo er ab Sommerende weit verbreitet ist.

▌Wert

Beim Hainbuchen-Rauhfuß sind nur die Hüte junger Exemplare schmackhaft. Bei älteren Pilzen empfiehlt es sich sehr, neben dem Stiel auch die Röhren und die Haut zu entfernen – nur bleibt von dem Pilz fast nichts mehr übrig. Zudem wird das weiße Fleisch beim Kochen stark schwarz.

Verwandte Arten

Mehrere voneinander nur schwer unterscheidbare *Leccinum*-Arten wurden früher unter dem Namen *Boletus scaber* zusammengefaßt. Zudem gibt es zahlreiche Unterarten, was die Bestimmung nicht gerade erleichtert.

Haselbrauner oder gelbbrauner Hut

BRAUNER BIRKENPILZ
Leccinum scabrum

Der echte Braune Birkenpilz unterscheidet sich vom Hainbuchen-Rauhfuß durch den nicht gebuckelten Hut und einen festeren Stiel. Man findet ihn vor allem unter Birken, auf sehr sauren Böden. Es handelt sich auch hier um einen mittelmäßigen Speisepilz.
- H: 10–25 cm
- Ø: 5–15 cm
- Tabakbraune Sporen

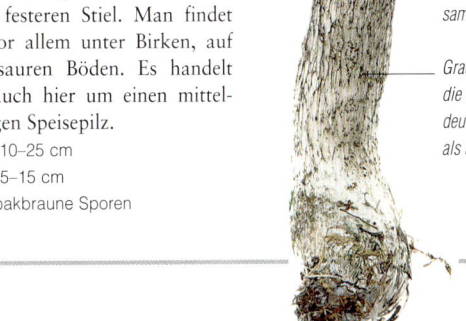

Im allgemeinen mit hellen Zonen durchsetzter, samtiger Hut

Graue Schuppen, die oft weniger deutlich ausfallen als auf dem Foto

VERSCHIEDENFARBIGER RAUHFUSS
Leccinum variicolor

Der Verschiedenfarbige Rauhfuß wächst ebenfalls, allerdings seltener, unter Birken. Er hat einen grauschwarzen, mit helleren Flecken überzogenen Hut.
- H: 10–18 cm
- Ø: 5–12 cm
- Ockerbraune Sporen

Pfefferröhrling
Chalciporus piperatus

Synonyme: *Boletus piperatus, Suillus piperatus*

Klasse: Basidiomycetes – Ordnung: Boletales – Familie: Boletaceae

- H: 5–9 cm ● Ø: 2–6 cm ● Rostbraune Sporen

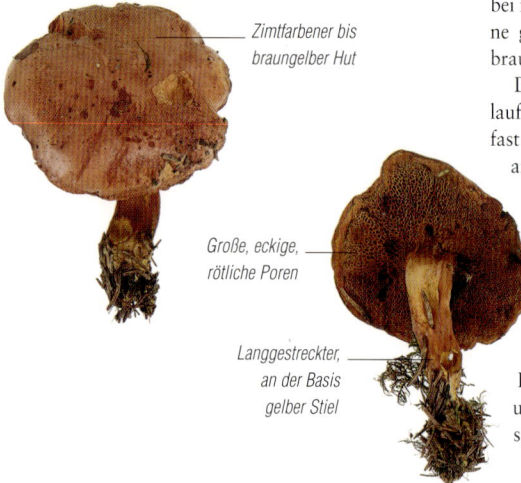

Zimtfarbener bis braungelber Hut

Große, eckige, rötliche Poren

Langgestreckter, an der Basis gelber Stiel

▐ Bestimmung

Der Pfefferröhrling läßt sich durch seine geringe Größe und seine schöne gelbbraun-kupferne Färbung charakterisieren.

Der für einen Röhrling besonders kleine **Hut** ist jedoch dick und fleischig, zunächst konvex, später ausgebreitet. Die trockene Huthaut wird bei feuchtem Wetter leicht schleimig. Sie hat eine gelbbraune, zwischen rotbraun und zimtbraun variierende Färbung.

Die rostbraunen, leicht am Stiel herablaufenden **Röhren** münden in großen, eckigen, fast gezahnten Poren. Sie sind zunächst blaßorange, färben sich aber rostbraun.

Der sehr schlanke, meist gebogene **Stiel**, ist hutfarben bis auf den Basisbereich. Dort setzt sich das charakteristische Zitronen- bis Chromgelb des Myzels durch.

Das **Fleisch** ist farbig und aromatisch. Unter der Huthaut ist es in der Regel rötlich, an der Stielbasis leuchtend- und ansonsten hellgelb. Es schmeckt ausgesprochen pfeffrig.

▐ Vorkommen

Der Pfefferröhrling, der im Sommer und im Herbst wächst, kommt in Nadelwäldern recht häufig vor.

▐ Wert

Der Pfefferröhrling schmeckt zu pfeffrig, um ihn zu verspeisen. Getrocknet und pulverisiert gibt er zur Not einen akzeptablen Würzpilz.

Rotfußröhrling
Xerocomus chrysenteron

Synonym: *Boletus chrysenteron*

Klasse: Basidiomycetes – Ordnung: Boletales – Familie Boletaceae

- H: 5–10 cm ● Ø: 5–10 cm ● Olivbraune Sporen

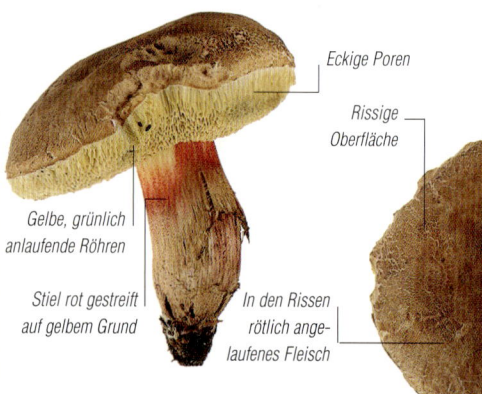

Eckige Poren

Rissige Oberfläche

Gelbe, grünlich anlaufende Röhren

Stiel rot gestreift auf gelbem Grund

In den Rissen rötlich angelaufenes Fleisch

▐ Bestimmung

Der mittelgroße, gelbfleischige Rotfußröhrling hat einen dünnen, konvexen **Hut**, dessen Farbe zwischen braun und olivbraun variieren kann. Die trockene und fein samtige Oberfläche junger Exemplare bekommt später Risse mit weinroter Färbung. Die gelben **Röhren** gehen ins Grünliche über. Sie sind recht klein, eckig und zusammengesetzt.

Der feste, volle, eher langgestreckte **Stiel** ist mit rötlichen Streifen oder Pünktchen besetzt.

Das weiche, quasi geschmack- und geruchlose **Fleisch** des Rotfußröhrlings ist gelblich und läuft manchmal blau an. Außerdem liegt unter der Huthaut eine dünne rote Fleischschicht.

(Fortsetzung)

◼ Vorkommen

Man findet den Rotfußröhrling sehr häufig sowohl in Nadel- wie in Laubwäldern, im Sommer und im Herbst.

◼ Wert

Dieser wenig fleischige Röhrling wird rasch weich, ist ohne Geschmack und daher kein wertvoller Speisepilz.

Verwandte Arten

SCHMAROTZER-RÖHRLING[3]
Xerocomus parasiticus

Der kleine Schmarotzerröhrling lebt auf Kartoffelbovisten.
- H: 3–7 cm
- Ø: 3–7 cm
- Olivbraune Sporen

Zwei Pilze parasitieren auf einem Kartoffelbovist.

SCHWARZBLAUER RÖHRLING
Xerocomus pulverulentus

Der Schwarzblaue Röhrling verfärbt sich bei Berührung in allen Bereichen sofort schwarzblau. Auch das gelbe Fleisch blaut, sobald es mit Luft in Berührung kommt.
- H: 8–13 cm
- Ø: 5–10 cm
- Olivbraune Sporen

Bei jungen Exemplaren ist der Hut schleimig.

Stiel oben gelb, zur Basis hin braunrot

ZIEGENLIPPE
Xerocomus subtomentosus

Die Ziegenlippe wächst manchmal in der Nähe des Rotfußröhrlings und ist ihm sehr ähnlich, doch zeigt sie an Wunden oder Rissen, die unter Umständen am Hut auftreten können, keine rote Färbung. (→ Tabelle S. 26)
- H: 7–15 cm
- Ø: 5–12 cm
- Olivbraune Sporen

BLUTROTER RÖHRLING
Xerocomus rubellus

Das Fleisch des Blutroten Röhrlings ist wie das des vorgenannten Röhrlings ebenfalls in den Rissen gelb. Er trägt einen dunkelroten oder hellrötlichen Hut, der manchmal ocker oder braun abgestuft ist.
- H: 5–10 cm
- Ø: 5–10 cm
- Olivbraune Sporen

Der Hut ist oft hellrötlich.

An der Basis gewölbter Stiel

Stiel ebenfalls hellrötlich

BEREIFTER RÖHRLING
Xerocomus pruinatus

Der Bereifte Röhrling hat wie der Rotfußröhrling in den Rissen des Huts eine rötliche Färbung, allerdings ist der dunkelrote oder tiefbraune Hut weißlich bereift.
- H: 5–10 cm
- Ø: 5–10 cm
- Olivbraune Sporen

Rötliches Fleisch an Verletzungen

Dunkler, weißlich bereifter Hut

Boletales

Maronenröhrling
Xerocomus badius

Anderer Name: Maronenpilz
Synonym: *Boletus badius*

Klasse: Basidiomycetes – Ordnung: Boletales – Familie: Boletaceae

- H: 8–15 cm   ● Ø: 5–15 cm   ● Olivbraune Sporen

Kastanienbrauner Hut

Gelbe, auf Fingerdruck blauende Poren

Braungelb gestreifter Stiel

▌ Bestimmung

Der **Hut** dieses mittelgroßen Röhrlings erinnert wegen seiner tiefbraunen Farbe an die Fruchtschale der Marone. Er ist zunächst konvex und wenig fleischig und flacht anschließend ab. Die fein samtige Huthaut des trockenen Pilzes wirkt bei Feuchtigkeit glatt und etwas schmierig.

Die recht langen **Röhren** sind manchmal am Stiel eingebuchtet.

Die eher kleinen und eckigen, zunächst weißen bis cremefarbigen **Poren** sind später leuchtend zitronengelb und verfärben sich bei alten Exemplaren olivgrün. Auf Druck werden sie blau oder grün, und der Abdruck des Fingers ist deutlich sichtbar.

Der in der Form sehr variable, im allgemeinen zylindrische **Stiel** kann untersetzt dickbauchig, aber auch überschlank, kurz oder langgestreckt sein. An der Oberfläche hat er lange faserige gelbe oder braune Streifen, die an eine Holzmaserung erinnern.

Das **Fleisch** bleibt lange fest – bei älteren Exemplaren verstärkt sich dieses Merkmal noch – und wird im Hutbereich mit der Zeit weich. Es ist gelblich, unter der Huthaut und im Stiel bräunlich und verfärbt sich bei Luftkontakt, vor allem bei feuchtem Wetter blau oder grün.

▌ Vorkommen

Der Maronenröhrling zeigt sich unter Nadel- oder Laubbäumen. Er wächst meist im Erdreich, manchmal zwischen Wurzelausläufern am Grund alter Stämme. Er gehört zu den wenigen Röhrlingen, die mit den Wurzeln der Bäume, unter denen sie wachsen, keine Mykorrhiza eingehen. Man findet diesen Pilz oft in der Pilzzeit, ab und zu auch gegen Herbstende in der ganzen gemäßigten, nördlichen Hemisphäre.

▌ Wert

Es lohnt sich, den klimatisch weniger empfindlichen Maronenröhrling zu kennen, denn er findet sich oft zahlreich und auch später im Jahr. Das zarte Fleisch hat einen fruchtigen Duft. Er ist ein ausgezeichneter Speisepilz, allerdings ohne den viel zu zähen Stiel.

Manche Feinschmecker ziehen ihn dem Steinpilz vor, der manchmal schwer verdaulich ist. Andererseits ist er sehr dünnfleischig und verfärbt sich beim Waschen und Garen stark blau.

Doch weist diese Verfärbung keineswegs darauf hin, daß der Pilz giftig ist. Sie tritt dann auf, wenn ein bei Röhrlingen häufiges Enzym, das Boletol, oxidiert.

Der Stiel kann, wie auf diesem Foto, schlank, aber auch sehr wuchtig sein.

	Maronenröhrling *Xerocomus badius*	Ziegenlippe *Xerocomus subtomentosus*
Hut	kastanienbraun, etwas klebrig	ledergelb, trocken
Röhren	recht klein	groß
Stiel	gelb und braun	braungelb
Blaufärbung	deutlich	schwach oder nicht vorhanden
Wert	ausgezeichneter Speisepilz	nicht sehr wertvoller Speisepilz

Gallenröhrling
Tylopilus felleus

Synonym: *Boletus felleus*

Klasse: Basidiomycetes – Ordnung: Boletales – Familie: Boletaceae

- H: 10–18 cm
- Ø: 5–15 cm
- Schmutzigrosa Sporen

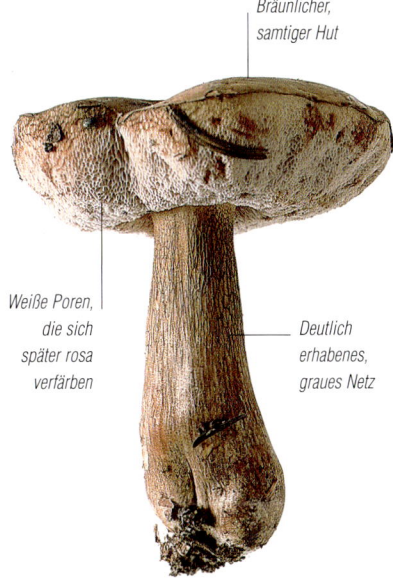

Bräunlicher, samtiger Hut

Weiße Poren, die sich später rosa verfärben

Deutlich erhabenes, graues Netz

▌Bestimmung

Der mittelgroße **Hut** ist erst konvex, dann abgeflacht, recht dick und von eher weicher Konsistenz. Die Oberfläche ist trocken und filzig, fast samtig und bräunlich, zwischen gelblich und zimtbraun, gefärbt. Der anfangs eingerollte Rand streckt sich zuletzt vollständig.

Die ursprünglich weißen **Röhren** färben sich mit der Sporenreife deutlich rosa.

Die recht großen, gleichfarbigen **Poren** färben sich bei jungen Exemplaren an Verletzungen, bei älteren überhaupt blaßrosa.

Der dicke hutfarbene, allerdings hellere, an der Basis meist bauchige **Stiel** trägt in der Regel eine grobmaschige dunklere Zeichnung, ähnlich einem Netzstrumpf.

Das weiche, weißliche bis cremefarbene **Fleisch** hat eine Tendenz, sich bei Luftkontakt leicht rosa zu verfärben. Es schmeckt gallenbitter und verströmt einen leichten, doch eher unangenehmen Geruch.

▌Vorkommen

Der Gallenröhrling wächst vereinzelt in allen Wäldern, auf Kalkböden, vom Sommer bis in den Herbst hinein. Er kann lokal häufig auftreten.

▌Wert

Der Gallenröhrling ist zwar nicht giftig, aber wegen seiner extremen Bitterkeit, die sich beim Kochen sogar noch verstärkt, ungenießbar. Mit allen Vorbehalten und ohne falsche Hoffnungen wecken zu wollen, sei gesagt, daß diese Art einen Wirkstoff aufweist, mit dem Tumore bekämpft werden können. Es soll ein Pflanzenschleim sein, dessen Struktur nachgewiesen werden konnte. Die Verbindung soll tatsächlich als Immunstimulanz wirken, das heißt, die Verteidigungsmechanismen des Organismus anregen. Die ersten in Polen durchgeführten Arbeiten werden derzeit in Zusammenarbeit mit einem japanischen pharmazeutischen Labor weiterverfolgt. Solche Studien lassen zwar a priori keine spektakulären Ergebnisse erwarten, sind aber in vielerlei Hinsicht interessant und werden mit Sicherheit im Kampf gegen den Krebs zusätzliche therapeutische Möglichkeiten eröffnen.

Verwechslung

Wie läßt sich der Gallenröhrling vom Steinpilz unterscheiden? Bei jungen Exemplaren ist der mit einem grobmaschigen Netz versehene Stiel ein charakteristisches Merkmal. Die recht großen, erst rosa, dann lachsfarben gefleckten Poren weisen ebenfalls auf den Gallenröhrling hin. Man kann vor dem Garen ein kleines Stück eines zweifelhaften Exemplars kosten: Wenn das Fleisch bitter schmeckt, dann gibt es keinen Zweifel mehr.

*Auch der Stiel beim **Sommer-Steinpilz** (Boletus aestivalis; S.29) hat eine netzartige Struktur, aber seine Poren sind erst gelb, später grün – und niemals rosa.*

*Der **Steinpilz** (Boletus edulis; S. 28) trägt oben am Stiel stets ein sehr feines, wenig auffälliges Netz.*

▼ **Verwechslungsgefahr:**
Sommer-Steinpilz *(Boletus aestivalis; S. 29)*
Steinpilz *(Boletus edulis; S. 28)*

	Gallenröhrling Tylopilus felleus	Sommer-Steinpilz Boletus aestivalis	Steinpilz Boletus edulis
Hut	bräunlich	ocker oder rötlich	beige bis bräunlich, samtig
Poren	weit, weiß, anschließend rosa bis bräunlich	fein, weiß, gelb, anschließend olivbraun	fein, weiß, gelb, dann olivbraun
Stiel	bauchig, hell	bräunlich	dick und bauchig, hell
Netz	grobmaschig, braun	erhaben, weiß bis bräunlich	fein, im oberen Bereich weiß
Fleisch	weich	fest, rasch weich werdend	fest, danach weich
Geschmack	sehr bitter	mild	mild
Wert	ungenießbar	sehr guter Speisepilz	ausgezeichneter Speisepilz

Steinpilz

Boletus edulis

Andere Namen: Herrenpilz, Fichten-Steinpilz

Klasse: Basidiomycetes – Ordnung: Boletales – Familie: Boletaceae

● H: 10–25 cm ● Ø: 5–25 cm ● Braunolive Sporen

Weiße Randlinie

Weiße, anschließend gelbe und zum Schluß grüne Poren

Gelbe Röhren beim erwachsenen Exemplar

Sehr fleischiger, beiger bis rotbrauner Hut

Feines weißes Netz

Dickbauchiger Stiel

▼ **Verwechslungsgefahr:**
Gallenröhrling *(Tylopilus felleus;* S. 27)

▌ Bestimmung

Der majestätische Steinpilz ist der bekannteste Pilz überhaupt. Bei jungen Exemplaren gibt ihm der halbkugelige **Hut** die typische Form eines Champagnerkorkens. Anschließend breitet er sich aus, bleibt jedoch dick, fleischig und konvex. Er ist zunächst fest, wird aber später weich. Die Huthaut, beige bis rotbraun, manchmal sogar gebrochen weiß, ist glatt bis etwas rauh und bei Feuchtigkeit schmierig. Entlang des Hutrands verläuft eine feine weiße Linie.

Die feinen langen, bei jungen Exemplaren weißen **Röhren** werden wie die Poren mit wachsender Reife gelb, später olivbraun.

Der massive, bauchige **Stiel** streckt sich rasch und wird im Alter recht weich. Er ist weiß bzw. mehr oder weniger verwaschen braun und trägt, für die Art typisch, im oberen Bereich ein sehr zartes, weißes Netz.

Das dicke weiße **Fleisch** ist unter der Huthaut weinrot bis bräunlich gefleckt und duftet delikat.

▌ Vorkommen

Der Steinpilz wächst sowohl unter Laubbäumen (Eichen und Buchen) als auch unter Nadelbäumen (Kiefern und Fichten). Er ist an den verschiedensten Standorten zu finden und schießt vor allem nach spätsommerlichen oder herbstlichen Gewittern auf spektakuläre Weise aus dem Boden.

▌ Wert

Der Steinpilz übertrifft im Geschmack noch den Pfifferling. Für viele Pilzliebhaber ist er der Maßstab, an dem Pilze gemessen werden, und er gilt als ausgezeichneter Speisepilz. Der Pilz findet sich vor allem häufig bei heißem, regnerischem Wetter. Auf Märkten wird er frisch, getrocknet und eingelegt verkauft, denn er eignet sich für alle Konservierungsarten. Mit fortschreitendem Alter wird er allerdings rasch weich und wurmstichig.

Deswegen ist es notwendig, die Pilze auszusortieren und nur gesunde, noch köstlich duftende Exemplare zu verwenden. Viele Pilzkenner schätzen vor allem die jungen und festen Steinpilze, aber manche ziehen auch die älteren mit weichem Fleisch vor.

Übrigens ändert sich mit fortschreitendem Alter nicht nur die Konsistenz, sondern auch das Aussehen dieses Pilzes beträchtlich. So sind grünliche Röhren der reifen Exemplare für viele Köche eine Köstlichkeit, allerdings gibt es auch einige mit empfindlichem Magen, die das »unerwünschte Grünzeug« dann doch lieber entfernen.

In Ungarn galt der Steinpilz früher als Antikrebsmittel. Um dies zu überprüfen, wurden in den Vereinigten Staaten Untersuchungen durchgeführt. Allerdings waren die Ergebnisse nicht sehr ermutigend, so daß man beschloß, Forschungen in dieser Richtung nicht weiter zu verfolgen. (→ Tabellen S. 27, 29)

	Steinpilz *Boletus edulis*	Gallenröhrling *Tylopilus felleus*
Hut	beige bis bräunlich	bräunlich
Poren	fein, weiß, gelb, dann olivbraun	weit, weiß, anschließend rosa bis bräunlich
Stiel	weiß, mehr oder weniger braun	weiß bis bräunlich
Netz	fein, im oberen Bereich weiß	gröber, eher dunkel
Fleisch	weiß, rotbraun unter der Huthaut	weiß
Geschmack	mild	sehr bitter
Wert	ausgezeichneter Speisepilz	ungenießbar

Verwechslung

Der **Gallenröhrling** (Tylopilus felleus; S. 27) ist so bitter, daß ein einziges Exemplar ausreicht, um ein ganzes Gericht zu verderben. Sein Stiel ist sehr grobmaschig genetzt und seine weißen Poren färben sich auf Fingerdruck oder bei reifen Exemplaren rosa. Er ist quasi der perfekte Doppelgänger des Steinpilzes, besonders in der Jugend. So verwechselt man ihn leicht mit seinem wohlschmeckenden Verwandten, vor allem, da beide Arten im Schutz von Laub- und Nadelbäumen wachsen.

Verwandte Arten

Unter den Steinpilzen mit dickem, genetztem Stiel und unveränderlichem Fleisch gibt es ausgezeichnete Speisepilze.

SOMMER-STEINPILZ

Boletus aestivalis

Der Sommer-Steinpilz ist dem Steinpilz besonders ähnlich und kaum von ihm zu unterscheiden. Es sind nur einige, nicht immer sehr ausgeprägte Merkmale, in denen sie voneinander abweichen. Das sicherste ist die unter der Huthaut fehlende weinrote Färbung.

Der Hut ist selbst bei Regen nicht schleimig, einheitlich gefärbt und heller als der des Steinpilzes, ocker, rötlich oder zimtfarben, selbst am Rand, der hier nicht heller ist. Der ockerfarbene Stiel trägt auf der gesamten Oberfläche ein deutliches Netz. Es handelt sich um eine frühe Art, die ab Mai erscheint und spätestens in den letzten Septembertagen wieder verschwindet. Man findet sie vor allem in Lichtungen und an Rändern von Laubwäldern.

Sie wird zwar schneller weich als der Steinpilz und ist oft wurmstichig, ihr süßliches Fleisch macht sie aber zu einem sehr guten Speisepilz. (→ Tabelle S. 27)
- H: 8–20
- Ø: 5–15 cm
- Braunolive Sporen

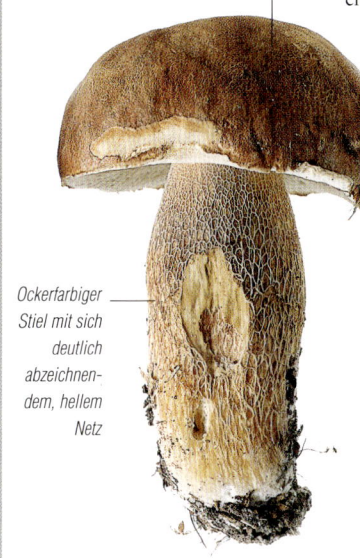

Einheitlich gefärbter, manchmal rissiger Hut

Ockerfarbiger Stiel mit sich deutlich abzeichnendem, hellem Netz

SCHWARZER STEINPILZ[2]

Boletus aereus

Dieser Pilz, der vor allem im Süden Europas vorkommt, wächst ausschließlich in Laubwäldern. Man erkennt ihn an seinem typisch sepiabraunen, bei jungen Exemplaren fast schwarzen Hut, der im Alter teilweise heller wird. Er fällt oft Schneckenfraß zum Opfer. Der Stiel ist wie beim Sommersteinpilz ocker oder rostbraun. Er ist sehr gedrungen, kann jedoch im oberen Bereich schlanker werden.
- H: 10–15
- Ø: 5–20 cm
- Olivbraune Sporen

KIEFERN-STEINPILZ[3]

Boletus pinophilus

Der Hut des Kiefern-Steinpilzes ist granatrot, mahagonifarben oder weinrot bis braun, ein wenig bucklig und bei jungen Exemplaren bereift. Der Stiel ist sehr gedrungen, ocker oder rötlich. Er wächst vor allem im Mittelmeerraum und in den Bergen, ist jedoch nicht nur, wie sein Name nahelegt, unter Kiefern, sondern auch in Mischwäldern mit Laub- und Nadelgehölz zu finden, selbst unter Laubbäumen, insbesondere Kastanien.
- H: 10–20 cm
- Ø: 5–20 cm
- Braunolive Sporen

Flockenstieliger Hexenröhrling
Boletus erythropus

Klasse: Basidiomycetes – Ordnung: Boletales – Familie: Boletaceae

- H: 8–20 cm ● Ø: 7–20 cm ● Braunolive Sporen

Samtig brauner Hut

Rote Poren

Gelber, mit feinen roten Pünktchen übersäter Stiel

Das gelbe Fleisch blaut an der Luft stark.

▼ **Verwechslungsgefahr:**
Satansröhrling *(Boletus satanas;* S. 31)
Schönfußröhrling *(Boletus calopus;* S. 33)

▎Bestimmung

Der Flockenstielige Hexenröhrling ähnelt von seinem Wuchs her einem Steinpilz, ist jedoch rötlich gefärbt. Der **Hut** dieses schönen Pilzes ist erst halbkugelig und verflacht sich später stark. Er ist dick und hat ein ergiebiges, sehr festes, fast hartes Fleisch. Die samtige, trockene und matte Huthaut ist zimtfarben bis braun, manchmal leicht rötlich gefärbt.

Die am Stiel freien gelben **Röhren** münden in sehr kleine, stark rote, am Rand sogar oft orange gefärbte Poren. Auf Fingerdruck blauen sie deutlich.

Der imposant robuste **Stiel** hat wie der Hut ein sehr festes Fleisch. Seine nicht genetzte, gelb grundierte Oberfläche ist mit feinen roten Pünktchen derart übersät, so daß der Stiel ganz rot erscheint.

Das **Fleisch** ist gelb und verfärbt sich an Schnittstellen sofort blauschwarz.

▎Vorkommen

Der Flockenstielige Hexenröhrling gedeiht in lichten Laubwäldern (vor allem unter Eichen) und in Nadelwäldern oft in kleinen Gruppen, besonders auf sauren Böden am Waldrand. Er ist in der ganzen nördlichen Hemisphäre im Tiefland sowie in den Bergen verbreitet und wächst von Mai bis in den Herbst.

▎Wert

Die Art gilt als sehr guter Speisepilz und bei manchen als dem Steinpilz gleichwertig. Sie ihm unter Umständen sogar noch vorzuziehen, denn sie hat ein dickes, festes, nur selten madiges Fleisch. Sein intensives Blauen mindert seine Qualität überhaupt nicht, sie zeigt ebenfalls keine Giftigkeit an. Aber wie alle blauenden Röhrlinge stößt der Pilz empfindliche oder unerfahrene Sammler ab und wird nur selten gegessen.

Der Flockenstielige Hexenröhrling ist eine Kostprobe wert. Allerdings nur gegart, denn roh kann er zu leichter Übelkeit führen. In Saucen, allein oder mit Steinpilzen, ist er trotz seiner schwärzlichen Farbe sehr appetitlich.

Verwechslung

Der **Satansröhrling** (Boletus satanas; S. 31) hat einen weißlichen oder beigen Hut und einen Stiel mit feinem, rotem Netz.

Der **Schönfußröhrling** (Boletus calopus; S. 33) hat einen gräulichen bis blaßbraunen Hut, schöne gelbe Poren und einen gelbroten, genetzten Stiel. Er ist wegen seines bitteren Geschmacks ungenießbar, ja sogar unverdaulich.

	Flockenst. Hexenröhrling *Boletus erythropus*	Satansröhrling *Boletus satanas*	Schönfußröhrling *Boletus calopus*
Hut	dunkel, zimtfarben bis braun	blaß, fast aschfahl	blaß, gräulich bis olivgelb
Poren	rot	gelb, später rot	gelb
Stiel	gedrungen mit roten Pünktchen	bauchig, fein rot genetzt	gedrungen, weiß genetzt
blauend	stark	gering	gering
Vorkommen	saure Böden	Kalkboden	saure Böden
Wert	sehr guter Speisepilz	giftig (vor allem roh)	ungenießbar

Verwandte Arten

Unter den Dickröhrlingen gibt es neben dem Flockenstieligen Hexenröhrling auch andere Arten mit roten Poren und blauendem Fleisch.

NETZSTIELIGER HEXENRÖHRLING
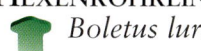
Boletus luridus

Der Netzstielige Hexenröhrling, der auf Kalkböden wächst, unterscheidet sich von seinen Verwandten durch das rote oder orangefarbene Fleisch unter den Röhren. Der Stiel ist auf gelbem Grund schön rot genetzt. Obwohl er stark blaut, handelt es sich um einen sehr guten Speisepilz.

- H: 10–18 cm
- Ø: 8–20 cm
- Braunolive Sporen

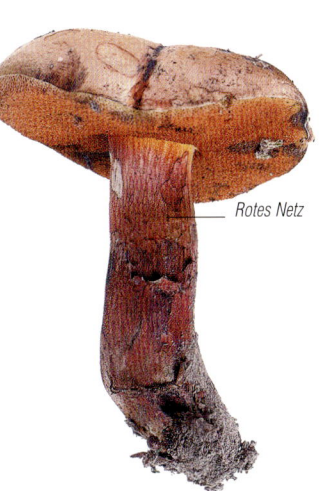

Rotes Netz

GLATTSTIELIGER HEXENRÖHRLING[2]
Boletus queletii

Der Glattstielige Hexenröhrling kann sehr unterschiedlich aussehen, und sein Hut ist niemals eindeutig braun. Er läßt sich vor allem an der deutlich braunroten Basis seines ungenetzten Stieles erkennen. Die Art wird weniger geschätzt als der Flockenstielige Hexenröhrling.

- H: 12–18 cm
- Ø: 8–15 cm
- Olivbraune Sporen

Satansröhrling[2]
Boletus satanas

Klasse: Basidiomycetes – Ordnung: Boletales – Familie: Boletaceae

- H: 10–20 cm
- Ø: 10–25 cm
- Olivbraune Sporen

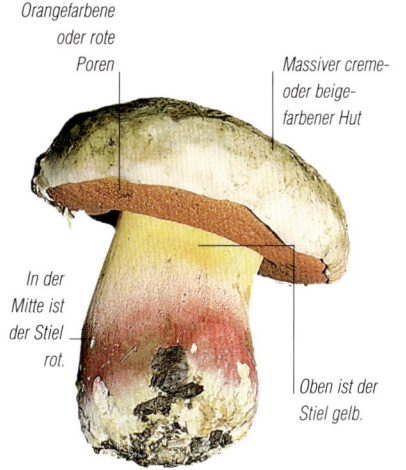

Orangefarbene oder rote Poren

Massiver creme- oder beigefarbener Hut

In der Mitte ist der Stiel rot.

Oben ist der Stiel gelb.

▌ Bestimmung

Der Satansröhrling ist massiv, riesig und oft grotesk geformt. Seine blasse Hutoberfläche verdeckt leuchtkräftige Farben. Der imposante, sehr dicke und fleischige **Hut** ist zunächst rund und flacht anschließend unregelmäßig gebuckelt ab.

Die im allgemeinen trockene, matte und samtige Huthaut ist sehr blaß und variiert von weißlich über grau bis hin zu einem hellen Braun. Typischerweise zeigt sie die Farbe des Milchkaffees und wird bei älteren Exemplaren grünlich. Die gelben **Röhren** haben zunächst gleichfarbige **Poren**, die jedoch bald kräftig ins Rot oder Orange spielen.

Der dickbauchige, sehr kurze und gedrungene **Stiel** ist, blutrot und leuchtend gelb gefärbt, mit einer feinen Netzstruktur überzogen. Das dicke kompakte, rasch weiche, weiße bis cremefarbene **Fleisch** blaut nur gering (im Gegensatz zu den verbreiteten Vorstellungen über diesen Pilz). (→ Tabellen S. 30,32)

Boletales

(Fortsetzung)

■ Vorkommen

Der Satansröhrling tritt auf Kalkböden auf, wo man ihn örtlich häufig im Unterholz, am Waldrand und in Lichtungen unter Laubbäumen findet. Der stark gefährdete, schöne Pilz wächst in zahlreichen Regionen überhaupt nicht. Seine Jahreszeit ist die Pilzsaison.

■ Giftigkeit

Obwohl Insekten und Schnecken sich an seinem Fleisch laben (und so zu seinem eigenwilligen Äußeren noch beitragen), ist der Satansröhrling insbesondere in rohem Zustand ausgesprochen giftig, wenn auch nicht tödlich. Trotz seines Geruchs, seines wenig einladenden Geschmacks und seines charakteristischen Aussehens wird er manchmal gegessen, was zu mehr oder weniger heftigem Brechdurchfall führt.

Verwechslung

Der Satansröhrling darf wie seine nahen Verwandten nicht mit einigen sehr gut eßbaren Röhrlingen verwechselt werden:

Der **Flockenstielige Hexenröhrling** *(Boletus erythropus; S. 30) wächst in Wäldern auf sauren Böden. Er unterscheidet sich vom Satansröhrling durch seinen braunen Hut und vor allem durch seinen nicht genetzten Stiel, der mit roten Pünktchen übersät ist. An Schnittstellen blaut er sehr stark.*

Der **Schönfußröhrling** *(Boletus calopus; S. 33) hat gelbe Poren und wächst sowohl auf Kalk- als auch auf sauren Böden.*

Der **Netzstielige Hexenröhrling** *(Boletus luridus; S. 31), der auf Kalkböden wächst, hat einen bräunlichen bis braunen, mitunter leicht rosafarbenen Hut. Das feine rote Netz gleich unter den Röhren ermöglicht das sichere Erkennen. An Schnittstellen blaut er deutlich.*

▼ **Verwechslungsgefahr:**
Flockenstieliger Hexenröhrling *(Boletus erythropus; S. 30)*
Schönfußröhrling *(Boletus calopus; S. 33)*
Netzstieliger Hexenröhrling *(Boletus luridus; S. 31)*

Verwandte Arten

Mehrere, meist giftige, mit dem Satanspilz verwandte, aber seltenere Arten sind durch ihre mehr oder weniger deutliche Rötung des Huts und die intensive Färbung der Poren gekennzeichnet.

PURPURRÖHRLING
Boletus rhodopurpureus

Der Purpurröhrling ist ebenfalls eine Art des Mittelmeerraums. Er gibt sich vor allem dadurch zu erkennen, daß sich sein leuchtend gelbes Fleisch auf spektakuläre Weise dunkelblau verfärbt. Die Poren blauen ebenfalls intensiv bei Fingerdruck. Der Pilz soll im Gegensatz zu den anderen verträglich sein, aber die Verwechslungsgefahr mit Giftpilzen ist erheblich.
● H: 10–20 cm
● Ø: 12–18 cm
● Braunolive Sporen

WOLFS-RÖHRLING
⚠ *Boletus lupinus*

Der Wolfs-Röhrling hat wie die vorgenannte Art ebenfalls ein beim Anschneiden stark blauendes goldgelbes Fleisch, allerdings ist die rosa Farbe des Huts intensiver, und vor allem ist der massive Stiel oben nicht genetzt.

Rosa Färbung

● H: 7–15 cm
● Ø: 8–15 cm
● Olivbraune Sporen

Ungenetzter Stiel

KÖNIGSRÖHRLING
Boletus regius

Den Königsröhrling zeichnen zwei Farben aus: Der Hut ist oben johannisbeer- oder rosenrot und sonst zitronengelb. Das feine Netzmuster auf dem Stiel ist ebenfalls gelb. Das blaßgelbe Fleisch blaut bei Verletzungen kaum. Es handelt sich um einen sehr guten, im Süden wachsenden, hierzulande aber extrem seltenen Speisepilz.
● H: 8–18 cm
● Ø: 6–20 cm
● Braunolive Sporen

	Satansröhrling *Boletus satanas*	Flockenst. Hexenröhrling *Boletus erythropus*	Schönfußröhrling *Boletus calopus*
Hut	blaß, fast aschfahl	dunkel, zimtfarben bis braun	blaß, gräulich bis olivgelb
Poren	gelb, später rot	rot	gelb
Stiel	bauchig, fein rot genetzt	gedrungen mit roten Pünktchen	gedrungen, weiß genetzt
blauend	gering	stark	gering
Vorkommen	Kalkböden	saure Böden	saure Böden
Wert	giftig (vor allem roh)	gekocht sehr guter Speisepilz	ungenießbar

Schönfußröhrling[3]
Boletus calopus

Klasse: Basidiomycetes – Ordnung: Boletales – Familie: Boletaceae

- H: 10–15 cm
- Ø: 6–15 cm
- Olivbraune Sporen

- Hellbrauner Hut
- Gelbe Poren, die sich auf Fingerdruck grün verfärben
- Der Stiel ist oben gelb und an der Basis rot.
- Deutlich sichtbares Netz
- Mehr oder weniger blauendes Fleisch

▼ **Verwechslung:**
Flockenstieliger Hexenröhrling (*Boletus erythropus*; S. 30)
Sommer-Röhrling (*Boletus fechtneri*)

▌ Bestimmung

Der halbkugelige bis konvexe **Hut** des mittelgroßen Röhrlings ist recht fleischig. Die fein filzige, trockene, matte, eher fahle, weißliche oder gräuliche Huthaut verfärbt sich nach und nach bräunlich.

Die gelben, später olivfarbenen **Röhren** münden in kleine runde Poren. Diese sind blaßgelb und färben sich auf Fingerdruck oder bei Reife der Sporen grünlich.

Der dicke, anschließend langgestreckte, an der Basis bauchige **Stiel** wirkt immer robust und hat ein festes Fleisch. Er ist im Basisbereich intensiv rot und im oberen gelb. Ein weißes, an der Basis rötliches, erhabenes Netz trägt noch zur Schönheit dieses Pilzes bei.

Das blaßgelbe, später noch hellere **Fleisch** blaut bei Luftkontakt ziemlich deutlich. Es wirkt wegen seiner Festigkeit recht appetitlich, schmeckt aber äußerst bitter.

▌ Vorkommen

Der Schönfußröhrling wächst in Nadelwäldern, auf sauren Böden. Man findet ihn gelegentlich auch unter Laubbäumen. Er wächst in der Pilzsaison von Sommer bis Herbst gerne in kleinen Gruppen.

▌ Wert

Da das Fleisch des Schönfußröhrlings beim Kochen stark bitter wird, ist er ungenießbar. Man könnte ihn unter Umständen blanchieren, um die Schärfe seines Geschmacks abzumildern. Aber manchmal ist er unverdaulich, so daß einige Pilzbuchautoren ihn als verdächtig einstufen. Dennoch wurden Schönfußröhrlinge und der ihm eng verwandte Wurzelnde Bitterröhrling bereits gegessen.

Wir raten vom Verzehr ab. Vergiftungen können vor allem bei roh genossenen Pilzen sehr gravierend sein und denen vom Satansröhrling ähneln. (→ Tabellen S. 30, 32)

Verwechslung

Man sollte den Schönfußröhrling oder den Wurzelnden Bitterröhrling nicht mit dem Flockenstieligen Hexenröhrling oder mit Anhängsel-Röhrlingen verwechseln, die vorzügliche Speisepilze sind.

Der **Flockenstielige Hexenröhrling** *(Boletus erythropus; S. 30) hat einen dunklen zimtfarbenen bis braunen Hut, rote Poren und einen mit roten Pünktchen besetzten Stiel, jedoch kein Netz.*

Der **Sommer-Röhrling** *(Boletus fechtneri), ein stark gefährdeter, blaß gefärbter Röhrling mit wellig verbogenem Hutrand, hat einen rotgefärbten Stiel.*

Verwandte Art

WURZELNDER BITTERRÖHRLING[3]
⚠ *Boletus radicans*

Der Wurzelnde Bitterröhrling ist ein Pilz mit festem Fleisch und dem Habitus eines Steinpilzes. Der zunächst weißliche, später gräuliche bis bräunliche Hut ist konvex und hat einen deutlich eingerollten Rand. Die kurzen Röhren und die feinen, schön gelb gefärbten Poren verfärben sich rasch grünlich. Der dickbauchige gelbe Stiel ist mit einem gleichfarbigen, weißgelblichen zarten Netz überzogen. Bei der Unterart *eupachypus* ist der Stiel rötlich gefärbt. Das blauende, bittere Fleisch ist ungenießbar und soll zu schweren Magen-Darmverstimmungen geführt haben. Glücklicherweise ist dieser giftige Röhrling nicht sehr verbreitet.

- H: 10–20 cm
- Ø: 10–20 cm
- Braunolive Sporen

Boletales

Großer Schmierling
Gomphidius glutinosus

Klasse: Basidiomycetes – Ordnung: Boletales – Familie: Gomphidiaceae

- H: 6–12 cm
- Ø: 5–10 cm
- Schwärzliche Sporen

Sehr schmierig-klebriger Hut

Cortina bei jungen Exemplaren

Eingerollter Rand

Sehr leicht vom Hut lösliche, am Stiel herablaufende Lamellen

Im Basisbereich gelber Stiel

▼ **Verwechslungsgefahr:**
Gelbblättriger Frostschneckling (*Hygrophorus hypothejus*; S. 67)

Bestimmung

Farbe, Lamellen und die schmierige Huthaut beim Großen Schmierling erinnern an einen Schneckling. Der fleischige, zunächst halbkugelige, dann ausgebreitete **Hut** ist später eingedrückt. Die schleimig überzogene **Huthaut** ist graubraun, leicht violett schimmernd gefärbt und hat bei älteren Exemplaren schwarze Flecken.

Die markanten, weitständigen, deutlich am Stiel herablaufenden **Lamellen**, die zunächst weiß und von einer klebrigen Cortina bedeckt sind, färben sich beim reifen Pilz schwarz.

Der volle, festfleischige, im oberen Bereich weiße und an der Basis leuchtend gelbe **Stiel** ist ebenfalls stark schleimig. Im oberen Bereich hat er eine mehr oder weniger deutliche Ringzone, an der von den Sporen schwärzlich gefärbte Cortinareste hängen. Das dicke, eher weiche **Fleisch** ist weiß und unten gelb.

Vorkommen

Der Große Schmierling wächst häufig in lichten Nadelwäldern, oft am Rand oder an Wegsäumen vom Sommer bis in den Herbst.

Wert

Ohne die leicht zu entfernende Schleimschicht und die Stielbasis ist der Große Schmierling ein guter Speisepilz.

Verwechslung

Der **Gelbblättrige Frostschneckling** (*Hygrophorus hypothejus*; S. 67) ähnelt dem Großen Schmierling wegen seiner Schleimigkeit, seinem braunen Hut und seinem weißen bis gelben, deutlich beringten Stiel. Er unterscheidet sich jedoch durch seine gelben, vom Hut nicht trennbaren Lamellen. Er hat das gleiche Verbreitungsgebiet und ist ein mittelmäßiger Speisepilz.

Verwandte Arten

KUPFERROTER GELBFUSS
Chroogomphus rutilus

Er wächst unter Tannen und hat die Form eines großen Kupfernagels – im Griechischen bedeutet *gomphos* »Nagel«. Er ist weniger schleimig als andere Schmierlinge, aber ein weniger wertvoller Speisepilz als der Große Schmierling.

- H: 7–15 cm
- Ø: 5–10 cm
- Schwärzliche Sporen

Rötlicher Hut in Form eines Kupfernagels

ROSA SCHMIERLING
Gomphidius roseus

Der seltene Rosa Schmierling wächst vor allem unter Kiefern, zusammen mit dem Kuhröhrling (*Suillus bovinus*). Vom Großen Schmierling unterscheidet er sich durch den weißen, gern schwärzenden Stiel und seinen rosa bis rot gefärbten Hut, der sich im Alter intensiver färbt. Er ist ein wenig geschätzter Speisepilz.

- H: 4–7 cm
- Ø: 2–6 cm
- Schwärzliche Sporen

Kahler Krempling
Paxillus involutus

Klasse: Basidiomycetes – Ordnung: Boletales – Familie: Paxillaceae

- H: 6–12 cm
- Ø: 5–15 cm
- Braune Sporen

Am Stiel herablaufende Lamellen

An der Basis gegabelte Lamellen

Eingerollter, ein wenig geriefelter Rand

▌Bestimmung

Durch die Wuchsform und die eingerollte Krempe wirkt der mittelgroße Krempling wie ein Milchling ohne Milch.

Der dicke **Hut** breitet sich rasch aus und wirkt dann eingedrückt und unregelmäßig gelappt. Die filzige, bei Feuchtigkeit etwas klebrige Haut ist zimtfarben bis rotbraun und wird bei trockenem Wetter blasser. Der Rand ist typisch: zunächst eingerollt, daher der Beiname Krempling, später regelmäßig gerieft.

Die erst cremefarbenen, dann rostroten **Lamellen** färben sich bei Fingerdruck braunrot. Charakteristisch für den Krempling ist, daß sie deutlich am Stiel herablaufen und dort gegabelt sind. Außerdem sind sie leicht vom Hut trennbar, was die Paxillaceae mit den Boletaceae verbindet.

Der gedrungene **Stiel** ist zunächst voll und fest, hutfarben oder blasser.

Das **Fleisch** ist dick und weich, vor allem bei älteren Exemplaren. Seine gelbliche Farbe verfärbt sich beim Anschneiden braunrot.

▌Vorkommen

Der sehr häufige Kahle Krempling wächst unter Laub- und Nadelbäumen, mithin sowohl in Eichenwäldern der Ebene als auch in Buchentannenwäldern der Höhenlagen. Er liebt feuchte, grasbewachsene Standorte.

Dieser Pilz ist in ganz Europa verbreitet und tritt oft massenhaft auf, manchmal vom Frühjahr und bis in den Herbst hinein.

▌Giftigkeit

Der Kahle Krempling galt lange als Speisepilz. Er trat häufig auf und wurde, vor allem in Mitteleuropa, gerne gegessen: bis zu dem Tag, als Ende des 2. Weltkriegs ein österreichischer Pilzsammler nach dem Verzehr roher Exemplare starb.

Besonders roh genossene Pilze bewirken Symptome wie die typischen Vergiftungen durch einige Röhrlinge, die jedoch niemals tödlich sind. Man kann sie auch mit denen der Frühjahrslorchel *(Gyromitra esculenta)* vergleichen, einem Pilz, der im Rohzustand giftig, ja sogar tödlich giftig ist, und selbst in gegartem Zustand bei Menschen, die eine erblich bedingte Störung der Enzymbildung haben. Bei beiden Arten ist die Wirkung zwar ähnlich, der Kahle Krempling zeigt jedoch ganz eigene Symptome: Auf die ursprünglichen, recht banalen Verdauungsstörungen folgen bald Herz-Kreislaufstörungen. Eine hämolytische Anämie, also die Zerstörung roter Blutkörperchen, kann unter Umständen sogar zu einem tödlichen Kollaps führen.

Vereinzelt und trotz aller Warnungen scheint der Kahle Krempling hie und da ohne großen Schaden weiterhin gegessen zu werden. Aber sein begrenzter Speisewert rechtfertigt keinesfalls, für ihn sein Leben zu riskieren. Zwischenfälle gab es nicht nur bei Kremplingen, die ungenügend gegart, z. B. gegrillt worden waren, sondern auch mit gekochten Pilzen. Der Kahle Krempling wird daher als tödlich giftiger Pilz betrachtet und gilt keinesfalls als Speisepilz.

Verwandte Art

Samtfusskrempling
Paxillus atrotomentosus

Er hat festeres Fleisch als der Kahle Krempling und einen dicken, manchmal großen, hellbraunen bis braunen Hut sowie cremefarbene, an der Basis gegabelte Lamellen. Sein Stiel ist typisch: sehr dick und kurz, exzentrisch gestielt, von einer charakteristischen dunkelbraunen bis schwarzen Samtschicht bedeckt.

Er ist weniger häufig als der Kahle Krempling und wächst auf vermoderten Baumstümpfen von Nadelbäumen. Durch sein bitteres Fleisch ist er ungenießbar.

- H: 6–18 cm
- Ø: 10–25 cm
- Braune Sporen

Falscher Pfifferling

Hygrophoropsis aurantiaca

Synonym: *Clitocybe aurantiaca*
Anderer Name: Falscher Eierschwamm

Klasse: Basidiomycetes – Ordnung: Boletales –
Familie: Paxillaceae

- H: 3–8 cm • Ø: 3–8 cm • Weiße Sporen

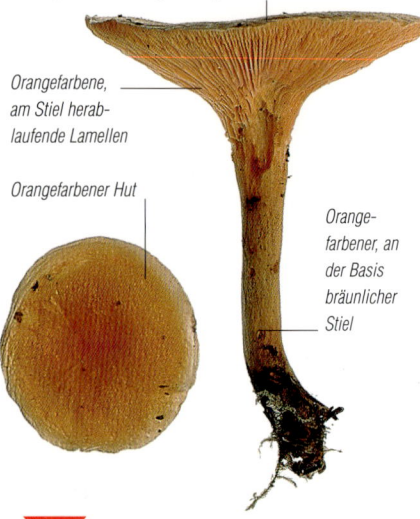

Niedergedrückter, wenig fleischiger Hut

Orangefarbene, am Stiel herablaufende Lamellen

Orangefarbener Hut

Orangefarbener, an der Basis bräunlicher Stiel

Bestimmung

Dieser kleine, schön orange gefärbte Pilz hat ein außergewöhnlich weiches Fleisch.

Der zunächst konvexe **Hut** mit eingerolltem Rand breitet sich aus und bekommt anschließend eine eingedrückte Trichterform. Die gelbocker bis orangefarbene Huthaut ist fein bereift.

Die kräftigen, gedrängten, nicht sehr breiten **Lamellen** laufen deutlich am Stiel herab und sind gegabelt. Sie haben eine schön orange Farbe.

Der eher schlanke, elastische und relativ zähe **Stiel** variiert von hellorange über braun bis schwarz, vor allem an der Basis und bei älteren Exemplaren.

Das weiche, schwammige **Fleisch** ist zunächst gelblich, färbt sich aber auch im Stiel mit der Zeit braun.

Vorkommen

Er wächst gern in kleinen Gruppen in Nadelforsten (vor allem Fichten-), manchmal sogar unter Laubbäumen, von Juli bis Oktober.

Wert

Zu Unrecht hat man diesem Pilz Vergiftungen mit Halluzinationen zugeschrieben. Der Falsche Pfifferling ist vielmehr ein Speisepilz, allerdings gehen hinsichtlich seiner Qualität die Meinungen sehr auseinander. Auf jeden Fall duftet der dünnfleischige Falsche Pfifferling nicht so gut wie der echte Pfifferling. (→ Tabellen S. 37, 202)

Verwechslung

Der **Pfifferling** (Cantharellus cibarius; S. 202) unterscheidet sich vom Falschen Pfifferling durch sein weißes, dickeres und festes Fleisch sowie die einheitliche Farbe, ein sehr viel leuchtenderes Gelb.

Verwechslungsgefahr:
Pfifferling (*Cantharellus cibarius*; S. 202)

Ölbaumpilz[3]

Omphalotus olearius

Synonym: *Clitocybe olearia*

Klasse: Basidiomycetes – Ordnung: Boletales –
Familie: Paxillaceae

- H: 7–15 cm • Ø: 6–12 cm • Weiße Sporen

Am Stiel herablaufende Lamellen

Gestreifter Stiel

Bestimmung

Der mittel- bis recht große Ölbaumpilz hat eine schöne orange Färbung. Im Zentrum recht dick, bildet sich der **Hut** trichterförmig aus, wobei der Rand wellig eingerollt bleibt. Die meist orangefarbene **Huthaut** variiert von Blaßgelb über Kupferrot bis hin zu Braun. Sie schimmert wie Satin und ist durch eingewachsene Fasern radial gestreift. Im Alter wird sie rissig, vor allem bei Trockenheit.

Die schmalen, dichten, deutlich am Stiel herablaufenden **Lamellen** haben eine wesentlich konstantere gelborange Färbung.
In der Dunkelheit leuchten sie blaugrün.

Der sehr variable, manchmal gedrungene braune oder auch blaßorange bis gelbe, unten spitz zulaufende **Stiel** ist sehr faserig, ja sogar zäh und weist deutlich charakteristische Längsstreifen auf.

Das **Fleisch** hat eine faserig elastische Konsistenz und eine gelbe bis safrangelbe Farbe, es riecht angenehm. (→ Tabellen S. 37, 202)

Gelborangefarbene Unterseite

(Fortsetzung)

■ Vorkommen

Der Ölbaumpilz wächst meist rund um das Mittelmeer in Büscheln, an Ölbaum- oder Eichenstümpfen. Manchmal befällt er als Schmarotzer Baumwurzeln, so daß es aussieht, als wüchse er atypischerweise in kleinen Trupps oder allein aus der Erde.

In der ganzen gemäßigten nördlichen Hemisphäre ist er unregelmäßig verteilt und wenig geläufig, in südlichen Regionen tritt er jedoch häufiger auf. Er wächst von Juli bis Oktober und tritt in warmen Regionen oft spät auf.

■ Giftigkeit

Der Ölbaumpilz, der durch seine schöne orange Färbung dem Pfifferling sehr ähnlich sieht, ist in der Tat ein gefährlicher Giftpilz. Die nördliche Form wurde von den Angelsachsen *Omphalotus illudens* (Leuchtender Ölbaumpilz) genannt. Er soll sogar sehr angenehm schmecken. Aber vor seinem Verzehr muß eindringlich gewarnt werden, da er zahlreiche Vergiftungen verursacht hat, vor allem in den Ölbaumgebieten, wo er zuweilen häufig auftritt. Die ersten Symptome zeigen sich früh, ein oder zwei Stunden nach dem Verzehr. Es sind äußerst heftige Magenschmerzen, begleitet von starkem Erbrechen und agressivem Durchfall, also die Symptome einer schweren Magen-Darm-Entzündung. Dann folgt in der Regel ein allgemeines Schwächegefühl mit kalten Schweißausbrüchen, Schwindel sowie nervöser Unruhe. Meist macht die Vergiftung einen Krankenhausaufenthalt nötig, doch dauert sie glücklicherweise nicht lange an.

Verwechslung

Diesen Pilz, der sehr unterschiedlich aussehen kann, sollte man sehr gut kennen. Ein verführerischer »Großer Pfifferling«, der noch dazu in dichten Büscheln wächst, sollte das Mißtrauen wachrufen. Der Ölbaumpilz sieht dem Pfifferling nicht nur ähnlich, manchmal scheint es auch so, als wachse er aus der Erde.

*Der **Pfifferling** (Cantharellus cibarius; S. 202) hat ein weißes, festes und kompaktes Fleisch, das sich von dem gelben, sehr faserigen, im längsgestreiften Stiel sogar zähen Fleisch des Ölbaumpilzes deutlich unterscheidet. Außerdem leuchten seine Lamellen nicht im Dunkeln.*

*Der **Falsche Pfifferling** (Hygrophoropsis aurantiaca; S. 36) hat dicke, gegabelte Lamellen und ein weiches Fleisch.*

▼ Verwechslungsgefahr:
Pfifferling (*Cantharellus cibarius;* S. 202)
Falscher Pfifferling (*Hygrophoropsis aurantiaca;* S. 36)

Verwandte Arten

LEUCHTENDER ÖLBAUMPILZ
⚠ *Omphalotus illudens*

Früher unterschied man häufig den Ölbaumpilz mit seinem mittelbraunen bis safrangelben Hut und den Leuchtenden Ölbaumpilz, der weiter nördlich auf Eichen wächst, blaßorange ist und einen nach unten spitz zulaufenden Stiel hat. Es scheint tatsächlich verschiedene Formen zu geben.

Der Ölbaumpilz wird heute zu den Paxillaceae gezählt und ist eng mit den Röhrlingen verwandt. Bei ihm lassen sich die Lamellen ablösen, bei letzteren die Röhren.
- H: 7–15 cm
- Ø: 6–12 cm
- Weiße Sporen

Rissiger, mit Faserchen besetzter Hut

Orange oder rotbraune Färbung

	⚠ Ölbaumpilz *Omphalotus olearius*	Pfifferling *Cantharellus cibarius*	Falscher Pfifferling *Hygrophoropsis aurantiaca*
Hut	gelb, orange bis braun	dottergelb	gelb bis orange
Fruchtschicht	feine, gedrängte, fluoreszierende Lamellen	lamellenförmige, weitständige, nicht fluoreszierende Leisten	dicke, gegabelte, nicht fluoreszierende Lamellen
Stiel	sehr faserig, unveränderlich	kaum faserig, unveränderlich	schlank, elastisch, schwärzend
Fleisch	gelb, zäh	weiß, kompakt	gelblich, weich
Vorkommen	auf Holz, an Laubbäumen	im Erdreich	im Erdreich
Wert	giftig	ausgezeichneter Speisepilz	mäßiger Speisepilz

MERKMALE DER RUSSULALES

- Pilze mit sprödem, nicht faserigem Fleisch

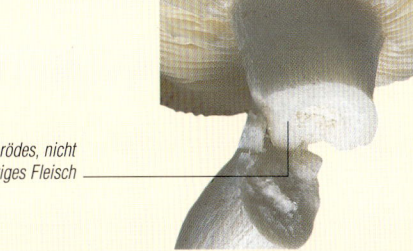

Sprödes, nicht faseriges Fleisch

1 - Täublinge

- Geben an Verletzungen keinen Milchsaft ab
- Gleich lange oder gegabelte Lamellen
- Zylindrischer, gerader Stiel (ø über 1 cm)

Zylindrischer, gerader Stiel (ø über 1 cm)

Gleich lange oder gegabelte Lamellen

Gibt an Verletzungen keinen Milchsaft ab.

RUSSULA **Seite 40**

2 - Milchlinge

- Am Stiel herablaufende, nicht gegabelte Lamellen
- An Verletzungen tritt ein weißer, wässeriger oder farbiger Milchsaft aus.

Am Stiel herablaufende, nicht gegabelte Lamellen

An Verletzungen tritt ein weißer, wässeriger oder farbiger Milchsaft aus.

LACTARIUS **Seite 48**

Dickblättriger Schwarztäubling
Russula nigricans

Klasse: Basidiomycetes – Ordnung: Russulales – Familie: Russulaceae

- H: 4–10 cm
- Ø: 5–18 cm
- Weiße Sporen

Grauschwarz marmorierter Hut

Sehr weitständige, dicke und spröde Lamellen

▮ Bestimmung

Der zunächst konvexe **Hut** ist rasch in der Mitte eingedrückt, behält aber lange seinen eingerollten Rand. Wenn er aus der Erde bricht, ist er zunächst weiß, nimmt aber in der Folge eine graumarmorierte Färbung an.

Die dicken, sehr weitständigen **Lamellen** sind, im Gegensatz zur großen Mehrheit der Täublinge, mit zahlreichen kleineren durchsetzt. Sie sind sehr zerbrechlich, weiß oder hellbeige und färben sich bei Fingerdruck erst rot, dann schwarz.

Der **Stiel** ist kurz, gedrungen und ebenfalls weißlich.

Das feste, dicke **Fleisch** läuft an Schnittstellen rot und anschließend schwarz an. Der Pilz ist geruchlos oder riecht leicht fruchtig.

▮ Vorkommen

Der Dickblättrige Schwarztäubling stellt keine besonderen Ansprüche an den Boden; er wächst sehr häufig im Spätsommer und im Herbst in allen Laub- und Nadelwäldern, wo er gesellig auftritt. Dieser Täubling kann von selbst wieder trocken werden, schimmelt dann nicht und hält sich manchmal mehrere Wochen aufrecht. Pilze der Gattung Nyctalis wachsen dann auf diesen völlig schwarzen Exemplaren.

Verwandte Arten

DICHTBLÄTTRIGER SCHWARZTÄUBLING
Russula densifolia

Diese Art mit weißem, später rötlichem Hut ist kleiner als der Dickblättrige Schwarztäubling, doch färbt auch sie sich an Schnittstellen erst rot, dann schwarz. Die beiden Arten ließen sich schwer unterscheiden, stünden die Lamellen des Dichtblättrigen Schwarztäublings nicht feiner und enger zusammen. Er ist ungenießbar.

- H: 5–10 cm
- Ø: 3–10 cm
- Weißliche Sporen

BLAUBLÄTTRIGER WEIẞTÄUBLING
Russula delica

Der Blaublättrige Weißtäubling sieht einem Milchling sehr ähnlich. Er ist ein wenig geschätzter Speisepilz mit kurzem Stiel und weißem, später rötlichem Hut. Seine Lamellen schimmern leicht bläulich.

- H: 4–10 cm
- Ø: 5–15 cm
- Cremeweiße Sporen

Zitronentäubling
Russula ochroleuca

Klasse: Basidiomycetes – Ordnung: Russulales – Familie: Russulaceae

- H: 6–10 cm
- Ø: 4–10 cm
- Weiße Sporen

Gelber bis ockerfarbiger Hut

Bei jungen Exemplaren sind die Lamellen weiß.

Zylindrischer, weißer Stiel

▌ Bestimmung

Der erst konvexe **Hut** flacht sich ab, wird wellig oder ein wenig eingedrückt. Die glatte, glänzende Huthaut läßt sich großflächig abziehen und ist zunächst leuchtend zitronengelb, später färbt sie sich ocker oder olivfarben.

Die gedrängten **Lamellen** sind wellig oder gewölbt und sitzen am Stiel. Anfangs sind sie schneeweiß und färben sich später hellgelb.

Der bei jungen Exemplaren weiße **Stiel** ist mehr oder weniger zylindrisch, an der Basis verdickt, voll, dann schwammig. Später wird er nach und nach grau.

Das **Fleisch** ist weiß, aber unter der Huthaut gelb und sehr spröde. Der Pilz riecht kaum oder gar nicht, und sein Geschmack ist im allgemeinen leicht, insgesamt aber unterschiedlich scharf.

▌ Vorkommen und Wert

Der Zitronentäubling ist auf sauren oder sandigen Böden einer der häufigsten Täublinge überhaupt. Im Spätsommer und Herbst wächst er unter Laub- wie Nadelbäumen sehr gesellig. Besonders häufig tritt er in sandigen Kiefernwäldern auf.

Kulinarisch ist dieser Pilz von geringem Wert.

Verwandte Arten

Zwei andere genauso häufige, ungenießbare Täublinge können ebenfalls ockerfarben sein.

GALLENTÄUBLING
Russula fellea

Hut, Lamellen und Stiel sind gleichmäßig ockergelb. Dieser Täubling riecht roh sehr stark nach Apfelkompott, schmeckt jedoch unangenehm bitter, daher auch sein Name.
- H: 4–7 cm
- Ø: 4–10 cm
- Weißliche Sporen

STINKTÄUBLING
Russula foetens

Er hat einen großen, sehr schleimigen, honig- oder strohfarbenen Hut und ist am Rand gefurcht. Die weißen Lamellen sondern Tröpfchen ab, die rötliche Flecken hinterlassen. Der weiße, teils hohle Stiel ist ebenfalls rot gesprenkelt. Der Pilz riecht ranzig und hat einen sehr scharfen Geschmack.
- H: 7–15 cm
- Ø: 8–15 cm
- Hellbeige Sporen

Buchen-Heringstäubling
Russula fageticola

Klasse: Basidiomycetes – Ordnung: Russulales – Familie: Russulaceae

- H: 6–10 cm • Ø: 4–10 cm • Weiße Sporen

Weißer Stiel

Mehr oder weniger samtige, leuchtend rote Oberfläche

▎Bestimmung

Der zunächst konkave, am Rand eingerollte **Hut** ist später oft mittig eingedrückt. Die teils abziehbare Huthaut ist fast samtig und scharlachrot.

Die gedrängten, erst geschwungenen und dann gestreckten weißlichen **Lamellen** schimmern Anfangs grau oder grünlich.

Der weiße **Stiel** ist fest, voll, recht zylindrisch und an der Basis verdickt.

Das harte, weiße, unter der Huthaut rosafarbene **Fleisch** hat einen leicht fruchtigen, an Kokosnuß oder Honig erinnernden Geruch und schmeckt sehr scharf.

▎Vorkommen

Der Buchen-Heringstäubling wächst im Herbst auf verhältnismäßig sauren Böden, vor allem in Buchenwäldern, seltener unter Eichen.

Verwandte Arten

Mehrere sehr nahe Verwandte des Buchen-Heringstäublings haben einen leuchtend roten Hut, einen scharfen Geschmack und sind schwer von ihm zu unterscheiden. Am wichtigsten ist der Speitäubling (*Russula emetica*), der jedoch seltener auftritt als die anderen Mitglieder der Gruppe.

PURPURSCHWARZER TÄUBLING
Russula krombholzii

Außer seinen schneeweißen Sporen fällt sein dunkelpurpurroter randlich ungeriefter Hut auf, der im Zentrum fast schwarz und ockergefleckt ist. Der kurze, weiße Stiel verfärbt sich mit zunehmendem Alter grau. Er riecht schwach nach Apfel und schmeckt weniger scharf als die anderen Pilze derselben Gattung.

- H: 4–7 cm • Ø: 5–12 cm
- Schneeweiße Sporen

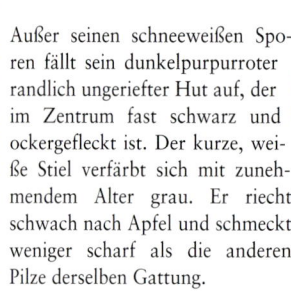

In der Mitte sehr dunkler Hut

KIRSCHROTER SPEITÄUBLING

Russula emetica

Dieser Täubling ist relativ häufig zu finden; er wächst in den Bergen an sehr feuchten oder moorigen Standorten, unter Nadelbäumen, vor allem Fichten. Der Hut ist leuchtend zinnoberrot und glänzend, der Rand leicht gerieft.

- H: 5–10 cm
- Ø: 3–8 cm
- Weiße Sporen

WECHSELFARBIGER SPEITÄUBLING

Russula fragilis

Seine sehr variable Hutfarbe reicht von violett bis rot, wobei sie mit der Zeit in ein grünliches Ocker übergeht und die Hutmitte dunkler ist. Am deutlich gerieften Rand sind die Lamellen sehr fein gekerbt (Lupe!). Das äußerst brüchige Fleisch hat einen ganz eigenen, starken Geruch. Der Pilz ist giftverdächtig, durch seinen brennend scharfen Geschmack aber auf jeden Fall ungenießbar.

- H: 4–7 cm
- Ø: 2–6 cm
- Weiße Sporen

Brauner Ledertäubling

Russula integra

Klasse: Basidiomycetes – Ordnung: Russulales – Familie: Russulaceae

- H: 5–12 cm
- Ø: 5–12 cm
- Gelbe Sporen

Dicke, weiße, im Alter leuchtend gelbe Lamellen

Sehr weißer Stiel

Glänzender, unterschiedlich gefärbter Hut

▮ Bestimmung

Der zunächst fast kugelige **Hut** breitet sich aus oder ist später sogar eingedrückt. Die Huthaut ist glänzend, von unterschiedlicher Färbung, im allgemeinen braun, gemischt mit Violett, Purpur, Gelb oder Grün.

Die dicken, weitständigen **Lamellen** sind brüchig, zunächst weiß und mit zunehmendem Alter leuchtend gelb.

Der **Stiel** ist dick, ganz weiß, anschließend gelb oder rostrot gefleckt.

Das weiße und sehr feste **Fleisch** hat einen milden Geschmack.

▮ Vorkommen

Der Braune Ledertäubling bildet oft gesellige Gruppen in Fichten- oder Tannenwäldern. Er paßt sich verschiedenen Bodenarten an und wächst im Sommer und zu Herbstbeginn.

▮ Wert

Es handelt sich hier um einen recht guten Speisepilz mit knackigem Fleisch und nussigem Geschmack, der besonders wegen seiner Häufigkeit interessant ist. Vor allem im Norden Europas wird er geschätzt.

Frauentäubling

Russula cyanoxantha

Klasse: Basidiomycetes – Ordnung: Russulales – Familie: Russulaceae

● H: 5–11 cm ● Ø: 5–15 cm ● Weißliche Sporen

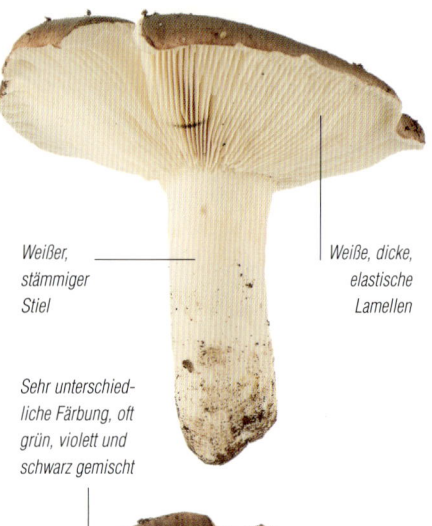

Weißer, stämmiger Stiel

Weiße, dicke, elastische Lamellen

Sehr unterschiedliche Färbung, oft grün, violett und schwarz gemischt

▌Bestimmung

Der recht große **Hut** ist konvex bis abgeflacht, später ausgebreitet eingedrückt und zunächst ebenso fest wie fleischig. Die Farbe der Huthaut changiert zwischen violett und grünlich, in blauen und gelben Abstufungen. Sie wechselt später zu einem sehr dunklen, fast schwarzen, schwer definierbaren Ton mit vereinzelt rostroten Flecken. Der regelmäßige Rand wirkt glatt oder leicht gekräuselt.

Die weißen **Lamellen** sind charakteristisch: dick und an der Basis gegabelt, sehr elastisch, da auf Fingerdruck weder empfindlich noch brüchig, von speckiger Konsistenz.

Der stämmige, zunächst feste **Stiel**, wird rasch hohl und schwammig. Seine weiße Oberfläche weist schwache Fältchen auf.

Das feste **Fleisch** wird im Alter weich. Es ist weiß und unter der Huthaut rosa gefärbt. Es hat einen milden, nussigen Geschmack.

▌Vorkommen

Der Frauentäubling wächst reichlich unter Laub- und manchmal unter Nadelbäumen, ungeachtet der Bodenart. Man findet ihn in großen Gruppen, vor allem unter Eichen, Buchen und Birken.

Klimatisch bevorzugt er die gemäßigte nördliche Hemisphäre. Zuweilen erscheint er schon sehr früh, ab Juni, allerdings in erster Linie im Herbst.

▌Wert

Der Frauentäubling, der ein gleichermaßen knackiges wie mildes, nussiges Fleisch hat, darf als durchaus guter Speisepilz gelten. Außerdem erscheint diese Art lokal häufig, so daß der Pilzsammler, der ihn allein oder als Mischpilzgericht schätzt, reichliche Mahlzeiten zubereiten kann.

	Frauentäubling, Gefelderter Grüntäubling *Russula cyanoxantha*, *R. virescens*	Grüner Knollenblätterpilz *Amanita phalloides*
Hut	grün, graugrün, violett, wechselnde Färbung	weiß bis gelbgrün, gelb bis bräunlich
Lamellen	weißlich	weiß
Stiel	gedrungen, nicht faserig, spröde, einheitlich weiß	hoch, faserig, mehr oder weniger genattert
Ring	keinen	sehr breit bis breit
Scheide	keine	sackförmig, recht groß
Fleisch	spröde	weich bis faserig
Vorkommen	Laub- oder Nadelwälder	Laub- oder Misch-, manchmal Nadelwälder
Wert	guter Speisepilz	tödlich giftig

▼ **Verwechslung**
Grüner Knollenblätterpilz (*Amanita phalloides*; S. 176)

Wie bei vielen anderen Arten muß auch hier den jungen, festen Exemplaren der Vorzug gegeben werden. Später wird das Fleisch des Frauentäublings schwammig und weich, außerdem fällt es dann häufig Insekten und Schneckenfraß zum Opfer.

Verwechslung

Der **Grüne Knollenblätterpilz** (Amanita phalloides; S. 176) hat einen mit Scheide und Ring versehenen Stiel, er könnte mit dem Frauentäubling verwechselt werden. Besondere Vorsicht ist geboten, wenn der Stiel direkt unterm Hut abgeschnitten wird.

In diesem Fall sind die für den Frauentäubling charakteristischen Farben und »speckigen« Lamellen gute Unterscheidungsmerkmale.

Verwandte Arten

GRÜNER FRAUENTÄUBLING
Russula cyanoxantha var. *peltereaui*

Der Grüne Frauentäubling ist stämmiger und fester, seine Lamellen laufen ein wenig am Stiel herab. Grundsätzlich unterscheidet er sich durch seine grüne, höchstens mit etwas Violett durchsetzte Hutfarbe.
- H: 5–12 cm
- Ø: 5–15 cm
- Weiße Sporen

GEFELDERTER GRÜNTÄUBLING[3]
Russula virescens

Der Hut ist sehr charakteristisch meergrün gefärbt und zeigt deutliche Risse. Er wächst in grasigen Laubwäldern und gilt unter den Feinschmeckern als der beste Täubling überhaupt. (→ Tabelle S. 44)
- H: 5–10 cm ● Ø: 8–12 cm
- Weißliche Sporen

WIESELTÄUBLING
Russula mustelina

Er ist im Bergland unter Fichten sehr häufig. Sein Hut ist rostbraun oder haselbraun, die Lamellen weiß, später ocker, von speckiger Konsistenz.
- H: 6–12 cm
- Ø: 10–15 cm
- Cremeweiße Sporen

FLEISCHROTER SPEISETÄUBLING
Russula vesca

Er weist nicht die geringste Spur Grün auf und der Hut ist eher rosabraun oder braun bis purpur gefärbt. Der Rand ist gerieft und die Haut dort oft leicht zurückgezogen. Dabei legt sie weiße, gegabelte, flexible, noch nicht speckige, relativ spröde Lamellen frei. Der weiße Stiel zeigt manchmal ein leichtes Rosa. Das Fleisch schmeckt angenehm nussig.

Dieser gute Speisepilz, der häufig unter Laub- und Nadelbäumen wächst, erscheint sehr früh, oft ab Mai, und dann bis in den Sommer hinein.

- H: 5–10 cm
- Ø: 5–10 cm
- Weiße Sporen

Hut rosa oder blaßorange

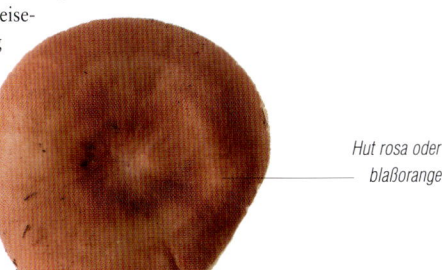

GRÜNER BIRKENTÄUBLING
⚠ *Russula aeruginea*

Er tritt unter Birken und in Mischwäldern recht häufig auf. Die Huthaut ist verwaschen grüngelb und die weißgelblichen Lamellen sind sehr brüchig. Diese giftverdächtige Art hat schon Magenbeschwerden verursacht.
- H: 5–9 cm
- Ø: 8–15 cm
- Hellbeige Sporen

Russulales

Harter Zinnobertäubling
Russula lepida

Synonym: *Russula rosacea*

Klasse: Basidiomycetes – Ordnung: Russulales – Familie: Russulaceae

- H: 4–10 cm ● Ø: 4–12 cm ● Weißliche bis hellbeige Sporen

Samtige, matte, leuchtend rote, teilweise leicht rosa Oberfläche

Gedrängte weiße Lamellen

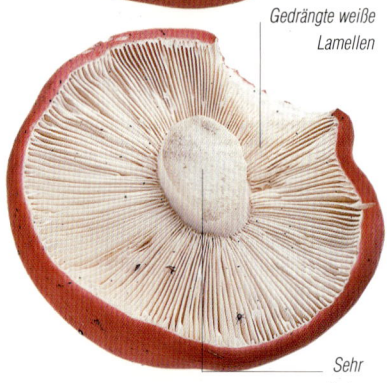

Sehr festes Fleisch

Rosa geflammter, weißer Stiel

▍Bestimmung

Wie bei den anderen Täublingen ist der **Hut** zunächst konvex, dann ausgebreitet und ein wenig eingedrückt. Die abziehbare Huthaut ist samtig, von leuchtend mattem Rot, oft stellenweise rosa.

Die gedrängten **Lamellen** sind weiß, später hellbeige. Der weiße, leicht rosa geflammte **Stiel** ist oft an der Basis verdickt.

Das **Fleisch** ist extrem fest und kompakt; es ist weiß und verfärbt sich bei Verletzungen leicht grau, ist allerdings unter der Huthaut rosa. Geruch und Geschmack erinnern deutlich an Minze, weshalb der Pilz kaum genießbar ist. Die Farbschattierungen dieser Art sind dermaßen variabel, daß man von verschiedenen Unterarten ausgeht.

▍Vorkommen

Der häufig auftretende Zinnobertäubling wächst im Sommer und im Herbst, vor allem unter Buchen, doch auch unter anderen Laubbäumen.

Verwandte Art

JODOFORM-TÄUBLING
Russula turci

Der Hut ist rosa gefärbt mit einem leicht violetten Schimmer, in der Mitte sitzt ein dunklerer Kreis. Der Pilz riecht nach Jod. Dennoch ist er ein mittelmäßiger Speisepilz, vorausgesetzt man schneidet den Stiel weg. Er wächst nur unter Nadelbäumen, wo er häufig auftritt.

- H: 4–8 cm
- Ø: 4–10 cm
- Gelbe Sporen

Blut-Täubling
Russula sanguinea

Klasse: Basidiomycetes – Ordnung: Russulales – Familie: Russulaceae

- H: 4–10 cm ● Ø: 4–10 cm ● Blaß ockerfarbige Sporen

Gedrängte, leicht am Stiel herablaufende Lamellen

Der Stiel ist oft leicht nach unten verjüngt.

Roter, cremefarbig verblassender Hut

Hutfarben getönter Stiel

▌Bestimmung

Der fleischige, zunächst konvexe **Hut** breitet sich aus, bekommt jedoch keine eingedrückte Form. Der schmale Rand bleibt lange eingerollt. Die karminrote Huthaut verblaßt oder weist cremefarbige Stellen auf. Sie wirkt feinkörnig und trocken, wird aber bei Regen leicht schleimig.

Die gedrängten, leicht am Stiel herablaufenden **Lamellen** sind creme- bis hellockerfarben.

Der **Stiel** ist zylindrisch oder verjüngt sich nach unten etwas. Er ist voll, fest und hutfarben, hat bei reifen Exemplaren jedoch einen sachten Grauton. Er ist leicht bereift und mit feinen Rillen versehen.

Das **Fleisch** ist sehr dick, fest, weiß, unter der Huthaut rot. Sein scharf bitterer Geschmack macht diesen Pilz ungenießbar.

▌Vorkommen

Der Blut-Täubling, der im Sommer und Herbst in tieferen Lagen häufig auftritt, wächst auch unter den Kiefern der Gebirge bis zur Baumgrenze.

Verwandte Art

TRÄNEN-TÄUBLING
Russula drimeia

Hut und Stiel dieses ebenfalls in sandigen Kiefernwäldern häufigen Täublings sind flieder- oder dunkelpurpurfarben. Die Lamellen fallen durch ihre zitronengelbe Färbung auf. Der Pilz kann sogar fruchtig riechen, aber er schmeckt ziemlich scharf und ist dementsprechend ungenießbar.

- H: 5–12 cm ● Ø: 4–10 cm
- Blaß ockerfarbene Sporen

Leuchtend gelbe Lamellen

Purpur- bis fliederfarbener Hut

Bruch-Reizker
Lactarius helvus

Anderer Name: Maggipilz, Filziger Milchling

Klasse: Basidiomycetes – Ordnung: Russulales – Familie: Russulaceae

- H: 8–12 cm ● Ø: 5–15 cm ● Hellbeige Sporen

Braungelbe Farbe
Feinkörnige Oberfläche
Rotbrauner bis leicht orangefarbener Hut

▌Bestimmung

Der konvexe, später im Querschnitt eingedrückte **Hut** ist fleischig. Die Huthaut hat eine braungelbe bis rötlich matte Farbe sowie eine feine, körnige, flaumige Oberfläche.

Die am Stiel herablaufenden **Lamellen** wirken beim jungen Pilz hellbeige, dunkeln aber im Alter ocker nach.

Der **Stiel** ist mehr oder weniger gleichmäßig gestreckt oder an der Basis verdickt, rötlich orange bis gelb, im unteren Bereich manchmal sogar samtig.

Das **Fleisch** ist blaß, im Randbereich dunkler und rötet an Schnittflächen. Der darin enthaltene Milchsaft ist spärlich, wasserklar und von süßem Geschmack. Vor allem der Geruch fällt bei diesem Pilz auf. Man könnte ihn mit gerösteter Zichorie, aber auch mit Sellerie oder eben Suppenwürze vergleichen.

Dieser Pilz ist kein guter Speisepilz, möglicherweise sogar giftig.

▌Vorkommen

Im Spätsommer und zu Herbstbeginn tritt er im Bergland sehr häufig auf feuchten, sauren Böden unter Birken, Fichten, zwischen Heidelbeeren, Farnen und Heidekraut auf. Man findet ihn sogar in Torfmooren.

Verwandte Arten

Andere Milchlinge sind ebenfalls auf sauren Böden, unter Birken und Nadelbäumen weit verbreitet.

FUCHSFARBENER MILCHLING
Lactarius rufus

Der braunrote Hut hat in der Mitte eine Vertiefung mit einem kleinen Buckel. Die cremefarbenen Lamellen röten sich später und der Stiel ist im wesentlichen hutfarben. Roh ist der Pilz unerträglich scharf. In bodensauren Nadelwäldern trifft man ihn sehr häufig.

- H: 6–12 cm
- Ø: 3–10 cm
- Weißliche bis cremerosafarbene Sporen

BLASSER DUFT-MILCHLING
Lactarius glyciosmus

Dieser Milchling ist ebenfalls ungenießbar. Nicht sehr fleischig und kleiner als die zwei vorgenannten Arten, trägt er einen beigen oder blaßgrauen Hut mit einer leicht rosaroten Schattierung. Der spärliche Milchsaft ist weiß, mild oder leicht scharf, er riecht intensiv, erinnert an Kokosnuß. Er wächst vorzugsweise in sehr feuchten Birkenwäldern.

- H: 3–7 cm ● Ø: 2–5 cm
- Gelblich blasse Sporen

Eichenmilchling
Lactarius quietus

Klasse: Basidiomycetes – Ordnung: Russulales – Familie: Russulaceae

- H: 4–10 cm
- Ø: 4–10 cm
- Hellrosa Sporen

Rötlich-brauner Hut

Cremefarbener bis weißer Milchsaft

▍Bestimmung

Der zunächst konvexe **Hut** mit eingerolltem, regelmäßigem Rand ist später leicht eingedrückt und wellig. Die firnig bereifte Huthaut ist rot, von dunkleren Flecken durchsetzt und trägt manchmal ein oder zwei dunklere Kreise.

Die **Lamellen** laufen ein ganz klein wenig am Stiel herab. Sie sind blaß und an Verletzungen rostbraun gefleckt.

Der **Stiel** ist hutfarben, jedoch an der Basis dunkler.

Das **Fleisch** enthält einen weißen bis cremefarbenen, unveränderlichen oder fast unveränderlichen, recht spärlichen Milchsaft, der süß oder ein wenig bitter schmeckt. Es riecht unangenehm, leicht ölig. Der Pilz ist ungenießbar.

▍Vorkommen

Der Eichenmilchling bevorzugt zwar eher saure Böden, doch ist er in dieser Hinsicht nicht besonders wählerisch. Das ist er sehr wohl bei den Baumarten, unter denen er wächst und mit denen er eine Symbiose eingeht: Man findet ihn ausschließlich unter Eichen. Im Spätsommer oder im Herbst tritt er in Eichenwäldern sehr häufig auf.

Verwandte Art

GOLDFLÜSSIGER MILCHLING
⚠️ *Lactarius chrysorrheus*

Wenn der Milchsaft dieses Milchlings mit Luft in Berührung kommt, geht er innerhalb weniger Sekunden von Weiß ins Schwefelgelb über. Zwei andere Erkennungsmerkmale sind der deutlich scharfe Geschmack des Milchsafts und der fleckige oder abwechselnd hell und dunkel konzentrisch gezonte Hut.

- H: 5–10 cm
- Ø: 4–8 cm
- Weiße Sporen

Russulales

(Fortsetzung)

Verwandte Arten

ZIMTBRAUNER MILCHLING
Lactarius subdulcis

Der weiße Milchsaft dieser Art schmeckt nur im ersten Augenblick süß und wird dann bitter. Dieser Pilz mit dem rötlich ockerfarbenen bis braunen Hut wächst vor allem unter Buchen.
- H: 3–7 cm   Ø: 3–6 cm
- Cremefarbene Sporen

MILDER MILCHLING
Lactarius aurantiofulvus

Hut und Stiel dieser Art sind gleichmäßig orange oder fahl orange gefärbt. Der weiße unveränderliche Milchsaft ist ergiebig und schmeckt zunächst süß, dann bitter. Es handelt sich um einen mittelmäßigen Speisepilz.
- H: 6–8 cm   Ø: 3–6 cm
- Cremefarbene Sporen

SCHARFER SCHWEFELMILCHLING[3]
Lactarius decipiens

Der Scharfe Schwefelmilchling ist wegen der Verschiedenfarbigkeit seines Huts leicht zu verwechseln, besonders mit dem Zimtbraunen Milchling. Doch ist sein Geruch nach Geranien ein sicheres Artmerkmal, im Unterschied zur rosa changierenden Hutfarbe. Der ausgetretene Milchsaft verfärbt sich leuchtend gelb.
- H: 4–8 cm   Ø: 3–7 cm
- Cremefarbene Sporen

Tannenreizker
Lactarius plumbeus

Synonyme: *Lactarius necator, Lactarius turpis*
Anderer Name: Olivbrauner Milchling

Klasse: Basidiomycetes – Ordnung: Russulales – Familie: Russulaceae

- H: 5–10 cm   Ø: 5–20 cm   Blaß cremefarbene Sporen

Stellenweise graugefleckter Hut

■ Bestimmung

Der feste konkave **Hut** hat eine nicht sehr tiefe Einbuchtung, wobei der Rand lange eingerollt bleibt und bei jungen Exemplaren filzig ist. Die schleimige Huthaut weist eine sehr dunkle, graubraune oder braunolive Farbe auf.

Die **Lamellen** sind dicht gedrängt und laufen ganz leicht am Stiel herab. Sie sind cremefarben und bräunen bei Verletzungen am Rand nach.

Der kurze, dicke **Stiel** ist ein wenig blasser als der Hut.

Das feste, kompakte, weiße **Fleisch** gibt an Schnittstellen sehr reichlich scharfen, weißen Milchsaft ab, der sich graugrün verfärbt, wenn er auf den Lamellen trocknet.

Man kann diesen Milchling eigentlich nicht zu den Speisepilzen rechnen.

■ Vorkommen

Der Tannenreizker wächt im Tiefland und im Bergland, im Sommer und im Herbst unter verschiedenen Laub- und Nadelbäumen, auf sauren Böden scheint er jedoch immer in der Nähe von Birken zu wachsen.

Verwandte Arten

Es handelt sich um Arten, deren weißer Milchsaft beim Trocknen eine graugrüne Färbung annimmt, vor allem auf den Lamellen, die danach bräunlich bis grünlich gefleckt sind.

Nordischer Milchling[3]
Lactarius trivialis

Der große Pilz wächst in feuchten Birken- und Nadelwäldern. Sein dicker Stiel wird hohl und saugt sich mit Wasser voll. Er besitzt einen violettgrauen Hut.

Er ist ein durchschnittlicher Speisepilz, aber dort geschätzt, wo er wächst.
- H: 6–18 cm ● Ø: 6–20 cm
- Blaßgelbe Sporen

Graugrüner Milchling
Lactarius blennius

Der farblich changierende, generell graubraune Hut hat typischerweise kleine runde oder ovale Flecken, die am Rand in einem oder mehreren konzentrischen Kreisen angeordnet sind. Der Graugrüne Milchling ist kein Speisepilz.
- H: 4–12 cm
- Ø: 4–12 cm
- Cremefarbene bis blaßgelbe Sporen

Hut mit kleinen, dunkleren Flecken

Graufleckender Milchling
Lactarius vietus

Dieser ungenießbare Milchling hat einen graurosa Hut. Seine Lamellen werden im Alter gern grau. Er wächst auf sehr nassen, moorigen Böden, in der Nähe von Kiefern und Birken.
- H: 5–10 cm ● Ø: 4–8 cm
- Weißliche bis cremefarbene Sporen

Russulales

Langstieliger Pfeffer-Milchling
Lactarius piperatus

Klasse: Basidiomycetes – Ordnung: Russulales – Familie: Russulaceae

- H: 8–15 cm
- Ø: 6–12 cm
- Weiße Sporen

Eingerollter Rand

Feine, sehr gedrängte Lamellen

■ Bestimmung

Der Langstielige Pfeffer-Milchling ist ein weißer, mittelgroßer Pilz. Der **Hut** bekommt seine Trichterform erst recht spät. Er ist von fester Konsistenz, fast hart und hat eine trockene Haut. Der Rand bleibt lange eingerollt.

Die feinen, gedrängten, schmalen **Lamellen** laufen im allgemeinen am Stiel herab und sind stark gegabelt. Sie sind weiß und verfärben sich im Alter gern gelb.

Der relativ kurze, zylindrische, an der Basis verjüngte **Stiel** hat ein hartes Fleisch.

Das dicke, feste **Fleisch** des Langstieligen Pfeffer-Milchlings ist spröde. An den Bruchstellen gibt es reichlich einen weißen, unveränderlichen, sehr pfeffrigen Milchsaft ab.

■ Vorkommen

Der Langstielige Pfeffer-Milchling wächst in großen Gruppen, am häufigsten unter Laub-, manchmal auch unter Nadelbäumen. Er ist während der Pilzsaison in der ganzen gemäßigten Klimazone der nördlichen Hemisphäre im Sommer und Herbst häufig anzutreffen.

■ Wert

Trotz seines pfeffrigen Geschmacks wird der Pilz etwa in Polen und Rußland gesammelt. Seine Schärfe nimmt beim Kochen bzw. Trocknen stark ab. Beim Grillen oder Einlegen in Essig verschwindet sie ganz, dann ist das Fleisch einigermaßen genießbar.

Verwandte Arten

In der Gattung *Lactarius* gibt es mehrere stämmige, weiße Arten, die man gerne unter dem Begriff »Große weiße Milchlinge« zusammenfaßt.

GRÜNENDER PFEFFER-MILCHLING
Lactarius pergamenus

Er ist wesentlich seltener als der Langstielige Pfeffer-Milchling, aber ein genauso mittelmäßiger Speisepilz. Er hat eine rauhere Huthaut, seine Lamellen laufen nicht am Stiel herab, und er spendet nur wenig zunächst weißen, später grünlichen Milchsaft.
- H: 8–18 cm
- Ø: 6–15 cm
- Weiße Sporen

SAMTIGER MILCHLING
Lactarius vellereus

Der seltene Pilz wird oft mit dem Langstieligen Pfeffer-Milchling verwechselt. Er ist jedoch größer, manchmal riesig und hat einen deutlich eingedrückten Hut, mit eingerolltem, meist samtigem Rand. Die Lamellen sind dicker und weitständiger. Der Stiel ist sehr kurz und dick, das Fleisch hart. Der spärlichere Milchsaft schmeckt pfeffrig.
- H: 10–20 cm
- Ø: 10–25 cm
- Weiße Sporen

ROSASCHECKIGER MILCHLING
Lactarius controversus

Der Rosascheckige Milchling ist ein besonders schöner Pilz und etwa so groß wie der Samtige Milchling. Er hat einen weißen, rosa gezonten Hut, vor allem aber sehr gedrängte, blaßrot gefärbte Lamellen, die sich bei keinem anderen Milchling finden.

Weniger häufig, tritt er an feuchten grasigen Standorten, unter Pappeln oder Erlen auf. Insbesondere trifft man ihn in rekultivierten Braunkohle-Tagebau-Gebieten an. Sein extrem scharfer Geschmack macht ihn ungenießbar.
- H: 8–18 cm
- Ø: 10–20 cm
- Weiße Sporen

Beißender Milchling
Lactarius pyrogalus

Synonyme: *Lactarius hortensis, Agaricus pyrogalus*

Klasse: Basidiomycetes – Ordnung: Russulales – Familie: Russulaceae

- H: 6–12 cm • Ø: 5–10 cm • Ockerfarbene Sporen

Erst weißer, dann gelboliver Milchsaft

Graubeiger Hut

Huthaut ist gräulich, beige, ocker oder grünlich durchsetzt, ein wenig schleimig, manchmal konzentrisch gezont.

Die leicht am Stiel herablaufenden **Lamellen** stehen weit auseinander; sie sind zunächst cremefarben und verfärben sich dann rasch zu einem leuchtenden Ockerorange.

Der zylindrische **Stiel** läuft an der Basis spitz zu. Er ist weiß bis schwach grau, und hat eine glatte bis gerillte Oberfläche. Das weiße **Fleisch** entwickelt einen fruchtigen, jedoch wechselnden Geruch. Vor allem sein reichlicher Milchsaft schmeckt extrem scharf (die Schärfe bleibt lange auf der Zunge). Er ist erst weiß, wird beim Trocknen aber olivgelb.

Der Pilz ist natürlich ungenießbar.

▌ Bestimmung

Der **Hut** wird recht bald trichterförmig mit dünnem, welligem, fast lappigem Rand. Die

▌ Vorkommen

Der Beißende Milchling wächst unter Haseln, seltener unter anderen Laubgehölzen, mehr oder weniger gesellig. Er tritt ab Spätsommer häufig auf.

Edelreizker

Lactarius deliciosus

Klasse: Basidiomycetes – Ordnung: Russulales – Familie: Russulaceae

- H: 4–10 cm ● Ø: 5–12 cm ● Weißliche, leicht rosa schimmernde Sporen

Orangefarbene, sich fleckig grün färbende, am Stiel herablaufende Lamellen

Kleine, orangefarbene Grübchen

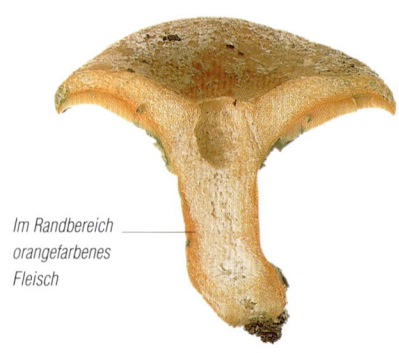

Im Randbereich orangefarbenes Fleisch

Verwechslungsgefahr:
Birken-Reizker *(Lactarius torminosus; S. 56)*

▌ Bestimmung

Der mittelgroße, fleischige, zunächst konvexe **Hut** richtet sich kraterförmig aus. Die leuchtend orange Huthaut ist mit konzentrischen, dunkleren Zonen versehen. Der breite, nach innen gebogene Rand wölbt sich im Alter nach außen.

Die brüchigen, am Stiel herablaufenden und an der Basis gegabelten orangefarbenen **Lamellen** bekommen später grüne Flecken.

Der im allgemeinen kurze, gedrungene, an der Basis verjüngte **Stiel** ist zunächst fest, wird aber rasch hohl und weich. Er ist orangefarben, im oberen Teil weiß bereift und basal mit stärker gefärbten Grübchen versehen.

Das weiße bis orangefarbene **Fleisch** ist fest, aber brüchig. Bei Verletzungen tritt fast augenblicklich ein leuchtend orangefarbener Milchsaft aus, der an der Luft dunkler wird. Er sorgt dafür, daß sich später der ganze Pilz grünlich verfärbt, vor allem im Bereich von Verletzungen.

▌ Vorkommen

Der Edelreizker wächst auf Moos und in Nadelwäldern, vor allem unter Kiefern. Dabei ist es unwichtig, ob es sich um Kalk- oder saure Böden handelt. Diese sehr verbreitete Art tritt vom Sommer bis in den Herbst zuweilen zahlreich auf, manchmal erscheint sie sogar zu Winteranfang.

In bestimmten Regionen, z. B. in Katalonien, ist der Edelreizker ein sehr gefragter Speisepilz.

▌ Wert

Der Edelreizker schmeckt nicht jedem, mag auch sein Name dies nahelegen. Viele halten ihn für überschätzt und ziehen den Blut-Reizker vor. Seiner Bewertung soll ein Irrtum zugrundeliegen. G. Becker berichtet, daß der große Naturforscher Linné ihn mit dem Blut-Reizker verwechselt und aus Versehen Edelreizker genannt habe. Die häufigen Verwechslungen mit seinem Namensverwandten könnten auch die unterschiedliche Einstufung erklären.

Diese schöne Art wird vor allem wegen ihres ergiebigen, wenn auch brüchigen, bei jungen Exemplaren festen Fleisches gesucht. Alte Exemplare sind allerdings völlig unattraktiv. Manchmal wird der häufige Pilz auf Märkten verkauft. Einige Restaurants servieren ihn gerne wegen seines würzigen, krautartigen Geschmacks, jedenfalls läßt er sich auf die unterschiedlichsten Arten zubereiten. Man darf ihn nicht zu lange garen, sondern sollte ihn eher, z. B. auf dem Grill, kurzbraten.

Übrigens führt der Verzehr dieses Milchlings zu einer Rotfärbung des Urins, ohne daß er in irgendeiner Form giftig wäre. (→ Tabellen S. 55, 56)

Verwechslung

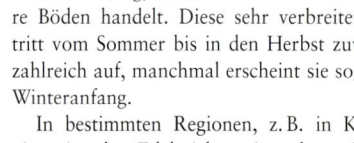

Der **Birken-Reizker** (Lactarius torminosus; S. 56) ist orange und hat einen wollig behaarten Hut, er wächst vor allem unter Laubbäumen. Sein sehr scharfer, weißer Milchsaft wirkt stark abführend.

Verwandte Arten

Es gibt einige Milchlinge mit rotem Milchsaft und sehr unterschiedlichem Speisewert, die mit dem Edelreizker eng verwandt sind.

BITTERREIZKER
Lactarius deterrimus

Der Bitterreizker wächst ausschließlich unter Fichten, vor allem im Bergland. Zunächst schön orange gefärbt, geht er später fast ganz in ein schmutziges Grün über. Der Stiel hat kleine Vertiefungen und ist direkt unter den Lamellen kreisfömig weiß gezeichnet. Der erst orangefarbene Milchsaft wird mit der Zeit dunkler und bei älteren Exemplaren grün. Der bittere Geschmack des rohen Pilzes verschwindet beim Garen. (→ Tabelle S. 55)
- H: 5–10 cm
- Ø: 4–12 cm
- Blaßockerfarbene Sporen

BLUT-REIZKER[3]

Lactarius sanguifluus

Dieser mediterrane Pilz wächst in Pinienwäldern. Der Hut ist wesentlich schwächer orange als bei den vorgenannten Arten, sein gedecktes Ockergrau geht leicht ins Rostfarbene und hat einen Purpurschimmer. Er färbt sich stellenweise ganz leicht grün. Das weinrote Fleisch gibt an Bruchstellen wenig stets weinroten Milchsaft ab. Der Blut-Reizker sieht nicht besonders appetitlich aus, ist aber ein sehr guter Speisepilz und jedenfalls dem Edelreizker weit überlegen. Gegrillt oder in Petersiliensauce entfaltet er seinen Geschmack am besten.
- H: 5–10 cm
- Ø: 5–12 cm
- Weiße Sporen

Matter, grauer bis ockerfarbener Hut

LACHS-REIZKER[3]
Lactarius salmonicolor

Die Lamellen dieses Pilzes sind im allgemeinen lachsfarben. Außerdem ist sein orange-lachsfarbener Milchsaft fast unveränderlich und färbt sich nicht grün. Trotz seines harzigen Geschmacks wird dieser unter Bergtannen wachsende Milchling manchmal gegessen.
- H: 7–13 cm
- Ø: 8–15 cm
- Hell ockerfarbene Sporen

Lachsfarbene Lamellen

	Edelreizker *Lactarius deliciosus*	Blut-Reizker *Lactarius sanguifluus*	Bitterreizker *Lactarius deterrimus*	Lachs-Reizker *Lactarius salmonicolor*	Birken-Reizker *Lactarius torminosus*
Hut	leuchtend orange gezont	ocker bis purpurfarben, fleckig	orange, rasch grün, gezont	leuchtend orange, gezont	rosa bis rötlich orange, wollig
Lamellen	orangefarben	matt orange	orangefarben, später grün	orange bis lachsfarben	hellrosa
Stiel	orangefarben	leicht ockerfarben	orangefarben	orange bis lachsfarben	hellrosa
Milchsaft	Leuchtend orange, später grün	weinrot, später grünlich	orangefarben, später grün	orange, unveränderlich	unveränderlich weiß
Vorkommen	Kiefernwälder	Pinien-, Kiefernwälder	Fichtenwälder	Tannenwälder	Laub- und Nadelbäume
Wert	guter Speisepilz	ausgezeichneter Speisepilz	mittelmäßiger Speisepilz	mittelmäßiger Speisepilz	abführend

Russulales

Birken-Reizker

Lactarius torminosus

Anderer Name: Wolliger Milchling

Klasse: Basidiomycetes – Ordnung: Russulales – Familie: Russulaceae

- H: 5–10 cm ● Ø: 5–10 cm ● Cremefarbene bis leicht rosa Sporen

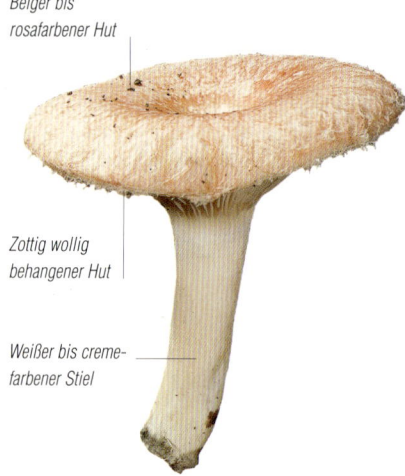

Beiger bis rosafarbener Hut

Zottig wollig behangener Hut

Weißer bis cremefarbener Stiel

▼ **Verwechslungsgefahr:**
Edelreizker (*Lactarius deliciosus*; S. 54)
Blut-Reizker (*Lactarius sanguifluus*; S. 55)

Die schmalen, eng gedrängten, am Stiel herablaufenden **Lamellen** sind cremefarben mit fleischfarbenem Schimmer. Kleine Milchsafttröpfchen besetzen den Lamellenrand.

Der zylindrische, im Basisbereich verjüngte **Stiel** ist zunächst voll und fest, wird jedoch später hohl. Die schwach rosa gefärbte Oberfläche trägt einen leichten Flaum.

Das weiße bis cremefarbene **Fleisch** ist dick und brüchig. An Bruchstellen erscheint ein weißer unveränderlicher, sehr scharfer, bitterer Milchsaft von fruchtigem Geruch.

▎Vorkommen

Der Birken-Reizker wächst meist unter Laubbäumen. Er liebt vor allem lichte Birkenwälder, aber auch die grasigen Standorte um sie herum. Man findet ihn jedoch genauso in Mischwäldern, sogar unter Nadelbäumen im Bergland. Im Sommer und im Herbst tritt er sehr häufig auf.

▎Giftigkeit

Die Bitterkeit und Schärfe des Birken-Reizkers machen ihn ungenießbar. Er enthält besonders scharfe, stark reizende Substanzen, die möglicherweise zu schweren Magen-Darmverstimmungen führen könnten. (→ Tabellen S. 55, 56)

Verwechslung

Verwechslungen mit Milchlingen mit rotem Milchsaft, die im allgemeinen mild schmecken und unter denen es köstliche Speisepilze gibt, sind zu vermeiden.

Der **Edelreizker** (Lactarius deliciosus; S. 54), mit karottenfarbenem Milchsaft, färbt sich an Schnittstellen langsam grün.

Der **Blut-Reizker** (Lactarius sanguifluus; S. 55), von matterer Färbung, hat stets einen weinroten Milchsaft.

▎Bestimmung

Dieser mittelgroße fleischfarbene Milchling trägt eine dicke, wollige Schicht.

Der fleischige **Hut** ist rasch in der Mitte eingedrückt, während der Rand, zu Anfang deutlich eingerollt, lange nach innen gebogen bleibt. Die fleischrote bis orangefarbene Huthaut trägt dunklere rötliche, konzentrische Kreise, sie ist von einer weißlichen, wolligen Schicht überzogen.

	Birken-Reizker *Lactarius torminosus*	Edelreizker *Lactarius deliciosus*
Hut	rot bis rötlich orange, zottig	leuchtend orange, unbehaart
Lamellen	rosa bis cremefarben	leicht orangefarben
Stiel	rosa bis cremefarben	orangefarben
Milchling	weiß, unveränderlich	leuchtend orange, später grün
Vorkommen	Laub- und Nadelbäume	Nadelbäume
Wert	giftig	guter Speisepilz

Kampfer-Milchling
Lactarius camphoratus

Klasse: Basidiomycetes – Ordnung: Russulales – Familie: Russulaceae

- H: 4–8 cm
- Ø: 3–6 cm
- Weißliche oder hellbeige Sporen

Rötlicher, in der Mitte dunklerer Hut

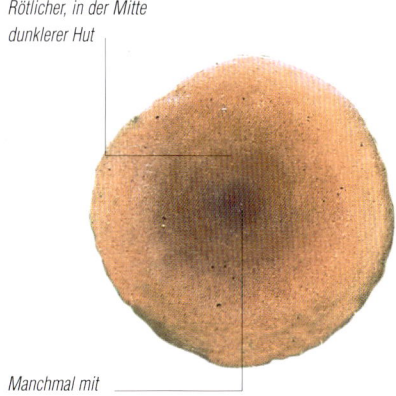

Manchmal mit kleinem Buckel

Blasse Lamellen, die sich später rötlich färben

▮ Bestimmung

Der Hut dieses kleinen Milchlings ist rasch eingedrückt, mit oder ohne zentralen Buckel, manchmal mit leicht gerieftem Rand. Die matte, trockene Huthaut ist rötlich bis braunrot, einheitlich gefärbt, außer in der dunkleren Mitte.

Die recht gedrängten **Lamellen** laufen leicht am Stiel herab. Sie sind zunächst blaßrötlich und färben sich in der Folge rotbraun.

Der relativ schlanke **Stiel** wird rasch hohl. Er ist hutfarben, hat aber an der Basis gerne eine dunklere Färbung.

Das rosa- bis weinfarbene **Fleisch** enthält einen weißlichen oder trüben, milden, nach einiger Zeit jedoch etwas bitter schmeckenden Milchsaft.

Der Geruch des rohen Pilzes wird als kampfer-, zuweilen auch als baumwanzenähnlich beschrieben. Getrocknet riecht er nach geröstetem Kaffee-Ersatz.

Auf jeden Fall macht der wenig appetitliche Geruch den Kampfer-Milchling zu einem völlig wertlosen Speisepilz.

▮ Vorkommen

Der Kampfer-Milchling tritt im Sommer und Herbst unter Laub- (vor allem Eichen und Kastanien) oder Nadelbäumen auf, vorausgesetzt, der Boden ist sauer und wasserzügig.

Man findet ihn nicht nur auf dem mehr oder weniger nackten Erdreich, sondern auch auf moosigem Grund.

1 - Schnecklinge

- Dicke, weitständige, wachsähnliche Lamellen
- Oft feuchter oder schleimiger Hut

1/1

Feuchter oder schleimiger Hut

Am Stiel herablaufende Lamellen

Dicke, weitständige, wachsähnliche Lamellen

Weiß oder blaß, Lamellen am Stiel herablaufend: CUPHOPHYLLUS **Seite 62**
Leuchtende Farbe, wächst auf grasigen Flächen: HYGROCYBE **Seite 63**
Blasse Färbung, fleischig, wächst im Wald: HYGROPHORUS **Seite 65**

2 - Seitlinge

- Kein Stiel, seitlicher oder exzentrischer Stielansatz
- Auf Holz wachsender Pilz *(außer Pleurotus eryngii)*

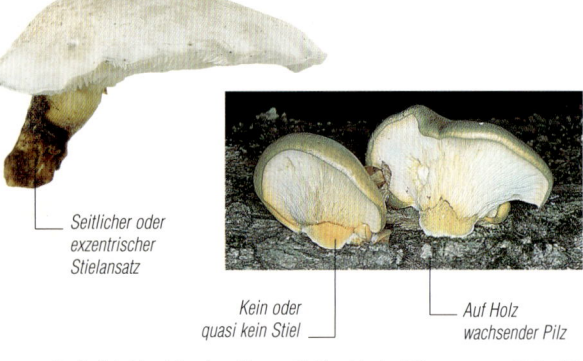

Seitlicher oder exzentrischer Stielansatz

Kein oder quasi kein Stiel

Auf Holz wachsender Pilz

Große fleischige Arten, Lamellen am Stiel herablaufend: PLEUROTUS **Seite 68**
Seitlicher Stiel oder kein Stiel: PANELLUS **Seite 69**
Gezahnte Lamellen: LENTINELLUS **Seite 70**
Stiel mehr oder weniger zentral, Fleisch kann recht zäh sein: LENTINUS **Seite 70**

3 - Nabelinge - Trichterlinge

- Pilze mit sehr kleinem trichterförmigen Hut und sehr langem Stiel

- Lamellen am Stiel herablaufend

Am Stiel herablaufende Lamellen

Sehr kleiner Hut

Sehr langer Stiel

- Am Stiel herablaufende, feine Lamellen
- Mehr oder weniger fleischige, oft trichterförmige Arten

Am Stiel herablaufende, feine Lamellen

Mehr oder weniger fleischige, oft trichterförmige Arten

Am Stiel herablaufende Lamellen

RICKENELLA, OMPHALINA, GERRONEMA **Seite 71**

CLITOCYBE **Seite 72**

Merkmale der Tricholomatales

- Faseriges Fleisch
- Am Stiel haftende, herablaufende, nicht freie Lamellen, ausgebuchtet oder breit angewachsen
- Weiße, blasse oder gelbe Lamellen (außer *Laccaria*)
- Keine Scheide, kein Ring (außer *Oudemansiella*, *Armillaria* und *Tricholoma cingulatum*)
- Stiel nicht vom Hut trennbar

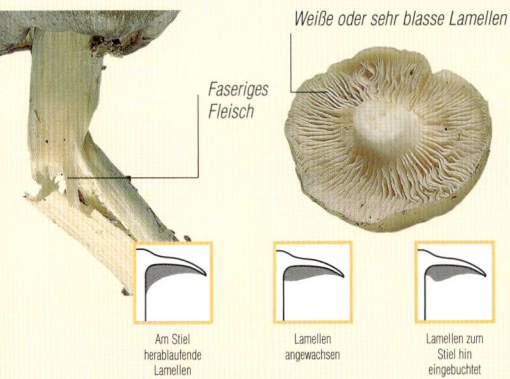

Weiße oder sehr blasse Lamellen

Faseriges Fleisch

Am Stiel herablaufende Lamellen | Lamellen angewachsen | Lamellen zum Stiel hin eingebuchtet

4 - Hallimasche

- Mehr oder weniger schuppiger, honigfarbener bis brauner Hut
- Arten in Büscheln auf Holz oder Wurzeln

Mehr oder weniger schuppiger, honigfarbener bis brauner Hut

Ring (außer Armillaria. tabescens)

Arten in Büscheln auf Holz oder Wurzeln

Armillaria **Seite 76**

5 - Rötelritterlinge

- Fleischige Arten
- Lamellen manchmal vom Fleisch ablösbar

Lamellen manchmal vom Fleisch ablösbar

Lepista **Seite 78**

6 - Lacktrichterlinge

- Dicke, weitständige Lamellen

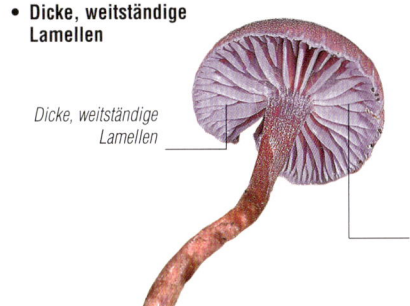

Dicke, weitständige Lamellen

Ausgebuchtete, breite Lamellen

Laccaria **Seite 82**

7 - Holzritterlinge

- Leuchtend gelbe und fein gezähnte Lamellen
- Auf Holz wachsende Pilze

Leuchtend gelbe Lamellen mit flockiger Schneide

Auf Holz wachsende Pilze

Tricholomopsis **Seite 84**

8 - Ritterlinge

- Fleischig, im Erdreich wachsend
- Am Stiel eingebuchtete Lamellen

Am Stiel eingebuchtete Lamellen

Am Stiel eingebuchtete Lamellen

Im Erdreich wachsend

TRICHOLOMA **Seite 85**

- Sehr weiße Lamellen
- Schwammiger, faseriger Stiel

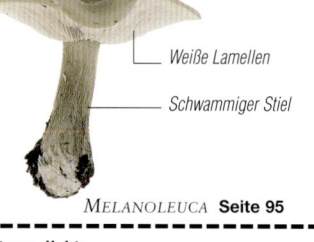

Weiße Lamellen

Schwammiger Stiel

MELANOLEUCA **Seite 95**

- Extrem dichte, weiße Lamellen
- Dicker Stiel, mehliger Geruch

Dicker Stiel

Extrem gedrängte weiße Lamellen

CALOCYBE **Seite 96**

9 - Krempentrichterlinge

- Fleischige, im Erdreich wachsende Pilze
- Am Stiel herablaufende, vom Hut ablösbare Lamellen

Am Stiel herablaufende, vom Hut ablösbare Lamellen

Fleischige, im Erdreich wachsende Pilze

Am Stiel herablaufende Lamellen

LEUCOPAXILLUS **Seite 94**

10 - Zwitterlinge

- Kleiner, auf anderen zersetzten oder verschimmelten Pilzen wachsender Pilz

Kleiner, auf anderen zersetzten oder verschimmelten Pilzen wachsender Pilz

NYCTALIS **Seite 97**

11 - Samtfußrübling

- Klebriger orangefarbener Hut, wächst auf Holz
- Samtiger, dunkler Stiel
- Braune Lamellen

Klebriger, orangefarbener Hut

Samtiger, dunkler Stiel

Auf Holz wachsender Pilz

FLAMMULINA **Seite 98**

12 - Körnchenschirmlinge

- Hutfarbener Ring

Hutfarbener Ring

CYSTODERMA **Seite 98**

MERKMALE DER TRICHOLOMATALES (FORTSETZUNG)

14 - Rüblinge

- Radialgestreifter Hut
- Schnurartige Myzelstränge
- Sehr breite Lamellen

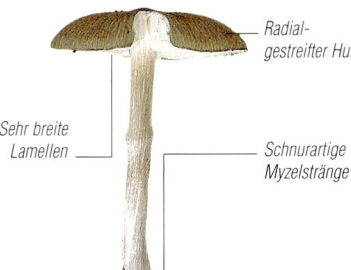

Sehr breite Lamellen

Radialgestreifter Hut

Schnurartige Myzelstränge

MEGACOLLYBIA **Seite 102**

- Schleimiger oder behaarter Hut
- Seitenrhizomorphen treibender Stiel

Schleimiger oder behaarter Hut

Seitenrhizomorphen treibender Stiel

OUDEMANSIELLA **Seite 102**

- Knorpeliges oder elastisches Fleisch
- Abgeflachter, dünnfleischiger, glatter Hut
- Gedrängte, angewachsene Lamellen

Abgeflachter, dünnfleischiger, glatter Hut

Gedrängte, angewachsene Lamellen

2/1

Lamellen angewachsen

COLLYBIA **Seite 103**

13 - Schwindlinge

- Dünnfleischige, kleine oder mittlere Pilze, die nicht verfaulen
- Schlanker, aber zäh-elastischer Stiel

Schlanker, aber zäh-elastischer Stiel

MARASMIUS **Seite 99**

- Auf Tannenzapfen wachsende Pilze

Auf Tannenzapfen wachsende Pilze

BAEOSPORA UND STROBILURUS **Seite 100**

- Sehr kleine Pilze mit zähem Fleisch, die auf Ästen oder Reisig wachsen

Wachsen auf Ästen oder Reisig

MARASMIELLUS **Seite 101**

15 - Helmlinge

- Kleiner Pilz
- Halbkugeliger, konischer oder glockiger, geriefter Hut
- Schlanker, röhrenförmiger, spröder Stiel

Geriefter Hut

Halbkugeliger, konischer oder glockiger Hut

Schlanker, röhrenförmiger, spröder Stiel

MYCENA **Seite 107**

Wiesen-Ellerling

Cuphophyllus pratensis

Synonyme: *Hygrophorus pratensis,*
Camarophyllus pratensis

Klasse: Basidiomycetes – Ordnung:
Tricholomatales – Familie: Hygrophoraceae

- H: 4–8 cm ● Ø: 4–8 cm ● Weiße Sporen

Sehr weitständige, am Stiel herablaufende Lamellen

Kurzer, an der Basis verjüngter Stiel

▎Bestimmung

Der kleine bis mittelgroße Pilz hat einen runden, konischen, bei jungen Exemplaren oben spitz zulaufenden **Hut,** der sich rasch ausbreitet, aber einen deutlichen Zentralbuckel behält. In der Mitte ist er dick und hat damit die Form eines Kreisels. Die trockene, nicht schleimige Huthaut weist eine blassere, fahlrote bis rotbraune, gelblich oder orange schimmernde Färbung auf. Der sehr dünne und gezahnte Rand wird wellig.

Die zunächst gebogenen **Lamellen** sind sehr weitständig, groß, dick und am Stiel herablaufend. Sie sind mit Lamelletten der gleichen blassen Farbe untermischt, die bei jungen Exemplaren cremefarbig, bei reifen Exemplaren gelblich ocker sind.

Der im allgemeinen recht kurze, manchmal aber auch langgestreckte, zylindrische, gebogene, an der Basis spitz zulaufende **Stiel** ist voll und fest. Er ist blaßweißlich und mit feinen, hutfarbenen Längsfasern besetzt.

Das dicke **Fleisch** ist fest und spröde. Es hat einen milden Geschmack und riecht leicht und angenehm nach Pilz.

▎Vorkommen

Der Wiesen-Ellerling wächst verborgen im Gras, auf Wiesen, Weiden, am Wegesrand und sogar in lichten Wäldern. Man findet ihn in der gemäßigten nördlichen Hemisphäre, vor allem auf Bergwiesen.

Er ist zwar weithin verbreitet, aber nicht überall häufig, weil seine bevorzugten Standorte sehr begrenzt sind. Er wächst recht spät wie die meisten Schnecklinge und zieht die frischen herbstlichen Regengüsse der spätsommerlichen Hitze vor.

▎Wert

Der Wiesen-Ellerling ist ein sehr guter Speisepilz mit mildem Fleisch und delikatem Duft. Es handelt sich um einen der besten Schnecklinge, vor allem da er überhaupt nicht schleimig ist. Leider ist er nicht sehr ergiebig.

Verwandte Art

SCHNEE-ELLERLING
Cuphophyllus niveus

Es handelt sich ebenfalls um einen eßbaren Wiesenpilz. Er ist ganz weiß und manchmal ein wenig okker schattiert. (→ Tabelle S. 75)
- H: 4–8 cm
- Ø: 1–4 cm
- Weiße Sporen

Großer Saftling[3]
Hygrocybe punicea

Synonym: *Hygrophorus puniceus*

Klasse: Basidiomycetes – Ordnung: Tricholomatales – Familie: Hygrophoraceae

- H: 8–14 cm
- Ø: 7–12 cm
- Weiße Sporen

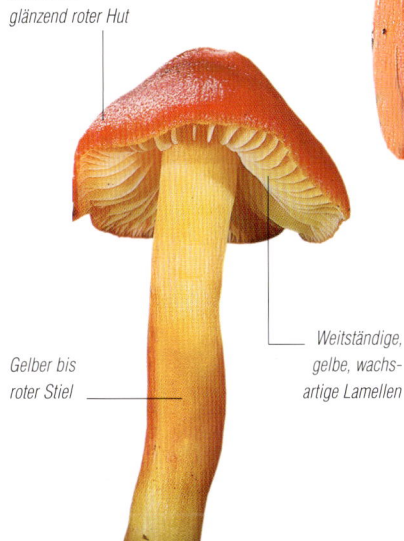

Konischer, glänzend roter Hut

Gelber bis roter Stiel

Weitständige, gelbe, wachsartige Lamellen

▮ Bestimmung

Der **Hut** dieses mittelgroßen Pilzes ist zunächst konisch und läuft nach oben spitz bis glockig zu. Dann breitet er sich aus, ist sehr unregelmäßig gehöckert und hat einen mehr oder weniger deutlichen Zentralbuckel.

Bei Feuchtigkeit zeigt die schleimig-glänzende Huthaut ein wundervolles Scharlach- bis Blutrot.

Bei Trockenheit oder mit zunehmendem Alter verblaßt sie und färbt sich orange, später gelb. Der dünne, empfindliche Rand blättert rasch ab und bildet Risse.

Die weitständigen, dicken, bauchigen **Lamellen** sind mit Lamelletten durchsetzt und haben eine wachsartige Konsistenz. Die Farbe variiert von blaßgelb bis orange, manchmal mit blutroten Nuancen.

Der **Stiel** kann stämmig, fast bauchig oder langgestreckt, gebogen und verdreht, oft faserig sein. Er wird rasch hohl und dann extrem brüchig. Die Farbe leuchtet noch mehr als die des Huts und kann von Gelb bis Rot variieren. Nur die Basis bleibt stets weiß.

Das weiße oder rot abgestufte, dünne **Fleisch** hat fast keine Substanz, ist sehr brüchig, quasi geruch- und geschmacklos.

▮ Vorkommen

Der Pilz wächst auf Wiesen und Weiden, vor allem im Bergland. Man findet ihn manchmal in großer Höhe auf Almwiesen. Allgemein wenig verbreitet, wächst er im Herbst manchmal in kleinen Gruppen.

▮ Wert

Der Ruf des Großen Saftlings als guter Speisepilz scheint übertrieben, da er weder einen ausgeprägten Geruch noch Geschmack hat. Eine gute Petersiliensauce wirkt sich auf das Aroma günstig aus.

Verwandte Arten

Mehrere sehr farbige, recht kleine Arten wachsen wie der Große Saftling von Sommer bis Herbst an grasigen Standorten.

KEGELIGER SAFTLING
Hygrocybe conica

Er hat einen typisch spitzkegeligen Hut. Er ist dünnfleischig und brüchig, zeigt eine gelborange, mit zunehmendem Alter partieweise auch schwarze Färbung. Der gestreifte, häufig rissige Rand ist oft in recht tiefe Lappen zerteilt. Die weitständigen und dicken, zunächst weißen, später gelben Lamellen färben sich bei älteren Exemplaren ebenfalls schwarz. Der gestreifte, rasch hohle, zitronengelbe Stiel teilt sich in Längsfasern und läuft wie das ursprünglich weiße Fleisch schwarz an.

Dieser Saftling ist zumindest giftverdächtig.

- H: 3–7 cm
- Ø: 3–5 cm
- Weiße Sporen

PAPAGEIEN-SAFTLING
Hygrocybe psittacina

Es ist ein hübscher kleiner Pilz ohne Speisewert, seine schillernden Farben erinnern an das Gefieder eines schönen Vogels.

Der Hut, erst glockenförmig, später gebuckelt, ist zunächst sehr schleimig, glänzend und leuchtend grün gefärbt. Später mischt sich die Farbe mit Gelb und Rot. Die Lamellen haben eine grünlich-gelbe Färbung. Der schlanke, sehr brüchige Stiel ist im wesentlichen hutfarben.

- H: 5–7 cm
- Ø: 2–4 cm
- Weiße Sporen

Zwei andere, sehr schwer unterscheidbare Pilze sind blaßrot oder gelblich rot.

KIRSCHROTER SAFTLING[3]
Hygrocybe coccinea

Er ist insgesamt leuchtend rot, bis auf die gelbe Stielbasis. Im Alter verblaßt er und bekommt eine gelbliche Farbe. Er wächst gesellig auf Bergwiesen.

- H: 5–8 cm
- Ø: 2–6 cm
- Weiße Sporen

— Leuchtend roter Hut

— Gelber bis roter Stiel

STUMPFER SAFTLING[3]
Hygrocybe chlorophana

Dieser recht kleine Pilz mit klebrigem, konvexem, manchmal auch eingedrücktem, schön gold- bis zitronengelbem Hut eignet sich nicht als Speisepilz. Die weißlichen Lamellen können ins Gelbe changieren. Der klebrige, schlanke, langezogene Stiel ist hutfarben. Das weißliche bis gelbe Fleisch ist sehr brüchig.

- H: 4–7 cm
- Ø: 3–6 cm
- Weiße Sporen

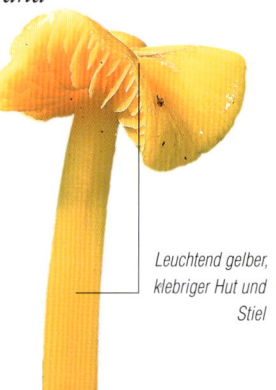

— Leuchtend gelber, klebriger Hut und Stiel

MENNIGROTER SAFTLING
Hygrocybe miniata

Er ist kleiner, und sein Hut ist mit orangefarbenen Schüppchen bedeckt.

- H: 2–5 cm
- Ø: 1–3 cm
- Weiße Sporen

— Orangefarbener Hut

— Orangefarbener Stiel

— Gelborangefarbene Lamellen

März-Ellerling[2]

Hygrophorus marzuolus

Klasse: Basidiomycetes – Ordnung: Tricholomatales – Familie: Hygrophoraceae

● H: 4–8 cm ● Ø: 6–15 cm ● Weiße Sporen

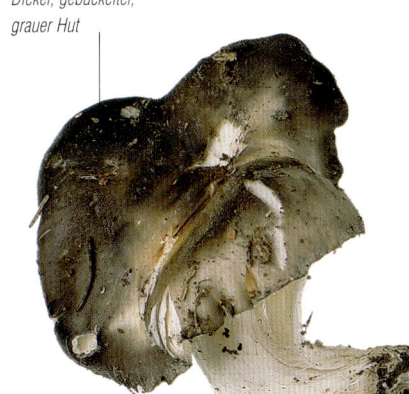

Dicker, gebuckelter, grauer Hut

Kompakter Stiel, dessen Weiß später zum Grau tendiert

Weiße, später ergrauende Lamellen

▌Bestimmung

Der **Hut** dieses Pilzes ist dick und fleischig. Er ist zunächst konvex, breitet sich aber rasch aus. Dabei bekommt er ein unregelmäßiges Relief mit einem mehr oder weniger deutlichen Zentralbuckel und ist schließlich eingedrückt. Die glatte, matte Huthaut ist trocken oder feucht, jedoch niemals klebrig. Die jungen, manchmal ganz weißen Exemplare ergrauen rasch, schließlich sind sie schieferfarben und dunkelbraun bis schwarz. Der hellere, bei jungen Exemplaren eingerollte Rand breitet sich aus und biegt sich sogar nach oben, bis er schließlich ein zerrupftes, welliges Aussehen hat.

Die weißen **Lamellen** färben sich schiefergrau. Sie sind typischerweise dick, zunächst gedrängt und ein wenig gebogen, später weitständig, laufen aber niemals weit am Stiel herab.

Der weiße, zunächst kurze und gedrungene, später gestreckte **Stiel** färbt sich ausgehend von der Basis mit zunehmendem Alter grau. Er ist im unteren Bereich oft gekrümmt, voll und fest, mit Längsfäserchen versehen und im oberen Teil faserig.

Das weiße, zarte, kompakte, unter der Huthaut leicht graue **Fleisch**, das im Stiel fester und faseriger ist, hat einen leichten, angenehmen Pilzgeruch und schmeckt mild.

▌Vorkommen

Der März-Ellerling wächst auf neutralen bis sauren Böden in den Tannenwäldern der Gebirge, aber auch in Kiefern- und Fichten- sowie in Buchen-Tannen-Wäldern. Er fruktifiziert sehr früh und erscheint manchmal bereits zur Schneeschmelze. Man sollte ihn also gegen Winterende oder zu Frühlingsanfang suchen.

Der März-Ellerling ist lokal verbreitet und recht groß, aber nicht immer leicht zu finden. Er wächst nämlich unter Moosteppichen oder Laubbetten, die er hochdrückt und durch die er erst wirklich durchbricht, wenn er ganz reif ist. Deswegen wird er oft übersehen.

▌Wert

Er gilt als ein delikater Speisepilz, manche Pilzkenner meinen allerdings, daß er einen übertrieben guten Ruf, sein Fleisch jedoch keinen ausgeprägten Geschmack habe. Seine Verächter behaupten sogar, nur die Tatsache seines frühen Erscheinens rechtfertige das ihm entgegengebrachte Interesse. Tatsächlich hat er zur Zeit seines Auftretens kaum Konkurrenz. Er ist zwar nicht jedermanns Sache, verdient es aber allemal, gekostet zu werden. Schlicht in der Pfanne gebraten und mit einer Petersiliensauce serviert, ist er ein Leckerbissen nicht nur für Liebhaber.

Tricholomatales

Wohlriechender Schneckling[3]
Hygrophorus agathosmus

Klasse: Basidiomycetes – Ordnung: Tricholomatales – Familie: Hygrophoraceae

- H: 6–11 cm
- Ø: 5–10 cm
- Weiße Sporen

Schleimiger, leicht grauer Hut

Im oberen Bereich mehliger Stiel

Weiße, dicke, weitständige Lamellen

■ Bestimmung

Der zunächst konvexe und sehr regelmäßige **Hut** flacht später ab, behält aber in der Regel einen mehr oder weniger deutlich ausgeprägten Buckel. Eine recht dicke Schleimschicht überzieht ihn. Die grauweißliche oder aschenfarbene, in der Mitte dunklere Huthaut ist von kleinen, klebrigen Flocken übersät. Der zunächst leicht nach hinten gebogene Rand streckt sich bei der Reife.

Die weißen, dicken, weitständigen **Lamellen** sind deutlich geschwungen und am Stiel herablaufend.

Der ziemlich hohe und oft gebogene **Stiel** ist recht trocken und fest, weiß und im oberen Teil mit kleinen weißen, im Alter schwärzenden Flokken besetzt.

Das **Fleisch** ist dick, weiß und unter der Huthaut gräulich. Es schmeckt mild, sein prägnanter Geruch wird gerne mit Kirschlorbeer oder Bittermandel verglichen.

■ Vorkommen

Den Wohlriechenden Schneckling trifft man häufig in Nadelwäldern an, vor allem in Bergen unter Fichten, oft am Waldrand auf Moos oder Nadelbetten. Er wächst in Gruppen ab dem Spätsommer und insbesondere im Herbst, manchmal noch sehr spät. Seine dicke Schleimschicht schützt ihn vermutlich vor den ersten Nachtfrösten.

■ Wert

Wegen seines starken Bittermandelgeruchs kann dieser Schneckling nur als Würze zusammen mit anderen Pilzen oder weißem Fleisch verwendet werden. Als eigenständiges Gericht ist er ungenießbar.

Verwandte Arten

GEFLECKTBLÄTTRIGER PURPUR-SCHNECKLING[3]
Hygrophorus russula

Die Gattung *Hygrophorus* umfaßt zahlreiche Arten, einige davon sind mehr oder weniger gute Speisepilze.

Ein eßbarer Pilz, der überall weinrote Flecken aufweist. Verglichen mit anderen Schnecklingen hat er viel dichter gedrängte Lamellen. Er wächst in Laubwäldern auf kalkhaltigen Böden.

- H: 5–12 cm
- Ø: 8–15 cm
- Weiße Sporen

ELFENBEIN-SCHNECKLING
Hygrophorus eburneus

Der ungenießbare Pilz ist weiß und schleimüberzogen. Der schlanke Stiel ist unter den Lamellen dicht mit Flöckchen besetzt. Der Pilz wächst in Laubwäldern und riecht angenehm fruchtig.
- H: 6–12 cm ● Ø: 4–10 cm
- Weiße Sporen

WALD-SCHNECKLING
 Hygrophorus nemoreus

Seinen ocker- oder zimtfarbenen Hut durchlaufen radial angeordnete Fasern. Trotz des mehligen Geruchs ist er ein guter Speisepilz. Er wächst auf eher kalkhaltigen Böden in Laubwäldern.
- H: 4–8 cm
- Ø: 6–15 cm
- Weiße Sporen

VERFÄRBENDER SCHNECKLING
Hygrophorus cossus

Er ähnelt dem Elfenbein-Schneckling und wächst auch in denselben Regionen, unterscheidet sich jedoch durch seinen wenig angenehmen fischigen Geruch.
- H: 5–10 cm
- Ø: 3–8 cm
- Weiße Sporen

FROST-SCHNECKLING
Hygrophorus hypothejus

Im oberen Stielbereich ist eine Ringzone sichtbar; die Lamellen des Pilzes sind gelborange gefärbt. Er wächst sehr häufig nach dem ersten Frost unter Nadelbäumen.
- H: 6–10 cm ● Ø: 3–7 cm
- Weiße Sporen

NATTERNSTIELIGER SCHNECKLING
Hygrophorus olivaceoalbus

Er hat einen olivbraunen Hut mit Buckel und einen genatterten, gelbbraunen Stiel, der allerdings im oberen Bereich weiß ist. Man findet ihn recht häufig in Fichtenwäldern.
- H: 8–15 cm ● Ø: 3–7 cm
- Weiße Sporen

TROCKENER SCHNECKLING
Hygrophorus penarius

Es handelt sich ebenfalls um eine große, fleischige Art mit weißem oder hellbeigem, nicht schleimigem Hut und Stiel. Sie ist ein ausgezeichneter Speisepilz, der auf Kalkböden in Laubwäldern wächst.
- H: 7–10 cm
- Ø: 6–12 cm
- Weiße Sporen

Tricholomatales

Austernseitling

Pleurotus ostreatus

Anderer Name: Austernpilz

Klasse: Basidiomycetes – Ordnung: Tricholomatales – Familie: Pleurotaceae

- H: 2–10 cm ● Ø: 4–15 cm (manchmal mehr)
- Grauviolette, sehr blasse, fast weiße Sporen

Wächst in kompakten Büscheln

Glatte Oberfläche

Welliger Rand

Gedrängte, elfenbeinfarbene Lamellen

Sehr kurzer, manchmal nicht vorhandener Stiel

▌ Bestimmung

Der im allgemeinen recht große **Hut** hat eine sehr variable Färbung: Er kann schwarz oder weiß, grauviolett oder gelblich sein. Er ist fleischig, zunächst konvex, breitet sich dann rasch aus und nimmt seine endgültige, muschelartige Form an. Die Huthaut ist glatt und glänzend. Der wellige Rand bleibt lange eingerollt.

Die bauchigen, am Stiel herablaufenden **Lamellen** sind meist elfenbeinfarben. Der seitliche **Stiel**, oft gar nicht oder nur in Ansätzen vorhanden, erscheint als dicker, fester, mit weißen Haaren besetzter Fortsatz.

Das dicke, weiße, zunächst zarte **Fleisch** wird in der Folge relativ elastisch. Es schmeckt mild und hat einen leichten, angenehmen Duft, der allerdings im Alter verschwindet bzw. sogar einem fast unangenehmen Geruch Platz macht.

▌ Vorkommen

Der Austernseitling, ein holzbewohnender Pilz, ist im Niederwald und eher feuchten Wäldern zu finden. Seine kompakten, großen Büschel wachsen auf totem Holz und Baumstrünken unterschiedlicher Laubbäume.

Er ist in der ganzen Welt weit verbreitet und erscheint am häufigsten im Herbst und zu Ende des Winters. Man kann ihn jedoch an bevorzugten Standorten auch zu anderen Jahreszeiten finden.

▌ Wert

Jung ist er ein ausgezeichneter Speisepilz, der in der ganzen Welt, vor allem in China, wegen seines zarten Fleisches und seines sehr feinen Geschmacks geschätzt wird. Alte Exemplare mit elastischerem Fleisch, schärferem Geschmack und einem weniger verführerischen Geruch läßt man stehen.

Der Rillstielige Seitling, der ebenfalls sehr geschätzt wird, wird genauso gegessen wie der Austernseitling. Man sollte ihn jung pflücken, denn erwachsene Pilze sind oft vermadet. Der zähe Stiel wird weggeschnitten.

▌ Kultur

Seit den siebziger Jahren wird der Austernseitling auf holzigem Substrat gezüchtet. Man findet ihn fast in der ganzen Welt als Kulturpilz.

In Frankreich scheint seine Produktion, die früher regelmäßig anwuchs, bei ca. 3000 Tonnen pro Jahr zu stagnieren, da er sich, anders als der Champignon, keinen festen Platz in der Küche erobern konnte. Dennoch werden dem Verbraucher heutzutage verschiedene Sorten und Untersorten angeboten, manche mit sehr lebhafter Färbung.

Verwandte Arten

In der Gattung Pleurotus mit exzentrischem oder lateralem Stiel und herablaufenden Lamellen gibt es neben dem Austernseitling den Rillstieligen Seitling und den Kräuter-Seitling, die beide ausgezeichnete Speisepilze sind.

RILLSTIELIGER SEITLING
Pleurotus cornucopiae

Sehr blasser Hut

Weit am Stiel herab-, an der Basis zusammenlaufende Lamellen

Sein mittelgroßer füllhorn- bis trichterförmiger Hut ist bei typischen Exemplaren blaß, weißlich bis rosabeige. Die bereifte und später glatte Huthaut wird bei Feuchtigkeit noch glänzender. Die dünnen, fleischig weißen Lamellen bilden netzartige Querverbindungen, die fast die Stielbasis erreichen. Das weiße, zarte Fleisch junger Exemplare wird später, vor allem im Stielbereich, faserig. Er hat einen komplexen, jedoch deutlich mehligen, bei alten Exemplaren etwas abstoßenden Geruch. Im Frühling und Sommer recht weit verbreitet, erscheint er in großen, an der Basis miteinander verbundenen Büscheln auf totem Holz oder Laubbaumstümpfen. Auf lebendem Holz verschiedener Laubbäume wächst er an verletzten Stellen.

- H: 2–10 cm
- Ø: 4–12 cm
- Blaßviolette Sporen

KRÄUTER-SEITLING[3]
Pleurotus eryngii

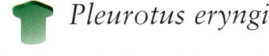

Der Kräuter-Seitling wächst scheinbar aus der Erde, tatsächlich aber auf Wurzeln von Doldengewächsen, vor allem von Mannstreu und Laserkraut in Küstennähe. Dort erscheint er auf den mageren Wiesen vom Frühling bis in den Herbst.

- H: 3–8 cm
- Ø: 4–12 cm
- Weißliche Sporen

HERBER ZWERGKNÄUELING
Panellus stipticus

Sein Hut hat einen Durchmesser unter 5 cm und fuchsrote Lamellen. Das sehr bittere, sehr zähe Fleisch macht diesen Pilz ungenießbar.

- H: 1–4 cm
- Ø: 1–4 cm
- Weißliche Sporen

BERINDETER SEITLING
Pleurotus dryinus

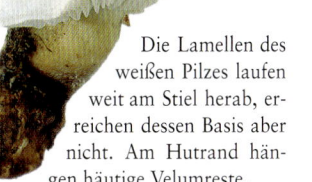

Die Lamellen des weißen Pilzes laufen weit am Stiel herab, erreichen dessen Basis aber nicht. Am Hutrand hängen häutige Velumreste.

- H: 2–8 cm
- Ø: 5–15 cm
- Weiße Sporen

GELBSTIELIGER MUSCHELSEITLING
Panellus serotinus

Dieser gelbgrüne bis grünliche Seitling ist größer als der vorgenannte. Seine sehr gedrängten Lamellen sind weißlich, sein Stiel kurz und mit braunen Schuppen besetzt.

- H: 2–5 cm
- Ø: 3–12 cm
- Weiße Sporen

Tricholomatales

Anis-Zähling
Lentinellus cochleatus

Klasse: Basidiomycetes – Ordnung: Tricholomatales – Familie: Pleurotaceae

- H: 4–10 cm
- Ø: 3–8 cm
- Weiße Sporen

Löffelförmiger Hut

Weit am Stiel herablaufende, gezähnte oder gezackte Lamellen

■ Bestimmung

Der **Hut** dieses mittelgroßen Pilzes ist spatel-, zungen- oder löffelförmig. Die quasi glatte Huthaut ist zimt- bis rötlichbraun, manchmal auch fleischfarben. Der großgelappte Rand ist meist nach innen gebogen.

Die bauchigen, oft gekerbten, unregelmäßigen **Lamellen** sind heller und mit rötlichbraunen Stellen durchsetzt. Sie laufen weit am Stiel herab, sind also ein Musterbeispiel für dieses Merkmal.

Der exzentrische bis laterale **Stiel** ist von tiefen Längsfurchen durchsetzt und seltsam geformt: gebogen, in sich spiralig verdreht.

Das weiße bis rötlichbraune **Fleisch** wird rasch zäh. Es hat, außer bei der geruchlosen Unterart *inolens*, einen typischen intensiven Anisgeruch.

■ Vorkommen

Der Anis-Zähling erscheint zur Pilzzeit, im Sommer und Herbst. Er wächst recht häufig auf Stümpfen verschiedener Laubbäume – vor allem Buchen –, seltener auf Nadelholz. Er bildet dichte Büschel aus mehreren Einzelpilzen, deren Hüte einander überlappen und deren Stiele an der Basis miteinander verbunden sind.

■ Wert

Der Anis-Zähling ist jung genießbar. Sein Fleisch ist dann elastisch, aber auch zart, während es später zäh wird. Wegen seines anisartigen Geruchs läßt er sich in kleinen Mengen als Gewürzpilz verwenden, mit dem man den Geschmack von Saucen oder Mischpilzgerichten verfeinern kann.

Verwandte Art

GETIGERTER KNÄUELING
Lentinus tigrinus

Er hat einen recht kleinen, bei jungen Exemplaren zunächst konvexen Hut, der sich später ausbreitet und im Alter sogar trichterförmig vertieft. Die gebrochen weiße bis gelbliche Huthaut ist typischerweise mit kleinen, rotbraunen faserigen Schuppen besetzt. Der Rand reißt bei der Entfaltung des Hutes nach und nach ein, die charakteristischen Risse reichen manchmal bis zur Hutmitte. Die weißlichen, an der Schneide fein gesägten Lamellen laufen am Stiel herab. Der gebogene Stiel wird zur Basis hin schlanker und ist von feinen, dunkleren Fasern bedeckt. Das weiße Fleisch ist zunächst elastisch, später zäh. Der Getigerte Knäueling wächst in kleinen Gruppen auf totem Weiden- und Pappelholz oder auf Baumstrünken, am Ufer von Wasserläufen oder Weihern vom Sommer bis in den Herbst. Der Pilz ist nur jung genießbar.

- H: 4–8 cm
- Ø: 4–10 cm
- Weiße Sporen

Gemeiner Heftelnabeling
Rickenella fibula

Synonyme: *Omphalina fibula, Gerronema f.*

Klasse: Basidiomycetes – Ordnung: Tricholomatales – Familie: Tricholomataceae

- H: 3–7 cm
- Ø: 0,5–1 cm
- Weiße Sporen

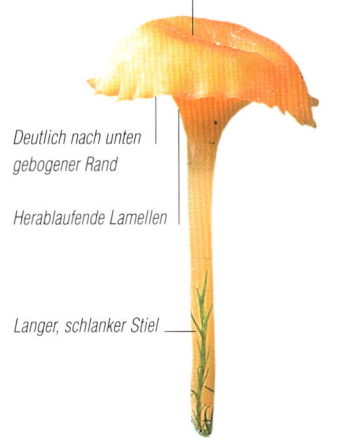

In der Mitte eingedrückter Hut

Deutlich nach unten gebogener Rand

Herablaufende Lamellen

Langer, schlanker Stiel

▮ Bestimmung

Dieser winzige Pilz ähnelt einer Nadel oder einem Nagel.

Der ungewöhnliche **Hut** von höchstens 1cm Durchmesser hat einen nach unten geschlagenen Rand und eine Vertiefung in der Mitte. Die glatte, gelborange Huthaut läßt die Lamellen durchschimmern.

Die cremefarbenen oder blaßgelben **Lamellen** sind weitständig, gebogen und laufen weit am Stiel herab.

Den langen, sehr schlanken **Stiel** bedeckt ein feiner Flaum (nur mit der Lupe sichtbar). Er ist im wesentlichen hutfarben.

Der Pilz mit seinem blassen, geruchlosen **Fleisch** ist derart unergiebig, daß sein Speisewert nicht diskutiert werden muß.

▮ Vorkommen

Der Gemeine Heftelnabeling wächst häufig vom Frühling bis in den Herbst im Moos an feuchten Standorten.

Verwandte Arten

Es gibt mehrere ähnliche Arten mit trichterförmigem Hut und herablaufenden Lamellen. Ihre Zuordnung ist nicht immer leicht, was ihre häufigen Namensänderungen erklärt. Sie haben eine gedrungenere Form als der Gemeine Heftelnabeling.

BECHERFÖRMIGER NABELING
Omphalina pyxidata

Er hat einen größeren, bräunlichroten oder ockergrauen, deutlich gerieften Hut. Er wächst auf Wiesen oder Moos, manchmal auch auf nackter Erde.

- H: 2–5 cm
- Ø: 1–3 cm
- Weiße Sporen

GEFALTETER NABELING
Gerronema ericetorum

Er hat einen helleren, beigen oder blaßockerfarbenen Hut und einen sehr kurzen, hutfarbenen, jedoch im oberen Bereich dunkleren Stiel. Er zieht feuchtere, saure und kühle Standorte vor und besiedelt sogar Torfmoos.

- H: 2–5 cm
- Ø: 1–2 cm
- Weiße Sporen

Nebelkappe
Clitocybe nebularis

Synonym: *Lepista nebularis*

Klasse: Basidiomycetes – Ordnung: Tricholomatales – Familie: Tricholomataceae

- H: 7–15 cm ● Ø: 8–20 cm ● Ganz hellgelbe Sporen

Sehr gedrängte Lamellen

Verdickte Basis

Grauer, an der Oberfläche mehlig bereifter Hut

▌Bestimmung

Der **Hut** dieses mittelgroßen Pilzes erreicht zuweilen einen Durchmesser von 20 cm. Er ist zunächst abgerundet mit deutlich eingerolltem Rand und breitet sich später aus, behält jedoch zunächst einen Buckel, der erst bei älteren Exemplaren ganz verschwinden kann. Die mausgraue Oberfläche, die wie bereift oder bestäubt aussieht, gab dem Pilz seinen Namen.

Die weißlichen bis cremefarbigen **Lamellen** sind sehr fein und gedrängt. Ursprünglich gebogen, laufen sie später leicht am Stiel herab.

Der gräuliche und fein gestreifte **Stiel** ist an der Basis von einem weißlichen, wattigen Flaum bedeckt. Beim jungen Pilz ist er dick und stämmig, später streckt er sich deutlich, wobei die Basis verdickt bleibt. Nach und nach wird er hohl und schwammig, da ihn sehr oft Maden befallen.

Das weiße, bei jungen Exemplaren feste, bei erwachsenen Exemplaren weiche **Fleisch** hat den für Trichterlinge charakteristischen, aromatisch-bittermandelähnlichen Geruch.

▌Vorkommen

Die Nebelkappe wächst in Laub- und Nadelwäldern, dabei erscheint sie in Hexenringen oder sehr gesellig in Gruppen. Sie ist in der ganzen gemäßigten nördlichen Hemisphäre weit verbreitet, im Tief- ebenso wie im Bergland. Man findet diesen Pilz recht spät im Oktober und manchmal nach dem ersten Frost, dafür bleibt er bis in den Dezember hinein.

▌Wert

Die Nebelkappe ist sehr umstritten: An sich ein guter Speisepilz, wird sie aber von manchen nicht vertragen und kann zu Magen-Darm-Beschwerden führen. Ihr ganz besonderer Geschmack wird entweder geschätzt oder abgelehnt.

Auf jeden Fall sind junge Nebelkappen interessante Pilze. Außerdem können sie gut getrocknet werden, um dann im Winter als Würzmittel zu dienen. (→ Tabelle S. 116)

Verwechslung

Den *Riesen-Rötling* (Entoloma lividum; S. 116) mit seiner schönen Silhouette findet man an lichteren Standorten der Laubwälder. Sein Genuß führt zu heftigem Brechdurchfall und schwächt den Betroffenen so, daß eine stationäre Behandlung erforderlich ist. Der Riesen-Rötling ist jedoch an seinem Mehlgeruch und seinen eingebuchteten, gelben – niemals weißen –, beim reifen Pilz rosafarbenen Lamellen erkennbar.

Verwechslungsgefahr:
Riesen-Rötling (*Entoloma lividum*; S. 116)

	Nebelkappe *Clitocybe nebularis*	Riesen-Rötling *Entoloma lividum*
Hut	gräulich, bereift	weiß-gräulich, faserig
Lamellen	leicht herablaufend, weißlich	eingebuchtet, gelb, später rosa
Stiel	an der Basis verdickt, grau	an der Basis verdickt, weiß
Geruch	bittermandelähnlicher Geruch, süßlich	mehlig, nicht süßlich
Vorkommen	Laub- und Nadelbäume	Laubbäume
Wert	eßbar (Vorsicht ist jedoch geboten)	giftig

Mönchskopf

Clitocybe geotropa

Anderer Name: Falber Riesentrichterling

Klasse: Basidiomycetes – Ordnung: Tricholomatales – Familie: Tricholomataceae

- H: 10–25 cm ● Ø: 8–20 cm ● Weiße Sporen

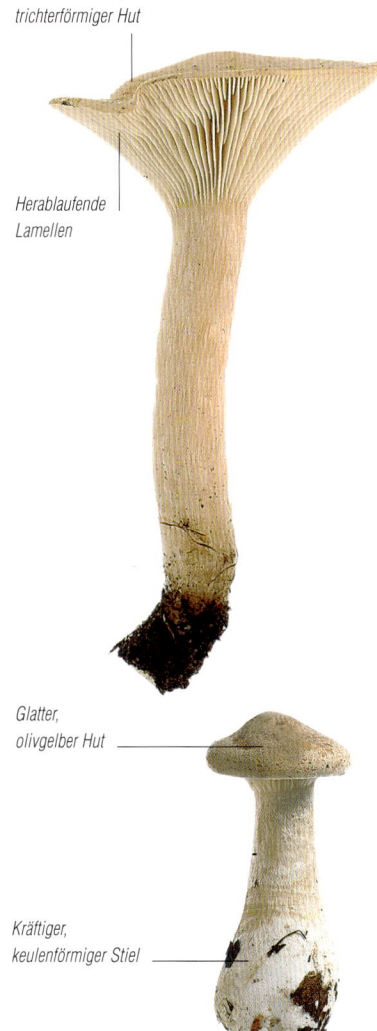

Bei älteren Exemplaren trichterförmiger Hut

Herablaufende Lamellen

Glatter, olivgelber Hut

Kräftiger, keulenförmiger Stiel

▌ Bestimmung

Der **Hut** dieses stämmigen Pilzes erinnert an einen kahlen Schädel, woher er ohne Zweifel seinen Namen Mönchskopf hat. Er ist zunächst konvex, glatt und unbehaart, wachsartig, ockergelblich, manchmal fleischfarben. Dann vertieft er sich trichterförmig, behält in der Mitte jedoch einen deutlichen Buckel. Der zunächst eingerollte und leicht flaumige Rand flacht stark ab und wird schließlich wellig und lappig.

Die weißen bis cremefarbenen, unregelmäßigen, dichtständigen **Lamellen** sind für einen Trichterling typisch: Sie laufen weit am Stiel herab.

Der hutfarbene, kräftige, volle **Stiel** wird im Alter schwammig. Er ist recht zylindrisch, wird jedoch zur Basis hin gleichmäßig breiter und hat dort einen wattigen Flaum.

Das feste, weiße **Fleisch** riecht – für Trichterlinge typisch – sehr angenehm nach Bittermandel.

▌ Vorkommen

Dieser große Pilz bildet Hexenringe, er ist in lichten Wäldern weithin sichtbar. Im Sommer und Herbst recht häufig, kann er aber auch noch später wachsen.

▌ Wert

Sein angenehmer Duft und sein schönes Aussehen machen ihn zum geschätzten Speisepilz. Man sollte ihn dennoch jung genießen und den zu faserigen Stiel wegschneiden. Später wird sein Fleisch schwammig. Ältere Exemplare sind sehr zäh und daher ungenießbar.

Verwandte Art

KEULENFUSS-TRICHTERLING
Clitocybe clavipes

Er hat ebenfalls einen unten stark verdickten Stiel. Die Huthaut ist glatt. Die hellen Lamellen kontrastieren zum sonst graubraunen Pilz. Sie sind dick und laufen deutlich am Stiel herab. Das weiche Fleisch duftet nach Orangenblüten. Die watteweiche Konsistenz qualifiziert die Art zu einem mittelmäßigen Speisepilz, der ohne Alkohol genossen werden sollte.

- H: 6–10 cm
- Ø: 4–8 cm
- Weiße Sporen

Grüner Anis-Trichterling
Clitocybe odora

Synonym: *Clitocybe viridis*

Klasse: Basidiomycetes – Ordnung: Tricholomatales – Familie: Tricholomataceae

● H: 5–10 cm ● Ø: 4–8 cm ● Weißrosa Sporen

Glatter, graugrüner oder blaugrüner Hut

Leicht am Stiel herablaufende Lamellen

▌Bestimmung

Dieser kleine bis mittelgroße Pilz hat einen graugrün gefärbten **Hut**, der im Alter ausblaßt. Er ist sehr unregelmäßig konvex- bis konischspitz, breitet sich später aus und wird fast trichterförmig, behält jedoch einen zentralen Buckel. Der zunächst eingerollte, oft gelappte Rand breitet sich aus und ist zum Schluß sehr wellig.

Die feinen, gedrängten **Lamellen** sind blaß, gebrochen weiß oder gräulich. Sie sind angewachsen oder laufen allenfalls ein wenig am Stiel herab, was innerhalb dieser Gattung ungewöhnlich ist.

Der im allgemeinen kurze und zylindrische, faserige, an der Basis leicht verdickte **Stiel** ist heller als der Hut, blaugrün gräulich, manchmal rosa schattiert. Er ist zunächst fleischig, wird dann rasch hohl und substanzlos, doch bleibt ihm seine Zähigkeit.

Das feste, später elastische **Fleisch** ist schmutzig weiß bis grünlich und hat einen typischen, prägnant-feinen Anisgeruch.

▌Vorkommen

Der Pilz erscheint auf Laub oder Nadelstreu im dunklen Unterholz. Er wächst meist in Hexenringen oder kleinen Gruppen, vor allem in Buchen- und Fichtenwäldern, vom Sommer bis in den Herbst.

▌Wert

Wegen seines starken Anisgeruchs verwendet man den Pilz eher in kleinen Mengen. Ein oder zwei Exemplare genügen, um ein wenig aromatisches Pilzgericht zu würzen. Den zähen Stiel stets wegschneiden.

Feld-Trichterling
Clitocybe dealbata

Anderer Name: Rinnigbereifter Trichterling

Klasse: Basidiomycetes – Ordnung: Tricholomatales – Familie: Tricholomataceae

● H: 3–6 cm ● Ø: 2–5 cm ● Weiße Sporen

Verwechslungsgefahr:
Schnee-Ellerling (*Cuphophyllus niveus*; S. 62)
Graubräunlicher Rötelritterling (*Lepista panaeolus*; S. 79)
Nelken-Schwindling (*Marasmius oreades*; S. 99)
Mehl-Räsling (*Clitopilus prunulus*; S. 114)

▌Bestimmung

Der abgeflachte **Hut** des kleinen Feld-Trichterlings hat eine weiß satinierte und firnig bereifte Haut. Mit zunehmendem Alter oder bei feuchtem Wetter kann letztere cremefarben oder stellenweise rötlich werden, so daß der Pilz mit einigen eßbaren Arten zu verwechseln ist. Der schmale, lange, eingerollte Rand steht im Kontrast zur fleischigeren zentralen Partie, die mehr oder weniger gebuckelt ist.

Die gebrochen weißen bis gräulichen **Lamellen** sind recht gedrängt, angewachsen bis leicht am Stiel herablaufend.

Der weiße, recht kurze, später längere **Stiel** wird rasch faserig. Die fein faserige, seidige Oberfläche wird ausgehend von der Basis nach und nach leicht grau oder rötlich.

Das weiße, zarte bis faserige **Fleisch** hat einen starken, komplexen, auch mehligen Geruch. Eine aromatische Note erinnert an den trichterlingtypischen Bittermandelduft.

▌Vorkommen

Der recht häufige Pilz wächst in Gruppen oder Ringen auf Gras. Man trifft auf ihn im Sommer und im Herbst. (→ Tabellen S. 75, 79)

(Fortsetzung)

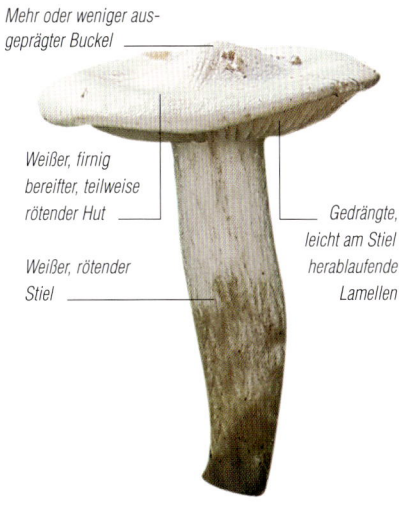

Mehr oder weniger ausgeprägter Buckel

Weißer, firnig bereifter, teilweise rötender Hut

Weißer, rötender Stiel

Gedrängte, leicht am Stiel herablaufende Lamellen

▊ Giftigkeit

Der Feld-Trichterling und seine Verwandten, die kleinen weißen toxischen Wiesen- und Waldtrichterlinge sind eindeutig giftig. Sie enthalten wie der Pantherpilz und die Vertreter der Gattung *Inocybe* große Mengen Muskarin. Dieses Nervengift ruft Schweißausbrüche, Durchfall und Erbrechen hervor, ebenfalls eine Verlangsamung des Herzrhythmus und ein Absinken des Blutdrucks. Unter Umständen kann ihr Genuß zum Tod führen.

Verwechslung

Im allgemeinen sollte man sich vor ganz weißen Pilzen hüten! Die kleinen toxischen Trichterlinge, die an allen Standorten weit verbreitet sind, können mit zahlreichen, darunter auch einigen geschätzten, Speisepilzen verwechselt werden.

Auf Wiesen sollte man sich vor einer Verwechslung mit dem **Schnee-Ellerling** *(Cuphophyllus niveus; S. 62) hüten, der nach Kräutern riecht, und herablaufende, weitständige Lamellen hat.*

Im übrigen haben die rötenden Formen des Feld-Trichterlings eine geradezu unglaubliche Ähnlichkeit mit dem **Graubräunlichen Rötelritterling** *(Lepista panaeolus; S. 79), der beige bis rosa Lamellen hat.*

Außerdem überschneiden sich die vom **Feld-Schwindling** *(Marasmius oreades; S. 99) gebildeten Hexenringe gerne mit denen des Feld-Trichterlings. Ersterer hat einen lederbraunen Hut, weitständige, beige, freie Lamellen und riecht nach Bittermandeln.*

Der schmackhafte **Mehl-Räsling** *(Clitopilus prunulus; S. 114), der im Wald zwischen Heidelbeeren wächst, ist ein Doppelgänger, der nach Mehl riecht und dessen Lamellen sich im reifen Stadium rosa färben.*

Verwandte Art

BLEIWEISSER TRICHTERLING
Clitocybe phyllophila

Man findet ihn unter Laubbäumen, vor allem Buchen, wo er gruppenweise in der Streu wächst. Abgesehen von seinen bevorzugten Standorten ist er dem Feld-Trichterling recht ähnlich. Aber er ist größer und kann eine Höhe von bis zu 10 cm erreichen. Vor allem trägt er an der Stielbasis einen charakteristischen weißen Flaum, der vielleicht im Zusammenhang mit seinen Standorten im feuchten Laub steht. Er ist äußerst giftig, ebenso wie andere verwandte Arten, etwa Clitocybe cerussata, welche dem Bleiweißen Trichterling ähnelt, aber unter Nadelbäumen lebt. (→ Tabelle S. 144)

- H: 7–12 cm
- Ø: 5–10 cm
- Cremerosa Sporen

	Weiße, giftige Trichterlinge *Clitocybe dealbata* und *C. phyllophila*	Schnee-Ellerling *Cuphophyllus niveus*	Graubräunl. Rötelritt. *Lepista panaeolus*	Feld-Schwindling *Marasmius oreades*	Mehl-Räsling *Clitopilus prunulus*
Hut	weiß (bis rötlich)	weiß	graurötlich	lederbraun	weiß bis gräulich
Lamellen	gedrängt, weißlich, leicht am Stiel herablaufend	weitständig, weit, am Stiel herablaufend	gedrängt, beige bis rosa, leicht am Stiel herablaufend	weitständig, beige, frei	gedrängt, weiß, dann rosa, am Stiel herablaufend
Stiel	weiß (rötend), fleischfarben, faserig	weiß, schwammig	beige, fleischfarben, faserig	beige, sehr zäh	weiß, fleischfarben
Geruch	mehlig	nach Kräutern	mehlig	nach Bittermandel	mehlig
Vorkommen	Wiesen, Wälder	Wiesen	Wiesen	Wiesen	Wälder
Wert	giftig	guter Speisepilz	guter Speisepilz	ausgezeichneter Speisepilz	guter Speisepilz

Honiggelber Hallimasch
Armillaria mellea

Anderer Name: Hallimasch

Klasse: Basidiomycetes – Ordnung: Tricholomatales – Familie: Tricholomataceae

- H: 9–20 cm
- Ø: 3–10 cm
- Weiße Sporen

Honigfarbener, mit kleinen braunen Schuppen besetzter Hut

Oberhalb des Rings geriefter Stiel

Hoch am Stiel ansetzender weißer Ring

Glatter oder schuppiger Stiel

Umfangreiches Büschel

Verwechslungsgefahr:
Sparriger Schüppling (*Pholiota squarrosa*; S. 146)
Stockschwämmchen (*Kuehneromyces mutabilis*; S. 144)

Bestimmung

Der **Hut** dieses im allgemeinen mittelgroßen, jung kugeligen Pilzes wird konvex, später ausgebreitet und manchmal eingedrückt. Die Huthaut zeigt alle Honigfarben: Von gelb über rötlichbraun bis oliv. Sie ist von feinen braunen Schuppen bedeckt, die vor allem im Zentrum gehäuft auftreten. Der schmale Rand ist bei älteren Exemplaren sehr wellig.

Die am Stiel herablaufenden, weißen, gilbenden **Lamellen** sind im Alter rötlich gefleckt.

Der gestreckte, zylindrische **Stiel** ist vor allem bei jungen Exemplaren an der Basis keulenförmig verdickt. Er trägt einen weißen, häutigen, sehr hoch angesetzten Ring. Im oberen, weißen Bereich ist er regelmäßig gerieft. Der untere Bereich ist heller als der Hut und fast glatt oder leicht geschuppt.

Das **Fleisch**, das im Hut weiß und fest ist, ist im Stiel sehr faserig, ja sogar zäh.

Vorkommen

Der Honiggelbe Hallimasch ist ein gefährlicher Schädling, er wächst in dichten Büscheln auf Stümpfen und lebendem oder geschlagenem Holz zahlreicher Laub- und Nadelbäume. Manchmal scheint er aus der Erde zu kommen, tatsächlich aber hat er Baumwurzeln befallen. Er findet sich im Herbst in der ganzen gemäßigten Zone. Der Honiggelbe Hallimasch greift auch lebendes Holz an und fügt deshalb der Waldwirtschaft beträchtlichen Schaden zu. Die schwärzlichen Myzelstränge des Pilzes verlaufen unter der Baumrinde und stören lebenswichtige Funktionen. Wenn die Fruchtkörper sichtbar werden, ist es bereits zu spät, um die Bäume zu retten. Sie fallen dann der Weißfäule oder dem Wurzelschimmel zum Opfer.

Wert

Die Hüte junger Hallimasche können recht gut schmecken. Der Pilz ist auch deshalb interessant, weil er sehr zahlreich auftritt und recht gut konserviert werden kann.

Doch Vorsicht: Ältere Exemplare und die zähen Stiele müssen aussortiert werden. Außerdem sollte man den Pilz ausreichend lang kochen, da sonst das Fleisch leicht bitter schmeckt. Werden diese Regeln nicht beachtet, kann dies zu recht heftigen Unverträglichkeiten führen. (→ Tabelle S. 145)

Verwechslung

Im Herbst findet man zahlreiche Pilze, die auf Baumstümpfen oder an der Basis von Baumstämmen große Büschel bilden. Zwei Schüpplinge haben eine gewisse Ähnlichkeit mit dem Honiggelben Hallimasch:

Der **Sparrige Schüppling** (*Pholiota squarrosa*; S. 146) unterscheidet sich durch seinen strohgelben, mit größeren, rötlichen Schuppen besetzten Hut, der reife Pilz hat dunklere Lamellen. Der sehr schuppige, harte, gebogene Stiel läuft nach unten spitz zu und hat auch einen sehr hoch ansetzenden Ring. Diese Art ist nicht nur zäh, sie schmeckt außerdem recht unangenehm.

Das **Stockschwämmchen** (Kuehneromyces mutabilis; S. 144) wächst in Laubwäldern. Es hat einen glatten, zimtfarbenen, gelben oder braunen Hut und ist ein ausgezeichneter Speisepilz, sofern man den zu zähen, schlanken Stiel entfernt.

	Honiggelber Hallimasch *Armillaria mellea*	Sparriger Schüppling *Pholiota squarrosa*	Stockschwämmchen *Kuehneromyces mutabilis*
Hut	honigfarben, braune Schuppen	gelb, rötlich geschuppt	gelb bis zimtbraun, glatt
Lamellen	weiß, gelb, rötlich gefleckt	gelb, später rötlich	gelb, später rötlich
Stiel	hell, glatt oder schuppig	bräunend, schuppig	rotbraun, schuppig
Ring	weiß	braun	bräunend
Vorkommen	Laub- und Nadelbäume	Laub- und Nadelbäume	Laub- und Nadelbäume
Wert	guter Speisepilz	ungenießbar	sehr guter Speisepilz

Verwandte Arten

NÖRDLICHER HALLIMASCH
Armillaria borealis

Er ist ein seltener, in den Bergen beheimateter Pilz, der in Büscheln auf Laub- oder Nadelholz wächst. Der braune und am Rand geriefte Hut ist heller als der Rest des Hutes, das heißt ocker oder braungelb. Der Buckel ist jedoch von dichten Schuppen besetzt, die sich mit der Reife braun färben und ihm eine dunklere Farbe geben. Der Stiel trägt einen brüchigen, weißen Ring.
- H: 10–15 cm
- Ø: 6–10 cm
- Weiße Sporen

GEMEINER HALLIMASCH
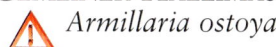
Armillaria ostoyae

Er hat dunklere Schuppen auf einem braunroten Hut und einen flockigen, am Rand braun gepunkteten Ring.
- H: 7–15 cm
- Ø: 7–12 cm
- Weiße Sporen

RINGLOSER HALLIMASCH[3]
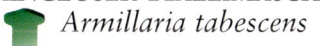
Armillaria tabescens

Er ist schlanker, hat keinen Ring und wächst in kleineren, aber genauso dichten Büscheln wie der Honiggelbe Hallimasch, vor allem auf Baumstümpfen oder Wurzeln von Eichen. Dieser Speisepilz ist wesentlich seltener als der Honiggelbe Hallimasch.
- H: 8–13 cm ● Ø: 3–6 cm
- Weiße Sporen

Tricholomatales

Fuchsiger Rötelritterling
Lepista inversa

Anderer Name: Fuchsiger Trichterling
Synonym: *Clitocybe inversa*

Klasse: Basidiomycetes – Ordnung: Tricholomatales – Familie: Tricholomataceae

- H: 5–10 cm ● Ø: 4–10 cm ● Weiße Sporen

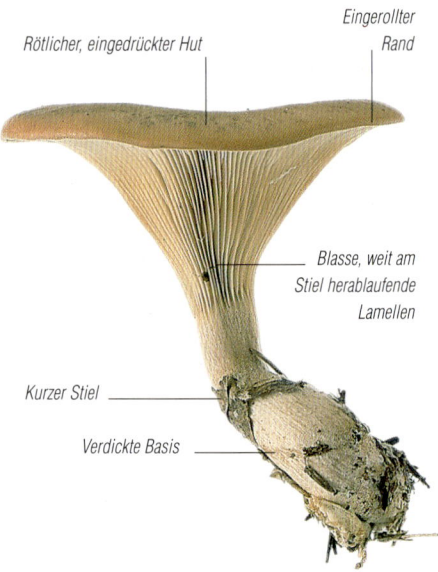

Rötlicher, eingedrückter Hut
Eingerollter Rand
Blasse, weit am Stiel herablaufende Lamellen
Kurzer Stiel
Verdickte Basis

Bestimmung

Dieser kleine bis mittelgroße, zu Beginn leicht konvexe **Hut** breitet sich flach aus und bekommt in der Folge sogar eine eingedrückte Form. Er ist in der Mitte recht fleischig und wird zum typischerweise eingerollten Rand hin immer dünnfleischiger. Die Huthaut ist mehr oder weniger intensiv rötlich oder ockergelb gefärbt. Der Pilz ist manchmal kahl und glänzend, kann jedoch bei Trockenheit lappig aufgerissen sein.

Die schmalen, dicht gedrängten **Lamellen** laufen sehr weit am Stiel herab. Zunächst cremeweiß, färben sie sich im Alter rötlich.

Der kurze, zähe **Stiel** hat, ähnlich den Lamellen, eine blasse Farbe. Die etwas verdickte Basis ist von einem wattigen Flaum bedeckt, der mit dem Myzel in Verbindung steht.

Das weißliche, im Hut brüchige **Fleisch** ist praktisch geruchlos und kann leicht bitter schmecken.

Vorkommen

Der Fuchsige Rötelritterling wächst meist in geselligen Gruppen, zuweilen in Ringen, an besonders dunklen Standorten, auf Nadelbetten unter Fichten. Man findet ihn während der Pilzsaison, manchmal noch recht spät.

Wert

Der Fuchsige Rötelritterling gilt bei manchem Pilzfreund als guter Speisepilz, andere finden sein Fleisch zu zäh und leicht bitter. Einige Leute vertragen ihn überhaupt nicht.

Verwandte Arten

Andere Pilze dieser Gruppe haben einen ins Orange gehenden oder ziegelroten Hut.

SCHLAFFER RÖTELRITTERLING
Lepista flaccida

Lepista flacida, mit *Lepista inversa* sehr nahe verwandt, wächst unter Laubbäumen, hat ein weicheres Fleisch und einen welligeren Rand.
- H: 5–10 cm
- Ø: 4–10 cm
- Weiße Sporen

OCKERBRAUNER TRICHTERLING
Clitocybe gibba

Er wächst oft massenhaft in hellen Laub- oder Nadelwäldern. In Wuchs und Farbe ähnelt er dem Fuchsigen Rötelritterling, er ist aber höher und graziler und hat die Form eines umgekehrten Regenschirms. Seine Huthaut ist fein filzig und seine Lamellen sind wesentlich blasser. Der längere und schlankere Stiel, die Dünnfleischigkeit und Brüchigkeit des Huts kontrastieren deutlich zur Kompaktheit des Fuchsigen Rötelritterlings. Das Fleisch hat den ganz spezifisch süßen Trichterling-Geruch sowie einen recht guten Geschmack.
- H: 5–10 cm ● Ø: 4–10 cm
- Weiße Sporen

Graubräunlicher Rötelritterling

Lepista panaeolus

Anderer Name: Graubrauner Röteltrichterling
Synonyme: *Rhodopaxillus panaeolus*, *Lepista luscina*

Klasse: Basidiomycetes – Ordnung: Tricholomatales – Familie: Tricholomataceae

- H: 4–7 cm • Ø: 3–10 cm • Blaßrosa Sporen

Gräulicher Hut

Kurzer, faseriger, weißlicher Stiel

Gedrängte Lamellen

▌Bestimmung

Der **Hut** des recht kleinen Graubräunlichen Rötelritterlings ist fleischig, konvex, später ausgebreitet und sieht oft unregelmäßig, am Rand wellig aus. Die grau-rötliche Huthaut ist mit dunkleren, konzentrischen, graubraunen bis rötlichgrauen Flecken besetzt. Dieses Merkmal ist nicht immer offensichtlich, was die Bestimmung des Pilzes nicht gerade erleichtert.

Die gedrängten, schmalen, bei jungen Exemplaren weißlichen **Lamellen** färben sich grau, mit rosa Schattierungen, sobald die Sporen reif sind. Zunächst sind sie ausgebuchtet angewachsen, können aber bei älteren Exemplaren auch leicht am Stiel herablaufen.

Der eher kurze, volle und fleischige, später faserige **Stiel** bricht beim Pflücken leicht ab. Die faserige Oberfläche ist im wesentlichen hutfarben, jedoch blasser.

Das dicke, zarte, weißgräuliche **Fleisch** riecht und schmeckt angenehm nach Mehl.

▌Vorkommen

Der Graubräunliche Rötelritterling erscheint im Herbst an grasigen Standorten. Er wächst in kleinen Gruppen, manchmal aber in derart geschlossenen Hexenringen, daß die Hüte der Pilze einander überlappen.

▌Wert

Örtlich tritt der Graubräunliche Rötelritterling sehr gehäuft auf, so daß er zu nahrhaften Gerichten verarbeitet werden kann. Der delikate Speisepilz schmeckt nach frischem Mehl und erhält nach dem Garen einen würzigen Geschmack, ein wenig wie der Violette Rötelritterling.

Man sollte dennoch besser nur geringe Mengen essen und junge, gesunde Exemplare auswählen. In einigen Fällen soll der Pilz nicht vertragen worden sein. Diese Beschwerden können aber auch auf den Büscheligen Ritterling (*Lepista caespitosa*) zurückgehen, der ein mittelmäßiger Speisepilz ist und manchmal mit dem Graubräunlichen Rötelritterling verwechselt wird.

Verwechslung

Vor allem Anfänger sollten sich vor kleinen weißen Trichterlingen und ebenfalls im Gras wachsenden Ritterlingen, wie dem **Feld-Trichterling** *(Clitocybe dealbata; S. 74), hüten. Es handelt sich um gefährliche Giftpilze, die manchmal so ähnlich sind, daß sie sogar die gleichen konzentrischen Flecken auf dem Hut aufweisen wie der Graubräunliche Rötelritterling.*

Verwechslungsgefahr:
Feld-Trichterling *(Clitocybe dealbata;* S. 74)

	Graubräunlicher Rötelritterling *Lepista panaeolus*	Feld-Trichterling *Clitocybe dealbata*
Hut	recht klein, graubräunlich	klein, weiß bis rötlich
Lamellen	gebuchtet angewachsen, weißlich bis graurosa	weißlich, am Stiel herablaufend
Fuß	beige	weiß, rötend
Geruch	mehlig	mehlig
Vorkommen	Wiesen	Wiesen
Wert	sehr guter Speisepilz	giftig

Violetter Rötelritterling
Lepista nuda

Anderer Name: Violetter Ritterling
Synonym: *Rhodopaxillus nudus*

Klasse: Basidiomycetes – Ordnung: Tricholomatales – Familie: Tricholomataceae

- H: 6–12 cm ● Ø: 5–15 cm
- Blaßviolettgraue Sporen

Flacher, violetter bis brauner Hut
Leicht violette, später bräunende Lamellen
Blauvioletter, faseriger Stiel
Gedrängte Lamellen
Fliederfarbenes Fleisch

▼ **Verwechslungsgefahr:**
Purpurfleckender Klumpfuß (*Cortinarius purpurascens*; S. 130)

▌Bestimmung

Der schöne, mittelgroße bis große Pilz ist, vor allem wenn er noch jung ist, von oben bis unten herrlich blauviolett gefärbt. Im Alter verblaßt er.

Sein fleischiger, konvexer **Hut** kann ins Bräunliche gehen, vor allem in der Mitte, manchmal aber auch am Rand, was seine Bestimmung erschwert – nur der Stiel behält seine ursprüngliche Farbe in der Regel mehr oder weniger bei. Seine völlig glatte Huthaut brachte ihm in Frankreich den Beinamen »nackter Ritterling« ein.

Die violetten, gedrängten, eingebuchtet angewachsenen **Lamellen** verfärben sich im Alter matt bräunlich.

Der fleischige und leicht faserige, etwas stämmige **Stiel** ist häufig an der Basis verdickt. Seine blauviolette Oberfläche ist mit weißen bis silbrigen, gefaserten Flocken übersät.

Das zarte, durch und durch violette **Fleisch** verblaßt bei älteren Exemplaren. Es gibt einen leichten, undefinierbaren, gewürzähnlichen Duft ab.

▌Vorkommen

Er wächst sehr gerne auf der Streu in Nadel- und Laubwäldern, wo er oft Hexenringe bildet. Vor allem in schwer zugänglichen Fichtenwäldern wurden imposante Ringe dieser Art gesehen.

Manchmal wächst dieser Rötelritterling wie der Feld-Schwindling auf Weiden in Baumnähe. Der häufige Pilz ist weltweit verbreitet und erscheint bei uns schon im Frühjahr, vor allem aber im Herbst, vom Oktober bis in den November.

▌Wert

Der Violette Rötelritterling, der ein zartes, angenehm duftendes, würziges Fleisch hat, gilt als ausgezeichneter Speisepilz. Zuweilen werden ihm gerade diese Vorzüge angekreidet, da ihn manche zu aromatisch oder zu scharf finden. Wer dieser Meinung ist, kann ihn jedoch stets blanchieren. Allerdings leidet er unter dieser Behandlung, wenn auch sein Fleisch weiterhin auf der Zunge zergeht.

Jedenfalls sollten nur die jungen, noch recht fleischigen Exemplare verzehrt werden, die noch nicht madig oder von Schnecken angefressen sind. Der Stiel, der rasch ein wenig faserig wird, kann weggeschnitten werden. Die Hüte lassen sich auch mit ein paar Schmutzigen oder Lilastiel-Rötelritterlingen mischen, die ebenfalls ausgezeichnete Speisepilze sind.

▌Kultur

Auf frischen, feuchten Pferdemisthaufen kann man richtige Kulturen dieses Pilzes anlegen. Sie unterscheiden sich allerdings etwas von den wildwachsenden Exemplaren, ihr Hut ist welliger und keulenförmig oder an der Basis stark verdickt. (→ Tabelle S. 131)

Verwechslung

Einige Violette Schleierlinge ähneln bisweilen dem Violetten Ritterling.

Der **Purpurfleckende Klumpfuß** (*Cortinarius purpurascens*; S. 130) und die mit ihm verwandten Arten unterscheiden sich durch den faserig wirkenden Hut und die Cortinareste am Stiel, die sich wie die Lamellen bei reifen Exemplaren rostbraun färben. Es handelt sich jedoch um minderwertige Speisepilze.

Verwandte Art

Eine mit dem Violetten Rötelritterling verwandte, ebenfalls ausgezeichnete Art verdient die Beachtung des Pilzsammlers.

SCHMUTZIGER RÖTELRITTERLING
Lepista sordida

Er sieht dem Violetten Ritterling zum Verwechseln ähnlich, ist jedoch nur halb so groß. Diese Art ist oft intensiver gefärbt, verblaßt aber später wie der Violette Rötelritterling. Er wächst außerhalb oder am Rand der Wälder, vor allem im Gebüsch und auf fruchtbaren Böden.
- H: 4–6 cm
- Ø: 3–7 cm
- Blaßviolettgraue Sporen

Lilastiel-Rötelritterling
Lepista saeva

Anderer Name: Zweifarbiger Rötelritterling
Synonyme: *Rhodopaxillus saevus, Lepista personata, Tricholoma personatum*

Klasse: Basidiomycetes – Ordnung: Tricholomatales – Familie: Tricholomataceae

- H: 5–10 cm
- Ø: 8–15 cm
- Blaßrosa Sporen

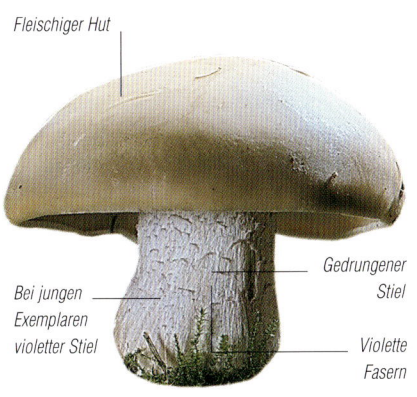

- Fleischiger Hut
- Bei jungen Exemplaren violetter Stiel
- Gedrungener Stiel
- Violette Fasern

▍Bestimmung

Der recht große **Hut** kann einen Durchmesser von bis zu 15 cm erreichen. Er ist massiv und fleischig, zunächst kugelig, später konvex. Die sehr einheitliche, glatte und glänzende Huthaut färbt sich von Beige zu Graubraun und verblaßt dann. Der fein eingerollte Rand streckt sich erst bei älteren Exemplaren und wird dann wellig.

Die schmalen, gedrängten, unregelmäßigen, eingebuchteten **Lamellen** sind ein wenig blasser als der Hut.

Der dicke, gedrungene, fein geriefte und samtige **Stiel** ist bei jungen Exemplaren wunderschön amethystviolett gefärbt. Er verliert jedoch bald sein schönes Aussehen und wirkt dann nicht mehr ganz so appetitlich.

Roh riecht das dicke, zarte und kompakte **Fleisch** sehr angenehm nach Pilz, es schmeckt mild.

▍Vorkommen

Der Lilastiel-Rötelritterling bildet auf Wiesen und Weiden wunderbare Hexenringe. Man kann ihn auch einzeln, im hohen Gras versteckt, finden.

Zuweilen sehr häufig, erscheint er, wie zahlreiche Ritterlinge, recht spät, manchmal sogar noch im Winter.

▍Wert

Der Lilastiel-Rötelritterling ist nicht nur schön, sondern auch schmackhaft. Er wird oft dem ebenfalls ausgezeichneten Violetten Rötelritterling vorgezogen, denn sein Fleisch hat die größere Ergiebigkeit.

Er ist vor allem deswegen interessant, weil er fast keine Konkurrenz besitzt: Zu der Zeit seines Erscheinens sind kaum andere wertvolle Speisepilze zu finden. (→ Tabelle S. 131)

Amethystblauer Lacktrichterling
Laccaria amethystina

Anderer Name: Lackbläuling
Synonym: *Clitocybe amethystina*

Klasse: Basidiomycetes – Ordnung: Tricholomatales – Familie: Tricholomataceae

- H: 5–12 cm ● Ø: 2–7 cm ● Weißviolette Sporen

- Hut, Lamellen und Stiel sind violett.
- Eingerollter Rand
- Sehr weitständige Lamellen
- Weißlicher Filz

Verwechslungsgefahr:
Rettich-Helmling *(Mycena pura;* S. 107)
Seidiger Rißpilz *(Inocybe geophylla;* S. 137)

▌Bestimmung

Dieser kleine, ganz violett gefärbte Pilz hat einen wenig fleischigen, zunächst konvexen **Hut**, der sich später ausbreitet und in der Mitte eine kleine Vertiefung bildet, d. h. genabelt ist. Die trockene, matte, erst fein schorfige, dann schuppige Huthaut, die bei jungen Exemplaren leuchtend gefärbt ist, verblaßt im Alter oder bei Trockenheit und wird grau. Der fest eingerollte, lange nach hinten gebogene Rand wird schließlich wellig und gerieft.

Die dicken, bauchigen und sehr weitständigen, unregelmäßigen **Lamellen** sind angewachsen und laufen zum Teil am Stiel herab. Bei älteren Exemplaren verschwindet die violette Farbe unter dem weißen Sporenstaub.

Der lange, schlanke, gebogene, brüchig wirkende **Stiel** wird rasch faserig und sehr zäh. Er trägt lange Furchen und im unteren Teil sogar einen recht deutlichen Filz.

Das **Fleisch** des Hutes ist recht zart, kaum ergiebig und ebenfalls violett gefärbt. Es riecht leicht fruchtig.

▌Vorkommen

Dieser kleine Pilz wächst auf Moos-, Laub- oder Nadelbetten aller Waldtypen, vor allem an sehr feuchten Standorten. Manchmal schießt er in Sümpfen aus dem Torfmoos. Er tritt sehr häufig auf und wächst während der Pilzzeit in kleinen Gruppen.

▌Wert

Der Pilz schmeckt trotz seiner Dünnfleischigkeit und seinem ungenießbar faserigen Stiel ausgezeichnet. Er duftet intensiv und mundet zu Fleisch oder im Omelett. Übrigens findet er sich immer reichlich, da viele vorm Verzehr violetter Pilze zurückscheuen. Der Rötliche Lacktrichterling, der Doppelgänger des Amethystblauen Lacktrichterlings, schmeckt zwar nicht ganz so fein, ist aber ein brauchbarer Speisepilz, dessen Stiel allerdings auch weggeschnitten werden sollte. (→ Tabellen S. 83, 107, 137)

Verwechslung

Der **Rettich-Helmling** *(Mycena pura;* S. 107) wächst häufig an denselben Standorten wie der Amethystblaue Lacktrichterling, er ist violett oder rosa gefärbt. Dieser etwas größere Pilz unterscheidet sich vor allem durch sein faseriges Fleisch und seinen ausgeprägten Rettichgeruch. Außerdem trägt sein Hut einen kleinen zentralen Buckel und seine gedrängteren Lamellen sind deutlich blasser als Hut und Stiel. Der Rettich-Helmling hat einige Vergiftungen verursacht, die stationär behandelt werden mußten.

Der **Seidige Rißpilz** *(Inocybe geophylla;* S. 137) ist ein kleiner Giftpilz mit sehr variabler, weißer, roter oder leicht violetter Färbung. Vom Amethystblauen Lacktrichterling unterscheidet ihn sein kegeliger Hut. Einige verdächtige Schleierlinge, z. B. der rotbräunliche Cortinarius gentilis, wachsen ebenfalls im Unterholz auf Moos.

Verwandte Arten

RÖTLICHER LACKTRICHTERLING

Laccaria laccata

Er hat große Ähnlichkeit mit dem Amethystblauen Lacktrichterling, ist aber rosa-orange gefärbt. Bis auf die Farbe sind alle Hauptmerkmale der beiden Arten identisch. Nur ist der Hut des Rötlichen Lacktrichterlings meist schwächer genabelt und sein Stiel ein wenig faseriger.

Der Rötliche Lacktrichterling tritt häufig auf, er wächst an den gleichen Stellen wie der Amethystblaue Lacktrichterling, und man kann in der Pilzsaison oft beide sammeln. (→ Tabelle S. 107)
- H: 5–10 cm
- Ø: 1–4 cm
- Weiße Sporen

ZWEIFARBIGER TRICHTERLING
Laccaria bicolor

Dieser Pilz hat den Hut des Rötlichen Lacktrichterlings. Stiel und Lamellen sind aber so gefärbt wie beim Amethystblauen Lacktrichterling.
- H: 5–8 cm
- Ø: 2–4 cm
- Weiße Sporen

BRAUNROTER LACKTRICHTERLING
Laccaria proxima

Dieser Lacktrichterling ist robuster, wächst später und liebt es noch feuchter als die anderen. Bei Trockenheit bekommt sein Hut eine fein geschuppte Oberfläche.
- H: 5–12 cm
- Ø: 3–7 cm
- Weiße Sporen

	Amethystblauer Lacktrichterling *Laccaria amethystina*	⚠ Rettich-Helmling *Mycena pura*	⚠ Seidiger Rißpilz, violette Form *Inocybe geophylla var. lilacina*
Hut	leuchtend violett, verblassend, genabelt, fein schorfig	rosa oder blaßlila, gebuckelt, glatt	blaßlila, oft ockerfarbener Buckel, spitz oder gebuckelt, glatt
Lamellen	sehr weitständig, violett	recht weitständig, weiß oder rosa	gedrängt, erst grau, später kastanienbraun
Stiel	faserig, zäh, violett	spröde, rosa oder violett	lang, schlank, blaßviolett
Geruch	schwach fruchtig	nach Rettich	unangenehm
Wert	eßbar	giftig	giftig

Rötlicher Holzritterling
Tricholomopsis rutilans

Synonym: *Tricholoma rutilans*

Klasse: Basidiomycetes – Ordnung: Tricholomatales – Familie: Tricholomataceae

- H: 6–12 cm
- Ø: 5–15 cm
- Weiße Sporen

Ziegel- bis purpur- oder weinrote Schuppen auf gelbem Grund

Filziger Stiel

Gedrängte, gelbe Lamellen

▌Bestimmung

Der **Hut** dieses schönen, leuchtend gefärbten, zunächst konvexen, fast halbkugeligen Pilzes verflacht sich später stark. Er ist unregelmäßig geformt und behält einen zentralen Buckel. Die Huthaut ist scharlach-, ziegel- bis purpur- oder weinrot, bei jungen Exemplaren besonders glänzend und samtig. Im Alter platzt sie auf, und es bilden sich große schuppige Stellen auf blaßgelbem Grund. Bei alten Exemplaren bleibt von der ursprünglich leuchtendroten Färbung nur eine blasse, manchmal kaum mehr rote Färbung zurück. Der hellere, lange eingerollte Rand streckt sich sehr spät und ist dann leicht gerieft.

Junge Exemplare haben leuchtend gelbe **Lamellen**, sie verblassen beim reifen Pilz. Dicht gedrängt und mit flockiger Schneide können sie am Stiel anwachsen, aber auch beinahe freistehen.

Der zentrale, oft gebogene, zylindrische bis gewölbte **Stiel** weist eine ähnliche Färbung auf: oben faserig, schuppig, leuchtend gelb, nach unten zu ziegelrot bis weinrot gepunktet.

Das dicke, recht feste, gelbliche, im Rohzustand schwach nach Pilz duftende **Fleisch** schmeckt im allgemeinen fade, manchmal leicht bitter.

▌Vorkommen

Dieser Pilz zieht die Blicke auf sich und verführt durch seine Schönheit. Er wächst gerne in lockeren Nadelbaumbeständen. Meist besiedelt er Baumstümpfe, aber auch modernde, halb vergrabene Äste von Kiefern, Fichten und Tannen. Vom Sommer bis in den Herbst erscheint er manchmal einzeln, aber häufiger in Büscheln.

▌Wert

Der Rötliche Holzritterling ist zwar eine Augenweide, aber ohne jedes kulinarische Interesse. Manchmal wird er jedoch in Mischpilzgerichten serviert und auf mitteleuropäischen Märkten feilgeboten.

Verwandte Art

Einige andere europäische und außereuropäische Pilze, wie der in Japan häufig kultivierte Shii-Take, gehören zur selben Gattung.

OLIVGELBER HOLZRITTERLING
Tricholomopsis decora

Er ist kleiner, ganz goldgelb, und sein Hut ist mit feinen, in der Hutmitte dunkleren Schuppen überzogen. Der schöne Olivgelbe Ritterling ziert örtlich das dunkle Unterholz von Nadelbaumbeständen. Er ist jedoch nicht sehr häufig und wächst vor allem auf verrotteten und moosbewachsenen Fichtenstämmen im Bergland. Es handelt sich um einen mittelmäßigen Speisepilz.

- H: 5–8 cm
- Ø: 5–8 cm
- Weiße Sporen

Seidiger Ritterling
Tricholoma columbetta

Anderer Name: Taubenweißer Ritterling

Klasse: Basidiomycetes – Ordnung: Tricholomatales – Familie: Tricholomataceae

- H: 8–13 cm
- Ø: 5–10 cm
- Weiße Sporen

Welliger Hut

Ganz weiß

Seidiger, mit Erdkrümeln übersäter Hut

Faseriger Stiel

▼ **Verwechslungsgefahr:**
Riesen-Rötling *(Entoloma lividum;* S. 116)

▌Bestimmung

Er hat eine seidig-satinierte Oberfläche und strahlt so unvergleichlich wie das Gefieder einer weißen Taube.

Sein mittelgroßer **Hut** ist von radialen Fasern überzogen, die ihm sein typisch seidiges Aussehen geben. Recht fleischig, brüchig, stets unregelmäßig, konvex, bucklig bis ausgebreitet, hat er manchmal kleine rosa bis hellviolette Flecken. Wenn sich der Rand erst einmal streckt, reißt der reife Pilz ein.

Die reinweißen, gedrängten **Lamellen** sind eingebuchtet angewachsen.

Der gebogene, fleischige und leicht faserige **Stiel** bricht beim Pflücken leicht ab. Er ist seidig weiß, an der Basis weist er jedoch oft rosa, blaue, grüne oder violette Flecken auf. Dieses Merkmal ist zwar ein deutliches Kennzeichen, jedoch nicht immer vorhanden. Außerdem muß man den Pilz ausgraben, um die Flecken sehen zu können.

Das ebenfalls weiße **Fleisch** ist verhältnismäßig ergiebig und zart. Oft ohne Geruch, kann es aber auch einen zarten, angenehmen Duft haben.

▌Vorkommen

Der Pilz wächst im Unterholz von Buchen und Birken, seltener unter Nadelbäumen, vor allem auf sauren Böden. Er bildet kleine Gruppen, meist halb in Moos oder unter Blättern vergraben. Man findet ihn lokal in der gemäßigten nördlichen Hemisphäre im September und Oktober.

▌Wert

Er ist ein ausgezeichneter, fleischiger Speisepilz von angenehmer Konsistenz. Er ist nie vermadet, gehört also zu den besten Ritterlingen überhaupt. Leider findet er wegen seiner Seltenheit kaum Beachtung.

Verwechslung

Der giftige **Riesen-Rötling** *(Entoloma lividum; S.116) ist nicht so weiß wie der Seidige Ritterling, und sein Hut ist von Faserschuppen übersät. Seine blassen Lamellen verfärben sich beim reifen Pilz rosa. Vorsicht: Besonders blasse Exemplare können ohne weiteres mit Seidigen Ritterlingen verwechselt werden.*

	Seidiger Ritterling *Tricholoma columbetta*	**Riesen-Rötling** *Entoloma lividum*
Hut	seidig weiß	graulich weiß, faserig
Lamellen	reinweiß	gelb, später rosa
Stiel	seidig weiß	weiß, fein gerieft
Geruch	schwach, angenehm	starker Mehlgeruch
Vorkommen	Laub- und Nadelbäume	Laubbäume
Wert	ausgezeichneter Speisepilz	giftig

Tricholomatales

Gelbblättriger Ritterling
Tricholoma fulvum

Klasse: Basidiomycetes – Ordnung: Tricholomatales – Familie: Tricholomataceae

- H: 8–13 cm
- Ø: 5–10 cm
- Weiße Sporen

Gelbliche, teilweise bräunende Lamellen

Hutfarbener Stiel

Rötlich-brauner Hut

In der Mitte dunkler

▋ Bestimmung

Der zunächst konvexe **Hut** trägt manchmal einen wenig auffälligen großen Buckel und der Rand scheint recht deutlich gerieft, zumindest zu Anfang. Die Huthaut ist glatt und trocken, kann aber bei Regen schleimig werden. Seine Farbe ist ein warmes Braun, das am Hutrand ins Gelbe geht.

Die **Lamellen** sind gedrängt, wellig und wie bei allen Ritterlingen eingebuchtet angewachsen. Die blaßgelben Lamellen sind im Alter oft rotbraun gefleckt.

Der lange, eher schlanke **Stiel** gibt dem Pilz eine gestreckte Form. Bei jungen Exemplaren ist er schleimig, gelbbraun und von rötlichen Fäserchen durchsetzt, beim reifen Pilz etwas dunkler.

Es handelt sich um den einzigen rötlichen, im Stiel zitronengelb gefärbten Ritterling, er ist also leicht zu erkennen. Sein **Fleisch** riecht stark mehlig und schmeckt leicht bitter.

Der Gelbblättrige Ritterling ist ungenießbar.

▋ Vorkommen

Er wächst vor allem unter Birken, die wie der Pilz selbst feuchte, saure Böden vorziehen. Man kann ihn aber auch unter anderen Laubbäumen finden. Es handelt sich um eine häufige Art, die ab Spätsommer im Tiefland und in den Bergen kleine Gruppen bildet.

Verwandte Arten

Der Gelbblättrige Ritterling gehört zur Gruppe der braunen Ritterlinge mit rostbraunem, mehr oder weniger schleimigem Hut.

Pappelritterling
Tricholoma populinum

Ein mittelmäßiger Speisepilz mit braunem, rosa schimmerndem Hut. Er ist dem Brandigen Ritterling ähnlich. Doch sein starker Gurkengeruch und sein Standort unter Pappeln können bei der Bestimmung helfen.

- H: 7–9 cm
- Ø: 10–15 cm
- Weiße Sporen

Verwandte Arten

Hellgelbblättriger Ritterling
Tricholoma pseudonictitans

Der Hut hat keinen gerieften Rand. Der Pilz wächst vor allem unter Nadelbäumen.

- H: 7–10 cm
- Ø: 6–10 cm
- Weiße Sporen

Kastanienbrauner Ritterling
Tricholoma ustaloides

Im Gegensatz zum Brandigen Ritterling sind der weiße und der rostbraune Stielteil deutlich getrennt. Er läßt sich weniger leicht bestimmen, aber sein Hut hat ein leuchtendes Rotbraun. Der ausgesprochen bitter schmeckende Pilz riecht deutlich nach Mehl oder Gurke, doch ist er nicht eßbar. Er wächst ebenfalls in Laubwäldern.

- H: 8–11 cm
- Ø: 6–11 cm
- Weiße Sporen

Brandiger Ritterling
Tricholoma ustale

Er wächst vor allem in Buchenwäldern auf Kalkböden. Der Stiel ist in der Basis weiß und wird nach oben hin rotbraun.

- H: 5–10 cm
- Ø: 4–8 cm
- Weiße Sporen

Fastberingter Ritterling[3]
Tricholoma fracticum

Er hat genauso wie der Brandige Ritterling zwei verschiedene Färbungen, die durch eine Ringzone (einen Kreis) voneinander getrennt sind. Man findet ihn vor allem unter Nadelbäumen (vorzugsweise Kiefern) in warmen Regionen und auf Kalkböden. Sein bitteres Fleisch macht ihn ungenießbar.

- H: 8–10 cm
- Ø: 10–15 cm
- Weiße Sporen

Bärtiger Ritterling
Tricholoma vaccinum

Dieser Pilz wächst häufig unter Nadelbäumen und hat einen deutlich faserig-schuppigen Hut, vor allem am Rand, der wollig wirkt. Das Fleisch rötet deutlich, vor allem im Stiel und an den Lamellen, es duftet leicht mehlig.

- H: 6–10 cm
- Ø: 4–8 cm
- Weiße Sporen

Tricholomatales

Schwarzfaseriger Ritterling[3]
Tricholoma portentosum

Anderer Name: Schnee-Ritterling, Rußkopf

Klasse: Basidiomycetes – Ordnung: Tricholomatales – Familie: Tricholomataceae

- H: 6–12 cm ● Ø: 5–12 cm ● Weiße Sporen

Sehr faseriger mausgrauer Hut

Weißgelber Stiel

Gelblichweiße Lamellen

Manchmal Seitenrhizomorphen bildender Stiel

▼ **Verwechslungsgefahr:**
Tiger-Ritterling *(Tricholoma pardinum;* S. 89)
Brennender Ritterling *(Tricholoma virgatum;* S. 93)

▌Bestimmung

Der im allgemeinen mittelgroße, zunächst glockenartige bis kegelige **Hut** hat im Alter einen mehr oder weniger ausgeprägten Buckel. Bei feuchtem Wetter ist die Huthaut leicht schleimig. Meist hat sie sehr markante, schwärzliche, sich überlagernde Faserschuppen. Sie schimmern auf dem schiefergrauen Untergrund gelbgrünlich. Der gewellte, später lappige Rand reißt leicht ein.

Die breiten, recht dicken und weitständigen **Lamellen** wirken weißlich oder haben einen gelblichen Schimmer.

Der stämmige, leicht bauchige, rasch faserige **Stiel** kann sich strecken und Seitenrhizomorphen treiben. Er ist weiß oder auch leicht gelb oder grau mit violettem Schimmer.

Das feste, brüchige, weiße **Fleisch** riecht roh leicht mehlig und schmeckt, vor allem wenn man es länger kaut, nach Austern.

▌Vorkommen

Der Schwarzfaserige Ritterling, der recht groß werden kann, wächst zahlreich in Nadelwäldern, manchmal auch unter Buchen, meist im Hügelland. Man findet ihn an seinen Standorten zahlreich, aber erst recht spät von Oktober bis Dezember.

▌Wert

Der Schwarzfaserige Ritterling ist ein guter, sehr angenehm schmeckender Speisepilz. Er muß jung gegessen werden, also bevor ihn die Schnecken befallen. (→ Tabellen S. 89, 176)

Verwechslung

Bei den grauen Ritterlingen sollten zwei Arten gemieden werden:

Der **Tiger-Ritterling** *(Tricholoma pardinum; S. 89), ist sehr giftig, die Huthaut dunkel geschuppt.*

Der **Brennende Ritterling** *(Tricholoma virgatum; S. 93) schmeckt scharf, hat einen faserigen Hut und ist metallgrau. Er läßt sich durch seinen Spitzbuckel und seine etwas helleren Lamellen unterscheiden.*

— Verwandte Art —

GRÜNGELBER RITTERLING
Tricholoma sejunctum

Dieser ungenießbare Pilz wächst häufig unter Laubbäumen. Der Hut ähnelt einer Kokarde, wobei der hochgewölbte Rand einen regelmäßigen Kreis um die gebuckelte Hutmitte formt. Die olivgelbe, bräunlich gefaserte Huthaut dunkelt vor allem in der Mitte. Die weißen, an der Schneide oft gelblichen Lamellen, sind deutlich eingebuchtet angewachsen. Das Fleisch wie der weiße Stiel riechen nach ranzigem Mehl und schmecken bitter.

- H: 6–10 cm ● Ø: 5–10 cm
- Weiße Sporen

Tiger-Ritterling

Tricholoma pardinum

Synonym: *Tricholoma tigrinum*

Klasse: Basidiomycetes – Ordnung: Tricholomatales – Familie: Tricholomataceae

- H: 7–15 cm
- Ø: 5–15 cm
- Weiße Sporen

Genatterter, mit konzentrischen Schuppen besetzter Hut

Stämmiger, filziger Stiel

▼ **Verwechslungsgefahr:**
Gemeiner Erd-Ritterling (*Tricholoma terreum*; S. 92)
Schwarzfaseriger Ritterling (*Tricholoma portentosum*; S. 88)

▎Bestimmung

Der **Hut** dieser robusten, mittelgroßen bis großen Art ist im typischen Fall von feinen grauen, dunkelbraunen bis aschefarbenen, konzentrisch gezonten Schuppen auf hellgrauem Grund bedeckt, die der Huthaut ihr genattertes Aussehen geben. Er ist sehr dick, fleischig und kompakt, zunächst konvex, dann ausgebreitet bucklig.

Die recht gedrängten, breiten und dicken, freien bis eingebuchtet angewachsenen **Lamellen** sind cremefarben bis gräulich.

Der stämmige weiße **Stiel** hat oft eine unregelmäßige Form, ist an der Basis verdickt, im Alter gestreckt. Oben ist er mit weißen Flocken besetzt, im unteren Bereich mit feinem, ockerfarbenem bis bräunlichem Filz.

Das feste, kompakte, weiße **Fleisch** schmeckt mild und riecht deutlich mehlartig.

▎Vorkommen

Man findet ihn vor allem im Bergland, in Buchen-Tannenwäldern, vorzugsweise auf Kalkböden. Er tritt lokal häufig auf, kann aber sogar auch völlig fehlen. In der Pilzzeit bildet er kleine Gruppen, manchmal auch Ringe.

▎Giftigkeit

Im hohen Bergland kommt der Tiger-Ritterling häufig vor, und dort hat er bei Pilzsammlern schon oft schweren Brechdurchfall verursacht. Leider täuscht er Eßbarkeit vor: Sein weißes, sehr kompaktes Fleisch riecht mehlig, und er schmeckt angenehm mild. (→ Tabelle S. 92)

Verwechslung

Dank seiner konzentrischen Hutschuppen ist der imposante Tiger-Ritterling leicht zu erkennen. Er darf jedoch nicht mit zwei ausgezeichneten Speisepilzen verwechselt werden.

Der wesentlich schlankere **Gemeine Erd-Ritterling** (*Tricholoma terreum; S. 92*) *hat einen kleinen bis mittelgroßen, konischen, graugeschuppten Hut. Seine erst weißen Lamellen färben sich rasch typisch erdbraun. Sein Stiel hat die gleiche Farbe wie das Fleisch. Er ist dünnfleischig, fast geruchlos und geschmacksneutral. Während dieser ausschließlich unter Nadelbäumen zu finden ist, wächst sein sehr naher Verwandter, der* **Silbergraue Erd-Ritterling** (*Tricholoma argyraceum*), *unter Laubbäumen.*

Der **Schwarzfaserige Ritterling** (*Tricholoma portentosum; S. 88*) *hat einen faserigen Hut. Eine Verwechslung ist sehr unwahrscheinlich.*

	 Tiger-Ritterling *Tricholoma pardinum*	Gemeiner Erd-Ritterling *Tricholoma terreum*	Schwarzfaseriger R. *Tricholoma portentosum*
Hut	schuppig, stumpfwinklig, grau	kegelig, schuppig	stumpfkegelig, faserig, graugelb
Lamellen	weiß bis gräulich	weiß, später grau	weiß bis gelblich
Stiel	sehr massiv, weiß bis bräunlich	schmächtig, weiß bis gräulich	kräftig, weiß bis gelblich
Geruch	mehlartig	keiner	nach frischem Mehl
Vorkommen	unter Nadel- wie Laubbäumen	unter Nadelbäumen	unter Laub- und Nadelbäumen
Wert	giftig	guter Speisepilz	guter Speisepilz

Echter Ritterling

Tricholoma equestre

Anderer Name: Grünling
Synonym: *Tricholoma flavovirens*

Klasse: Basidiomycetes – Ordnung: Tricholomatales – Familie: Tricholomataceae

● H: 4–10 cm ● Ø: 5–12 cm ● Weiße Sporen

Erdreste
Leicht klebrige Huthaut

Hut, Lamellen und Stiel sind leuchtend gelb.

▼ **Verwechslungsgefahr:**
Grüner Knollenblätterpilz *(Amanita phalloides;* S. 176)
Schöngelber Klumpfuß *(Cortinarius splendens)*

▌Bestimmung

Der Echte Ritterling ist ein prachtvoller, leuchtend gelb gefärbter Pilz.

Der mittelgroße, zunächst glockenförmige, dann konvexe und gebuckelte **Hut** breitet sich später aus. Er ist fleischig, dick und fest, vor allem in der Mitte. An der leicht schleimigen Huthaut bleiben Sand, Erde und verschiedene Pflanzenreste hängen. Sein leuchtendes Gelbgrün ist, besonders zur Mitte hin, locker mit feinen rotbraunen, braunen oder olivgelben Pünktchen gesprenkelt.

Die gedrängten, eher bauchigen, unregelmäßigen **Lamellen** sind im allgemeinen eingebuchtet angewachsen. Ihre Farbe ist leuchtend-, blaß- oder schwefelgelb, sie färbt sich mit zunehmender Reife bei Trockenheit ledergelb oder sogar braun.

Der etwa zylindrische **Stiel** kann in Strandkiefernwäldern riesengroß und bauchig, auf Moos im Bergland wellig gebogen und überlang sein. Die faserige Oberfläche ähnelt von der Farbe her den Lamellen.

Das feste, weiße **Fleisch** ist unter der Huthaut und im Stiel gelblich. Es ist quasi geruchlos und schmeckt mild.

▌Vorkommen

Der Echte Ritterling kommt von Juli bis November, wenn bereits der erste Schnee liegt, vor. Er wächst bevorzugt auf sandigen Böden und in Kiefernwäldern mit saurem Boden. Seltener kommt er im Unterholz von Laubwäldern, vor allem unter Eichen, vor.

▌Wert

Der auch als Grünling bekannte Echte Ritterling war lange Zeit bei Sammlern sehr beliebt und galt als ausgezeichneter Speisepilz. In den 1990er Jahren wurden jedoch mehrere Fälle von – teilweise tödlich verlaufenden – Vergiftungen durch den Verzehr von *Tricholoma equestre* bekannt, so daß der Pilz heute als Giftpilz einzustufen ist. Bei empfindlichen Menschen kann es zu einer Rhabdomyolyse (Abbau und Zerfall von Muskelzellen) und in der Folge zu einer Niereninsuffizienz kommen. Die ersten Symptome in Form von Müdigkeit und Muskelschwäche mit Muskelschmerzen treten 1–2 Tage nach der Pilzmahlzeit auf. (→ Tabelle S. 176)

Verwechslung

Die Verwechslung des Echten Ritterlings mit dem Schwefel-Ritterling ist nichts im Vergleich zu den Risiken, die bei der Verwechslung mit den nachstehenden Arten drohen. Diese beiden ebenfalls tödlich giftigen Pilze werden vor allem dann als Echte Ritterlinge angesehen, wenn der Stiel direkt unter dem Hut abgeschnitten wird.

Im allgemeinen erkennt man den **Grünen Knollenblätterpilz** *(Amanita phalloides; S. 176) nur an der weißen Farbe seiner Lamellen und dem weniger*

	Echter Ritterling *Tricholoma equestre*	Gr. Knollenblätterpilz *Amanita phalloides*	Schöngelber Klumpfuß *Cortinarius splendens*
Hut	leuchtend gelb, rötlich braun gesprenkelt, schleimig	olivgrün bis weiß faserig	leuchtendgelb, braun bis purpur gefleckt, schleimig
Lamellen	gedrängt, leuchtend bis ledergelb	weiß bis gelblich	leuchtend gelb, später rostbraun
Stiel	leuchtend gelb, meist zylindrisch (gewölbt), keine Cortina	weiß, genattert, mit Ring und Volva	leuchtend gelb, bauchig, eingerollte Cortina
Fleisch	gelb	zart, weich	leuchtend gelb
Geruch	keiner	leichter Rosenduft	keiner
Vorkommen	unter Laub- und Nadelbäumen	Laubbäume (Nadelbäume)	Laubwälder (Mischwälder)
Wert	tödlich giftig	tödlich giftig	tödlich giftig

Verwandte Arten

festen Fleisch. Im übrigen ist der Stiel beringt und mit einer Volva versehen. Stiel, Ring und Volva sind ebenfalls weiß.

Der **Schöngelbe Klumpfuß** (Cortinarius splendens), der unter Laubbäumen auftritt, galt lange als Speisepilz, hat aber 1979 einen Todesfall verursacht. Da er weder eine Cortina noch eine deutliche Knolle an der Stielbasis aufweist, unterscheidet er sich hauptsächlich durch das leuchtendgelbe Fleisch und seine Lamellen, die bei der Reife rostbraun werden.

OCKERFARBENER RITTERLING
Tricholoma auratum

Diese Art wurde früher mit dem Echten Ritterling in eins gesetzt und ist wie dieser als giftig einzustufen. Sie ist jedoch gedrungener und dicker. Ihr Hut ist eher ocker als gelb, Fleisch und Stiel sind blaßgelb, das Fleisch fast weiß. Zum Herbstende wächst sie in sandigen Kiefernwäldern der Atlantikküste in großer Zahl.

- H: 7–10 cm
- Ø: 6–15 cm
- Weiße Sporen

Blaßgelber Stiel
Ockerfarbener Hut

SCHWEFEL-RITTERLING
Tricholoma sulphureum

Er ist der schlankere Doppelgänger des Echten Ritterlings und riecht unangenehm nach Leuchtgas. Weitere Unterscheidungsmerkmale sind seine weitständigen Lamellen und die trockene, matte Huthaut.

- H: 6–12 cm
- Ø: 3–10 cm
- Weiße Sporen

Seifen-Ritterling
Tricholoma saponaceum

Klasse: Basidiomycetes – Ordnung: Tricholomatales – Familie: Tricholomataceae

- H: 8–15 cm
- Ø: 6–13 cm
- Weiße Sporen

Breite, weitständige Lamellen

Grauer bis braungrünlicher Hut

Unregelmäßig geformter Rand

▌ Bestimmung

Der **Hut** dieses mittelgroßen Pilzes ist anfangs konvex oder glockig geformt, dann breitet er sich aus und ist flach bis eingedrückt, wobei die fleischigere Hutmitte einen Buckel behält. Die sehr variabel gefärbte Huthaut ist grau grundiert, sie kann darüber ins Grünliche, Olivfarbene, Bräunliche, Gelb- oder Weißliche spielen, bei alten Exemplaren auch rostbraun werden. Sie ist glatt und feucht, aber gräulich geschuppt. In den Trockenrissen rötet sich das Fleisch.

Die breiten, unregelmäßigen **Lamellen** sind im typischen Fall eingebuchtet angewachsen und für einen Ritterling relativ weitständig. Meist schimmern sie weißlich, bräunlich oder olivfarben und haben im allgemeinen dunkelbraune oder rostfarbene Flecken.

Die Basis des durchwegs zylindrischen, vollen und festen **Stiels** kann in der Form variieren: bauchig, gebogen oder spitz zulaufend. Er ist weißlich bis grauweiß, blasser als der Hut, manchmal auch rostbraun befleckt. Er zeigt sich glatt, manchmal auch faserig oder schuppig.

Das weiße, von der Stielbasis aus rötende **Fleisch** schmeckt leicht bitter und riecht im allgemeinen deutlich nach Seife. Es ist schwachgiftig.

▌ Vorkommen

Dieser Ritterling ist in Laubwäldern des Tief-, manchmal aber auch in Fichtenwäldern des Berglands recht häufig.

Gemeiner Erd-Ritterling
Tricholoma terreum

Klasse: Basidiomycetes – Ordnung: Tricholomatales – Familie: Tricholomataceae

● H: 3–10 cm ● Ø: 4–8 cm ● Weiße Sporen

Grauer, fein geschuppter Hut

Weißer Stiel

Weiße, später gräuliche Lamellen

▼ **Verwechslungsgefahr:**
Brennender Ritterling *(Tricholoma virgatum;* S. 93)
Tiger-Ritterling *(Tricholoma pardinum;* S. 89)

▮ Bestimmung

Der wenig fleischige **Hut** dieses recht kleinen Pilzes ähnelt zunächst der Kopfbedeckung chinesischer Reisbauern. Er ist konisch zugespitzt und von grauen, seidigen Schuppen bedeckt, die sich regelmäßig überlagern. Er ist brüchig und bildet leicht Risse, vor allem am Rand, der sich bei älteren Exemplaren nach oben biegt.

Die recht weitständigen, unregelmäßigen **Lamellen** sind untermischt und eingebuchtet angewachsen. Zunächst weiß, bekommen sie später die typische stumpfe, graue bis erdige Farbe.

Der hohe, feine **Stiel** gibt dem Pilz eine langgestreckte Form. Er wirkt glatt, ist aber eigentlich eher seidig, weißlich und vor allem im Basisbereich leicht grau verfärbt.

Das weiße, sich stellenweise grau färbende **Fleisch** ist dünn und brüchig. Es hat weder einen spezifischen Geruch noch Geschmack.

▮ Vorkommen

Der Gemeine Erd-Ritterling wächst nur unter Nadelbäumen, vor allem unter Kiefern und Fichten. Man findet ihn auch im Gras von Parks nahe den vorgenannten Bäumen.

Er ist in der gesamten gemäßigten nördlichen Hemisphäre im Tiefland wie im Bergland recht häufig und wächst in kleinen Kolonien oder Kreisen vom Spätsommer bis zum ersten Kälteeinbruch im Winter. Manchmal findet man ihn sogar unter Schnee wie zahlreiche andere Ritterlinge auch.

▮ Wert

Der gute Speisepilz ist leider wenig fleischig. Man sollte junge Exemplare auswählen und sie vorsichtig pflücken, weil sie leicht abbrechen. (→ Tabellen S. 89, 92)

Verwechslung

Zwei graue Ritterlinge, der eine ungenießbar, der andere giftig, können mit dem Gemeinen Erd-Ritterling verwechselt werden.

Der **Brennende Ritterling** (Tricholoma virgatum; S. 93) mit einem spitzen, grauen, faserigen, jedoch nicht schuppigen Hut.

Der **Tiger-Ritterling** (Tricholoma pardinum; S. 89) ist ein gefährlicher Giftpilz, der sich durch seinen kräftigen Wuchs auszeichnet. Außerdem hat er einen enormen, oft unförmigen Stiel und einen mit konzentrischen Fasern besetzten Hut, die ihm sein charakteristisch genattertes Aussehen geben.

	Gemeiner Erd-Ritterling *Tricholoma terreum*	Brennender Ritterling *Tricholoma virgatum*	Tiger-Ritterling *Tricholoma pardinum*
Hut	kegelig, schuppig	kegelig, faserig	spitz zulaufend, schuppig
Lamellen	weiß, später grau	weiß, später grau	weißlich bis gräulich
Stiel	schmächtig	durchschnittlich	stämmig
Geruch	keiner	leicht fruchtig	mehlig
Vorkommen	Nadelbäume	Laub- und Nadelbäume	Laub- und Nadelbäume
Wert	guter Speisepilz	ungenießbar	giftig

Verwandte Arten

Unter den grauen Ritterlingen mit schuppig faserigem, nicht schleimigem Hut gibt es neben dem Gemeinen Erd-Ritterling auch andere eßbare Arten.

SCHWACH BERINGTER GRAUER RITTERLING
Tricholoma myomyces

Dem Gemeinen Erd-Ritterling nah verwandt, unterscheidet er sich jedoch durch den wolligeren Hut und stets weißliche Lamellen.
- H: 5–8 cm
- Ø: 4–8 cm
- Weiße Sporen

GILBENDER ERD-RITTERLING
Tricholoma scalpturatum

Er hat insgesamt eine hellere, mit punktförmigen braunen oder grauen Schuppen durchsetzte Farbe. Lamellen und Hutrand färben sich gelb.
- H: 4–8 cm
- Ø: 3–7 cm
- Weiße Sporen

SCHÄRFLICHER RITTERLING
Tricholoma scioides

Er trägt einen Buckel, und seine graurosa Lamellen sind an der Schneide schwarz gepunktet.
- H: 5–10 cm
- Ø: 4–7 cm
- Weiße Sporen

BRENNENDER RITTERLING[3]
Tricholoma virgatum

Er lebt in Buchen- und Tannenwäldern und ist durch seinen spitzen metallgrauen, faserigen, jedoch nicht schuppigen Hut deutlich gekennzeichnet. Sein fruchtig riechendes Fleisch schmeckt scharf, was ihn ungenießbar macht. (→ Tabelle S. 92)
- H: 6–10 cm
- Ø: 5–7 cm
- Weiße Sporen

BERINGTER ERD-RITTERLING[3]
Tricholoma cingulatum

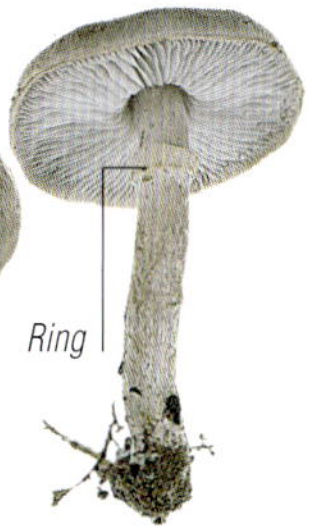

Es handelt sich um einen kleinen Ritterling mit beringtem Stiel, der unter Weiden wächst.
- H: 5–8 cm
- Ø: 4–6 cm
- Weiße Sporen

Ring

SILBERGRAUER ERD-RITTERLING
Tricholoma argyraceum

Mit dem Gilbenden Erd-Ritterling eng verwandt, wächst er unter Laubbäumen und ist eßbar.
- H: 5–8 cm
- Ø: 4–6 cm
- Weiße Sporen

RÖTENDER RITTERLING[3]
Tricholoma orirubens

Er wächst in Buchen- und Nadelwäldern, ist durch das gelbe Myzel an der Stielbasis, sein vor allem in Lamellenhöhe rötendes Fleisch und den mehligen Geruch gekennzeichnet.
- H: 6–11 cm
- Ø: 6–10 cm
- Weiße Sporen

SCHWARZSCHUPPIGER RITTERLING[3]
Tricholoma atrosquamosum

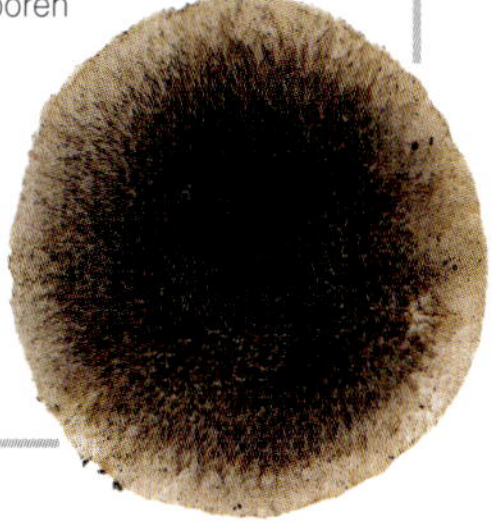

Dieser gute Speisepilz hat einen pfeffrigen Geruch, eine sehr dunkle, fast schuppige Huthaut und Lamellen mit schwarz punktierten Rändern. Er wächst unter Nadelbäumen auf Kalkböden.
- H: 6–10 cm
- Ø: 4–8 cm
- Weiße Sporen

Tricholomatales

Riesen-Krempentrichterling
Leucopaxillus giganteus

Anderer Name: Weißer Krempentrichterling
Synonym: *Clitocybe gigantea*

Klasse: Basidiomycetes – Ordnung: Tricholomatales – Familie: Tricholomataceae

- H: 10–15 cm
- Ø: 15–30 cm
- Cremefarbene Sporen

▌Bestimmung

Dieser beeindruckende Pilz hat einen sehr fleischigen und recht großen **Hut** von meist 10–20 cm (maximal 40 cm) Durchmesser. Er ist schneeweiß, wird höchstens ledergelb, vor allem in der Mitte und bei feuchtem Wetter. Zunächst ist er flach, später unregelmäßig eingedrückt. Der erst deutlich eingerollte Rand ist bei älteren Exemplaren nach hinten gebogen und gerieft sowie wellig gelappt.

Die gedrängten weißen bis cremefarbenen **Lamellen** laufen mehr oder weniger weit am Stiel herab.

Der bei jungen Exemplaren feste, gedrungene **Stiel** wird rasch schwammig. An der Oberfläche ist er samtig weiß.

Das weiße, kompakte **Fleisch** riecht durchdringend süßlich, ähnlich wie Bittermandel.

▌Vorkommen

Der Riesen-Krempentrichterling bildet große Linien oder Ringe im offenen Gelände. Er ist kaum zu übersehen, wenn er auf Wiesen und Weiden oder am Rand der von ihm bevorzugten Kiefernwälder wächst. In ganz Europa ist er recht verbreitet, vor allem im Bergland, wo man ihn von September bis Oktober örtlich massenweise antrifft.

▌Wert

Der Riesen-Krempentrichterling wird wegen seines festen und stark duftenden Fleisches oft sehr geschätzt und gesucht. Dank seiner Größe kommt rasch eine ergiebige Mahlzeit zusammen. Man sollte vorzugsweise junge, recht fleischige Exemplare aus dem Bergland sammeln, denn sie schmecken am besten.

Kurz nach dem 2. Weltkrieg hoffte man, aus dem sehr nah verwandten Wachsstieligen Trichterling Wirkstoffe *(Clitocybe candidus)* gegen Tuberkulose gewinnen zu können. Französische Wissenschaftler isolierten das Clitocybin, eine Substanz, deren inhibitorische Wirkung auf Tuberkelbazillen eindeutig nachweisbar ist. Allerdings wurden die im übrigen umstrittenen Forschungen nach der Entdeckung des Streptomycins aufgegeben.

Verwechslung

Milchlinge und große Weiße Täublinge, die normalerweise eher im Unterholz wachsen, findet man auch manchmal am Waldrand. Ihr pfeffriges Fleisch hat jedoch eine körnige und keine faserige Struktur, was vor allem deutlich wird, wenn das Fleisch bricht.

― Verwandte Art ―

BITTERER KREMPEN-TRICHTERLING[3]
Leucopaxillus gentianeus

Dieser seltene Pilz hat einen rostbraunen oder braunrosa Hut mit einem leicht gerieften Rand. Er wächst vor allem unter Nadelbäumen.

- H: 8–12 cm
- Ø: 6–15 cm
- Weiße Sporen

Gefurchter Weichritterling
Melanoleuca grammopodia

Synonym: Agaricus grammopodius

Klasse: Basidiomycetes – Ordnung: Tricholomatales – Familie: Tricholomataceae

- H: 12–18 cm
- Ø: 10–15 cm
- Weiße Sporen

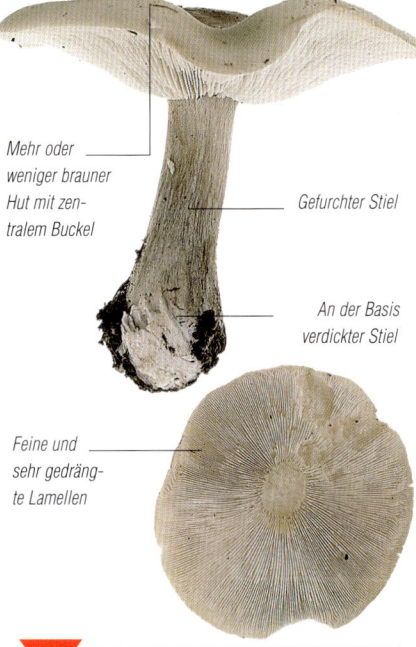

Mehr oder weniger brauner Hut mit zentralem Buckel

Gefurchter Stiel

An der Basis verdickter Stiel

Feine und sehr gedrängte Lamellen

▼ **Verwechslungsgefahr:**
Mönchskopf (*Clitocybe geotropa*; S. 73)

Bestimmung

Der mittelgroße bis große **Hut** ist zunächst konvex und mehr oder weniger fleischig, verflacht sich dann aber stark, bis er schließlich eingedrückt ist, doch bleibt ein deutlich sichtbarer zentraler Buckel. Die völlig glatte, kahle Huthaut hat eine bräunliche bis gräuliche, bei Trockenheit eher helle, bei Feuchtigkeit dunklere Färbung. Der schmale, geschwungene Rand wird mit zunehmendem Alter immer welliger.

Die feinen und sehr gedrängten **Lamellen** sind im allgemeinen weiß, manchmal cremefarben. Bei jungen Exemplaren sind sie häufig eingebuchtet angewachsen, im Alter leicht am Stiel herablaufend.

Der für die Art sehr charakteristische **Stiel** ist deutlich längsgefurcht und mit hutfarbenen Fasern besetzt. Er ist recht robust, jedoch gestreckt, zylindrisch und an der Basis keulenförmig verdickt.

Das weiße **Fleisch** ist im Hut zart, im Stiel faserig und rasch schwammig. Trotz seines milden Geschmacks riecht es manchmal stark unangenehm modrig.

Vorkommen

Er wächst recht häufig im freien Gelände: auf Wiesen, Weiden, am Waldrand oder auf Lichtungen, vor allem im Bergland, von Sommer bis Herbst und auf Wiesen manchmal in Hexenringen. Meist bildet er kleine Gruppen.

Wert

Bei diesem recht mittelmäßigen Speisepilz muß der faserige oder schwammige Stiel weggeschnitten werden. Das rohe Hutfleisch riecht unappetitlich, entwickelt aber beim Garen einen würzigen Geruch, weswegen es von manchen Pilzliebhabern geschätzt wird.

Verwechslung

Große Exemplare des Gefurchten Weichritterlings können leicht mit einem guten Speisepilz verwechselt werden, der an den gleichen Standorten wächst. Es handelt sich um den weißgelblich bis orange gefärbten **Mönchskopf** (*Clitocybe geotropa; S. 73*), *der im allgemeinen stämmiger ist und dessen Lamellen am Stiel herablaufen. Er hat jedoch den trichterlingtypischen angenehmen Geruch.*

Verwandte Art

Die Weichritterlinge fallen durch ihre Eleganz und vor allem durch die helle Farbe ihrer Lamellen auf, die meist zum dunklen Hut und Stiel kontrastieren. Im Griechischen bedeutet Melanoleuca »Schwarzweiß«. Es ist eine Gattung, deren Vertreter ohne Mikroskop nur sehr schwer unterschieden werden können.

GEMEINER WEICHRITTERLING
Melanoleuca melaleuca

Er ist kleiner, hat einen regelmäßigeren Hut und ist im Alter stärker verflacht. Der Stiel ist faserig, eher grau und kurz. Er wächst auf Wiesen und Weiden, kann aber unter verschiedenen Laubbäumen auftreten. Mittelmäßiger Speisepilz.

- H: 6–10 cm
- Ø: 5–10 cm
- Weiße Sporen

Tricholomatales

Maipilz

Calocybe gambosa

Anderer Name: Mairitterling, Mai-Schönkopf

Synonym: *Tricholoma georgii*

Klasse: Basidiomycetes – Ordnung: Tricholomatales – Familie: Tricholomataceae

- H: 5–10 cm   ● Ø: 5–12 cm   ● Cremeweiße Sporen

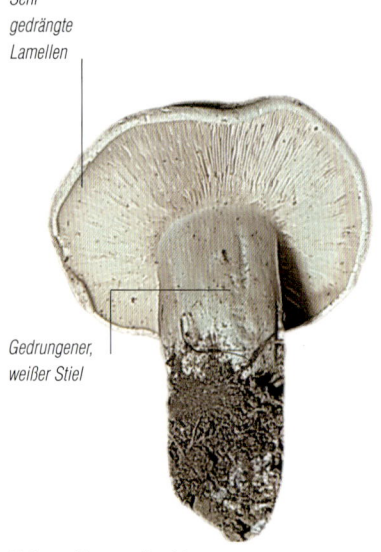

Sehr gedrängte Lamellen

Gedrungener, weißer Stiel

Dicker, weißer, gewölbter Hut

▼ **Verwechslungsgefahr:**
Riesen-Rötling (*Entoloma lividum*; S. 116)
Ziegelroter Rißpilz (*Inocybe patouillardii*; S. 134)

▌Bestimmung

Der prächtige weiße Pilz hat einen fleischigen, in der Mitte erstaunlich dicken **Hut**. Er ist erst halbkugelig, später konvex und kann einen Durchmesser von 15 cm erreichen. Die matt cremeweiße Huthaut wird später gelblich oder gräulich. Sie ist außerordentlich glatt und wirkt bei Berührung sehr weich. Der blassere Rand ist dick und deutlich eingerollt.

Die weißen bis cremefarbenen, eingebuchtet angewachsenen **Lamellen** sind schmal und gedrängt. Sie wirken im Vergleich zu dem extrem dicken Hut unbedeutend.

Der stämmige, fleischige **Stiel** ist im oberen Bereich mehlig, im unteren Bereich feinrillig-faserig und hutfarben.

Das weiße, dicke, kompakte **Fleisch** riecht angenehm und deutlich nach frischem Mehl.

▌Vorkommen

Man findet den weißen Pilz in Baumgruppen, Hecken, im Unterholz, am Waldrand oder auf Wiesen. Er ist in der gesamten nördlichen Hemisphäre recht häufig und wächst dort im Frühling in Gruppen oder in Ringen. Manchmal erscheint er schon ab Ende April, meist jedoch im Mai und Juni, nur ausnahmsweise im Sommer oder Herbst.

▌Wert

Neben den Morcheln bietet der Frühling also dem Pilzfreund den herrlichen Maipilz. Er wird auf Märkten verkauft und ist sehr gefragt. Manche Pilzliebhaber halten ihn für den besten Pilz überhaupt, dennoch mundet er wegen seines intensiven Geruchs und Geschmacks nach frischem Mehl nicht jedermann. Manchmal ist er schwer zu verdauen, man sollte also nicht zuviel von ihm essen. Er senkt den Blutzucker, kann aber auf keinen Fall das Insulin ersetzen.

─ Verwandte Art ─

BRAUNER RASLING
Lyophyllum decastes

Der akzeptable Speisepilz wächst in Laub- oder Nadelwäldern und bildet große Büschel. Sein Hut ist grau oder braungrau.

- H: 7–13 cm   ● Ø: 5–15 cm
- Weiße Sporen

	Maipilz *Calocybe gambosa*	⚠ Riesen-Rötling *Entoloma lividum*	⚠ Ziegelroter Rißpilz *Inocybe patouillardii*
Hut	konvex, dick, weiß, glatt	gebuckelt, grauweiß, faserig	konisch, weiß bis strohfarben, rötend, faserig
Lamellen	weiß bis cremefarben	gelb, später rosa	weiß, später braunrot
Stiel	stämmig, weiß	stämmig, weiß	gestreckt bis stämmig, weiß, rötend
Geruch	mehlig	mehlig	fruchtig
Vorkommen	in Hecken und am Waldrand	lichte Wälder	Parks, lichte Wälder
Wert	ausgezeichneter Speisepilz	sehr giftig	sehr giftig

Verwechslung

Eine Verwechslung wachsender Rötlinge mit Maipilzen könnte im Frühling zwar leicht vermieden werden, kommt aber dennoch recht häufig vor, da beide mehlig riechen. Mit den beiden anderen nachfolgend genannten Arten wäre eine Verwechslung allerdings dramatischer.

Der **Riesen-Rötling** (Entoloma lividum; S. 116) ist stämmig, weißgräulich und trägt gelbe Lamellen, die sich später rosa färben. Weil er ein Herbstpilz ist, kann er mit dem Maipilz kaum verwechselt werden.

Ein anderer, jedoch im Frühling wachsender Giftpilz, ist der schlankere **Ziegelrote Rißpilz** (Inocybe patouillardii; S. 134) mit kegeligem, faserigem, weißem bis strohfarbenem Hut, der oft am Rand aufplatzt und dessen Fleisch sich stellenweise rot färbt.

Dieser Pilz erscheint in Parkanlagen und lichten Wäldern, vor allem im Norden, Er ist wegen seines hohen Muskaringehalts äußerst giftig.

Stäubender Zwitterling
Nyctalis asterophora

Synonym: Asterophora lycoperdoides

Klasse: Basidiomycetes – Ordnung: Tricholomatales – Familie: Tricholomataceae

● H: 1–3 cm ● Ø: 1–4 cm ● Weiße Sporen

Halbkugeliger Hut
Leicht bräunliche Färbung
Wächst auf einem getrockneten Täubling

▌Bestimmung

Die Zwitterlinge wachsen ausschließlich auf anderen, sich bereits zersetzenden Pilzen.

Ihr **Hut** ist glockig oder halbkugelig und zunächst weiß. Allerdings überzieht er sich sehr rasch mit einer dicken, pudrigen, bräunlichen Schicht, nämlich den vom Hut abgegebenen Sporen.

Die **Lamellen** sind undeutlich ausgebildet oder fehlen ganz, sie sind weißlich bis gräulich.

Der weißliche **Stiel** ist gebogen und nur 1–2 cm lang.

Das dicke, weiße oder graue **Fleisch** riecht unangenehm ranzig.

▌Vorkommen

Dieser Pilz wird leicht übersehen, da er sehr klein ist. Deswegen sollte man zunächst nach bereits ganz schwarz gewordenen, alten Pilzen suchen, also nach ihren möglichen Standorten. Erst dann, auf den zweiten Blick, finden sich auf dem Hut oder den Lamellen kleine runde, hellere Protuberanzen. Der Stäubende Zwitterling wächst meist auf alten Schwarztäublingen *(Russula nigricans)*, die die Eigenschaft haben, viele Wochen stehen zu bleiben und zu trocknen, ohne zu verfaulen. Manchmal besiedelt er auch Milchlinge, z. B. den Samtigen Milchling oder den Pfeffer-Milchling. Dieser Zwitterling wächst ab Sommer nach starken Gewittern und im Herbst.

▌Wert

Zwitterlinge sind als Speisepilze völlig wertlos. Niemand würde auf die Idee kommen, sie für ein Pilzgericht zu verwenden.

Verwandte Art

BESCHLEIERTER ZWITTERLING
Nyctalis parasitica

Auch diese seltenere Art wächst auf alten Täublingen oder Milchlingen. Ihr konischer Hut verflacht später und ist mittig gebuckelt. Faserig oder seidig, behält er seine weiße oder hellgraue Farbe. Die Lamellen sind gräulich gefärbt, sehr dick und weitständig. Der schlanke Stiel bis 5 cm lang.

● H: 2–4 cm ● Ø: 1–3 cm
● Weiße Sporen

Gemeiner Samtfußrübling
Flammulina velutipes

Synonym: *Collybia velutipes*

Klasse: Basidiomycetes – Ordnung: Tricholomatales – Familie: Dermolomataceae

- H: 4–10 cm • Ø: 3–10 cm • Weiße Sporen

Rötlichbraun oranger, klebriger Hut

Schwarzbrauner, samtiger, zäher Stiel

▮ Bestimmung

Der Name der Gattung *Flammulina* kommt von der leuchtend orange-roten, an eine Flamme erinnernden Färbung des **Huts**.

Er ist klein und nicht sehr dick, jedoch recht fleischig. Bei jungen Exemplaren ist er konvex, verflacht dann rasch und wird erst im Alter regelmäßig gebuckelt. Die Huthaut ist gelb- bis rostorange und in der Mitte dunkler. Sie ist im allgemeinen wächsern und wird bei feuchtem Wetter rasch schleimig.

Die feinen, jedoch bauchigen **Lamellen** sind angewachsen bis eingebuchtet angewachsen und in der Nähe des Rands durch untermischte Lamellchen voneinander getrennt. Sie sind zu Beginn cremefarben blaß und im Alter eher rötlichbraun.

Der feine, langgestreckte, weitgehend zylindrische **Stiel** ist an der Basis samtig braun überzogen, ein Merkmal, das zur blassen Farbe der Lamellen und des oberen Teils in deutlichem Kontrast steht.

Das weiche und im Hut leicht elastische **Fleisch** ist im Stiel faserig und zäh. Es schmeckt mild und riecht angenehm fein fruchtig.

▮ Vorkommen

Der Gemeine Samtfußrübling ist ein typischer Winterpilz und erscheint in kleinen Büscheln auf dem Holz verschiedener Laubbäume bzw. auf totem Holz, vor allem von Ulmen oder an der Basis von Ginstersträuchern, an lichten Standorten. Er ist häufig und wächst vom Herbst bis in den Frühling. Sein Schleim scheint ihn wirksam vor Frost zu schützen.

▮ Wert

In Europa wird der Gemeine Samtfußrübling nicht wirklich geschätzt, selbst wenn man seinen zähen Stiel wegschneidet. Es handelt sich jedoch um einen schönen Winterpilz, dessen elastisches Fleisch sehr gut zur orientalischen Küche und insbesondere zu Reisgerichten paßt, genauso wie Ohrlappenpilze oder Judasohren.

Amiant-Körnchenschirmling
Cystoderma amianthinum

Synonym: *Lepiota granulosa*

Klasse: Basidiomycetes – Ordnung: Tricholomatales – Familie: Dermolomataceae

- H: 3–7 cm • Ø: 2–5 cm • Weißliche Sporen

Flocken

Bräunlicher, körniger Hut

Kleiner Ring

▮ Bestimmung

Der **Hut** läßt sich leicht vom Stiel lösen und ist glockenförmig, später konvex oder abgeflacht, mit ausgefranstem, gezähntem Rand. Die Oberfläche ist runzelig und in der Mitte gemasert. Die leuchtend gelborange bis lilabraune Huthaut ist körnig und manchmal von einer pulvrigen Schicht überzogen.

Die **Lamellen** sind weiß oder cremefarben.

Der **Stiel** ist hutfarben und trägt in den unteren zwei Dritteln grobe, braunrote Flocken, die eine Ringzone vom glatten oberen Teil des Stiels trennt.

Das ungenießbare **Fleisch** riecht erdig.

▮ Vorkommen

Der Amiant-Körnchenschirmling wächst häufig im Sommer und Herbst in feuchten Wäldern, vor allem auf sauren Böden.

Feld-Schwindling

Marasmius oreades

Synonym: *Agarcius caryophyllens*
Anderer Name: Nelken-Schwindling

Klasse: Basidiomycetes – Ordnung: Tricholomatales – Familie: Marasmiaceae

- H: 4–8 cm • Ø: 2–6 cm • Weiße Sporen

Bleibender Buckel

Je nach Feuchtigkeit beiger bis ledergelber Hut

Schlanker, sehr zäher Stiel

Sehr weitständige, erst beige, später ockercremefarbene Lamellen

▼ **Verwechslungsgefahr:**
Hügel-Schwindling (*Marasmius collinus*)
Feld-Trichterling (*Clitocybe dealbata*; S. 74)

▌Bestimmung

Der **Hut** dieses kleinen Pilzes läuft bei jungen Exemplaren konisch spitz zu und verflacht sich im Alter. Er behält einen großen zentralen Buckel, während der Rand zuweilen unregelmäßig gewellt ist. Bei Trockenheit hat die Huthaut eine helle, ledergelbe Färbung und bekommt, wie auch im Alter, rotbraune Flekken, vor allem in der Mitte, manchmal aber auch am Rand.

Die bauchigen und freistehenden **Lamellen** sind beige, im allgemeinen blaß, nicht sehr zahlreich und stehen weit voneinander ab.

Der lange, schlanke **Stiel** wirkt brüchig. In Wahrheit ist er so elastisch biegsam wie ein Schilfrohr. So läßt er sich mehrfach um sich selbst drehen, ohne zu brechen.

Trotz der geringen Größe des Pilzes ist das **Fleisch** in der Hutmitte relativ dick. Weiß und fest, riecht es angenehm nach Bittermandel.

▌Vorkommen

Der Feld-Schwindling bildet auf Wiesen und Weiden manchmal bis zu mehrere hundert Meter große Hexenringe. Auf Flugplätzen lassen sie sich schon aus großer Höhe erkennen. Diese häufige Art wächst von Frühling bis Herbst, und bei günstigen klimatischen Bedingungen sogar im Winter, im Tiefland wie im Bergland.

▌Wert

Der Feld-Schwindling ist in der ganzen Welt bekannt. Wegen seines Dufts und seines Geschmacks paßt er zu vielen Fleischgerichten oder zu Omeletts.

Zu große Mengen des Pilzes sollten nicht verspeist werden, da er dann unverträglich sein kann. Sonst handelt es sich jedoch um einen ausgezeichneten, sehr begehrten Speisepilz, vorausgesetzt der faserige Stiel wird weggeschnitten.

In vielen Ländern wird er auf Märkten frisch, in Läden getrocknet oder in Dosen verkauft, kann also das ganze Jahr über gegessen werden. Er läßt sich sehr gut trocknen, da er, in lauwarmes Wasser eingelegt, seine ursprüngliche Form und seinen vollen Geschmack rasch wiedererlangt.

Verwechslung

Man kann ihn vielleicht für den **Maipilz** *(Calocybe gambosa; S. 96) halten, einen ausgezeichneten Frühlingspilz mit mehligem Geruch.*

Doch es gibt noch andere Pilze, die in den gleichen Gegenden auftreten wie der Feld-Schwindling und ihm ähnlich sehen.

Der **Hügel-Schwindling** *(Marasmius collinus) hat gedrängte Lamellen, einen spröderen Hut und riecht nach Knoblauch. Dieser Doppelgänger kann manchmal zu Magenverstimmungen führen.*

Der giftige **Feld-Trichterling** *(Clitocybe dealbata; S. 74), wird manchmal mit dem Feld-Schwindling verwechselt, und das hat schwerwiegende Folgen. Er ist etwa gleich groß, weißgrau, später rötend und wächst überall im Gras, manchmal mitten zwischen Feld-Schwindlingen. So kommen diese beiden Arten häufiger im Pilzkorb zusammen, falls der Pilzsammler unaufmerksam ist und von der Gefahr nichts weiß. Verwechslungen dieser Art haben schon mehrfach Vergiftungen zur Folge gehabt, die eine stationäre Behandlung im Krankenhaus erforderlich machten.*

Tricholomatales

Mäuseschwanz-Rübling
Baeospora myosura

Synonym: *Collybia conigena*

Klasse: Basidiomycetes – Ordnung: Tricholomatales – Familie: Marasmiaceae

- H: 2–4 cm
- Ø: 1–3 cm
- Weiße Sporen

Kleiner Buckel

Sehr gedrängte Lamellen

Wächst auf Kiefern- oder Fichtenzapfen

▌Bestimmung

Dieser kleine Pilz wächst auf Fichten- oder Kiefernzapfen, die am Boden liegen.

Der **Hut** ist zunächst konvex, später abgeflacht, manchmal mit einem leichten, zentralen Buckel. Die glatte und trockene Huthaut ist ocker oder blaß dattelbraun, am Rand heller.

Die **Lamellen** sind sehr gedrängt, weiß, höchstens blaßgrau.

Der **Stiel** ist im wesentlichen hutfarben oder etwas blasser, und er ist weißgepudert. An der Basis zeigt er eine Art »Wurzel«, die mit weißen Haaren besetzt ist und sich ins Substrat eingräbt.

Das sehr dünne, blaßbraune **Fleisch** hat weder einen ausgeprägten Geschmack noch Geruch, so daß diese Art als Speisepilz ohne jedes Interesse ist.

▌Vorkommen

Der Mäuseschwanz-Rübling wächst nicht nur auf Fichten- oder Kiefernzapfen, sondern sogar auf einzelnen abgelösten Schuppen. Wenn der Zapfen unter Nadeln oder Moos vergraben liegt, sieht es so aus, als käme der Pilz direkt aus dem Erdreich.

Die Art ist von Herbst bis Winteranfang in Wald und Parkanlagen häufig.

Verwandte Arten

Es gibt noch einige andere auf Zapfen wachsende Pilzarten. Sie lassen sich nicht immer leicht bestimmen. Der unten abgebildete Fichten-Zapfenrübling wächst später als der Mäuseschwanz-Rübling vom Winterende bis zum Frühling.

FICHTEN-ZAPFENRÜBLING
Strobilurus esculentus

Dieser Pilz wächst ausschließlich auf Fichtenzapfen. Seine Lamellen sind nicht sehr gedrängt. Er schmeckt nicht besonders, außerdem sprechen seine geringe Größe und der zähe Stiel, der weggeschnitten werden muß, gegen ihn.

- H: 2–5 cm
- Ø: 0,5–3 cm
- Weiße Sporen

BITTERER KIEFERN-ZAPFENRÜBLING
Strobilurus tenacellus

Diese weniger geläufige Art ähnelt sehr dem Mäuseschwanz-Rübling, hat jedoch einen nicht gepuderten Stiel und einen bitteren Geschmack. Man findet sie auf Kiefernzapfen.

- H: 2–6 cm
- Ø: 1–3 cm
- Weiße Sporen

Ast-Zwergschwindling
Marasmiellus ramealis

Synonym: *Marasmius ramealis*

Klasse: Basidiomycetes – Ordnung: Tricholomatales – Familie: Marasmiaceae

- H: 0,5–3 cm ● Ø: 0,4–1,5 cm ● Weiße Sporen

Oben weißer Stiel

Weitständige Lamellen

Braunrötlicher, mit weißen Schuppen besetzter Stiel

▍Bestimmung

Dieser sehr kleine Pilz wächst an abgebrochenen Ästen. Der **Hut** ist rasch konvex, dann abgeflacht, cremefarben, beige, manchmal rosa schimmernd, in der Mitte dunkler, ein wenig faltig, vor allem bei Trockenheit.

Die cremefarbenen **Lamellen** sind weitständig.

Der kurze, gebogene **Stiel** ist an der Basis dunkelbraun rötlich und außerdem von weißlichen Schuppen besetzt. Der Pilz ist für die Küche wertlos.

▍Vorkommen

Der Ast-Zwergschwindling, der im Sommer und im Herbst sehr häufig auftritt, wächst in geradlinigen Kolonien auf abgebrochenem Astwerk. Seine Fruchtkörper erscheinen meist bei feuchtem Wetter, doch überstehen sie problemlos auch längere Trockenperioden.

Verwandte Arten

Andere sehr kleine Schwindlinge wachsen auf toten Ästen oder auf Stengeln getrockneter Pflanzen. Sie sind nicht eßbar.

GEMEINER STINKSCHWINDLING
Micromphale fœtidum

Er hat einen braunen, in der Mitte dunkleren, gerieften Hut. Der Stiel ist schwarz und samtig. Er riecht unangenehm und wächst auf verfaulendem Holz.
- H: 1–4 cm ● Ø: 0,5–3 cm
- Weiße Sporen

HALSBAND-SCHWINDLING
Marasmius rotula

Der wie ein Fallschirm geformte Hut ist tief gefurcht und in der Mitte genabelt. Die Lamellen sind sehr weitständig und um den Stiel kreisförmig zu einem kragenförmigen Kollar verwachsen. Der braunschwarze Stiel ist ganz oben weißlich.
- H: 2–4 cm
- Ø: 0,5–2 cm
- Weißliche Sporen

ROSSHAAR-SCHWINDLING
Marasmius androsaceus

Der winzige Pilz ähnelt dem Halsband-Schwindling. Seine Lamellen bilden aber kein Halsband. Sein Stiel ist sehr lang und schlank, starr und völlig schwarz. Er wächst auf Nadeln, Blättern oder Reisig.
- H: 2,5–5 cm ● Ø: 0,3–1 cm
- Weiße Sporen

Breitblättriger Rübling
Megacollybia platyphylla

Anderer Name: Breitblättriger Schleimrübling
Synonyme: *Collybia platyphylla*, *Oudemansiella platyphylla*

Klasse: Basidiomycetes – Ordnung: Tricholomatales – Familie: Marasmiaceae

- H: 7–13 cm
- Ø: 6–12 cm
- Hellbeige Sporen

Radialfaseriger, später rissiger Hut

Sehr weitständige, breite Lamellen

Längsgeriefter oder mit Fasern besetzter Stiel

Weiße Myzelstränge

▌Bestimmung

Der mittelgroße, wenig fleischige, zunächst konvexe **Hut** wird später absolut flach bis leicht eingedrückt. Auf der graubraunen bis dunkelbraunen Huthaut sitzen meist dunkelbraune Faserschuppen, zunächst eng nebeneinander, später weiter auseinander. Die Bildung von Radialstreifen kann sich bei Trockenheit verstärken und zu deutlich sichtbaren Rissen führen.

Die weißen, dunkel- oder hellbraunen, gefleckten, eingebuchtet angewachsenen **Lamellen** sind weitständig und sehr bauchig, daher auch der Name Breitblättriger Rübling.

Der weißliche **Stiel** ist faserig und längsriefig, und er hat einen Hauch der Hutfarbe. Besonders typisch sind die basalen, schnurartigen Myzelstränge, auch Rhizomorphen genannt, die sich unter Blättern, im Humus oder im Moos ausbreiten und für die Vermehrung des Pilzes sorgen. Sie sind weiß, haben eine wattige Konsistenz und brechen sehr leicht.

Das weißliche, dünne **Fleisch** ist ebenfalls außerordentlich spröde.

▌Vorkommen

Der Breitblättrige Rübling tritt häufig in Laubwäldern, lichten Forsten und am Waldrand auf. Er liebt morsches Holz, vor allem Eichenholz, wächst aber auch auf benachbarten Laubbetten. Er fruktifiziert fast das ganze Jahr, vom Frühling bis zum Herbst.

▌Wert

Der Breitblättrige Rübling hat zwar ein mildes Fleisch, kann aber dennoch nur als mittelmäßiger Speisepilz gelten. Eigentlich schade, daß eine so weit verbreitete Art weder fleischig noch wohlschmeckend ist.

Verwandte Arten

BERINGTER SCHLEIMRÜBLING
Oudemansiella mucida

Nachfolgend werden drei ähnliche Arten einer verwandten Gattung (Oudemansiella) beschrieben, alles minderwertige Speisepilze.

Der Pilz hat einen reinweißen, höchstens in der Mitte graugrünlich gefärbten, glänzenden Hut. Er wirkt wegen der ihn bedeckenden Schleimschicht fast durchscheinend. Der Rand ist oft gerieft und faltig. Die breiten, weitständigen Lamellen sind weiß. Der gebogene Hut trägt einen häutigen Ring.

Der Pilz wächst auf Stümpfen oder dem Holz geschwächter bzw. abgestorbener Buchen.

- H: 3–8 cm
- Ø: 3–10 cm
- Hellbeige Sporen

BRAUNHAARIGER WURZELRÜBLING
O. longipes

Er unterscheidet sich vom vorgenannten Pilz nur durch seinen samtig zimtbräunlichen, nicht schleimigen Hut.

Er ist weniger häufig und wächst unter Buchen und Eichen, gelegentlich auch auf Holz.

- H: 10–15 cm
- Ø: 4–10 cm
- Hellbeige Sporen

GRUBIGER WURZELRÜBLING
O. radicata

Der Stiel ist steif und sehr schlank, und seine spindelartige »Wurzel« steckt tief im Boden. Der kleine Hut ist im allgemeinen schleimig und grubig bis runzelig. Seine gelbbraune, dunkelbraun schimmernde Farbe findet sich im Stiel wieder, ist dort jedoch heller. Die Lamellen sind recht gedrängt und weiß. Man findet den Pilz häufig auf faulenden Ästen, vor allem von Buchen.

- H: 10–20 cm
- Ø: 4–15 cm
- Hellbeige Sporen

Brennender Rübling
Collybia peronata

Synonyme: *Marasmius peronatus, Marasmius urens*

Klasse: Basidiomycetes – Ordnung: Tricholomatales – Familie: Marasmiaceae

- H: 5–8 cm
- Ø: 3–6 cm
- Weißliche Sporen

Freistehende Lamellen

Schlanker, zäher Stiel

Striegelig-zottige, gelbliche Stielbasis

▌Bestimmung

Der dünnfleischige, konvexe, später abgeflachte kleine **Hut** trägt oft einen zierlichen zentralen Buckel. Er ist elastisch, bei Feuchtigkeit ocker bis rötlich, zäh, rauh und bei Trockenheit verblassend. Der sehr dünne, zunächst zurückgebogene Rand franst mit zunehmendem Alter aus.

Die recht breiten, weitständigen, welligen **Lamellen** stehen deutlich frei, erreichen den Stiel also nicht, sind jedoch kollarartig mit ihm verwachsen. Erst cremefarben bis gelb, verfärben sie sich im Alter rotbraun bis fleischrot.

Der **Stiel** ist heller ist als Hut und Lamellen, und er ist oft an der gelblichen Basis gebogen und striegelig-zottig. Er ist zwar schlank, aber faserig und zäh.

Das dünne, zähe, gelbliche **Fleisch** brennt auf der Zunge, wenn es einige Zeit gekaut wird.

▌Vorkommen

Der Brennende Rübling wächst meist sehr gesellig im Fallaub unter Buchen, seltener auf Nadelbetten unter Koniferen. Seine Fruchtkörper erscheinen im Sommer und Herbst.

Verwandte Art

KNOPFSTIELIGER RÜBLING
Collybia confluens

Er hat die gleiche Größe wie der Brennende Rübling, nur einen längeren Stiel, der allerdings wesentlich sparsamer behaart ist. Wird der Hut nach oben abgezogen, bleibt an der Stielspitze eine typische, knopfartige Verdickung zurück, daher sein Name. Man erkennt ihn aber auch sehr gut an den dicht gedrängten Lamellen und seinem weißlichen bis beigen Hut.

- H: 5–10 cm
- Ø: 3–4 cm
- Weißliche oder hellbeige Sporen

Waldfreund-Rübling
Collybia dryophila

Klasse: Basidiomycetes – Ordnung: Tricholomatales – Familie: Marasmiaceae

- H: 4–7 cm ● Ø: 3–5 cm ● Cremefarbene Sporen

Hygrophaner, glatter, blaß ledergelber bis rötlicher Hut

Zäher, hutfarbener Stiel

Weißliche Lamellen

▌Bestimmung

Der recht kleine, nicht sehr fleischige **Hut** verflacht sich rasch und wird sogar eingedrückt. Er ist außerordentlich glatt und hat eine sehr variable Färbung. Das liegt vor allem an seiner hygrophanen Huthaut. Sie ist im allgemeinen ledergelb bis rötlich und kann so stark ausblassen, daß sie fast weiß ist, besonders bei trockenem Wetter.

Die nicht sehr breiten und gedrängten **Lamellen** sind meist weiß, manchmal auch hellbeige oder gelb. Sie sind eingebuchtet angewachsen.

Der zylindrisch gestreckte, hutfarbene, glatte **Stiel** ist schlank und, wie der von Schwindlingen, erstaunlich zäh. Er gibt dem Pilz eine schlanke, elegante Form.

Das weiße, dünne **Fleisch** riecht sehr angenehm nach Pilz, ist aber dennoch wertlos.

▌Vorkommen

Dieser Pilz wächst recht zahlreich in Eichenwäldern. Man findet ihn auch unter anderen Bäumen, allerdings weniger häufig. Er tritt ab Frühjahrsende bis in den Herbst hinein sehr gesellig auf.

Verwandte Art

ROTSTIELIGER RÜBLING
Collybia kuehneriana

Er ist dem Waldfreund-Rübling sehr ähnlich, jedoch weniger häufig und unterscheidet sich von ihm durch seinen dunkelroten Stiel, der nur am oberen Ende gelb ist. Er wächst auf Baumstümpfen und verfaultem Holz.

- H: 4–7 cm
- Ø: 2–5 cm
- Weißliche oder hellbeige Sporen

Butter-Rübling
Collybia butyracea

Anderer Name: Kastanienroter Rübling

Klasse: Basidiomycetes – Ordnung: Tricholomatales – Familie: Marasmiaceae

- H: 5–10 cm
- Ø: 4–8 cm
- Weißliche Sporen

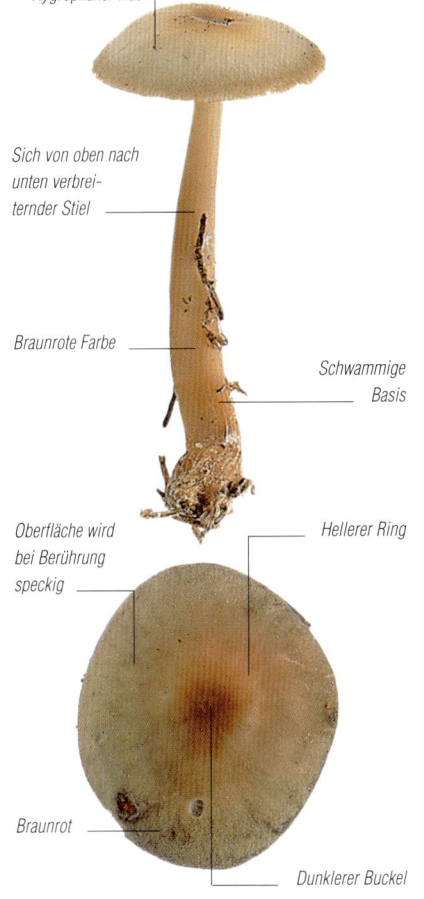

- Hygrophaner Hut
- Sich von oben nach unten verbreiternder Stiel
- Braunrote Farbe
- Schwammige Basis
- Oberfläche wird bei Berührung speckig
- Hellerer Ring
- Braunrot
- Dunklerer Buckel

▌ Bestimmung

Der zunächst konvexe **Hut** breitet sich später aus, wobei in der Mitte ein wenig ausgeprägter Buckel erhalten bleibt. In feuchtem Zustand wirkt der Rand leicht gerieft. Die Huthaut ist glatt und speckig und wird bei Berührung »speckig«.

Der sehr hygrophane Hut trocknet von der Mitte aus. Dabei bildet sich um den Buckel, der stets dunkler ist als der Rest des Huts, ein hellerer Kreis. Die Huthaut kann also eine braunrote oder gräuliche, bei größerer Trockenheit sogar hellbeige Farbe annehmen.

Die weißen, gedrängten **Lamellen** sind eingebuchtet angewachsen.

Der **Stiel** verjüngt sich nach oben regelmäßig. Er ist sehr faserig und hohl, mit schwammiger Basis, die im wesentlichen hutfarben ist, oben ocker. An der braunen bis weinroten Basis setzen sich Pflanzenreste fest, die beim Ausheben sichtbar werden.

Das blasse, geruchlose **Fleisch** weist keine besonderen Merkmale auf. Die »speckige« Konsistenz macht den Pilz ungenießbar, er gilt aber als eßbar.

▌ Vorkommen

Der Butter-Rübling ist ein sehr häufiger Pilz, vor allem in Mittelgebirgen und auf sauren Böden. Er wächst einzeln oder in Gruppen, jedoch zerstreut, in der Streu verschiedener Laubbäume, vereinzelt auch auf Nadelbetten. Man findet ihn den ganzen Herbst hindurch, öfter fruchtet er sogar im Dezember.

Verwandte Art

HORNGRAUER RÜBLING
Collybia butyracea var. *asema*

Diese Variante des Kastanienroten Rüblings tritt mindestens genauso häufig auf und wird manchmal als eigene Art betrachtet. Sie hat eine blassere Farbe, weist keinerlei Braunrot auf und wächst eher auf Nadel- als auf Laubbetten.

- H: 5–10 cm
- Ø: 4–8 cm
- Weißliche Sporen

Tricholomatales

Spindeliger Rübling
Collybia fusipes

Synonym: *Agaricus fusipes*

Klasse: Basidiomycetes – Ordnung: Tricholomatales – Familie: Marasmiaceae

- H: 7–18 cm ● Ø: 4–8 cm ● Weiße Sporen

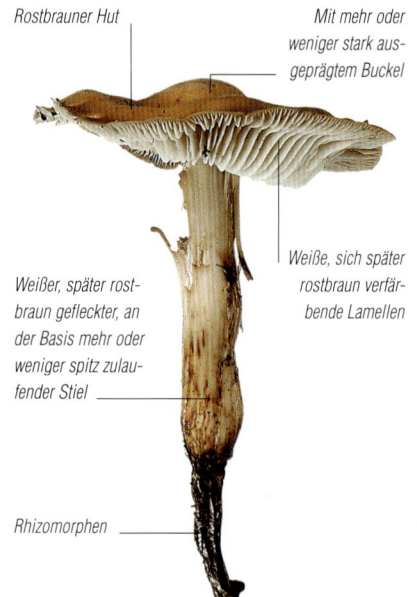

Rostbrauner Hut

Mit mehr oder weniger stark ausgeprägtem Buckel

Weißer, später rostbraun gefleckter, an der Basis mehr oder weniger spitz zulaufender Stiel

Weiße, sich später rostbraun verfärbende Lamellen

Rhizomorphen

▍Bestimmung

Dieser mittelgroße Pilz läßt sich leicht an seinem spindelig gedrehten Stiel erkennen.

Der fleischige, konvexe **Hut** breitet sich aus und bildet einen mehr oder weniger deutlichen Buckel. Er ist zunächst weiß, nimmt aber rasch eine rostrote Färbung an, so wie der Rest des Pilzes auch.

Die **Lamellen** sind ziemlich lange weiß, bekommen dann zunächst braune Flecken, um anschließend ganz ins Rostbraune überzugehen.

Der sehr charakteristische **Stiel** ist grob längsgefurcht, in der Mitte bauchig und an den beiden Enden langgestreckt. Er wächst aus einer Art perennierenden »Wurzel«, die merkwürdigerweise das Überleben des Pilzes über mehrere aufeinanderfolgende Jahre sicherstellt.

Das quasi geruchlose **Fleisch** schmeckt mild. Es ist zunächst zart, wird aber rasch zäh, vor allem im Stiel.

▍Vorkommen

Man findet ihn sehr häufig im Sommer und Herbst in Laubwäldern. Er wächst vor allem auf Eichenholz. Seine Büschel bestehen aus zahlreichen Einzelpilzen.

▍Giftigkeit

Jung gilt diese Art als guter Speisepilz, im Alter kann sie jedoch stark unverträglich sein.

Verwandte Arten

VERDREHTER RÜBLING
Collybia distorta

Dieser ungenießbare Pilz hat dichtgedrängte Lamellen und einen recht schlanken Stiel, der nicht dicker als 1 cm ist. Durch seine spiralige Riefung wirkt er in sich gedreht. Er wächst unter Nadelbäumen.

- H: 6–12 cm ● Ø: 4–10 cm
- Weißliche Sporen

GEFLECKTER RÜBLING
Collybia maculata

Hut und Stiel sind zunächst schneeweiß, sie bekommen aber rasch die charakteristischen rostbraunen Flecken. Die Lamellen sind ebenso dichtgedrängt wie beim Verdrehten Rübling, bergen aber intensiver gefärbte Sporen. Die Art wächst unter Laub-, häufiger jedoch unter Nadelbäumen.

- H: 7–14 cm ● Ø: 5–12 cm
- Rosa bis orange Sporen

Rettich-Helmling

Mycena pura

Klasse: Basidiomycetes – Ordnung: Tricholomatales – Familie: Marasmiaceae

- H: 3–9 cm ● Ø: 3–4 cm ● Weiße Sporen

Weitständige, weißliche Lamellen

Grauer bis lila oder rosa Stiel

Sich von oben nach unten verdickender Stiel

Variable Hutfarbe: violett, grau, ocker

Buckel

Radial geriefter Rand

Verwechslungsgefahr:
Amethystblauer Lacktrichterling (*Laccaria amethystina*; S. 82), Rötlicher Lacktrichterling (*Laccaria laccata*; S. 83)

▌ Bestimmung

Der dünnfleischige, konische bis glockige, später konvex ausgebreitete **Hut** mit zentralem Buckel erreicht einen Durchmesser von circa 5cm. Die kahle Huthaut weist eine sehr variable Färbung auf: im allgemeinen fleischfarben bis violett, kann sie rosa, gräulich, bläulich oder sogar weißlich sein. Der sehr dünne Rand ist analog zur Lamellenposition unter dem Hut deutlich radial gerieft.

Die recht weitständigen, breiten, eingebuchtet angewachsenen und bauchigen **Lamellen** sind weißlich bzw. rosa oder fleischfarben bis lila gefärbt.

Der hutfarbene oder etwas hellere **Stiel** ist lang und schlank und an der Basis leicht verdickt. Er ist schwach gerieft und zunächst steif, wird jedoch rasch spröde und hohl.

Das dünne **Fleisch** hat die gattungstypische, wässrige Konsistenz. Es ist weiß, leicht rosa oder fleischfarben bis lila angehaucht und riecht im allgemeinen deutlich nach Rettich.

▌ Vorkommen

Der Rettich-Helmling wächst gesellig im dunklen Unterholz von Laub- oder Nadelbäumen. Man findet ihn von Sommer bis Herbst sehr häufig.

▌ Giftigkeit

Man dachte lange, kein violetter Pilz sei giftig, und rechnete den Rettich-Helmling zu den, allerdings wertlosen, Speisepilzen. Aber inzwischen gibt es Berichte von Vergiftungen mit Verdauungsstörungen, hinzu kamen schwere psychische und nervöse Symptome. Es wurden sogar halluzinogene Nebenerscheinungen beobachtet. Andererseits zeigten Pilzliebhaber nach dem Verzehr keinerlei Zeichen einer Vergiftung. Möglicherweise ist nur eine bestimmte Form toxisch. Sicherheitshalber sollte der Rettich-Helmling gemieden und als Giftpilz betrachtet werden. (→ Tabelle S. 83)

Verwechslung

Aufgrund seiner Giftigkeit sollte der Rettich-Helmling nicht mit folgenden mehr oder weniger violetten, guten Speisepilzen verwechselt werden:

*Der **Amethystblaue Lacktrichterling** (Laccaria amethystina; S. 82) wächst standort- und zeitgleich, von Sommer bis Herbst. Er hat aber einen körnigen, nicht gebuckelten, genabelten Hut und weitständigere, violette Lamellen, ferner einen zähen Stiel und einen fruchtigen Geruch.*

*Der **Rötliche Lacktrichterling** (Laccaria laccata; S. 83) ist ein Doppelgänger des vorgenannten Pilzes, hat jedoch eine rosa-orange Färbung.*

	Rettich-Helmling *Mycena pura*	Amethystblauer Lacktr. *Laccaria amethystina*	Rötlicher Lacktrichterling *Laccaria laccata*
Hut	violett oder rosa, gebuckelt, kahl	violett, genabelt, körnig	rosa, genabelt, körnig
Lamellen	recht gedrängt, weiß bis rosa	weitständig, violett	weitständig, rosa
Stiel	hohl, brüchig, rosa oder violett	voll, zäh, violett	voll, zäh, rosa
Geruch	rettichartig	leicht fruchtig	leicht fruchtig
Wert	giftig	guter Speisepilz	guter Speisepilz

Verwandte Arten

Wegen der sehr unterschiedlichen Färbung wird der Rettich-Helmling in Unterarten eingeteilt. Von den engen Verwandten des Rettich-Helmlings, die alle ungenießbar oder giftig sind, sollen folgende genannt werden:

ROSA RETTICH-HELMLING
⚠ *Mycena rosea*

Der Rosa Rettich-Helmling, der sich vor allem unter Buchen findet, ist zwar etwas größer, sonst aber dem Rettich-Helmling so ähnlich, daß er manchmal als Variante dieses Pilzes betrachtet wird. Man unterscheidet ihn wegen der rosa Färbung des ganzen Pilzes, die jedoch auf Lamellen und Stiel weniger deutlich sichtbar ist. Die Art gilt ebenfalls als giftig.
- H: 5–10 cm
- Ø: 2–6 cm
- Weiße Sporen

Rosa, lila schimmernder Hut

Lamellen und Stiel sind blaßrosa

DEHNBARER HELMLING
Mycena epipterygia

Der gelbe oder ockerfarbene Hut ist von einer ablösbaren Schleimschicht bedeckt. Der harte, schleimige Stiel ist leuchtend gelb, zumindest im oberen Bereich.
- H: 4–8 cm
- Ø: 1–2 cm
- Cremefarbene Sporen

SCHWARZGEZÄHNELTER HELMLING
⚠ *Mycena pelianthina*

Olivgrüne Lamellenschneiden

GRAS-HELMLING
Mycena olivaceomarginata

Diese Art wächst im Gras und hat einen strohgelben Hut, einen braungelben Stiel und weißliche Lamellen mit olivfarbenen Rändern.
- H: 3–6 cm
- Ø: 1–3 cm
- Weiße Sporen

Dieser Pilz wächst auf Kalkböden in Buchenwäldern und ähnelt dem Rettich-Helmling mit seinem grauvioletten oder bräunlichen, stellenweise hellila gefleckten Hut. Allerdings sind seine Lamellen braun und haben eine wesentlich dunklere, fast schwarze Schneide. Er riecht ebenfalls nach Rettich.
- H: 4–8 cm
- Ø: 3–6 cm
- Weiße Sporen

ROSA HELMLING
Mycena rosella

Dieser sehr kleine, unter Nadelbäumen wachsende Pilz ist ganz rosa. Sein Hauptmerkmal ist die dunklere Färbung der Lamellen an der Schneide.
- H: 3–5 cm
- Ø: 1 cm
- Weißliche Sporen

Fädiger Helmling
Mycena filopes

Synonyme: *Mycena amygdalina, Mycena iodolens*

Klasse: Basidiomycetes – **Ordnung:** Tricholomatales – **Familie:** Marasmiaceae

- H: 5–10 cm
- Ø: 1–2 cm
- Weiße Sporen

Großer Buckel

Längsgeriefter Hut

Schlanker, sehr langer Stiel

▌Bestimmung

Der Fädige Helmling gehört zu den schwer bestimmbaren Helmlingen. Hier hilft nur ein Blick durchs Mikroskop.

Der **Hut** ist zunächst konvex und hat einen großen Buckel.

Die Huthaut ist trocken, grau, am Rand blasser, bereift und gerieft.

Die weißen **Lamellen** sind eher gedrängt, fast frei.

Der hutfarbene **Stiel** ist lang, schlank und brüchig. Er wird nach unten hin dunkler.

Das **Fleisch** ist sehr dünn und riecht nach Jod, wobei sich der Geruch beim Trocknen verstärkt. Der Pilz ist ungenießbar.

▌Vorkommen

Der im Herbst recht häufige Fädige Helmling bevorzugt nährstoffreiche Böden. Er besiedelt Moos, Humus, kleine Holz- oder Rindenstückchen, seine Fruchtkörper finden sich aber auch in Laub- und Nadelbetten.

Verwandte Arten

Es gibt mehrere Helmlinge mit Jodbukett, wobei der Geruch vor allem bei getrockneten Pilzen deutlich wird. Sie haben einen langen, schlanken Stiel und wachsen aus dem Erdreich, auf Moos, Holzstückchen oder verrottendem Holz.

VIERSPORIGER NITRAT-HELMLING
Mycena alcalina

Dieser Helmling besitzt einen dunklen, graubraunen, am Rand helleren Hut, der bei Feuchtigkeit gerieft ist. Die Lamellen sind blaßgrau. Der Stiel ist ebenfalls grau und glatt. Er riecht stark nach Ammoniak oder Chlor. Er ist nicht eßbar und wächst häufig büschelweise auf alten Baumstämmen oder totem Nadelholz.

- H: 3–8 cm
- Ø: 2–4 cm
- Weiße Sporen

OLIVGELBER HELMLING
Mycena arcangeliana

Er ist weniger häufig als die zwei vorgenannten Arten, farbiger, gelbgrün oder mit leichtem Olivton.

- H: 3–7 cm
- Ø: 1–2 cm
- Weiße Sporen

Rosablättriger Helmling
Mycena galericulata

Klasse: Basidiomycetes – Ordnung: Tricholomatales – Familie: Marasmiaceae

- H: 8–12 cm
- Ø: 3–7 cm
- Weißliche Sporen

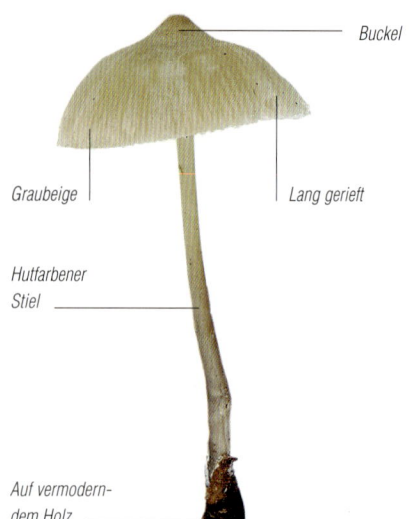

- Buckel
- Graubeige
- Lang gerieft
- Hutfarbener Stiel
- Auf vermoderndem Holz

▌Bestimmung

Es handelt sich um einen der größten Helmlinge. Der zunächst glockenförmige, später abgeflachtere **Hut** ist gerieft, ja sogar bis zum zentralen Buckel faltig. Die Huthaut ist graubeige bis braungrau.

Die zunächst weißlichen **Lamellen** sind häufig rosa gefleckt.

Der glatte, hohle, aber sehr zähe **Stiel** ist hutfarben, jedoch im oberen Bereich etwas heller. Seine Basis steckt tief in vermodertem Holz.

Das weißliche **Fleisch** ist sehr dünn. Es riecht und schmeckt mehlig, manchmal auch ranzig. Der Pilz ist für die Küche völlig wertlos.

▌Vorkommen

Der Rosablättrige Helmling ist im Sommer sehr häufig anzutreffen. Er wächst in Gruppen oder sogar in Büscheln auf toten Ästen und alten Baumstämmen verschiedener Laubbäume, vor allem Eichen, gelegentlich aber auch auf Nadelholz.

Verwandte Arten

RILLSTIELIGER HELMLING
Mycena polygramma

Der recht große, silbergraue Pilz verfügt über ein markantes Merkmal: seinen in ganzer Höhe längsrilligen Stiel. Es ist um so markanter, als dieser die erstaunliche Länge von 20 cm erreichen kann. Der graubraune Hut ist bis zur Basis des Buckels gerieft oder radial runzelig. Diese Art bildet auf totem, halb vergrabenem Holz, in der Nähe von Baumstümpfen oder an der Stammbasis von Laubbäumen kleine Büschel.

- H: 5–15 cm
- Ø: 2–6 cm
- Weiße Sporen

BUNTSTIELIGER HELMLING
Mycena inclinata

Seine großen Büschel wachsen auf Stümpfen bzw. abgestorbenen Stämmen von Eichen oder Laubbäumen allgemein. Der graubraune, mehr oder weniger rotmarkierte Hut hat einen gerieften, fein gezahnten Rand. Der Stiel wird im oberen Bereich weißlich oder gelblich und an der Basis meist rot. Das Fleisch, das unangenehm talgig oder ranzig riecht, ist alles andere als einladend.

- H: 8–12 cm
- Ø: 2–5 cm
- Weiße Sporen

RAUCHIGER HELMLING
Mycena leptocephala

Er kommt niemals in Büscheln vor, auch wenn er oft Gruppen bildet. Außerdem wächst er aus dem Erdreich, vor allem im Gras, und an Waldrändern, wobei er Nadelwälder bevorzugt. Sein Stiel ist sehr dünn und lang, und sein Fleisch riecht nach Chlor.

- H: 3–7 cm
- Ø: 1–2 cm
- Weiße Sporen

Weißmilchender Helmling
Mycena galopus

Synonym: *Mycena galopoda*

Klasse: Basidiomycetes – Ordnung: Tricholomatales – Familie: Marasmiaceae

- H: 4–8 cm
- Ø: 1–3 cm
- Weißliche Sporen

Stiel mit weißem Milchsaft

Weißer bis grauschwarzer Hut

Sehr dünner Stiel

▮ Bestimmung

Der **Hut** ist zunächst kegelig und öffnet sich später glockenförmig. Die Huthaut ist bei jungen Exemplaren fein bereift, später glatt, jedoch mit dunkleren Radiallinien, die dem Verlauf der Lamellen entsprechen. Er hat je nach Unterart eine sehr variable Färbung. Sie kann von Weiß bis Grauschwarz reichen.

Die für einen Helmling recht weitständigen **Lamellen** sind weiß, breit und angewachsen.

Der glatte, schlanke **Stiel** hat bis zu 2 mm Durchmesser. Er ist glatt, schlank und hutfarben. Bricht er, tritt reichlich schneeweiße Milch aus, und dieses Merkmal allein erlaubt, den Pilz sicher zu identifizieren.

Das quasi nicht vorhandene **Fleisch** riecht schwach nach Rettich. Es ist absolut geschmacksneutral.

Diese Art ist kulinarisch völlig wertlos.

▮ Vorkommen

Der Weißmilchende Helmling tritt ab Sommer sehr häufig auf und kann noch bis zum Winteranfang gefunden werden. Er ist nicht an eine bestimmte Baumart gebunden, bevorzugt aber eine lockere Vegetation, grasige Lichtungen, den Waldrand oder sogar Wiesen.

Verwandte Arten

Einige andere Helmlinge sondern beim Abbrechen des Stiels einen roten oder orangefarbenen Milchsaft ab. Keiner dieser Pilze ist eßbar.

GROSSER BLUT-HELMLING
Mycena haematopus

Der Große Blut-Helmling wächst in kleinen Büscheln auf alten Baumstümpfen oder totem Laubholz. Hut und Stiel sind rötlich bis rosa und von einem ebenfalls rosa Pulver bedeckt. Wenn der Stiel abbricht, tritt blutroter Milchsaft aus.

- H: 4–10 cm
- Ø: 2–3 cm
- Weiße Sporen

Rosa Hut

Rosa bis rötlicher Stiel

PURPURSCHNEIDIGER BLUT-HELMLING
Mycena sanguinolenta

Wie der Große Blut-Helmling enthält er roten Milchsaft, wächst jedoch im Erdreich und nicht auf Holz. Der Stiel ist höchstens 1 mm dick.

- H: 5–8 cm
- Ø: 1 cm
- Weiße Sporen

GELBMILCHENDER HELMLING
Mycena crocata

Sein leuchtend oranger Milchsaft kann die Lamellen oder den Hut färben. Der Stiel ist ganz unten mit weißen Haaren besetzt. Der Pilz wächst vor allem unter Buchen.

- H: 5–12 cm
- Ø: 1–3 cm
- Weißliche Sporen

Hut mit orangen Flecken

Weiße Haare

1 - Räslinge

- Stiel- vom Hutgewebe nicht abgeteilt

Lamellen herablaufend

Lamellen herablaufend

CLITOPILUS **Seite 114**

2 - Rötlinge

- Stiel- vom Hutgewebe nicht abgeteilt
- Lamellen nicht herablaufend (im Gegensatz zu den Räslingen)

Lamellen nicht herablaufend

Stiel vom Hut nicht abgetrennt

ENTOLOMA **Seite 115**

MERKMALE DER PLUTEALES

- Stielfleisch faserig
- Lamellen im Alter hellrosa
- Kein Ring

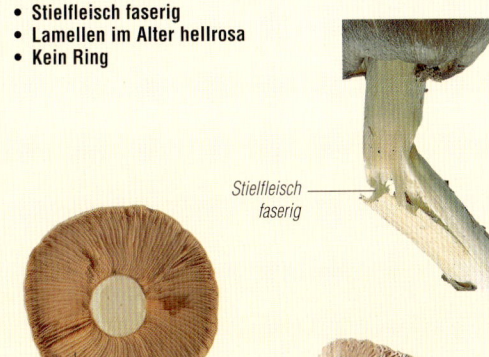

Stielfleisch faserig

Lamellen im Alter rosa

Kein Ring

3 - Dachpilze

- Holzbewohnend
- Keine Volva
- Stiel- vom Hutgewebe abgeteilt

Stiel- vom Hutgewebe abgeteilt

Keine Volva

Holzbewohnend

PLUTEUS **Seite 119**

4 - Scheidlinge

- Abstehende Volva
- Stiel- vom Hutgewebe abgeteilt

Stiel- vom Hutgewebe abgeteilt

Abstehende Volva

VOLVARIELLA **Seite 121**

Mehl-Räsling
Clitopilus prunulus

Anderer Name: Mehlpilz

Klasse: Basidiomycetes – Ordnung: Pluteales – Familie: Entolomataceae

● H: 4–8 cm ● Ø: 4–12 cm ● Hellrosa Sporen

Hut weiß, bereift, wellig
Lamellen herablaufend
Stiel kurz
Lamellen weiß, später rosa

▼ **Verwechslungsgefahr:**
Bleiweißer Trichterling
(*Clitocybe phyllophila*; S. 75)
Feld-Trichterling
(*Clitocybe dealbata*; S. 74)
Riesen-Rötling
(*Entoloma lividum*; S. 116)

▍Bestimmung

Der **Hut** dieses Pilzes ist fleischig, mittelgroß oder klein, zunächst konvex, flacht schnell ab. Er wird mit der Zeit wellig, buckelig und eingetieft, bei älteren Exemplaren trichterförmig. Die für diesen Pilz typische samtig weiße Huthaut tendiert manchmal zu Grau. Fein bereift, wird sie bei feuchtem Wetter leicht klebrig. Der Rand bleibt lange eingerollt, später wird er dann dünner und unregelmäßig gewellt.

Die **Lamellen** sind erst weiß, werden aber mit Reife der Sporen rosa. Sie laufen deutlich herab.

Der **Stiel** ist kurz und fleischig, häufig exzentrisch und an der Basis gebogen. Auch seine Oberfläche ist bereift, sie kann leicht gerieft sein und hat an der Basis einen leichten, flaumigen Filz.

Das **Fleisch** ist zart, weich, weiß und hat einen angenehmen Mehlgeruch. Der Geschmack ist im allgemeinen mild.

▍Vorkommen

Der Mehl-Räsling wächst in der Regel in Laub- und Nadelwäldern, besonders an lichten Stellen, auf Heideland oder unter Heidelbeersträuchern, an Wegrändern oder auf angrenzenden Waldwiesen. Man findet ihn in kleinen Gruppen vom Sommer bis in den Herbst.

▍Wert

Ein guter Speisepilz mit zartem Fleisch, sehr feinem, leicht würzigem Geschmack. Der frische Pilz wird kurz in Butter angebraten. Er schmeckt gut allein oder mit anderen, weniger würzigen Pilzen gemischt. Dazu kann man gut eine Béchamelsoße servieren. Einige Minuten Kochzeit reichen in jedem Fall aus. Auch zum Trocknen eignet sich der Mehl-Räsling vorzüglich, wobei sich sein Aroma noch verstärkt.

Im übrigen hat dieser Pilz den Vorteil, daß er nie von Maden befallen ist. Man muß ihn vorsichtig pflücken, da sein zartes, sprödes Fleisch leicht bricht. (→ Tabellen S. 75, 114, 116)

Verwechslung

Der **Bleiweiße Trichterling** (*Clitocybe phyllophila*; S. 75) und der **Feld-Trichterling** (*Clitocybe dealbata*; S. 74) haben kaum herablaufende Lamellen, die weiß bleiben.

Der **Riesen-Rötling** (*Entoloma lividum*; S. 116) hat gelbe, nicht herablaufende Lamellen, die später rosa werden. Der Hut ist mit kleinen, silbrig schimmernden Faserschuppen besetzt. Das Fleisch ist fest.

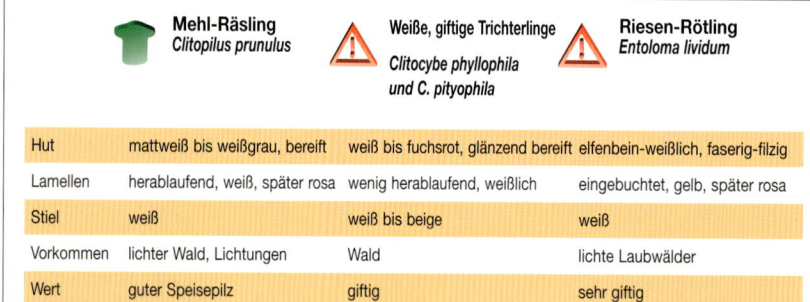

	Mehl-Räsling *Clitopilus prunulus*	Weiße, giftige Trichterlinge *Clitocybe phyllophila* und *C. pityophila*	Riesen-Rötling *Entoloma lividum*
Hut	mattweiß bis weißgrau, bereift	weiß bis fuchsrot, glänzend bereift	elfenbein-weißlich, faserig-filzig
Lamellen	herablaufend, weiß, später rosa	wenig herablaufend, weißlich	eingebuchtet, gelb, später rosa
Stiel	weiß	weiß bis beige	weiß
Vorkommen	lichter Wald, Lichtungen	Wald	lichte Laubwälder
Wert	guter Speisepilz	giftig	sehr giftig

Seidiger Rötling

Entoloma sericeum

Klasse: Basidiomycetes – Ordnung: Pluteales – Familie: Entolomataceae

● H: 4–10 cm ● Ø: 3–6 cm ● Rosa Sporen

Lamellen im Alter rosa

Lamellen eingebuchtet

Stiel dünn, faserig gestreift

Glatte Haut, bei Feuchtigkeit dunkler

■ Bestimmung

Der **Hut** ist zunächst konvex, spitz oder gebuckelt, breitet sich ziemlich schnell aus, wobei der Rand eingerollt bleibt. Dieser ist, besonders bei Feuchtigkeit, gerieft. Die glatte, seidige Huthaut ist bei trockenem Wetter braungrau und wird dunkelbraungrau, fast schwarz, wenn der Hut Feuchtigkeit aufnimmt.

Die **Lamellen** sind ausgebuchtet, zu Beginn weiß bis gräulich, später schmutzig rötlich.

Der **Stiel** ist schlank und faserig gestreift und wird im Alter hohl. Er hat die gleiche Farbe wie der Hut, ist allerdings ein wenig blasser.

Das graue **Fleisch** hat einen starken Mehlgeruch.

■ Vorkommen

Der Seidige Rötling wächst in kleinen Gruppen auf grasigem Untergrund oder Wiesen von Sommerende bis in den Herbst.

■ Giftigkeit

Außer einigen Frühjahrsarten sind Rötlinge ungenießbar. Keine Rötlingsart sollte nach Frühlingsende gepflückt werden, da viele, wie der Seidige Rötling, giftig oder giftverdächtig sind.

Verwandte Arten

KREUZSPORIGER GLÖCKLING
Entoloma conferendum

Er unterscheidet sich nur geringfügig vom Seidigen Rötling. Der braune Stiel ist durch silbrige Fasern deutlich stärker gestreift. Man findet ihn nicht nur an lichten, offenen Stellen (Wiesen usw.), sondern auch in sehr feuchten Wäldern. Er ist ebenfalls giftig.

● H: 3–7 cm ● Ø: 2–4 cm
● Rosa Sporen

SCHERBENGELBER GLÖCKLING
Entoloma cetratum

Dieser giftverdächtige Glöckling hat einen ocker- bis honigfarbenen Hut. Er wächst vorzugsweise auf den moosig-sumpfigen Böden der feuchten Kiefern- und Tannenwälder.

● H: 5–8 cm
● Ø: 1,5–4 cm
● Rosa Sporen

Pluteales

Riesen-Rötling
Entoloma lividum

Anderer Name: Gift-Rötling
Synonyme: *Entoloma sinuatum, Rhodophyllus lividus*

Klasse: Basidiomycetes – Ordnung: Pluteales – Familie: Entolomataceae

- H: 12–20 cm ● Ø: 8–18 cm ● Rosa Sporen

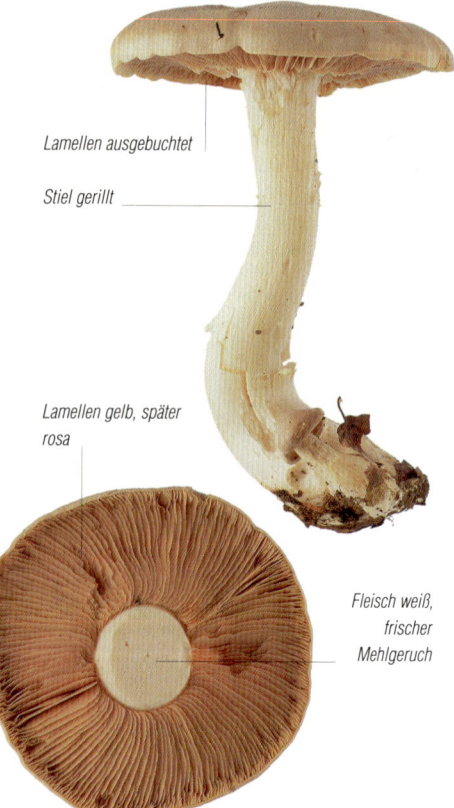

Lamellen ausgebuchtet

Stiel gerillt

Lamellen gelb, später rosa

Fleisch weiß, frischer Mehlgeruch

▌Bestimmung

Der **Hut** ist kompakt, mittelgroß bis groß und kann bis zu 20 cm Durchmesser erreichen. Zunächst glockig, wird er später konvex, dann breit und unregelmäßig gebuckelt. Er ist ausgesprochen dickfleischig. Die etwas fahle Huthaut variiert von weiß bis gelb oder gräulich. Der typisch seidige Glanz entsteht durch eine feinstreifenförmige, silbrig schimmernde Behaarung. Der Rand ist unregelmäßig gewellt und eingerissen.

Die **Lamellen** sind eingebuchtet und zunächst gelb, werden aber mit dem Alter rosa.

Der **Stiel** ist stämmig, jedoch schlank, voll, fest und an der Basis verdickt. Er ist zunächst weiß, später gelblich, fein gestreift und wirkt faserig. Knapp unter den Lamellen zeigt er eine leichte Bereifung.

Das **Fleisch** ist weiß, fest und hat einen frischen Mehlgeruch.

▌Vorkommen

Er wächst von Sommer bis Herbst in Laubwäldern, vorzugsweise unter Eichen und Kastanien, und auf Lichtungen. Auf Lehmböden erscheint er besonders üppig, ist aber allgemein weit verbreitet.

▌Giftigkeit

Dieser Pilz ist deshalb so gefährlich, weil sein Äußeres ausgesprochen anziehend wirkt. Er verursacht schwere Magen-Darm-Entzündungen, die den Patienten sehr schwächen. Der große Mykologe A. Quélet, der die Wirkung am eigenen Leib erfahren mußte, nannte sie nicht ohne Witz »nach Müllerinart«. Der Verzehr dieses Pilzes führt meistens ins Krankenhaus, jedoch nur in Ausnahmefällen zum Tod. (→ Tabellen S. 72, 85, 96, 114, 116, 118)

▼ **Verwechslungsgefahr:**
Mehl-Räsling (*Clitopilus prunulus*; S. 114)
Nebelkappe (*Clitocybe nebularis*; S. 72)
Seidiger Ritterling (*Tricholoma columbetta*; S. 85)
Maipilz (*Calocybe gambosa*; S. 96)

	Riesen-Rötling *Entoloma lividum*	Mehl-Räsling *Clitopilus prunulus*	Nebelkappe *Clitocybe nebularis*	Seidiger Ritterling *Tricholoma columbetta*
Hut	elfenbein-weißlich, filzig-faserig	mattweiß bis weißgrau, bereift	gräulich, mehlfarben	weiß, glattfaserig
Lamellen	gelb, später rosa	herablaufend, weiß, später rosa	weißlich	weiß
Stiel	weiß, fein gestreift	weiß, filzig-faserig	grau, fein gestreift	weiß, glattfaserig
Geruch	nach Mehl	nach Mehl	nach Bittermandel	schwach, angenehm
Vorkommen	Laubwälder	Laub- und Nadelwälder	Laub- und Nadelwälder	Laub- und Nadelwälder
Wert	giftig	guter Speisepilz	eßbar (aber Vorsicht)	guter Speisepilz

Verwechslung

Im Herbst kann es in den Wäldern oder auf Lichtungen zwischen dem ritterlingsähnlichen **Riesen-Rötling** und den geschätzten Speisepilzen zu unliebsamen Verwechslungen kommen: Der **Mehl-Räsling** (Clitopilus prunulus; S. 114) riecht nach Mehl, und seine deutlich herablaufenden Lamellen werden, wie beim Riesen-Rötling, mit dem Alter rosa. Er ist jedoch viel schlanker und in der Konsistenz weniger fest.

Die **Nebelkappe** (Clitocybe nebularis; S. 72) riecht stark und nicht mehlig. Der Stiel wird schnell hohl.

Der **Seidige Ritterling** (Tricholoma columbetta; S. 85) ist beinahe geruchlos und hat rein weiße Lamellen. Der weniger leicht zu verwechselnde Maipilz (Calocybe gambosa; S. 96) ist ganz weiß und zwar im Frühjahr, aber nur sehr selten im Herbst zu finden.

Niedergedrückter Rötling

Entoloma rhodopolium

Klasse: Basidiomycetes – Ordnung: Pluteales – Familie: Entolomataceae

- H: 7–15 cm
- Ø: 4–12 cm
- Rosa Sporen

Hut gebuckelt

Lamellen im Alter rosa

Stiel seidig weiß

▌Bestimmung

Der **Hut** ist dünnfleischig, schnell flach und gewellt, gebuckelt und am Rand gerieft. Die grauocker oder graubraune Farbe der Huthaut ist bei trockenem Wetter heller als bei Feuchtigkeit.

Die **Lamellen** sind zunächst cremefarben, später rosa.

Der brüchige **Stiel** ist seidig und weißlich.

Das **Fleisch** ist geruchlos. Die oft als eigenständige Art betrachtete Form *nidorosum* riecht unangenehm nach Salpeter.

▌Vorkommen

Der Niedergedrückte Rötling ist in Laubwäldern weit verbreitet. Er wächst von Sommer bis Herbst, vorzugsweise unter Buchen und häufiger im Bergland.

▌Giftigkeit

Dieser Rötling ist die Ursache mancher Vergiftungen, die sich in Verdauungsstörungen äußern. Er hat viel Ähnlichkeit mit den stämmigen, eßbaren, nach Mehl riechenden Frühjahrsrötlingen. Denken Sie vor allem am Sommeranfang, wenn es noch vereinzelt Frühjahrsrötlinge gibt, an die mögliche Verwechslungsgefahr!

Verwandte Art

ALKALISCHER RÖTLING
Entoloma rhodopolium f. nidorosum

Früher eigenständig, gilt dieser Rötling inzwischen als Unterart zu Entoloma rhodopolium. Er unterscheidet sich durch eine schlankere Form, eine hellere Farbe, vor allen Dingen aber durch den unangenehmen Salpetergeruch. Ihm werden einige Vergiftungen zur Last gelegt. Die Verdauungsstörungen sind hier jedoch weitaus harmloser als die Vergiftungen, welche der Riesen-Rötling hervorruft.

- H: 7–15 cm
- Ø: 4–12 cm
- Rosa Sporen

Plutéales

Schild-Rötling

Entoloma clypeatum

Synonym: *Rhodophyllus clypeatus*.
Anderer Name: Geflammter Rötling

Klasse: Basidiomycetes – Ordnung: Pluteales –
Familie: Entolomataceae

- H: 10–15 cm
- Ø: 6–10 cm
- Rosa Sporen

Lamellen gekerbt, erst blaß, später rosa

Stiel fein-faserig

Buckel

▌Bestimmung

Der **Hut** des Schild-Rötlings ist mittelgroß, sehr fest, zunächst glockig, breitet sich dann schnell aus, behält aber in der Mitte einen Buckel. Die Farbe der Huthaut schwankt zwischen rußig und ockerbraun. Bei Feuchtigkeit bekommt die Oberfläche eine leicht schleimige Konsistenz und verblaßt bei trockenem Wetter. Sie ist mit feinen radialen Fasern durchzogen. Der Rand bleibt lange eingerollt und ist später wellig geschweift.

Die **Lamellen** sind dick, mit gekerbter, ausgebuchteter Schneide, anfangs weiß und, wie bei allen Rötlingen, mit Heranreifen der Sporen zunehmend rosa.

Der **Stiel** ist zylindrisch, anfangs voll, fest und schlank. Der weiße Untergrund ist mit bräunlichen Längsfasern überzogen.

Das **Fleisch** ist weiß, wird bei Feuchtigkeit braun, ist im Hut fest und dicht, im Stiel faserig. Es hat einen mehlartigen Geruch.

▌Vorkommen

Der Schild-Rötling fruktifiziert früh von April bis Juni, kurz nach der Baum- und Strauchblüte. Er wächst gesellig unter Rosengewächsen wie Schlehe oder Weißdorn und Apfel- oder Pflaumenbäumen, die er besonders bevorzugt. Er ist in der gemäßigten Zone weit verbreitet.

▌Wert

Der Schild-Rötling ist ein guter Speisepilz mit mehlartigem Geruch und Geschmack, der an den Maipilz *(Calocybe gambosa)* erinnert. Er kommt jedoch bei weitem nicht an dessen Qualität heran. Solange man ihn nicht mit einigen giftigen Arten verwechselt, lohnt er auf jeden Fall einen Versuch.

▼ **Verwechslungsgefahr:**
Niedergedrückter Rötling *(Entoloma rhodopolium;* S. 117)
Riesen-Rötling *(Entoloma lividum;* S. 116)
Ziegelroter Rißpilz *(Inocybe patouillardii;* S. 134)

	Schild-Rötling *Entoloma clypeatum*	Riesen-Rötling *Entoloma lividum*	Ziegelroter Rißpilz *Inocybe patouillardii*
Hut	gebuckelt, braungrau, faserig	gebuckelt, weißlich, faserig	kegelig, strohfarben, dann rötlich
Lamellen	weiß, später rosa	gelb, später rosa	weiß, dann braunrötlich
Stiel	schlank, weiß, bräunend	fest, weiß	schlank, weiß, später rötlich
Geruch	nach Mehl	nach Mehl	fruchtig
Vorkommen	Rosengewächse, Obstbäume	lichte Wälder	Parkanlagen, lichte Wälder
Wert	guter Speisepilz	giftig	hochgiftig

Verwandte Arten

Verwechslung

Der **Niedergedrückte Rötling** (Entoloma rhodopolium; S. 117) ist ebenso wie der etwas früher auftretende Schild-Rötling giftig.

Der **Riesen-Rötling** (Entoloma lividum; S. 116) ist giftig, wächst in der Regel im Herbst, kann aber auf Waldlichtungen auch schon auftreten, wenn der Schild-Rötling noch wächst. Er unterscheidet sich von letzterem durch seinen stämmigen Wuchs.

Der **Ziegelrote Rißpilz** (Inocybe patouillardii; S. 134) ist ein ausgesprochen gefährlicher Frühjahrspilz, da er wegen seiner ebenfalls rot färbenden Lamellen mit den Rötlingen verwechselt werden kann. Der strohfarbene, kegelige Hut ist jedoch häufig tief eingerissen, das Fleisch läuft schwach rötlich an und entwickelt einen starken Geruch, allerdings nicht nach Mehl.

Der Schild-Rötling gehört zu einer Gruppe eßbarer, eng verwandter Frühjahrsrötlinge mit mehlartigem Geruch.

APRIL-RÖTLING

Entoloma aprilis

Der kleine, ziemlich brüchige Pilz wächst unter Ulmen, Hainbuchen und in Hecken. Sein bräunlicher Hut wirkt bei Feuchtigkeit fettig, und er hat einen silbrig-weißen, mit bräunenden Längsfasern gestreiften Stiel.
- H: 5–8 cm ● Ø: 3–6 cm
- Rosa Sporen

BLASSBRAUNER RÖTLING

Entoloma sepium

Der Doppelgänger des Schild-Rötlings lebt unter Schlehensträuchern. Er ist fleischiger, mit hellerem, glattfaserigem Hut und rötendem Fleisch.
- H: 5–13 cm ● Ø: 4–12 cm
- Rosa Sporen

Rehbrauner Dachpilz
Pluteus cervinus

Synonym: *Pluteus atricapillus*
Anderer Name: Brauner Dachpilz
Klasse: Basidiomycetes – Ordnung: Pluteales –
Familie: Pluteaceae

● H: 10–15 cm ● Ø: 5–15 cm ● Rosa Sporen

Hut rehbraun

Stiel von oben bis unten gleichmäßig dick

Lamellen ausgebuchtet

▌ Bestimmung

Der Hut ist mittelgroß, zunächst konvex, später ausgebreitet, mit kleinem Mittelbuckel. Farbe und seidiger Glanz erinnern an das Fell eines Rehs. Auf der rehbraunen Huthaut bilden unzählige dünne Fasern eine glatte, samtige Oberfläche, die bei trockenem Wetter aufreißen kann und sich zartfaserig-schuppig auflöst.

Die **Lamellen** sind deutlich eingebuchtet, zunächst weiß, später rötlich bis bräunlich.

Der **Stiel** hat weder Ring noch Volva, ist an der Stielbasis leicht verdickt und mit zunächst weißen, später braunen Längsfasern überzogen.

Das **Fleisch** ist weiß, nicht sehr dick, am Hut ziemlich weich, im Stiel faserig und riecht nach Kohlrabi.

Plutéales

Rehbrauner Dachpilz

■ Vorkommen

Der Rehbraune Dachpilz lebt allgemein als Saprophyt auf Baumstümpfen, Zweigen oder morschem Holz. Man findet ihn, meist einzeln stehend, bereits im Frühjahr.

■ Wert

Diese Art ist eßbar, jedoch für die Pilzküche bedeutungslos.

Der Rehbraune Dachpilz ist nicht immer rehbraun, wie sein Name vermuten lassen würde. Die beiden Fotos zeigen, welch unterschiedliche Farbtöne es innerhalb einer Art geben kann.

Verwandte Arten

Die Dachpilze unterscheiden sich von den eng verwandten Scheidlingen durch die fehlende Volva.

LÖWENGELBER DACHPILZ
Pluteus leoninus

Dank des goldgelb leuchtenden Huts ist dieser Pilz trotz der geringen Größe in der Laubdecke schon von weitem sichtbar. Er sitzt mehr oder weniger tief versteckt auf vermodernden Laubholzstümpfen. Der Pilz ist kulinarisch bedeutungslos.
- H: 5–8 cm ● Ø: 2–5 cm
- Rosa Sporen

GOLDBRAUNER DACHPILZ
Pluteus chrysophaeus

Diese Art ist dem Netzadrigen Dachpilz sehr ähnlich. Der gelbliche Hut ist weniger stark geadert, der Stiel ist hellgelb.
- H: 3–8 cm
- Ø: 2–5 cm
- Rosa Sporen

NETZADRIGER DACHPILZ
Pluteus phlebophorus

Der braune Hut ist besonders in der Mitte stark netzartig geadert. Der Rand ist blasser und leicht gerieft. Dieser ungenießbare Pilz wächst von Sommer bis Herbstanfang auf morschen Laubholzstümpfen.
- H: 3–8 cm
- Ø: 2–5 cm
- Rosa Sporen

Großer Scheidling
Volvariella speciosa

Klasse: Basidiomycetes – Ordnung: Pluteales – Familie: Pluteaceae

- H: 14–20 cm ● Ø: 7–15 cm ● Rosa Sporen

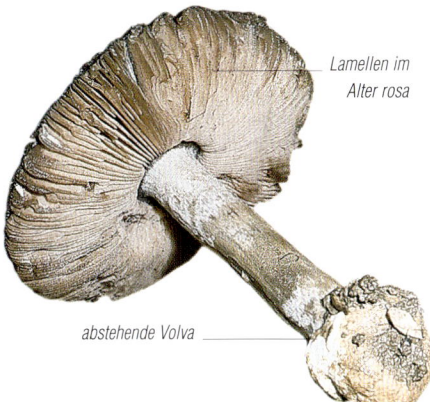

Lamellen im Alter rosa

abstehende Volva

▼ Verwechslungsgefahr:
Tödliche weiße Knollenblätterpilze
Grüner Knollenblätterpilz *(Amanita phalloides;* S. 176)

▮ Bestimmung

Der **Hut** ist mittelgroß, zunächst eiförmig, dann ausgebreitet mit einem Buckel in der Mitte. Die anfangs rein weiße Oberhaut bräunt später nach. Die Huthaut ist besonders bei feuchtem Wetter stark klebrig, so daß viel Erde am Hut des jungen Pilzes haftet. Der häutige Hutrand ist fein gerieft und manchmal unregelmäßig gelappt.

Die **Lamellen** sind gleichmäßig engstehend, anfangs weiß, später durch die Sporen rosa.

Der **Stiel** ist nicht beringt, zylinderförmig, zur Basis hin leicht verdickt und hutfarben. Wenn man den Fruchtkörper aus der Erde heraushebt, kann man die abstehende, weiße, lappig zerrissene, häutige Scheide sehen.

Das **Fleisch** ist weiß, weich und erinnert an Wulstlinge. Es hat einen leichten Rettichgeruch.

▮ Vorkommen

Der Große Scheidling wächst vereinzelt vom Frühjahr bis in den Herbst auf Äckern, in Gärten, auf Dung, faulendem Stroh und anderen Substraten.

▮ Wert

Früher galt der Große Scheidling als ebenso giftig wie die weißen Knollenblätterpilze. Er ist aber eßbar. (→ Tabelle S. 176)

Verwechslung

*Die tödlichen **weißen Knollenblätterpilze** und der **Grüne Knollenblätterpilz** (Amanita phalloides; S. 176), dessen Hutfarbe eine gewisse Ähnlichkeit mit der Form gloiocephala des großen Scheidlings aufweist, haben einen beringten Stiel und stets weiße Lamellen.*

Verwandte Arten

KLEBRIGER GROSSER SCHEIDLING
Volvariella speciosa var. *gloiocephala*

Diese Unterart des Großen Scheidlings ist an ihrem meergrünen Hut zu erkennen. Die übrigen Kennzeichen stimmen mit dem Großen Scheidling überein.

- H: 10–20 cm
- Ø: 8–12 cm
- Rosa Sporen

Hut mehr oder weniger grünlich

Lamellen rosa, eingebuchtet

WOLLIGER SCHEIDLING
Volvariella bombycina

Der holzbewohnende Pilz hat einen großen, weißen, seidigschuppigen Hut. Geschätzter Speisepilz.

- H: 8–18 cm
- Ø: 10–18 cm
- Rosa Sporen

1 - Schleierlinge

- Mit Cortina
- Lamellen im Alter rostfarben

Lamellen im Alter rostfarben

Rostfarbene Schleierreste

Cortina bei jungen Pilzen sichtbar

CORTINARIUS **Seite 126**

2 - Fälblinge

- Hut blaß
- Lamellen eingebuchtet, milchkaffeebraun

Hut blaß

Lamellen eingebuchtet

Lamellen eingebuchtet, milchkaffeebraun

HEBELOMA **Page 132**

3 - Rißpilze

- Hut kegelförmig, rissig oder faserig, manchmal seidig
- Lamellen im Alter tabakbraun

Hut rissig oder faserig, manchmal seidig

Lamellen im Alter tabakbraun

Hut kegelförmig

INOCYBE **Seite 133**

4 - Reifpilze, Zigeuner

- Hut strahlig gerippt
- Ring vorhanden
- Lamellen rostbraun

Hut strahlig gerippt

Ring

Lamellen im Alter rostbraun

ROZITES **Seite 138**

Merkmale der Cortinariales

- Fleisch faserig
- Stiel- und Hutgewebe nicht abgeteilt
- Lamellen am Stiel anhaftend (nicht frei), jedoch nicht herablaufend
- Lamellen im Alter farbig: rostfarben, braun, lilabraun, schwarzbraun

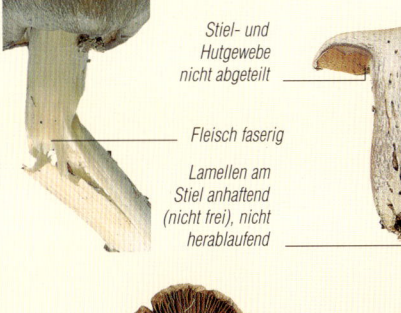

Stiel- und Hutgewebe nicht abgeteilt
Fleisch faserig
Lamellen am Stiel anhaftend (nicht frei), nicht herablaufend

Lamellen braun
Lamellen lilabraun

Lamellen rostfarben
Lamellen schwarzbraun

5 - Flämmlinge

- Holzbewohnend
- Lamellen rostbraun

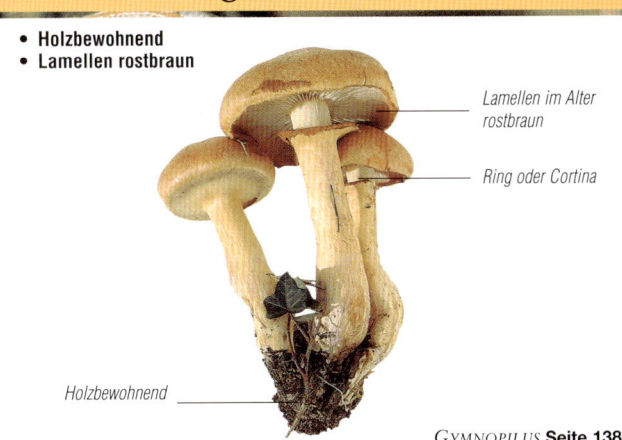

Lamellen im Alter rostbraun
Ring oder Cortina
Holzbewohnend

GYMNOPILUS **Seite 138**

6 - Krüppelfußpilze

- Kleine runde oder nierenförmige, holzbewohnende Pilze
- Stiellos

Kleine runde oder nierenförmige Pilze
Holzbewohnend
Stiellos

CREPIDOTUS **Seite 139**

7 - Häublinge

- Lamellen rostbraun
- Kleine Pilze
- Hut konvex oder glockig

Hut konvex oder glockig
Lamellen rostbraun
Stiel schlank

GALERINA **Seite 140**

8 - Träuschlinge

- Lamellen im Alter dunkelviolettbraun
- Stiel mit Ring oder Flocken

Lamellen im Alter dunkelviolettbraun

Stiel mit Ring oder Flocken

1/1

STROPHARIA **Seite 141**

9 - Schwefelköpfe

- Lamellen im Alter lilabraun
- Stiel ohne Ring oder Flocken

Lamellen im Alter lilabraun

Stiel ohne Ring oder Flocken

HYPHOLOMA **Seite 143**

10 - Schüpplinge

- Hut glatt und hygrophan
- Beringt

Hut glatt und hygrophan

Beringt

KUEHNEROMYCES **Seite 144**

- Hut und Stiel schuppig oder schleimig
- Lamellen im Alter rostfarben oder rostbraun

Hut und Stiel schuppig oder schleimig

Lamellen im Alter rostfarben oder rostbraun

PHOLIOTA **Seite 146**

Merkmale der Cortinariales (Fortsetzung)

12 - Düngerlinge

- Lamellen im Alter schwarzbraun
- Hut halbkugelig oder konkav
- Stiel lang und schlank

Stiel lang und schlank

Hut halbkugelig oder konkav

Lamellen im Alter schwarzbraun mit helleren Flecken

PANAEOLUS **Seite 149**

13 - Ackerlinge

- Hut runzelig
- Lamellen im Alter tabakbraun
- Beringt

Lamellen im Alter tabakbraun

Hut runzelig

Beringt

AGROCYBE **Seite 150**

11 - Kahlköpfe

- Hut halbkugelig oder spitz
- Stiel lang und schlank
- Lamellen violettbraun

Hut halbkugelig oder spitz

Lamellen violettbraun

Stiel lang und schlank

PSILOCYBE **Seite 148**

14 - Mistpilze

- Fruchtkörper gelb, sehr zerbrechlich
- Hut gerieft und schmierig-klebrig

Fruchtkörper gelb, sehr zerbrechlich

Hut gerieft und schmierig-klebrig

BOLBITIUS **Seite 151**

Orangefuchsiger Rauhkopf[3]

Cortinarius orellanus

Synonym: *Cortinarius rutilans*

Klasse: Basidiomycetes – Ordnung: Cortinariales – Familie: Cortinariaceae

- H: 6–12 cm
- Ø: 3–8 cm
- Rostbraune Sporen

Hut orangefuchsig, faserig und seidig

Lamellen entferntstehend, orangegelb, später rostfarben

Stiel rostgelblich, faserig

Verwechslungsgefahr:
Trompeten-Pfifferling (*Cantharellus tubaeformis*; S. 204)

▌ Bestimmung

Der Orangefuchsige Rauhkopf ist ziemlich klein, aber durch seine lebhafte Farbe, die an den Farbstoff Orleanrot erinnert, nicht zu übersehen. Häufig wird seine Farbe auch mit Feuer verglichen.

Der **Hut** ist erst leicht glockig bis konvex, breitet sich schnell aus und behält in der Mitte meist einen Buckel. Er ist eher dünnfleischig, fest, trocken, seidig, mit faserig-filziger Huthaut. Der dünne Rand ist leicht sparrigschuppig, zunächst gleichmäßig, später wellig und bei trockenem Wetter eingerissen.

Die **Lamellen** sind entferntstehend, bauchig und schwach herablaufend. Ihre schöne orangegelbe Färbung geht mit Reife der Sporen in ein flammendes Rostrot über.

Der **Stiel** ist zylindrisch, schlank, häufig gewunden, voll und fest. Seine Oberfläche ist dunkler fahlrot gefasert. Die weißliche Cortina verschwindet schnell.

Das **Fleisch** ist weißlich bis schwach fuchsig und fest. Es hat einen deutlichen Rettichgeruch und soll säuerlich schmecken.

▌ Vorkommen

Der Orangefuchsige Rauhkopf wächst im Herbst im Laubwald, besonders unter Birken, aber auch Eichen und Kastanien, jedoch nur selten unter Nadelbäumen. Man findet ihn in ganz Europa zerstreut, überwiegend in Höhenlagen, wo er in manchen Jahren in großen Gruppen auftritt, aber auch im Flachland. Der Name Orellanus ist nicht etwa vom griechischen Wort oros, »Gebirge«, abgeleitet, sondern von dem tropischen Gewächs *Bixa orellana*, dessen leuchtend fuchsrote Samen zur Herstellung des pigmentreichen Lebensmittelfarbstoffs Bixin verwendet werden.

▌ Giftigkeit

Bis 1952 glaubte man, daß alle Schleierlinge ungefährlich seien. Unter seinem leuchtenden Gewand verbirgt der Orangefuchsige Rauhkopf jedoch ein tödliches Gift, das nach einer massiven Vergiftungswelle in Polen elf Todesopfer von insgesamt einhundertzwei Vergiftungspatienten gefordert hat. Der Zusammenhang zwischen Ursache und Wirkung wurde erst fünf Jahre später aufgedeckt, da das Gift ausgesprochen bösartig ist. Noch dazu wirkt es sehr langsam: Die Inkubationszeit beträgt zwischen drei und ungefähr siebzehn Tagen.

Die spät eintretenden Vergiftungserscheinungen haben einiges mit dem Verlauf der Grünen-Knollenblätterpilz-Vergiftung gemeinsam. Erste Anzeichen sind hauptsächlich Verdauungsstörungen, verbunden mit sehr schmerzhaftem und schwächendem Durchfall und Erbrechen. Am stärksten wird die Niere in Mitleidenschaft gezogen. Eine schwere, häufig nicht mehr heilbare Nierenentzündung kann zum Tod führen, Überlebende tragen fast immer irreparable Nierenfunktionsstörungen davon. Die einzige Rettung ist dann eine künstliche Niere.

Verwechslung

Eine fahrlässige Verwechslung mit gleichgroßen Pilzen, etwa dem Trompeten-Pfifferling, dürfte kaum vorkommen.

Dennoch sei darauf hingewiesen, daß der **Trompeten-Pfifferling** (Cantharellus tubaeformis; S. 204) gegabelte Leisten und einen tiefen, trichterförmigen Hut hat.

Schlanke Schleierlinge sind auf jeden Fall zu meiden. Allerdings sollte sich jeder Sammler um das Erkennen dieser Pilze bemühen, um fatale Mißgriffe zu vermeiden.

Verwandte Arten

SPITZBUCKLIGER RAUHKOPF
Cortinarius speciosissimus

Dieser ebenso hochgiftige Schleierling ist relativ selten. Er wächst unter Nadelbäumen auf sauren, sehr feuchten Böden oder auf Torfböden. Der orangegelbe Hut hat einen mehr oder weniger spitzen Buckel. Der Stiel ist hell ringförmig genattert.

- H: 6–12 cm ● Ø: 4–8 cm
- Rostbraune Sporen

ROTSCHUPPIGER RAUHKOPF [3]
Cortinarius bolaris

Stiel und Hut dieses giftverdächtigen Schleierlings sind mit fuchsroten Schüppchen auf gelblichem Grund besetzt. Das manchmal an der Stielbasis noch zu erkennende Myzel ist orangerot. Der Rotschuppige Rauhkopf wächst in kleinen Gruppen auf sauren Laub- oder Mischwaldböden.

- H: 5–10 cm ● Ø: 3–6 cm
- Zimtbräunliche Sporen

Geschmückter Gürtelfuß
Cortinarius armillatus

Klasse: Basidiomycetes – Ordnung: Cortinariales – Familie: Cortinariaceae

● H: 10–17 cm ● Ø: 6–10 cm ● Braune Sporen

rostfarbene Gürtel oder Hüllfetzen

Lamellen zunächst beige

Knolle

▌ Bestimmung

Der **Hut** ist fleischig und anfangs glockenförmig, später ausgebreitet. Der dünne Hutrand ist am Ende nach außen umgebogen und manchmal mit Hüllresten behangen. Die fahlrote Huthaut trägt feine rostfarbene Schüppchen.

Die **Lamellen** sind zunächst beige und werden später schnell rostfarben. Sie sind stark mit kleinen Lamellen untermischt.

Der **Stiel** ist voll und fest, zylindrisch und nur an der Basis knollig. Seine Zeichnung besteht aus orangeroten, schräg laufenden Gürteln, manchmal ist es auch nur eine zickzackförmige Natterung. Die üppige weiße Cortina verschwindet schnell.

Das **Fleisch** ist blaßbraun, unter der Huthaut fuchsrot und riecht radieschenähnlich. Der Geschmack ist mild oder bitter. Vorsichtshalber sollte man diesen Pilz als giftig betrachten.

▌ Vorkommen

Der Geschmückte Gürtelfuß erscheint gegen Ende des Sommers im Flach- oder auch im Bergland versteckt unter Birken auf sauren und sehr feuchten, anmoorigen Böden.

Blutblättriger Hautkopf
Cortinarius semisanguineus

Klasse: Basidiomycetes – Ordnung: Cortinariales – Familie: Cortinariaceae

- H: 5–10 cm ● Ø: 3–7 cm ● Rostbraune Sporen

Lamellen blutrot
Hut zimtfarben
Stiel lang und gewunden, gelb, mit rostfarbener Cortina

▎Bestimmung

Der **Hut** ist zunächst glockig. Während er sich ausbreitet, bildet sich in der Mitte ein kleiner Buckel, umgeben von einer ringförmigen Vertiefung. Die glänzende, jedoch nicht feuchte Huthaut ist zimtfarben oder gelbbraun.

Die **Lamellen** sind untermischt. Die Sporen überdecken die wunderschöne blutrote Farbe der Lamellen mit einem rostfarbenen Ton.

Der **Stiel** ist lang, gewunden und hohl. Seine chromgelbe oder ockergelbe Oberfläche wird häufig von fuchsroten Fasern durchzogen. Die gelbliche Cortina ist nicht üppig und verschwindet schnell.

Das **Fleisch** ist goldgelb, es hat einen Radieschengeruch und -geschmack.

▎Vorkommen

Der im Flachland und in Gebirgslagen weit verbreitete Schleierling erscheint im Herbst auf feucht moosigen Nadelwaldböden, manchmal sogar auf Torfmoosen.

▎Giftigkeit

Giftig oder giftverdächtig; wie alle hier beschriebenen Schleierlinge mit leuchtenden Farben ist er unbedingt zu meiden.

Verwandte Arten

Die nachstehend genannten Schleierlingsarten haben den trockenen Hut und die lebhaften Farben (besonders der Lamellen) gemeinsam.

BLUTROTER HAUTKOPF
Cortinarius sanguineus

Man erkennt ihn an seiner schönen, durchgängig satt blutroten Farbe. Selbst das Fleisch ist blutrot. Er wächst in feuchten Fichten- und Tannen-, manchmal auch in Mischwäldern.

- H: 4–7 cm ● Ø: 2–5 cm
- Rostbraune Sporen

SCHARLACHROTER HAUTKOPF[3]
Cortinarius phoeniceus

Form und Hut dieses orangeroten Schleierlings erinnern mehr an den Orangefuchsigen Rauhkopf. Wegen seiner zunächst blutroten, später rostfarbenen Lamellen steht er wiederum dem Blutblättrigen Hautkopf näher. Der untere Teil des Stiels ist mit einem feuerroten Filz überzogen. Er wächst vereinzelt, häufig unter Birken.

- H: 5–9 cm
- Ø: 4–10 cm
- Rostbraune Sporen

ZIMTBRAUNER HAUTKOPF
Cortinarius cinnamomeus

Der Hut ist gelb oder zimtbraun. Lamellen und Stiel sind safrangelb bis olivbraun. Er wächst auf Torf und in feuchtem Unterholz.

- H: 5–10 cm ● Ø: 3–6 cm
- Rostfarbene Sporen

Weißvioletter Dickfuß
Cortinarius alboviolaceus

Klasse: Basidiomycetes – Ordnung: Cortinariales – Familie: Cortinariaceae

- H: 7–14 cm
- Ø: 5–8 cm
- Rostbraune Sporen

Hut weißlila

Hut mit breitem Buckel

Cortina weißlila, später durch die Sporen rostfarben

Stiel an der Basis verdickt

■ Bestimmung

Der **Hut** ist jung glockig, später ausgedehnt mit breitem Buckel und im Alter abgeflacht. Die Huthaut wird zunächst von einem weißlichen, später etwas bläulichen Schleier überzogen. Sie ist faserig-seidig mit einem blassen blaulila Schimmer, der in der Mitte gilben kann.

Die **Lamellen** stehen recht eng beieinander, sind gekerbt, blaß graulila, später rostfarben.

Der hutfarbene **Stiel** ist nach unten keulenförmig verdickt. Seine faserig-seidige Oberfläche ist von üppigen Schleierresten bedeckt, die sich durch die Sporen rostrot färben.

Das **Fleisch** ist am Scheitel dick, ansonsten sehr dünn. Die Farbe, besonders oberhalb des Stiels, ist lila oder bläulich. Der geruchlose Pilz hat einen milden Geschmack. Er ist ein geringwertiger Speisepilz.

■ Vorkommen

Der verbreitete Pilz wächst von Sommerende bis Herbst häufig in Gruppen auf sauren Böden unter Laub- oder Nadelbäumen.

Verwandte Arten

LILA DICKFUSS
Cortinarius traganus

Sein unangenehmer Geruch unterscheidet ihn von den nahen Verwandten. Die entferntstehenden Lamellen sind jung ocker- oder safranfarben, ebenso das Fleisch, dessen Farbe nur an der Stielbasis kräftiger ist. Der Stiel ist unten keulenförmig verdickt.

- H: 8–12 cm
- Ø: 5–12 cm
- Rostbraune Sporen

SCHUPPIGER DICKFUSS[3]
Cortinarius pholideus

Der Hut dieser Art ist mit vielen kleinen, fast sparrig aufgerichteten, dunkelbraunen Schüppchen dicht besetzt. Die Lamellen sind beim ganz jungen Pilz lilablau. Der Stiel ist bis zum Ring mit Schuppengirlanden besetzt. Oberhalb der Ringzone ist er faserig und zart lilafarben. Das Fleisch ist an der Stielspitze ebenfalls violettlich.

- H: 7–12 cm
- Ø: 4–9 cm
- Rostfarbene Sporen

Purpurfleckender Klumpfuß[3]
Cortinarius purpurascens

Klasse: Basidiomycetes – Ordnung: Cortinariales – Familie: Cortinariaceae

- H: 6–12 cm
- Ø: 6–12 cm
- Rostfarbene Sporen

Lamellen jung lila, später bei Druck purpurfarben anlaufend
Hut lilabraun
Cortina violett
Knolle gerandet
Stiel lilablau

Bestimmung

Der **Hut** dieses schönen Pilzes ist fleischig, konvex, später gebuckelt, mit erst eingerolltem, dann entrolltem Rand. Die Huthaut ist schleimig und kastanien- bis lilabraun. Typisch sind die dunkleren, eingewachsenen Fasern.

Die **Lamellen** verfärben sich im Alter rostfarben, behalten aber den violettlichen Schimmer. Sie laufen bei leichter Berührung purpurfarben an. Sie sind eingebuchtet und am Stiel angewachsen.

Der violettblaue, zylindrische **Stiel** erhebt sich aus einer gerandeten Knolle. Auch er verfärbt sich auf Druck purpur. Anhaftende Schleierreste werden durch die Sporen rostfarben.

Das **Fleisch** ist violett und hat einen ganz leichten Kakaogeruch.

Vorkommen

Der Purpurfleckende Klumpfuß ist relativ weit verbreitet. Er wächst sowohl unter Laub- als auch unter Nadelbäumen in kleinen Gruppen während der Pilzsaison von September bis November.

Wert

Dieser Speisepilz wird häufig mit dem Violetten Rötelritterling verwechselt und an seiner Stelle verzehrt. Einige Autoren führen ihn als guten Speisepilz, andere finden ihn langweilig. Auch wir halten ihn für kulinarisch bedeutungslos. (→ Tabelle S. 131)

Verwechslung

Kennzeichnend für all diese violetten Schleierlingsarten sind die Cortina und die im Alter rostfarbenen Lamellen. Obwohl alle eßbar sind, sollte man die besseren Speisepilze kennen.

*Der **Lilastiel-Rötelritterling** (Lepista saeva; S. 81) hat einen gleichförmig beigen, glatten Hut. Seine Lamellen sind braun, sein Stiel ist violett und schuppig-faserig, jedoch ohne Cortinaspuren und rostrote Färbung. Er wächst auf Wiesen.*

*Der Hut des **Violetten Rötelritterling** (Lepista nuda; S. 80) ist nicht schleimig, nackt, violett bis*

Verwechslungsgefahr:
Lilastiel-Rötelritterling (*Lepista saeva;* S. 81), Violetter R. (*Lepista nuda;* S. 80)

Verwandte Art

Es gibt viele lilafarbene Schleierlingsarten. Einige davon sind sehr häufig, andere ziemlich selten. Ihre genaue Bestimmung ist wegen ihrer Variabilität nicht einfach und fordert die Erfahrung des sachkundigen Mykologen. Der Laie begnügt sich sinnvollerweise damit, die Arten mit den am eindeutigsten festgelegten Merkmalen unterscheiden zu lernen.

BLASSER SCHLEIMKOPF
Cortinarius largus

Er hat einen schleimigen Hut. Der stämmige Bau erinnert an den Lilastiel-, die Farbe mehr an den Violetten Rötelritterling. Er hat die typischen Schleierlings-Merkmale wie Cortina, rostfarbene Sporen und knollige Stielbasis. Er wächst unter Laubbäumen auf sauren Böden.

- H: 10–15 cm
- Ø: 8–12 cm
- Rostfarbene Sporen

braun, mit violettlichen, schwach bräunenden Lamellen und lilablauem Stiel. Er hat einen zart fruchtigen bis würzigen Geruch.

Das Fleisch des Purpurfleckenden Klumpfuß ist violett.

	Purpurfleckender Klumpfuß *Cortinarius purpurascens*	Violetter Rötelritterling *Lepista nuda*	Lilastiel-R.ritterling *Lepista saeva*
Hut	schleimig, lilabraun, faserig	fleischig, violett bis braun, glatt	kompakt, beige, glatt
Lamellen	violett, später rostfarben	violettlich, bräunend	bräunlich
Stiel	faserig, lilablau, Cortina rostfarben	faserig-flockig, lilablau keine Cortina	schuppig-faserig, violett, keine Cortina
Geruch	leicht nach Kakao	fruchtig bis würzig	pilzig
Vorkommen	Wälder	Wälder (Wiesen)	Wiesen
Wert	geringwertiger Speisepilz	ausgezeichneter Speisepilz	ausgezeichneter Speisepilz

Langstieliger Schleimfuß
Cortinarius elatior

Klasse: Basidiomycetes – Ordnung: Cortinariales – Familie: Cortinariaceae

- H: 10–20 cm
- Ø: 5–12 cm
- Sporen zimtbraun

Oberfläche schleimig
Buckel breit
Hutrand runzelig
Stiel stämmig, schleimig, unten keulenförmig verdickt
Mehrere ringförmige Gürtel
Stiel zugespitzt

▌Bestimmung

Der **Hut** des Pilzes ist dünnfleischig, zunächst glockig, später konvex und im Alter abgeflacht mit einem breiten Buckel in der Mitte. Die Haut ist strohfarben bis braungelb, in der Mitte etwas dunkler. Sie ist glatt, bei feuchtem Wetter sehr schleimig und glänzend, am Rand runzelig.

Die **Lamellen** sind breit, s-förmig, nicht sehr engstehend und queradrig verbunden. Anfangs ocker mit einem Hauch Violett, geht ihre Farbe mit der Sporenreife in ein Rostbraun über.

Der **Stiel** ist lang, stämmig, zylindrisch, an der Basis leicht verdickt und ganz unten wieder zugespitzt. Der zunächst weiße, mit blaßvioletten Tönen überhauchte Stiel wird später noch heller. Der etwas violett scheinende Schleier löst sich schuppig-faserig auf und kann im Alter ganz verschwinden. Er ist selbst bei trockenem Wetter von einem dicken Schleim überzogen.

Das **Fleisch** ist eher weich, weißlich, geruchlos und mild im Geschmack.

▌Vorkommen

Der Langstielige Schleimfuß liebt Laub, insbesondere Buchenlaub, und saure Böden. Er ist nicht selten und wächst von Sommer bis Herbst.

▌Wert

Trotz seiner stattlichen Erscheinung ist er nur ein mittelmäßiger Speisepilz.

Gemeiner Fälbling

Hebeloma crustuliniforme

Klasse: Basidiomycetes – Ordnung: Cortinariales – Familie: Cortinariaceae

- H: 5–10 cm • Ø: 5–10 cm • Sporen hellbraun

Hut glatt, fahl goldrot

Lamellen blaßocker, später braun

Stielspitze weißflockig

▌Bestimmung

Der **Hut** ist ziemlich klein, relativ fleischig, besonders im Zentrum. Zunächst konvex, breitet er sich später aus, behält aber mittig oft einen breiten Buckel. Die kahle Haut ist bei Feuchtigkeit schleimiger und glänzt. Er hat ein gemsfarbenes, fuchsiges Rot, wobei die Mitte immer dunkler ist. Der helle Rand ist anfangs eingerollt, später flach wellig.

Die **Lamellen** sind engstehend, gekerbt und eingebuchtet. Ihre anfänglich blaßweiße Farbe wird mit der Zeit ocker bis bräunlich.

Der **Stiel** ist zylindrisch, voll und fest, gerade oder an der leicht verdickten Basis gebogen. Die im allgemeinen weißliche Farbe färbt sich von unten her mehr oder weniger fuchsrot. Typisch ist die weiße Beflockung der Stielspitze.

Das **Fleisch** ist weiß, ziemlich dick und gibt an Schnittstellen einen deutlichen Rettichgeruch ab. Der Geschmack ist bitter.

▌Vorkommen

Der Gemeine Fälbling wächst zahlreich von Sommer bis Herbst in Wäldern. Er bildet oft Hexenringe unter Laub-, aber auch im Schutz von Nadelbäumen oder auf angrenzendem Heideland.

▌Giftigkeit

Der unverdauliche Gemeine Fälbling ist nichts für den empfindlichen Magen. Er sollte vorsichtshalber als giftig angesehen werden, da er schwere Darmentzündungen verursachen kann. In jedem Fall ist er ein geringwertiger Speisepilz und darüber hinaus dem eindeutig giftigen Rettich-Fälbling gefährlich ähnlich.

▌Wert

Fälblinge sind für die Forstwirtschaft von großer Bedeutung. Sie bilden mit den Baum-

Verwandte Arten

Rettich-Fälbling

Hebeloma sinapizans

Der deutlich stämmigere Rettich-Fälbling ist nicht immer leicht vom Gemeinen Fälbling zu unterscheiden. Typisch sind der bittere, scharfe Geschmack, ähnlich wie scharfer Senf, und der kegelförmige Zapfen, der in den hohlen Stiel ragt.

Er wächst unter Nadel- und Laubbäumen. Trotz seines abstoßenden Geschmacks wurde er schon gegessen, und wie zu erwarten, verursachte sein Genuß schwere Verdauungsstörungen.

- H: 10–20 cm • Ø: 7–15 cm
- Sporen tabakbraun

wurzeln Mykorrhizen und tragen aktiv zum Wachstum ihrer Wirtspflanzen bei.

Die Kultivierung dieser Pilze wäre daher für Entwicklung und Fortbestand der Wälder von großem Nutzen. Zur Zeit werden deshalb in Frankreich zwei Fälblingsarten näher untersucht, nämlich *Hebeloma mesophaeum* und besonders *Hebeloma cylindrosporum*.

Verwechslung

Die giftigen Fälblinge können besonders durch ihr Erscheinungsbild mit den helleren, eßbaren Ritterlingen verwechselt werden. Der rettichartige Geruch und die bräunenden Lamellen sind Merkmale der zu meidenden Arten.

DUNKELSCHEIBIGER FÄLBLING
Hebeloma mesophaeum

Der oft buckelige Hut ist in der Mitte rotbraun und am Rand deutlich blasser. Der zumindest an der Spitze weißliche Stiel trägt einen wenig ausgeprägten, faserigen Ring. Man findet ihn überall, in Laubwäldern ebenso wie in Nadelwäldern, auf Wiesen und in Parkanlagen. Der häufige Pilz wächst vom Spätsommer bis in den Spätherbst. Er ist ungenießbar, vermutlich sogar giftig.

- H: 5–10 cm
- Ø: 3–7 cm
- Sporen tabakbraun

WURZELNDER FÄLBLING
Hebeloma radicosum

Der Wurzelnde Fälbling senkt eine lange, spindelige »Wurzel« ins morsche Holz. Wegen seiner Stielbasis, dem schuppigen Hut und dem abstehenden Ring zählte er früher zu den Schüpplingen, denen er tatsächlich ähnelt. Weniger weit verbreitet als der Rettich-Fälbling, tritt er vereinzelt in Laubwäldern auf. Der Pilz mit dem starken Bittermandelgeruch ist nicht aggressiv giftig, aber ungenießbar.

- H: 7–20 cm
- Ø: 5–12 cm
- Tabakbraune Sporen

Olivgelber Rißpilz
Inocybe dulcamara

Klasse: Basidiomycetes – Ordnung: Cortinariales – Familie: Cortinariaceae

- H: 3–5 cm
- Ø: 2–5 cm
- Tabakbraune Sporen

Lamellen ockerfarben
Stiel kurz
Hut ocker bis fahlrot
Oberfläche faserig-filzig oder sparrig-schuppig

Die **Lamellen** sind leicht gebogen und zunächst gelbocker.

Der kurze, zylindrische **Stiel** ist hutfarben. Er trägt eine flüchtige Cortina und ist manchmal undeutlich flaumig beringt.

Das **Fleisch** hat eigentlich keine besonderen Merkmale. Der schwache Geruch erinnert an Honig, und der Geschmack ist leicht bitter, manchmal fast süßlich. Der Pilz ist ungenießbar.

▎Bestimmung

Der **Hut** ist dünnfleischig, konvex, später fast abgeflacht. Die gelbocker bis fahlrote Haut ist faserig-filzig oder sparrig-schuppig. Anfangs ist sie mit einer weißen Cortina überzogen.

▎Vorkommen

Der Olivgelbe Rißpilz ist häufig und wächst von Sommer bis Anfang Herbst. Er bevorzugt lichte Wälder, offene Flächen, Brachland, Wiesen und bewaldete Halden.

Cortinariales

Kegeliger Rißpilz

Inocybe rimosa

Synonym: *Inocybe fastigiata*

Klasse: Basidiomycetes – Ordnung: Cortinariales – Familie: Cortinariaceae

- H: 7–12 cm ● Ø: 3–8 cm ● Tabakbraune Sporen

Huthaut stark faserigfilzig und zerrissen

Stiel weiß

Lamellen bräunend

▌Bestimmung

Der **Hut** ist zunächst kegelig, später ausgebreitet mit markantem Buckel. Der Rand reißt später immer mehr auf, wobei die Risse manchmal sogar bis zum Buckel reichen. Die Huthaut kann von stroh- über gold- bis ockergelb variieren. Auffälligstes Kennzeichen ist jedoch ihre längsfaserige Rissigkeit.

Die **Lamellen** sind gelbgrau mit grünlichem Schimmer. Im Alter werden sie bräunlich.

Der meist weißliche oder hutfarbene **Stiel** ist zylindrisch oder an der Basis geweitet (jedoch nicht knollig) und an der Spitze leicht flockig.

Das **Fleisch** ist weiß, unveränderlich, mit einem unangenehmen Geruch. Der Geschmack ist zunächst süßlich, aber nach einigen Sekunden bitter.

▌Vorkommen

Der Kegelige Rißpilz wächst häufig an Waldwegen, auf Lichtungen in Laubwäldern, seltener unter Nadelbäumen. Man kann ihn von Sommer bis Herbst in kleinen Gruppen auf nicht sauren Böden finden.

▌Giftigkeit

Der Verzehr der giftigen Rißpilze führt, ähnlich wie bei den giftigen weißen Trichterlingen, zu heftigen Schweißausbrüchen, die vor allem für übermäßigen Flüssigkeitsverlust verantwortlich sind. Sie begleiten Verdauungsstörungen. Abgesehen von der allgemeinen Schwächung, liegt die Hauptgefahr in einer Verlangsamung der Herztätigkeit, die zum Tod führen kann. Dies wurde hauptsächlich beim Ziegelroten Rißpilz beobachtet, dessen Verzehr schon zu schweren oder sogar tödlichen Vergiftungen geführt hat.

Verwandte Art

Die kegelhütigen, gestreiften oder längs eingerissenen Rißpilze sind alle mehr oder weniger giftig. Einer gilt als besonders gefährlich.

ZIEGELROTER RISSPILZ

Inocybe patouillardii

Kennzeichnend ist das stellenweise rötliche Anlaufen älterer Exemplare auf Druck oder bei Berührung. Das weiße Fleisch wird später rosa, besonders im Stiel. Dieser Pilz ist wenig verbreitet und lokal begrenzt. Er fruktifiziert von Mai bis Juli. Man findet ihn besonders an lichten Stellen wie Parkanlagen, vor allem unter Linden, aber auch in verschiedenen Laubwäldern. Er ist ein gefährlicher Giftpilz mit hohem Muskaringehalt. (→ Tabelle S. 96)

- H: 5–9 cm ● Ø: 3–8 cm
- Tabakbraune Sporen

Sternsporiger Rißpilz
Inocybe asterospora

Klasse: Basidiomycetes – Ordnung: Cortinariales – Familie: Cortinariaceae

- H: 6–10 cm ● Ø: 3–6 cm ● Tabakbraune Sporen

Weiße Spalten zwischen den rotbraunen Fasern

Hut gebuckelt

Stiel fuchsrot oder rotbraun

Knolle weiß, abgeflacht

▌Bestimmung

Dieser Pilz erhielt seinen Namen aufgrund eines Merkmals, das ihn eindeutig bestimmt, aber nur unter dem Mikroskop erkennbar ist: Seine Sporen sind sternförmig.

Der **Hut** ist zunächst kegelig und breitet sich später aus, bleibt jedoch bis zuletzt gebuckelt. Rotbraune, radiale Längsfasern, zwischen denen das weiße Fleisch durchscheint, kennzeichnen die Huthaut.

Die etwas bauchigen **Lamellen** sind schmutzigbeige bis zimtfarben.

Der zylindrische **Stiel** ist voll und fest, fuchsrot bis rotbraun und bereift. Die weißliche Stielbasis ist knollig-rübenförmig verdickt.

Das **Fleisch** ist am Hut weiß, am Stiel rötlich und riecht unangenehm.

▌Vorkommen

Der Sternsporige Rißpilz ist zwar recht verbreitet, aber nur schwer mit völliger Sicherheit zu bestimmen. Er wächst von Sommer bis Herbst unter Laubbäumen wie Buchen und Haselnußsträuchern.

▌Giftigkeit

Wegen ihres hohen Muskaringehalts gibt es unter den Rißpilzen einige sehr giftige Arten, zu denen auch der Sternsporige Rißpilz zählt. Aber selbst die als »unschädlich« geltenden Rißpilzarten sind kulinarisch bedeutungslos. Eine Verwechslung mit eßbaren Arten ist zwar nicht auszuschließen, doch unwahrscheinlich, da wirkliche Ähnlichkeiten nicht vorhanden sind.

Verwandte Art

WOLLIGER RISSPILZ
Inocybe lanuginosa

Dieser Rißpilz ist leicht zu erkennen: Kleine, braune Schüppchen bedecken den ganzen Fruchtkörper. Eine Ausnahme macht die Stielspitze. Der Wollige Rißpilz wächst auf sandigen und sauren Böden feuchter Heidegebiete, in Sümpfen oder in Kiefern-, Fichten- und Mischwäldern. Er ist zwar nicht giftig, aber ungenießbar.

- H: 5–8 cm ● Ø: 1–6 cm
- Braune Sporen

Cortinariales

Birnen-Rißpilz

Inocybe fraudans

Synonym: *Inocybe piriodora*

Klasse: Basidiomycetes – Ordnung: Cortinariales – Familie: Cortinariaceae

- H: 4–10 cm ● Ø: 3–8 cm ● Tabakbraune Sporen

Hut anfangs strohgelb

Stiel rötend

Lamellen im Alter rotbraun

Fleisch schwach rötend und stark riechend

▮ Bestimmung

Der **Hut** ist gebuckelt und faserig oder sparrigschuppig. Der Rand reißt häufig ein. Die Huthaut ist strohgelb bis goldgelb, später dann rotocker.

Die **Lamellen** sind lange blaß gefärbt, später rotbraun.

Der **Stiel** ist anfangs weiß, im Alter an der Basis rötlich.

Das **Fleisch** ist weiß oder schwach rötend, schmeckt süßlich, hat aber einen starken, sehr eigenartigen und schwer zu beschreibenden Geruch: nach Jasmin, Obstschnaps, Birnen …

▮ Vorkommen

Der verbreitete Birnen-Rißpilz wächst im Herbst unter Laub- und Nadelbäumen, vorwiegend auf Kalk- und Tonböden.

▮ Giftigkeit

Obwohl seine Giftigkeit noch nicht eindeutig bewiesen werden konnte, sollte er vorsichtshalber, wie alle anderen hier beschriebenen Rißpilz-Arten, als giftig eingestuft werden.

Verwandte Arten

GRÜNGEBUCKELTER RISSPILZ
Inocybe corydalina

Der sehr häufige Pilz hat ebenfalls einen strohgelben Hut, dessen Buckel jedoch smaragdgrün oder grünlich gefärbt ist. Er riecht sehr würzig, ist hochgiftig und wächst im Laubwald.
- H: 8–13 cm
- Ø: 4–7 cm
- Tabakbraune Sporen

STRUPPIGER RISSPILZ
Inocybe lacera

Ein giftverdächtiger Pilz mit eingerolltem, rissigem Rand, fuchsrotem bis braunem, faserigem oder leicht sparrig-schuppigem Hut. Die rostfarbenen Lamellen haben eine weiße Schneide. Der Stiel ist unten schwärzlich. Der Pilz wächst im Herbst auf Sandböden und Nadelwaldwegen.
- H: 3–5 cm ● Ø: 2–4 cm
- Tabakbraune Sporen

LILASTIELIGER RISSPILZ
Inocybe griseolilacina

Dieser kleine Giftpilz hat einen ockerfarbenen oder braunen Hut mit rötlichen Schuppen. Der Rand ist blaßviolett, der Stiel lila und an der Spitze fein geschuppt.
- H: 4–7 cm ● Ø: 2–3 cm
- Tabakbraune Sporen

Seidiger Rißpilz
Inocybe geophylla

Klasse: Basidiomycetes – Ordnung: Cortinariales – Familie: Cortinariaceae

- H: 3–6 cm
- Ø: 1–4 cm
- Tabakbraune Sporen

Buckel spitz, ockerfarben oder weiß
Hut weiß
Stiel an der Spitze bereift
Lamellen im Alter ockerbraun
Stiel lang und weiß
Knolle klein

Verwechslungsgefahr:
Amethystblauer Lacktrichterling
(Laccaria amethystina; S. 82)

▌Bestimmung

Es handelt sich um einen kleinen, schlanken, jedoch hochgiftigen Pilz, der außer in dem arttypischen Weiß in vielen Farbvariationen auftreten kann.

Der **Hut** ist zunächst kegelig, breitet sich dann aus und behält einen spitzen Buckel. Die Huthaut ist im Gegensatz zu den meisten Arten dieser Gattung seidig und glatt, beim jungen Pilz manchmal schmierig. Die weiße Hutfarbe kann am Buckel in Ocker übergehen.

Die bauchigen **Lamellen** stehen eng und sind zunächst cremefarben oder blaßgrau, später ockerbraun wie Erde.

Der lange, dünne **Stiel** ist an der Basis zu einer kleinen Knolle verdickt. Der junge Pilz ist von einer üppigen Cortina umhüllt. Im Alter wirkt die Stielspitze bereift.

Das unveränderliche **Fleisch** ist weiß oder cremefarben, hat einen unangenehmen Geruch und schmeckt süßlich oder leicht scharf.

▌Vorkommen

Obwohl der von Sommer bis Herbst wachsende Rißpilz im Schatten der Laubwälder oft sogar sehr zahlreich auftritt, wird er, weil er klein und erdfarben ist, leicht übersehen.

▌Giftigkeit

Der Seidige Rißpilz ist einer der gefährlichsten Rißpilze überhaupt. Das hierfür verantwortliche Gift Muskarin wirkt sehr schnell, oft innerhalb weniger Minuten. Es führt hauptsächlich zu einem hohen Flüssigkeitsverlust des Körpers. In den meisten Fällen können durch eine entsprechende Behandlung größere Komplikationen verhindert werden. (→ Tabelle S. 83)

Verwechslung

*Die violette Abart des Seidigen Rißpilzes ähnelt durch die lila oder bläuliche Färbung dem **Amethystblauen Lacktrichterling** (Laccaria amethystina; S. 82). Meist stimmen auch die Abmessungen überein. Der Lacktrichterling ist jedoch nicht gebuckelt, und seine weitständigen Lamellen sind, wie der Hut, von einem kräftigen Violett.*

Verwandte Art

SEIDIGER RISSPILZ, VIOLETTE FORM
Inocybe geophylla var. *lilacina*

Der Seidige Rißpilz hat viele Formen, davon ist die violette am häufigsten. Der Hut ist lilaviolett, mit Ausnahme des Buckels, der gelbocker bleibt. Der Stiel hat das gleiche Kolorit. Diese Form ist ebenso giftig wie die Hauptart.

- H: 3–6 cm
- Ø: 1–4 cm
- Tabakbraune Sporen

	Seidiger Rißpilz, violette Form *Inocybe geophylla* var. *lilacina*	Amethystblauer Lacktrichterling *Laccaria amethystina*
Hut	blaßlila, oft mit ockerfarbenem Buckel, spitz oder gebuckelt, glatt	hellviolett, blassend, genabelt, feinkörnig
Lamellen	gedrängt, erst grau, später kastanienbraun	sehr weitständig, violett
Stiel	lang, schlank, lila	faserig, zäh, violett
Geruch	unangenehm	schwach fruchtig
Wert	giftig	guter Speisepilz

Reifpilz, Zigeuner[3]

Rozites caperata

Klasse: Basidiomycetes – Ordnung: Cortinariales
– Familie: Cortinariaceae

● H: 8–15 cm ● Ø: 6–12 cm ● Ockerbraune Sporen

Hut gelb bis blaßbraun gerunzelt

Ring cremeweiß

▌ Bestimmung

Der Reifpilz hat einen mittelgroßen, typisch gerunzelten **Hut**. Er ist zunächst kugelig, dann konvex, später ausgebreitet und niedergedrückt, hat aber stets einen Buckel. Er ist besonders in der Mitte fleischig. Die Huthaut ist deutlich strahlig, ungleichmäßig wellig gerippt. Die jungen Pilze sind weißlich bereift, bei älteren Exemplaren dagegen liegt die strohgelbe oder braungelbe Hutfarbe frei. Der Rand ist deutlich gerippt.

Die engstehenden **Lamellen** sind breit angewachsen und leicht gezähnt. Sie sind zunächst hellgelb, später ocker-bräunlich.

Der relativ schlanke **Stiel** ist zylindrisch, voll und faserig. Sein Ring ist häutig, bleibend, anfangs weißlich oder cremefarben, später leicht ocker mit geriefter Oberseite.

Das im allgemeinen dünne, nur am Buckel dickere, zarte, brüchige **Fleisch** ist weißlich bis cremefarben und unter der Huthaut violett. Es riecht schwach, angenehm und schmeckt mild.

▌ Vorkommen

Der Reifpilz ist ziemlich weit verbreitet. Er wächst von Sommer bis Herbst in Laub- und Nadelwäldern auf Silikatböden und ist meist recht gesellig.

▌ Wert

Der Reifpilz ist ein ausgezeichneter Speisepilz mit zartem Fleisch, mildem Geschmack und feinem Duft. Allerdings muß er jung geerntet werden, da ihn sonst die Maden befallen. Sein faseriger Stiel wird abgeschnitten.

Die leider kaum geschätzte Art gehört zu den besten Speisepilzen überhaupt und eignet sich vor allem vorzüglich zum Trocknen.

Geflecktblättriger Flämmling

Gymnopilus penetrans

Synonym: *Flammula penetrans*

Klasse: Basidiomycetes – Ordnung: Cortinariales
– Familie: Cortinariaceae

● H: 7–10 cm ● Ø: 3–6 cm ● Rostbraune Sporen

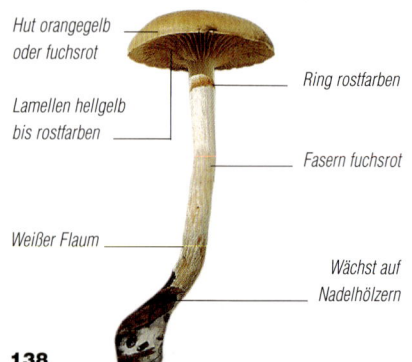

Hut orangegelb oder fuchsrot

Lamellen hellgelb bis rostfarben

Weißer Flaum

Ring rostfarben

Fasern fuchsrot

Wächst auf Nadelhölzern

▌ Bestimmung

Der nicht gebuckelte, konvexe oder flache Hut ist hellorangegelb bis fuchsrot. Die Huthaut ist glatt und kaum faserig.

Die engständigen **Lamellen** sind zunächst schwefelgelb, später rostig gefleckt.

Der weiße oder gelbliche **Stiel** ist nach unten schwach verdickt und von dunkleren Fasern durchzogen. Ein weißer Flaum bedeckt die Stielbasis. Der weißliche, flüchtige Schleier bleibt manchmal als kleine Ringzone zurück.

Das weiße oder blaßgelbe **Fleisch** ist geruchlos und schmeckt stark bitter. Diese Art ist giftig.

▌ Vorkommen

Dieser von Sommer bis Herbst häufige Pilz wächst vereinzelt oder in kleinen Büscheln auf morschen, manchmal im Boden vergrabenen Nadelholzästen oder -zweigen, seltener auf Laubholz.

Beringter Flämmling

Gymnopilus spectabilis

Anderer Name: Ansehnlicher Flämmling
Synonyme: *Pholiota spectabilis*

Klasse: Basidiomycetes – Ordnung: Cortinariales
– Familie: Cortinariaceae

● H: 12–20 cm ● Ø: 5–15 cm ● Rostbraune Sporen

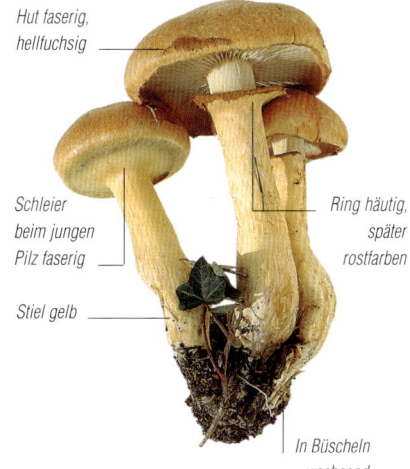

Hut faserig, hellfuchsig

Schleier beim jungen Pilz faserig

Ring häutig, später rostfarben

Stiel gelb

In Büscheln wachsend

▌ Bestimmung

Dieser leuchtend feuerfarbene Flämmling ist, wie sein anderer Name schon sagt, in der Tat ansehnlich.

Der sehr dicke, konvexe **Hut** ist manchmal leicht gebuckelt. Die seidige, faserige Huthaut ist leuchtend fuchsig oder orangegelb.

Die **Lamellen** sind eingebuchtet angewachsen. Die helle rostgelbe Farbe wird bei Berührung rotbraun.

Der bauchige oder keulenförmige, faserige **Stiel** ist gelblich und hat wie die Egerlinge einen gleichfarbigen, abstehenden, häutigen Ring.

Das **Fleisch** ist mehr oder weniger gelb, dick und fest. Es riecht schwach und schmeckt bitter. Wahrscheinlich ist der Flämmling halluzinogen. Ihm werden recht heftige Vergiftungen zugeschrieben.

▌ Vorkommen

Der Beringte Flämmling erscheint häufig von Sommer bis Herbst. Er wächst auf Nadelholzstrünken ebenso wie auf Stümpfen oder am Fuß von Eichenstämmen, gleichfalls am Erdboden. Meist bildet er kleine Büschel, gelegentlich steht er aber auch einzeln.

Gemeiner Krüppelfuß

Crepidotus variabilis

Klasse: Basidiomycetes – Ordnung: Cortinariales
– Familie: Cortinariaceae

● Ø: 0,5–3 cm ● Tabakbraune Sporen

Lamellen anfangs leuchtend cremefarben, später fleischrosa und am Ende braun

Nierenförmiger Pilz

▌ Bestimmung

Der nierenförmige **Hut** ist rein weiß und filzig und hat einen eingebogenen Rand. Oft ist er am Rücken angewachsen, so daß die Lamellen sichtbar sind.

Die **Lamellen** laufen vom Ansatzpunkt fächerförmig auseinander. Sie sind zunächst cremefarben, später fleischrosa und schließlich zimtbraun.

Der **Stiel** ist verkümmert.

Das Fleisch ist dünn, weiß und geruchlos.

Der Krüppelfuß ist, allein schon wegen seiner geringen Größe, nicht eßbar.

▌ Vorkommen

Aufgereiht wie die Perlen eines Rosenkranzes, sitzt der Gemeine Krüppelfuß auf Ästen und Zweigen von Laubbäumen, häufig im feuchten Reisiggestrüpp. Er ist im Sommer und Herbst sehr verbreitet, stellenweise aber auch während des übrigen Jahres zu finden.

Nadelholz-Häubling

Galerina marginata

Synonym: *Galera marginata*
Gift-Häubling

Klasse: Basidiomycetes – Ordnung: Cortinariales – Familie: Crepidotaceae

● H: 4–8 cm ● Ø: 2–7 cm ● Ockerfarbene Sporen

Hut konvex, fuchsrot

Ring mehr oder weniger sichtbar

Lamellen gelb oder blaßbraun

Fasern silbrig

Verwechslungsgefahr:
Stockschwämmchen (*Kuehneromyces mutabilis*; S. 144)

Bestimmung

Der kleine **Hut** erreicht selten über 5cm Durchmesser. Er ist zunächst kegelig-glockig, dann lange konvex und mehr oder weniger gebukkelt, später ausgebreitet.

Die glatte, matte und hygrophane Huthaut ist anfangs hellrotbraun und färbt sich bei trockenem Wetter honiggelb.

Der Rand ist sehr dünn und deutlich gerieft.

Die **Lamellen** sind gerade angewachsen, engstehend und gelblich oder auch fahlbräunlich.

Der lange, ziemlich schlanke **Stiel** ist zylindrisch, oft gekrümmt und nach unten leicht verdickt. Er trägt im oberen Teil einen häutigen, hochgezogenen Ring, der im Alter verschwindet.

Die gelbliche Oberfläche ist mit silbrigen Längsfasern überzogen und färbt sich von der Stielbasis her schmutzigbraun.

Das **Fleisch** ist nur am Scheitel dick, sonst dünn und spröde, am Hut gelblich, am Stiel eher braun und riecht ganz deutlich nach Mehl.

Vorkommen

Der gesellige Nadelholz-Häubling wächst meist rasig oder eng büschelig auf morschem Nadelholz, Baumstümpfen, toten Stämmen oder Zweigen, er lebt dort als Saprophyt. Der Pilz ist vor allem in Höhenlagen von Sommer bis Herbst weit verbreitet.

Giftigkeit

Im Jahr 1954 hat der Nadelholz-Häubling in Nordamerika zu tödlichen Vergiftungen geführt. Auch in Europa wurden seither Vergiftungen angezeigt. So mußte ein Mykologe, der testen wollte, ob der Häubling einen mehrartigen Geschmack hatte, stationär behandelt werden, da er von der Probe nicht alles wieder ausgespuckt hatte. Ferner starb ein kleines Mädchen an einer Pilzvergiftung, nachdem es beim Spielen mit Freunden ein Exemplar dieses Pilzes gegessen hatte.

Der Nadelholz-Häubling enthält bedeutende Mengen Amanitin, ein Gift, das man in höherer Dosis auch im Grünen Knollenblätterpilz findet. Der Verzehr des rohen Pilzes verstärkt die Wirkung, und vielleicht sind sogar noch giftigere Stoffe als Amanitin im Pilz enthalten. Der Krankheitsverlauf ist ganz ähnlich wie beim tödlich giftigen Fleischrötlichen Schirmling. Auch die Behandlung ist die gleiche. (→ Tabellen S. 140, 145)

Verwechslung

Das **Stockschwämmchen** (Kuehneromyces mutabilis; S. 144), ein ausgezeichneter Speisepilz, wächst in dichten Büscheln – und nicht in Gruppen – auf Laub- und Nadelholzstümpfen. Die Stielbasis ist deutlich schuppig, der Geruch fruchtig.

	Nadelholz-Häubling *Galerina marginata*	Stockschwämmchen *Kuehneromyces mutabilis*
Hut	klein, kaum dick, glatt, gelb bis fahlrotbraun	klein, ziemlich dick, glatt, gelb bis zimtbraun
Lamellen	gelblich bis bräunlich	gelb, später rostfarben
Stiel	fein, faserig, Ring klein	fein, sparrig-schuppig, Ring klein
Geruch	nach Mehl	fruchtig, angenehm
Geschmack	mehlig	mild
Vorkommen	Nadelbäume	Laub- und Nadelbäume
Wert	tödlich giftig	ausgezeichneter Speisepilz

Verwandte Arten

Die meisten Häublinge sind klein und dünn und mit bloßem Auge schwer zu unterscheiden.

MOOS-HÄUBLING
Galerina hypnorum

Der gänzlich ockergelbe Moos-Häubling wächst in feuchten Moospolstern der Wälder, Heiden und Moore vom Frühling bis in den Herbst. Dieser sehr schmächtige Pilz ist kulinarisch bedeutungslos.

- H: 3–5 cm
- Ø: 0,5–1,5 cm
- Ockerfarbene Sporen

ÜBERHÄUTETER HÄUBLING
 Galerina autumnalis

Dieser ebenfalls tödliche Giftpilz unterscheidet sich vom Nadelholz-Häubling durch seinen klebrigen Hut. Der nicht sehr häufige Pilz besiedelt von Spätsommer bis Herbst tote Laub- und Nadelholzäste.

- H: 3–9 cm
- Ø: 2–6 cm
- Ocker bis rostfarbene Sporen

Grünspan-Träuschling
 Stropharia aeruginosa

Klasse: Basidiomycetes – Ordnung: Cortinariales – Familie: Strophariaceae

- H: 6–10 cm ● Ø: 3–8 cm ● Purpurbraune Sporen

Hut grünblau, sehr klebrig
Schuppen weiß
Lamellen purpurbraun
Ring violettbraun
Stiel klebrig mit weißen Schuppen
Velum weißlich
Jung
Im Alter

Rand weiße, in den Schleim gesenkte Schüppchen. Im Alter färbt er sich von der Mitte aus gelblich.

Die am Stiel breit angewachsenen **Lamellen** sind zunächst weißlich und werden später purpurbraun. Die Schneide bleibt weiß.

Der ganz oben weißliche **Stiel** wird zur Basis hin grünbläulich und ist dicht mit weißen Flocken oder Schuppen bedeckt. Er ist klebrig und trägt einen zarten, häutigen Ring, der sich mit der Sporenreife violettbraun färbt. Weiße Myzelstränge verlängern die Stielbasis.

Das bläulich weiße **Fleisch** hat einen widerwärtigen Geschmack. Früher galt der Grünspan-Träuschling als eßbar. Inzwischen zählt er eher zu den Giftpilzen.

▍Bestimmung

Dieser Pilz ist leicht an seiner lebhaften Färbung und seinem schleimigen Hut zu erkennen.

Der äußerst klebrige **Hut** ist jung sehr schön blaugrün oder grünspanfarben und hat am

▍Vorkommen

Der Grünspan-Träuschling ist weit verbreitet und wächst von Sommer bis Herbst auf humusreichen Böden, in Laub- und Nadelwäldern, auf Lichtungen, im Buschwerk und auf Weideland.

Krönchen-Träuschling
Stropharia coronilla

Synonym: *Geophilla coronilla*

Klasse: Basidiomycetes – Ordnung: Cortinariales – Familie: Strophariaceae

- H: 3–5 cm
- Ø: 3–6 cm
- Purpurbraune Sporen

Hut gleichmäßig gelb

Ring gerieft und auf der Oberseite mit Sporen behaftet

Lamellen im Alter lilabraun

Ring und Stiel weiß

■ Bestimmung

Der **Hut** dieses kleinen Pilzes ist halbkugelig, später konvex, sehr gleichmäßig, fest und fleischig. Die Huthaut wird bei Feuchtigkeit leicht klebrig-schleimig, sie hat eine typische Färbung, die zwischen matt ocker und hell zitronengelb schwankt. Der blassere Rand ist oft mit weißen Schuppen besetzt.

Die ebenfalls sehr gleichmäßigen **Lamellen** sehen aus wie Radspeichen. Sie sind zunächst grau-gelb, spielen aber mit der Sporenreife ins Violett bis Purpurbraun.

Der zylindrische, kurze, fleischige **Stiel** trägt einen weißen, gleichfarbigen Ring, der außen deutlich gerieft und mit Sporen behaftet ist.

Das dicke, feste, weiße **Fleisch** ist fast geruchlos und schmeckt eher mild, hat aber kein ausgeprägtes Aroma.

■ Vorkommen

Der Krönchen-Träuschling ist ein Pilz, der im offenen Gelände und auf Waldlichtungen verbreitet ist. Er tritt zuweilen einzeln, meist jedoch in Gruppen auf. Seine Fruchtkörper erscheinen von Frühling bis Herbst, sobald es Feuchtigkeit und Temperaturen zulassen.

■ Wert

Der Krönchen-Träuschling ist ein minderwertiger Speisepilz. Er schmeckt genau genommen nach nichts, ist klein und liefert meist nur geringe Mengen. Manche halten ihn, wie auch andere Träuschlingsarten, für giftverdächtig, dies aber wohl zu Unrecht.

Vielleicht hatte der eine oder andere bereits die Gelegenheit, einen der nahen Verwandten, den Riesen-Träuschling oder den Kultur-Träuschling, zu probieren.

Verwandte Arten

Träuschlinge haben einen kragen-ähnlichen Ring, breit angewachsene Lamellen, lilapurpurbraune Sporen und einen, besonders bei Feuchtigkeit, klebrigen Hut.

HALBKUGELIGER-TRÄUSCHLING
Stropharia semiglobata

Der dünne, lange Stiel trägt auf halber Höhe einen flüchtigen Ring. Der ungenießbare, möglicherweise giftige Pilz ist weit verbreitet und wächst von Frühlingsende bis zum Herbst, besonders auf dem Kuh- und Pferdemist von Weiden.

- H: 4–10 cm
- Ø: 2–5 cm
- Purpurbraune Sporen

RIESEN-TRÄUSCHLING
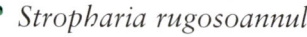
Stropharia rugosoannulata

Der Riesen-Träuschling ist ein großer Pilz, der auf Exkrementen wächst und der in der Natur eher selten vorkommt. Er wird inzwischen auf feuchtem Stroh kultiviert. Auf den ersten Blick ähnelt er dem Steinpilz, doch hat er bei weitem nicht seinen Geschmack. Manche verübeln ihm seinen starken Geruch und das fast unangenehme Aroma.

- H: 6–20 cm
- Ø: 8–15 cm
- Purpurbraune Sporen

Grünblättriger Schwefelkopf
Hypholoma fasciculare

Klasse: Basidiomycetes – Ordnung: Cortinariales – Familie: Strophariaceae

● H: 6–13 cm ● Ø: 2–7 cm ● Purpurbraune Sporen

Lamellen sehr dichtstehend, reif olivfarben, später bräunend

Hut schwefelgelb bis ockerfuchsig

Stiel gelb, zur Basis hin fuchsig

Büschelig verwachsen

■ Bestimmung

Der Grünblättrige Schwefelkopf wächst in Büscheln aus schlanken Einzelpilzen.

Der zunächst kugelige **Hut** breitet sich schnell aus, hat dann einen mehr oder weniger deutlichen Buckel und wird im Alter flach. Er ist klein und dünnfleischig. Die schwefelgelbe bis ockerfarbene Huthaut tendiert später, vor allem in der Mitte, zu Fuchsrot. Der sehr dünne Rand des jungen Pilzes ist mit vergänglichen Cortinaresten behangen.

Die dünnen, engständigen breit angewachsenen **Lamellen** sind typisch schwefelgelb mit grünem Schimmer. Im Alter färben sie sich olivfarben und später grünlichbraun.

Der schlanke, s-förmig gebogene **Stiel** läuft zur Basis hin spitz zu. Die oben schwefelige Färbung geht nach unten hin in ein Fuchsrot über. Weißliche Cortinareste im oberen Teil bilden eine schwache Ringzone, die sich durch die Sporen purpurbraun färbt.

Das eher dünne, gummiartige, besonders im Stiel faserige **Fleisch** ist zäh. Es hat eine blaßschwefelige Färbung und an der Stielbasis ein helles Fuchsrot. Es riecht unangenehm nach Jod und schmeckt sehr bitter.

■ Vorkommen

Der weitverbreitete, sehr häufige Pilz wächst in großen Büscheln, wobei mehrere Exemplare an der Basis zusammengewachsen sind. Die schwefelgelben Hüte überwuchern Baumstümpfe oder abgeholzte Nadel- und Laubbäume.

Diese Art wächst praktisch das ganze Jahr über, besonders natürlich in der Pilzsaison.

■ Giftigkeit

Der unangenehme Jodgeruch des Grünblättrigen Schwefelkopfs signalisiert schon Ungenießbarkeit, offensichtlich aber nicht allen Pilzsammlern, da ihm einige Vergiftungsfälle zuzuschreiben sind. Er kann Magen-Darm-Entzündungen und sogar schwerere Leiden verursachen, wie ein Beispiel aus Fernost belegt. (→ Tabelle S. 145)

Verwandte Arten

RAUCHBLÄTTRIGER SCHWEFELKOPF
Hypholoma capnoïdes

Der gedrungenere Rauchblättrige Schwefelkopf wird häufig mit seinem grünblättrigen Verwandten verwechselt. Er ist weniger weit verbreitet und wächst in großen Büscheln auf Nadelbaumstümpfen.

Ihm fehlt jeder Anflug von Grün oder Schwefelgelb. Sein Hut ist ockergelb und fuchsrot. Der Rand ist häufig mit Schleierresten behangen. Kennzeichnend sind die zunächst blaß rauchgrauen, später violettgrauen Lamellen. Der gelbliche, am Grund dunklere Stiel ist mit hellen Fasern überzogen. Das eßbare, weißliche Fleisch hat einen milden Geschmack, ist kulinarisch jedoch bedeutungslos.

- H: 6–13 cm
- Ø: 3–6 cm
- Dunkelbraune Sporen

ZIEGELROTER SCHWEFELKOPF
⚠ *Hypholoma sublateritium*

Diese noch stämmigere Art ist mittelgroß und hat einen typisch ziegelroten Hut, der jedoch rasch matt wird. Er unterscheidet sich vom Grünblättrigen Schwefelkopf im wesentlichen durch den helleren Rand, der besonders beim jungen Pilz mit Velumresten behangen ist, und durch die blaßgelben, später olivfarbenen Lamellen, die im Alter violettlichschwarz werden. Der lange, feste Stiel hat eine hutähnliche Farbe. Die Cortina ist üppig und beständiger.

Das Fleisch ist sehr bitter. Das ganze Jahr über verbreitete Pilz wächst auf jedem Substrat, ist jedoch ungenießbar.

- H: 6–20 cm
- Ø: 5–10 cm
- Purpurbraune Sporen

Stockschwämmchen

Kuehneromyces mutabilis

Klasse: Basidiomycetes – Ordnung: Cortinariales – Familie: Strophariaceae

- H: 4–12 cm
- Ø: 3–8 cm
- Ockerbraune Sporen

 Verwechslungsgefahr:
Grünblättriger Schwefelkopf (*Hypholoma fasciculare*; S. 143)
Nadelholz-Häubling (*Galerina marginata*; S. 140)
Honiggelber Hallimasch (*Armillaria mellea*; S. 76)

▌Bestimmung

Das Stockschwämmchen ist ein kleiner Pilz, dessen Huthaut je nach Feuchtigkeit farblich variieren kann.

Der zunächst konvexe, später leicht ausgebreitete **Hut** ist besonders in der Mitte fleischig und gebuckelt. Die gelbliche, bei Trockenheit eher matte, rissige Huthaut wird bei Feuchtigkeit glänzend zimtbraun. Kennzeichnend ist der kokardenartig geschmückte Hut, dessen Mitte im Vergleich zu seinem Rand entweder heller oder dunkler ist. Manchmal hängen Velumreste am durchscheinend gerieften Hutrand.

Die beim jungen Pilz anfangs blaßgelben **Lamellen** werden im Alter rostbraun.

Der langgezogene, s-förmig gebogene **Stiel** ist dünn, aber zäh. Er ist im oberen Teil vergänglich beringt. Über dem Ring ist der Stiel gelb und deutlich gerieft. Unterhalb ist er sparrig-schuppig, dunkler und fuchsbraun.

Das weißliche **Fleisch** ist an der Stielbasis dunkler, im Hut eher weich und im Stiel faserig. Es ist mild im Geschmack und riecht angenehm fruchtig.

Stockschwämmchen

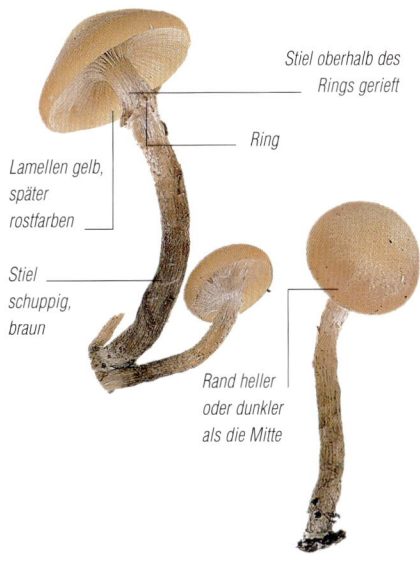

Stiel oberhalb des Rings gerieft
Ring
Lamellen gelb, später rostfarben
Stiel schuppig, braun
Rand heller oder dunkler als die Mitte

▌ Vorkommen

Das Stockschwämmchen wächst in dichten Büscheln auf Baumstümpfen verschiedener Laubbaumarten, vorzugsweise Buchen, seltener auch von Nadelbäumen, insbesondere Fichten. Man findet diesen Pilz allgemein in der gemäßigten Klimazone, wo er vom Frühling bis zum ersten Frost wächst.

▌ Wert

Das weiche Fleisch des Stockschwämmchens eignet sich besonders als Würze für Suppen und Soßen, in denen sich der fruchtige Geschmack und Geruch sehr gut entfalten.

Aufgrund seiner vielseitigen Qualitäten gilt das Stockschwämmchen als ausgezeichneter Speisepilz, allerdings garantieren nur junge Pilze den feinen Geschmack. Der zähe Stiel sollte weggeworfen werden. (→ Tabellen S. 140, 145)

Verwechslung

Der **Grünblättrige Schwefelkopf** (Hypholoma fasciculare; S. 143) ist sehr bitter und nicht eßbar. Es läßt sich nicht ausschließen, daß er giftig ist. Man erkennt ihn an seinem schwefelgelben Hut und an den grüngelben Lamellen. Er wächst unter den gleichen Bedingungen wie das Stockschwämmchen.

Der ebenfalls holzbewohnende und in Büscheln wachsende **Nadelholz-Häubling** (Galerina marginata; S. 140) ist tödlich giftig. Er hat einen mehlartigen Geruch und kommt nur recht selten vor.

Der **Honiggelbe Hallimasch** (Armillaria mellea; S. 76) ist größer als das Stockschwämmchen und unterscheidet sich von ihm durch seinen weißen Ring und seinen üppig geschuppten Hut. Der gute, auf Laub- und Nadelbaumstümpfen rasig wachsende Speisepilz kann manchmal schwerverdaulich sein.

	Stockschwämmchen *Kuehneromyces mutabilis*	Grünblättrig. Schwefelkopf *Hypholoma fasciculare*	Nadelholz-Häubling *Galerina marginata*	Honiggelber Hallimasch *Armillaria mellea*
Hut	klein, ziemlich dick, glatt, gelb bis zimtbraun	klein, kaum dick, glatt, hellgelb	klein, kaum dick, glatt, gelb bis fuchsbraun	mittelgroß, dick, gesprenkelt, honigfarben
Lamellen	gelb, später rostfarben	grüngelb bis braun	gelblich bis bräunlich	weiß, gelb, rostfarben gefleckt
Stiel	dünn, sparrig-schuppig, kleiner Ring	dünn, glatt, vergängliche Cortina	dünn, faserig, kleiner Ring	dick, glatt bis gesprenkelt, großer Ring
Geruch	fruchtig, angenehm	unangenehm nach Jod	nach Mehl	schwach
Geschmack	mild	sehr bitter	mehlartig	mild bis bitter
Vorkommen	Laub- und Nadelbäume	Laub- und Nadelbäume	Nadelbäume	Laub- und Nadelbäume
Wert	ausgezeichneter Speisepilz	giftig	tödlich giftig	jung ein guter Speisepilz

Cortinariales

Tonfarbener Schüppling
Pholiota lenta

Klasse: Basidiomycetes – Ordnung: Cortinariales – Familie: Strophariaceae

- H: 6–12 cm ● Ø: 4–8 cm ● Braune Sporen

Hut sehr klebrig

Cremefarben, beige oder fuchsrot

Schuppen weiß

Stiel an der Basis dunkler

Schuppen weiß (besonders am Rand)

▋Bestimmung

Der gleichmäßig geformte **Hut** flacht schnell ab. Er hat, besonders bei Regen, einen stark schleimigen Überzug. Die Huthaut schwankt farblich von cremeweiß bis beige, manchmal gelb oder fuchsrot. Am Rand haften weiße, dicke Schuppen.

Die **Lamellen** stehen ziemlich gedrängt. Sie sind anfangs gelbweiß mit olivfarbenem Schimmer, später rostbraun.

Der häufig an der Basis verdickte und dunklere **Stiel** ist weiß, jung dicht, im Alter lockerer mit weißen Schuppen besetzt.

Das weiße **Fleisch** geht an der Stielbasis leicht ins Rostfarbene über. Dieser Pilz hat einen milden Geschmack, ist jedoch kaum eßbar.

▋Vorkommen

Der Tonfarbene Schüppling ist ziemlich verbreitet. Er wächst eher spät im Jahr vereinzelt oder in Gruppen zu 2 oder 3 Exemplaren auf Ästen oder Zweigen, die unter der Humusdecke liegen. Man begegnet ihm sowohl in Laub- (meist Buchen-) als auch in Nadelwäldern.

Sparriger Schüppling
Pholiota squarrosa

Klasse: Basidiomycetes – Ordnung: Cortinariales – Familie: Strophariaceae

- H: 12–20 cm ● Ø: 5–10 cm ● Rostbraune Sporen

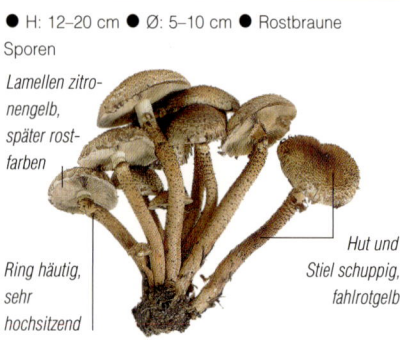

Lamellen zitronengelb, später rostfarben

Ring häutig, sehr hochsitzend

Hut und Stiel schuppig, fahlrotgelb

Verwechslungsgefahr:
Honiggelber Hallimasch (*Armillaria mellea*; S. 76)

▋Bestimmung

Der fleischige, mittelgroße bis große **Hut** ist zunächst kugelig, später konvex-abgeflacht und sehr regelmäßig ausgebildet. Die Huthaut reißt in Schuppen auf, die konzentrische Kreise bilden. Sie heben sich bräunlichrot von dem zunächst zitronengelben, später ocker-fuchsigen Untergrund ab.

Die dünnen, gedrängten, ungleichmäßigen **Lamellen** sind breit oder eingebuchtet angewachsen und leicht herablaufend. Anfangs sind sie blaßgelb bis hellzitronengelb. Mit Reife der Sporen färben sie sich später rostfarben.

Der volle, harte **Stiel** ist langgezogen, gewunden und zur Basis hin verjüngt. Er trägt sehr weit oben, dicht unter den Lamellen einen häutigen Ring. Der anfangs hutfarbene Stiel färbt sich zunächst fuchsrot, dann vom schuppigen Grund her braun.

Das feste, gelbliche, im Hut dicke **Fleisch** wird im Stiel zäh und braun. Es hat einen starken, unangenehmen Geruch und einen rettichartigen Geschmack.

▎Vorkommen

Die dichten, umfangreichen Büschel des Sparrigen Schüpplings sitzen auf Baumstümpfen und am Grund von Laub- oder Nadelbäumen. Obwohl der Pilz lebendige Bäume befällt, ist er kein gefährlicher Feind des Waldes. Der weit verbreitete Pilz wächst meist im Herbst.

▎Wert

Da der Sparrige Schüppling schnell zäh wird und einen wirklich unangenehmen Geschmack hat, ist er alles andere als ein guter Speisepilz. Außerdem erweist sich selbst der junge Pilz gelegentlich als schwerverdaulich.

Verwechslung

*Der **Honiggelbe Hallimasch** (Armillaria mellea; S.76) sieht dem Sparrigen Schüppling sehr ähnlich. Außerdem wächst er an den gleichen Standorten. Im Unterschied zu diesem Schüppling ist er aber ein recht guter Speisepilz (wenn auch gelegentlich schwerverdaulich). Der Hallimasch unterscheidet sich durch die weiße Farbe seines Rings und seiner Lamellen, die sich im Alter überdies gelb oder fuchsrot färben. Seine Schuppen sind weniger groß, der Stiel ist häufig glatt oder gesprenkelt.*

Verwandte Arten

Viele Schüpplinge haben einen gelben oder fuchsroten, schuppigen oder klebrigen Stiel und Hut. Der Stiel ist beringt oder schuppig.

PAPPEL-SCHÜPPLING
Hemipholiota populnea

Der parasitäre, auffällig stämmige Pappel-Schüppling wächst an gefällten Pappelstämmen, in die er mit einem sehr harten, schneidenförmigen, den Stiel verlängernden Rhizomorph eindringt.
● H: 8–15 cm ● Ø: 10–20 cm
● Tabakbraune Sporen

FEUER-SCHÜPPLING
Pholiota flammans

Stiel und Hut sind schuppig und sehr schön schwefelgelb bis orange gefärbt. Dieser wunderschöne, an Fichtenstümpfen wachsende Pilz ist eher eine Augenweide als eine Gaumenfreude.
● H: 6–10 cm
● Ø: 5–7 cm ● Rostfarbene Sporen

KOHLEN-SCHÜPPLING
Pholiota highlandensis

Sobald der Winter vorüber ist, schießt dieser ungenießbare Pilz aus dem Boden ehemaliger Brandstellen. Der in der Mitte rotbraune Hut ist am Rand gelb.
● H: 4–8 cm ● Ø: 3–6 cm
● Braune Sporen

WEISSBEHANGENER SCHÜPPLING, ERLEN-SCHÜPPLING
Pholiota alnicola

Der schleimig-klebrige Hut ist hellzitronengelb mit fuchsroten Flecken und rötlicher Mitte. Der faserige Stiel ist gelb, an der Stielbasis jedoch deutlich fuchsig rötend. Der bittere Pilz riecht fruchtig. Er wächst in dichten Büscheln auf Erlenzweigen, seltener auf anderen Bäumen.
● H: 8–15 cm ● Ø: 4–10 cm
● Rostbraune Sporen

HOCHTHRONENDER SCHÜPPLING
Pholiota cerifera

Dieser ungenießbare Pilz hat eine goldgelbe, klebrige Huthaut mit großen, fuchsroten oder braunen Schuppen, die zum Rand hin weniger werden können. Der gleichfarbige Stiel reißt in braune, spitze Schuppen auf. Der Hochthronende Schüppling wächst in Büscheln auf Verletzungen lebendiger Zweige, insbesondere von Buchen, häufig in der Höhe.
● H: 10–18 cm ● Ø: 8–15 cm
● Braune Sporen

Hut goldgelb mit fuchsbraunen Schuppen *Schuppen braun*

Spitzkegeliger Kahlkopf

Psilocybe semilanceata

Klasse: Basidiomycetes – Ordnung: Cortinariales – Familie: Strophariaceae

- H: 6–12 cm ● Ø: 0,5–2 cm
- Dunkelpurpurbraune Sporen

Hut spitz, olivgrau

Stiel sehr lang, dünn

An der Basis manchmal grünblau

▌Bestimmung

Der **Hut** ist kegelig mit sehr spitzem Buckel und faltigem, fein gerieftem Rand. Die Huthaut ist glatt mit einem ablösbaren, schleimigen Überzug. Der hygrophane Hut ist feucht olivgrau oder bräunlich, trocken cremefarben ausblassend. Der Rand färbt sich manchmal grünblau.

Die olivgrauen **Lamellen** werden mit zunehmender Reife dunkellila-braun. Die Schneide bleibt jedoch weiß.

Der sehr dünne, lange **Stiel** ist glatt oder ganz leicht faserig und im unteren Bereich grünblau getönt.

▌Vorkommen

Er ist je nach Standort ein häufiger oder seltener Pilz, der von Spätsommer bis Spätherbst in Gruppen auf Wiesen, Weiden, Grasland oder am Wegrand auf vorzugsweise sauren Böden gedeiht.

▌Giftigkeit

Der Spitzkegelige Kahlkopf ist der halluzinogenste Pilz unserer Breiten. Sein Verzehr löst bei den meisten Menschen einen Zustand euphorischer Erregtheit aus, verbunden mit farbigen Wahnvorstellungen und Visionen sowie Veränderungen des Raum- und Zeitgefühls. Die meisten halluzinogenen Kahlköpfe wachsen in den Tropen. Im Süden Mexikos verwenden einige Indianerstämme bestimmte Kahlköpfe bei ihren rituellen Zeremonien.

Die Wirkstoffe sind weitgehend bekannt: Es handelt sich um die Stoffe Psilocin und besonders Psilocybin, die andererseits zur Therapie bestimmter psychischer Störungen eingesetzt werden könnten.

Verwandte Arten

WEISSFLOCKIGER KAHLKOPF
Psilocybe crobula

Der braune Hut flacht schnell ab. Anfangs hat er noch kleine, angedrückte Schuppen, die nur am Rand teilweise erhalten bleiben. Der Stiel reißt in weißliche Schuppen auf. Die Lamellen färben sich mit zunehmender Sporenreife rot. Dieser halluzinogene Pilz wächst auf verrottendem Gras und Zweigen. Er kann im Herbst recht häufig auftreten.

- H: 2–5 cm
- Ø: 0,5–2 cm
- Tabakbraune Sporen

TROCKENER KAHLKOPF
Psilocybe montana

Wie die anderen Kahlköpfe ist auch er mit einer dünnen, klebrigen Schicht überzogen, die sich aber nicht abziehen läßt. Der bei feuchtem Wetter dunkelbraune Hut verblaßt bei trockenem Wetter fleckig cremefarben. Die leicht herablaufenden Lamellen färben sich im Alter purpurbraun. Er wächst auf moosigem Rasen und sollte vorsichtshalber als giftig eingestuft werden.

- H: 2–4 cm ● Ø: 0,5–1,5 cm
- Dunkelpurpurne Sporen

Heu-Düngerling

Panaeolus foenisecii

Klasse: Basidiomycetes – Ordnung: Cortinariales – Familie: Bolbitiaceae

- H: 4–7 cm
- Ø: 2–3 cm
- Dunkelbraune Sporen

Hut fuchsbraun, bei Trockenheit verblassend

Stiel an der Spitze bereift

Stiel lang und dünn, bereift

▌Bestimmung

Der anfangs konvexe **Hut** breitet sich schnell aus. Die Huthaut ist glatt oder allenfalls leicht körnig und bei Feuchtigkeit fuchsbraun. Bei trockenem Wetter blaßt sie rosabeige aus, nur der fein gerifte Rand bleibt dunkler.

Die **Lamellen** sind dick, weitständig und bauchig. Ihr ursprüngliches Blaßbraun ist später purpurbraun marmoriert.

Der **Stiel** ist hohl und heller als der Hut. Sein Grund ist rotbraun, die Spitze bereift.

Das blaßbraune **Fleisch** hat keinen nennenswerten Geruch. Dieser Pilz ist giftig, wahrscheinlich halluzinogen.

▌Vorkommen

Vermutlich hat der Heu-Düngerling seinen Namen daher, daß dieser Pilz zur Mahd, also etwa mit Beginn des Sommers, zahlreich auf Wiesen und Weiden zu finden ist.

Verwandte Arten

Die anderen Düngerlinge haben, im Gegensatz zum Heu-Düngerling, im Alter schwarze Sporen und Lamellen. Sie sind alle giftig und zum Teil halluzinogen.

RING-DÜNGERLING

Panaeolus semiovatus

Der Hut bleibt glocken- oder spitzbogenförmig. Er ist weißlich oder grau-cremefarben, bei Feuchtigkeit glänzend und klebrig. Der Stiel ist sehr lang und dünn. Sein kleiner Ring färbt sich mit den Lamellen schwarz.

Der Ring-Düngerling wächst ab Frühjahr die ganze Saison über auf Pferdemist oder alten Kuhfladen.

- H: 6–15 cm
- Ø: 3–6 cm
- Schwarze Sporen

GLOCKEN-DÜNGERLING

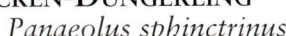

Panaeolus sphinctrinus

Der spitzbogenförmige oder halbkugelige Hut blaßt bei Trockenheit braungrau aus und ist am Rand weißzackig behangen. Der Stiel ist lang und dünn. Wie bei allen Düngerlingen sind die Lamellen hell-dunkel gescheckt. Der Glocken-Düngerling wächst auf oder dicht neben halbzersetztem Mist beweideter Flächen.

- H: 10–15 cm
- Ø: 2–4 cm
- Schwarze Sporen

Südlicher Ackerling
Agrocybe aegerita

Synonym: *Agrocybe cylindracea*

Klasse: Basidiomycetes – Ordnung: Cortinariales – Familie: Bolbitiaceae

- H: 9–15 cm
- Ø: 5–12 cm
- Tabakbraune Sporen

Hut beige bis dunkelfuchsbraun

Lamellen im Alter braun

Ring weiß

Stiel weiß

▼ **Verwechslungsgefahr:**
Pappel-Schüppling (*Hemipholiota populnea*; S. 147)

▎Bestimmung

Der fleischige, erst kugelige, dann konvexe, später ausgebreitete **Hut** ist ungleichmäßig gebuckelt und am Schluß niedergedrückt. Die glatte, trockene, rissig-runzelige Huthaut springt im Alter noch stärker auf, so daß sich oft ein gefeldertes Muster zeigt. Der junge Pilz ist bräunlich-fahlrot, verblaßt deutlich und wird vom Rand her cremeweiß. Der gleichmäßige, eingerollte Rand wird später wellig und reißt ein.

Die dünnen, gedrängten **Lamellen** sind zunächst cremefarben, später bräunlich. Sie laufen leicht gezähnt am Stiel herab.

Der feste, faserige **Stiel** ist gewöhnlich zylindrisch. Er trägt weit oben einen weißen, häutigen, angeschwollenen, herabhängenden, bleibenden Ring. Der seidig weiße Stiel färbt sich mit Sporenreife bräunlich.

Das weiße **Fleisch** sieht füllig und fest aus. Es wird im Stiel zäh und schmeckt angenehm nußartig. Der Geruch erinnert an Korken oder Holzfässer.

Verwandte Arten

Einige bodenbewohnende Arten gehören derselben Gattung wie der Südliche Ackerling an.

FRÜHLINGS-ACKERLING
Agrocybe praecox

Dieser kleine Frühlingspilz wächst häufig an offenen Stellen. Der weißliche bis hellockerfarbene Hut scheint leicht hygrophan. Die zunächst weißlichen Lamellen färben sich mit zunehmender Sporenreife rostfarben. Der lange, dünne, am Grund häufig knollige, faserige, an der Oberfläche faserig-filzige Stiel trägt einen anfangs weißen, später rostfarbenen Ring, der vom Hut des jungen Pilzes fetzend abreißt. Das weiche, weiße Fleisch hat einen angenehmen Mehlgeruch, allerdings schmeckt es bei einigen Exemplaren bitter. Der kulinarische Wert des Frühlings-Ackerlings schwankt daher sehr.

- H: 6–12 cm
- Ø: 3–7 cm
- Tabakbraune Sporen

RISSIGER ACKERLING
Agrocybe molesta

Er wächst an den gleichen Stellen wie auch der Frühlings-Ackerling, unterscheidet sich von diesem jedoch durch sein auffallend festes, fast hartes Fleisch und seinen pilzigen (und nicht mehlartigen) Geruch. Er ist allenfalls genießbar, wenn nicht sogar giftverdächtig.

- H: 7–11 cm
- Ø: 6–10 cm
- Tabakbraune Sporen

TROCKENER ACKERLING
Agrocybe pediades

Dieser kleine Pilz wächst im Sommer auf Grasland. Sein Hut ist gelbocker und glatt. Die weitständigen, bauchigen Lamellen sind zunächst beige, später braun mit weißer Schneide.

- H: 3–5 cm
- Ø: 2–4 cm
- Tabakbraune Sporen

Vorkommen

Der Südliche Ackerling wächst auf Baumstümpfen und Wurzeln von Pappeln und Weiden, manchmal auch von Holunderbüschen.

Der eher seltene Pilz bevorzugt südlichere Breiten, wo er bei entsprechenden Wetterbedingungen vom Frühling bis in den Herbst zahlreich auftritt.

Wert

Im Frühling, kurz nach Ende der Morchel- und Ritterlingszeit, verwöhnt die Natur den Pilzliebhaber mit den hellen Büscheln des Südlichen Ackerlings. An manchen Pappelstümpfen bietet er eine sehr ergiebige Ausbeute. Der ausgezeichnete Speisepilz ist zu Recht begehrt, und das knackige Fleisch mit dem feinen Geschmack ist eine wahre Gaumenfreude. Er eignet sich hervorragend als Einzelgericht, als Beilage oder als Pilzcreme. Lediglich der zu faserige Stiel muß entfernt werden. Im Mittelmeerraum wird der Südliche Ackerling auf Märkten angeboten.

Kultur

Der anspruchslose Pilz wird seit der Antike in südlichen Ländern wie Italien gezüchtet. Es genügt, Lamellen des jungen Ackerlings auf einem Pappelstumpf zu verreiben, diesen zur Hälfte mit Humus zu bedecken und dann zu gießen. Von Frühling bis Herbst schießen dann immer wieder Pilze hoch.

Verwechslung

Der Südliche Ackerling hat einen gefährlichen Konkurrenten, der in die Schnittfläche gefällter Pappelstämme eindringt und zu ihrer Zersetzung führt: Der kräftige, holzbewohnende **Pappel-Schüppling** (Hemipholiota populnea; S. 147) besitzt einen dicken Hut und einen stämmigen Stiel, ist beige, sparrigschuppig, wie mit Watte beflockt. Dieser stark riechende und sehr bitter schmeckende Pilz ist ungenießbar.

Gold-Mistpilz
Bolbitius vitellinus

Klasse: Basidiomycetes – Ordnung: Cortinariales – Familie: Bolbitiaceae

● H: 6–10 cm ● Ø: 2–5 cm ● Rostbraune Sporen

Hut klebrig, jung goldgelb

Stiel gelbweiß

Rand deutlich lang gerieft

Bestimmung

Der Gold-Mistpilz ist einer der zerbrechlichsten Pilze: Er zerfällt schon bei der geringsten Berührung. Der zunächst eiförmige, dann kegelige **Hut** breitet sich später aus und wird flach. Der Rand reißt fast bis in die Mitte auf. Der Pilz ist so dünn, daß sein Fleisch fast durchsichtig wirkt. Der Rand ist lang und deutlich gerieft. Die klebrige Huthaut ist zunächst glänzend hellgelb (dottergelb), wird jedoch mit der Zeit mattocker bis beige.

Die strohgelben **Lamellen** färben sich im Alter rostocker.

Der **Stiel** ist hohl und spröde, weiß, an der Spitze gelb und leicht beflockt.

Das extrem dünne **Fleisch** ist kulinarisch bedeutungslos.

Vorkommen

Der Gold-Mistpilz ist ein im Sommer häufiger Pilz. Wenn er nur selten wahrgenommen wird, liegt das allein an seiner sehr kurzen Lebensdauer. Er wächst auf faulendem Gras oder Stroh, auf Kompost ebenso wie auf Laub- und Holzabfällen, gedüngten Wiesen und am Straßenrand.

1 - Mürblinge

- Hut glockenförmig oder eingeebnet, nicht gerieft
- Lamellen im Alter schwarzbraun

Hut glockenförmig oder eingeebnet, nicht gerieft

Kein Ring

Lamellen im Alter schwarzbraun

PSATHYRELLA **Seite 154**

2 - Tintlinge

- Hut eiförmig, kegelig oder ziemlich eben und gerippt bzw. stark gerieft
- Fleisch dünn und zerbrechlich
- Lamellen mit Sporenreife schwarz, häufig zerfließend
- Stiel- häufig vom Hutgewebe abgeteilt

Hut eiförmig, kegelig oder ziemlich eben und gerippt bzw. stark gerieft

Stiel häufig vom Hut ablösbar

Fleisch dünn und zerbrechlich

Lamellen im Alter schwarz, häufig zerfließend

COPRINUS **Seite 156**

3 - Egerlinge

- Lamellen rosa, später im Alter schwarzbraun
- Ring häutig
- Stiel vom Hut ablösbar

Ring häutig

Lamellen erst rosa, später schwarzbraun

Stiel vom Hut ablösbar

AGARICUS **Seite 160**

MERKMALE DER AGARICALES

- Fleisch faserig
- Lamellen nicht am Stil anhaftend, mehr oder weniger frei
- Lamellen bleiben im Alter weiß oder werden schwarz (im Übergang häufig rosa wie bei den Egerlingen)

Lamellen nicht am Stiel haftend, relativ frei

Fleisch faserig

Lamellen bleiben weiß (Schirmlinge, Wulstlinge)

Lamellen rosa, mit Ring (Egerlinge)

Lamellen schwarzbraun (Mürblinge, Tintlinge, Egerlinge)

4 - Schirmlinge

- Lamellen frei, bleiben weiß oder leicht verfärbt
- Stiel schuppig oder mit Ring
- Hut mit großen Schuppen bedeckt

Hut mit großen Schuppen bedeckt

Lamellen frei, weiß bleibend oder leicht verfärbt

Stiel schuppig oder mit Ring

Ø unter 10 cm: LEPIOTA - LEUCOAGARICUS Seiten 167,172
Ø über 10 cm : MACROLEPIOTA Seite 170

5 - Schleimschirmlinge

- Hut klebrig
- Lamellen weiß

Hut klebrig, weiß

Lamellen weiß

LIMACELLA Seite 173

6 - Wulstlinge

- Wulstlinge mit Ring (Untergattung: Amanita)

Mit gut ausgebildeter Scheide

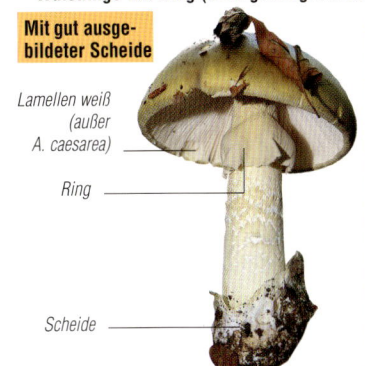

Lamellen weiß (außer A. caesarea)

Ring

Scheide

VORSICHT: Zu dieser Gruppe gehört der Grüne Knollenblätterpilz, der für 95 % aller Pilzvergiftungen verantwortlich ist.

Mit kaum ausgebildeter Scheide

Hut schuppig-warzig

Lamellen weiß

Ring

Knolle zuweilen mit Gürteln

- Wulstlinge ohne Ring (Untergattung: AMANITOPSIS)

Hut deutlich gerieft

Lamellen weiß oder cremefarben

Kein Ring

Umfassende Scheide

AMANITA Page 173

Tränender Saumpilz
Psathyrella lacrymabunda

Synonyme: *Lacrymaria velutina, Psathyrella velutina, Hypholoma velutinum*

Klasse: Ständerpilze (Basidiomycetes) – Ordnung: Agaricales – Familie: Coprinaceae

- H: 6–12 cm ● Ø: 4–12 cm ● Schwarze Sporen

Lamellen braun, später schwärzend

Buckel mehr oder weniger ausgeprägt

Cortina weiß

▌Bestimmung

Die angedrückten Schuppen auf dem **Hut** verleihen dem Tränenden Saumpilz das für ihn charakteristische samtig-filzige Aussehen. Der dünnfleischige, jung glockige, später ausgebreitete Hut behält einen mehr oder weniger ausgeprägten Buckel. Die in der Regel matte, bräunlich fahlrote, manchmal ockerlich aufgehellte Oberfläche kann mit zunehmender Sporenreife große, schwarze »Rußflecken« bekommen. Der Hutrand ist mit dem Stiel durch eine weißliche Cortina verbunden, die schnell aufreißt und einen typischen wolligen Saum hinterläßt.

Die **Lamellen** scheiden kleine, klare Tröpfchen ab. Daher auch der Name Tränender Saumpilz. Die zunächst bräunlichen Lamellen mit weißer Schneide färben sich mit der Sporenreife fleckig schwarz.

Der schlanke, hohle **Stiel** bricht leicht längsfaserig auf. Er ist weiß, filzig-faserig und besonders an der Basis schmutzigbraun. Im oberen Teil hinterläßt die Cortina eine flüchtige, schmutzigschwarze Ringzone.

Das blaßbraune, dünne, jedoch feste **Fleisch** ist ziemlich zerbrechlich, nahezu geruchlos und hat einen leicht bitteren Geschmack.

▌Vorkommen

Der Tränende Saumpilz bevorzugt luftige, grasbewachsene Standorte, wie Parkanlagen, Rasen, Böschungen oder Wegränder. Der gesellige Pilz wächst von Frühling bis Herbst, häufig sind mehrere Exemplare am Grund zu Büscheln zusammengewachsen.

▌Wert

Äußerlich scheint der Tränende Saumpilz nicht sehr appetitlich, doch manche schätzen sein festes Fleisch. Wie die Tintlinge sollte der Tränende Saumpilz jung geerntet und sein hohler, faseriger Stiel abgeschnitten werden.

Verwandte Arten

An luftigen, grasbewachsenen Standorten wie Wegrändern, Böschungen usw. wachsen von Frühling bis Herbst auch viele Mürblinge in Büscheln, z. B. der Tränende Saumpilz. Diese dünnfleischigen und sehr kleinen Arten sind jedoch als Speisepilze bedeutungslos.

WÄSSRIGER MÜRBLING
Psathyrella piluliformis

Sein zunächst glockiger, später konvexer, dünner Hut trägt am Rand einige weißliche Cortinareste. Die trocken kamelhaarfahlrote Huthaut färbt sich bei Feuchtigkeit braun. Die dünnen Lamellen sind jung lila, im Alter braun. Typisch ist der seidige Glanz des weißen, langen, schlanken, röhrenförmigen, hohlen und sehr zerbrechlichen Stiels. Das Fleisch ist sehr dünn und spröde.
- H: 5–12 cm
- Ø: 2–6 cm
- Purpurbraune Sporen

BÜSCHELIGER FASERLING
Psathyrella multipedata

Dieser Pilz wächst in der Regel in üppigen Büscheln. Der lange, sehr dünne (keine 0,5 cm Durchmesser), zerbrechliche Stiel ist weiß. Der Büschelige Faserling gedeiht in offenen Wäldern, Parkanlagen, häufig an grasbewachsenen Standorten.
- H: 8–15 cm
- Ø: 1–4 cm
- Schwärzliche Sporen

Stiel sehr lang, dünn und weiß

Üppige Büschel

LILABLÄTTRIGER MÜRBLING
Psathyrella candolleana

Der Lilablättrige Mürbling ähnelt dem Wäßrigen Mürbling, ist jedoch hübscher und zierlicher als dieser. Er ist heller, weißlich bis bräunlichgelb, fast fleischfarben. Die sehr dünnen Lamellen sind zunächst rosaviolett, später purpurbraun. Der ebenfalls weiße Stiel ist schlanker und zerbrechlicher als beim Wäßrigen Mürbling und glänzt kaum seidig. Obwohl er Insulin nicht ersetzen kann, hat der Lilablättrige Mürbling blutzuckersenkende Eigenschaften.
- H: 4–10 cm
- Ø: 3–7 cm
- Purpurbraune Sporen

Hut cremeweiß bis ocker

Stiel weiß, ziemlich schlank

Lamellen im Alter purpurbraun

LEDERBRAUNER FASERLING
Psathyrella conopilus

Der Hut ist dunkelrotbraun, kann jedoch bei trockenem Wetter zu blaßocker aufhellen. Der zunächst glockenförmige Hut breitet sich aus, bleibt jedoch deutlich kegelig und ist am Rand dünn gerieft. Der Stiel ist sehr lang und weißlich. Diese bodenbewohnende Art liebt Wälder und Parkanlagen mit viel Abfallholz.
- H: 10–20 cm
- Ø: 3–6 cm
- Schwarze Sporen

SCHWARZGESTREIFTER FASERLING
Psathyrella melanthina

Der Hut ist, wie bei den meisten Mürblingen, zunächst kegelig, später ausgebreitet und zentral gebuckelt. Die faserig-wollige Huthaut ist mal heller, mal dunkler braun. Die rosabeigen Lamellen dunkeln mit zunehmendem Alter nach, die Schneide bleibt jedoch weißlich. Der Pilz wächst einzeln stehend oder in kleinen Gruppen von Sommer bis Herbst auf Baumstümpfen und Laub- oder Nadelholzabfällen. Er ist ungenießbar.
- H: 4–10 cm
- Ø: 3–5 cm
- Purpurbraune Sporen

Grauer Tintling
Coprinus atramentarius

Klasse: Basidiomycetes – Ordnung: Agaricales –
Familie: Coprinaceae

- H: 5–15 cm ● Ø: 4–7 cm ● Schwarze Sporen

Hut eiförmig

Hut gerieft, seidenartig

Lamellen schwärzend

▌Bestimmung

Der zunächst eiförmige **Hut** dieses kleinen bis mittelgroßen Pilzes entfaltet sich später schirmartig und sondert schnell tintenschwarze Tropfen ab. Im Alter zerfließt er vollständig. Sein seidiger, geriefter Hut wechselt von cremefarben zu aschgrau, wobei die Mitte mit braunen Schuppen befleckt ist. Am Ende dominiert die schwarze Farbe des leicht aufgebogenen Hutrands.

Die bauchigen, freistehenden, zunächst gräulichen, später vorübergehend rosa **Lamellen** zerfließen, wie der Hut, mit zunehmender Reife in einer Art schwarzen Tinte.

Der zunächst kurze und dicke **Stiel** trägt eine knapp unter dem Hut ansetzende, leicht angeschwollene Ringzone. Der untere, runzelige, weiße bis bräunliche Teil ist abwärts verjüngt. Der obere hohle, zerbrechliche Teil streckt sich im Alter deutlich.

Das dünne, zerbrechliche und spröde **Fleisch** ist zunächst gräulich, bald schwärzend und zerfließend.

▌Vorkommen

Er ist häufig an offeneren Standorten zu finden, in lichten Wäldern oder an Waldrändern, im Niederwald, in Gärten oder an Wegrändern, direkt auf Humusboden oder auf morschem Holz. Auf der nördlichen Halbkugel häufig, erscheinen seine basal verwachsenen Büschel fast das ganze Jahr über von Frühling bis Herbst.

▌Giftigkeit

Der Graue Tintling hat bei weitem nicht den zarten Geschmack des Schopf-Tintlings. Außerdem erfordert sein Verzehr einige Vorsichtsmaßnahmen.

Geerntet wird nur der ganz junge Pilz, der noch nicht die geringsten Anzeichen der Zersetzung aufweist. Darüber hinaus kann schon die kleinste Menge Alkohol in Verbindung mit dem Genuß dieses Pilzes zu außergewöhnlichen Vergiftungserscheinungen führen, wie starker Rötung von Gesicht und Brust, Pulsbeschleunigung, Angstzuständen usw. Oft genügt bereits ein Glas Wein oder Bier, um das ganze Gesicht zu röten.

Glücklicherweise bleiben diese Störungen meist ohne Folgen und verschwinden ebenso plötzlich, wie sie gekommen sind. Am erstaunlichsten aber ist die Tatsache, daß nicht nur die direkte Verbindung von Alkohol und Pilz diese Symptome auslöst, sondern daß auch Alkoholgenuß einige Tage später den gleichen Effekt haben kann.

In einigen Fällen sind Störungen bei jedem Glas Alkohol über Monate hinweg aufgetreten. Wenn Sie also den Grauen Tintling unbedingt essen wollen, empfehlen wir Ihnen, mindestens einige Tage lang keinen Alkohol zu sich zu nehmen. Der giftige Stoff trägt den Namen Coprin und zeigt ähnliche Wirkungen wie das Disulfiram, das früher unter dem Namen Antabus als Medikament zur Behandlung von Alkoholsüchtigen verwendet wurde.

Verwandte Arten

HAUS-TINTLING
Coprinus domesticus

Er sieht dem Glimmer-Tintling ähnlich. Der Hut ist beige oder blaßkamelhaarfarben, am Scheitel jedoch fahlrot und mit weißen oder fuchsroten Flocken bedeckt. Er ist längsgerieft und im Alter, wenn der Hut sich ausgebreitet hat, rissig. Der Stiel ist am Grund leicht verdickt und verschwindet in einem fuchsroten Myzelfilz. Das Fleisch zerfließt schwach.

Er wächst ab Frühling auf aller Art faulendem und morschem Holz.
- H: 5–15 cm
- Ø: 3–5 cm
- Dunkelbraune Sporen

GLIMMER-TINTLING
Coprinus micaceus

Der im Vergleich zum Grauen Tintling kleinere und schlankere Glimmer-Tintling hat einen mit glimmerig glitzernden Schüppchen bedeckten Scheitel. Der schlanke, weiße, seidige Stiel ist manchmal leicht schwarz beringt, hohl und zerbrechlich. Dieser minderwertige Speisepilz wächst in Büscheln auf morschem (meist Laub-)Holz.
- H: 5–10 cm
- Ø: 3–5 cm
- Schwarze Sporen

SCHEIBCHEN-TINTLING
Coprinus plicatilis

Der Scheibchen-Tintling wächst auf Rasen oder an Straßenrändern.

Der stark gerippte, gräulich gefärbte Hut hat in der Mitte fahlrote, deutlich umrissene Scheibchen; er erinnert wirklich an einen Schirm. Das Fleisch ist extrem dünn und zerbrechlich.
- H: 4–7 cm
- Ø: 2–3 cm
- Schwarze Sporen

GESÄTER TINTLING
Coprinus disseminatus

Der kulinarisch wertlose Gesäte Tintling wächst auf grasbewachsenen Stellen oder alten Baumstümpfen, die dann mit Tausenden kleiner Hüte übersät sind. Von den anderen Tintlingen unterscheidet er sich durch seine nichtzerfließenden Lamellen.
- H: 2–5 cm ● Ø: 1–2 cm
- Schwarze Sporen

Agaricales

Schopf-Tintling

Coprinus comatus

Anderer Name: Spargelpilz

Klasse: Basidiomycetes – Ordnung: Agaricales – Familie: Coprinacea

- H: 10–20 cm ● Ø: 2–6 cm ● Schwarze Sporen

Scheitel häufig ockerfarben und glatt

Hut eiförmig, weiß, sparrig-schuppig

Lamellen weiß, allmählich vom Rand aus rosa, später schwarz werdend

Stiel hohl

▌Bestimmung

Jung ist der Schopf-Tintling leicht an seinem weißen, später rötenden, schuppig-verflochtenen Vlies zu erkennen. Später entwickelt er sich aber schnell und auf bemerkenswerte Weise:

Der mittelgroße bis große, eiförmige oder längliche **Hut** beginnt zu schwärzen, und zwar zunächst am leicht aufgebogenen und sich langsam nach außen rollenden Rand. Er wirkt dann glockenförmig. Am Ende fast ganz zerflossen, bleibt von ihm nur die lose Scheitelscheibe.

Die weißen **Lamellen** werden mit der Reife allmählich rosa bis schwarz.

Der zylindrische, hutfarbene, dünne **Stiel** ist anfangs ganz vom anliegenden Hut verhüllt, später schießt er nochmals in die Höhe. Er ist seidig weiß und bekommt stellenweise rosa, später schwarze Flecken.

Das dünne, zerbrechliche, im Stiel wattige **Fleisch** ist zunächst weiß, später rosa, am Schluß schwarz. Das Hutfleisch zerfließt völlig.

▌Vorkommen

Der Schopf-Tintling wächst in der Regel außerhalb der Wälder im Gras auf Wiesen, in Gärten, an Straßenrändern, auf Wegen und Stoppelfeldern. Er wirkt eher zerbrechlich, kann aber sogar Asphalt sprengen. Der Pilz ist weit verbreitet und wächst manchmal in beachtlichen Ansammlungen in der ganzen gemäßigten Zone Europas von April bis Dezember, besonders im Sommer und im Herbst.

Wert

Dieser jung extrem zarte, schmackhafte Pilz kann roh, nur mit Salz und Pfeffer gewürzt, gegessen werden. Gekocht wird er vorzugsweise mit einer Béchamel- oder Petersiliensoße serviert. Leider läßt sich der Schopf-Tintling nicht konservieren. Er wird schwarz und zerfließt innerhalb weniger Stunden. Nur junge und unverletzte Exemplare dürfen geerntet und sollten dann auch sehr bald nach der Ernte gegessen werden. Danach beginnt der Pilz sich aufzulösen und kann Verdauungsstörungen hervorrufen.

Anbau

Der berühmte Gastronom Troisgros aus Roanne sagte einst, seine bevorzugten Pilze, von denen er wünsche, es gebe sie das ganze Jahr über, seien der Pfifferling, der Schopf-Tintling und der Kaiserling.

Die Auswahl dieses erfahrenen Küchenchefs kann nur Ansporn für die Schopf-Tintlingszucht sein. Der Anbau ähnelt dem des Kultur-Champignons.

Es kommt im übrigen häufig vor, daß der Schopf-Tintling plötzlich den noch unzureichend fermentierten Mist der Champignonkulturen besiedelt. Der Großanbau scheitert bisher noch am leidigen Problem der Konservierung des Pilzes. Zahlreiche Versuche mit Tiefkühl- oder Sterilisationsverfahren lassen jedoch hoffen, daß in einigen Jahren bereits der Schopf-Tintling auf allen besseren Speisekarten zu finden ist.

Verwandte Arten

Kennzeichnend für alle Tintlinge ist die sehr frühe Sporenreife, die für die schwarze Färbung und das Zerfließen des Fleisches verantwortlich ist. Einige Autoren beschreiben Varietäten des Schopf-Tintlings, die sich lediglich durch die Hutform unterscheiden.

ELSTERN-TINTLING
Coprinus picaceus

Der im Vergleich zum Schopf-Tintling etwas kleinere Elstern-Tintling sieht ersterem jung sehr ähnlich. Der Hut ist dann von einem weißen Schleier überzogen, der mit der Reife aufreißt. Danach erinnern die großen, weißen Schleierfetzen auf der schwärzlich-braunen Huthaut an das Federkleid der Elster. Der hohe, zylindrische Stiel ist mit gleichfarbigen Schuppen bedeckt. Dieser Tintling wächst von Frühling bis Herbst einzeln oder in kleinen Gruppen im Unterholz und in lichten Wäldern unter Laubbäumen. Der fade schmekkende, unangenehm riechende Pilz ist für die Küche bedeutungslos.

- H: 10–25 cm
- Ø: 3–7 cm
- Schwarze Sporen

SCHNEEWEISSER TINTLING
Coprinus niveus

Wie eine Kriegerschar erscheinen diese kleinen, weißen Tintlinge ebenfalls auf Weiden, auf Kuh- oder Pferdemist. Sie sind kulinarisch bedeutungslos.

- H: 4–8 cm
- Ø: 1–3 cm
- Schwarze Sporen

HASENPFOTE
Coprinus lagopus

Der zunächst eiförmige bis zylindrische Hut ist mit einem gräulich bis silbrigen Flaum bedeckt. Wenn sich der Pilz glockenförmig ausbreitet, wird die fast bis zur Mitte reichende Riefung erkennbar. Die weitständigen, weißen Lamellen werden schnell schwarz. Der ebenfalls flaumige Stiel ist nicht beringt, an der Basis verdickt und schließlich stark verlängert.

- H: 6–12 cm
- Ø: 2–4 cm
- Schwarze Sporen

Weißer Anis-Egerling
Agaricus arvensis

Anderer Name: Schaf-Egerling
Synonym: *Psalliota arvensis*

Klasse: Basidiomycetes – Ordnung: Agaricales – Familie: Agaricaceae

- H: 10–18 cm
- Ø: 10–15 cm
- Schokoladenbraune Sporen

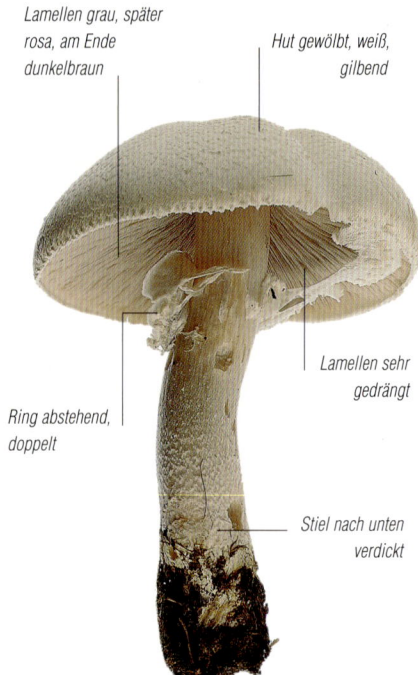

Lamellen grau, später rosa, am Ende dunkelbraun

Hut gewölbt, weiß, gilbend

Lamellen sehr gedrängt

Ring abstehend, doppelt

Stiel nach unten verdickt

▌Bestimmung

Der anfangs fast kugelige **Hut** breitet sich später aus, bleibt jedoch lange konvex mit eingerolltem Rand. Er ist von imposanter Fleischigkeit. Die etwas schuppige Haut ist trocken und glänzend. Die ursprünglich reinweiße Oberfläche färbt sich bei Berührung zitronengelb.

Die sehr dünnen, gedrängten **Lamellen** bleiben lange gräulich und färben sich dann rosa. Im Alter werden sie purpurbraun.

Der stämmige **Stiel** steckt tief im Boden und verdickt sich nach unten. Er ist erst voll, wird aber später hohl und trägt einen doppelten, abstehenden, häutigen Ring, dessen ausgefranste Unterseite wie ein Zahnrad gekerbt ist. Besonders die Basis des weißen Stiels färbt sich mit der Zeit gelblich wie der Hut.

Das dicke, feste **Fleisch** ist weiß, gilbt und wird später leicht fuchsrot. Es hat einen leichten, charakteristischen Anisgeruch.

▌Vorkommen

Der Weiße Anis-Egerling wächst auf Wiesen und Weiden, manchmal im Heideland. Der örtlich stark vertretene Pilz ist ungleichmäßig über die gemäßigte Zone der nördlichen Halbkugel verteilt. Man findet ihn bereits im Frühling, besonders aber im Herbst.

▌Wert

Der Weiße Anis-Egerling ist ein ausgezeichneter und von allen, die ihn schon einmal probiert haben, sehr begehrter Speisepilz, wohl der Beste unter den rosafarbenen. (→ Tabellen S. 160, 166)

Verwechslung

Der im Niederwald und in lichten Wäldern, manchmal aber auch auf Wiesen wachsende **Karbol-Egerling** *(Agaricus xanthoderma; S. 165) riecht nicht anisartig, sondern unangenehm nach Jod. Oft ist er leicht giftig.*

▼ **Verwechslungsgefahr:**
Karbol-Egerling
(*Agaricus xanthoderma*; S. 165)

	Weißer Anis-Egerling *Agaricus arvensis*	Karbol-Egerling *Agaricus xanthoderma*
Hut	gewölbt, dick	flach, nicht sehr dick
Lamellen	weiß, rosa, später purpurbraun	weiß, rosa, später purpurbraun
Stiel	kurz, stämmig	lang, knollig, an Berührungsstellen gilbend
Ring	doppelt, abstehend	einfach, abstehend
Fleisch	langsam gelbfärbend (zitronengelb)	schnell gelbfärbend (chromgelb)
Geruch	nach Anis, angenehm	scharf, unangenehm, nach Jod
Vorkommen	Wiesen	Wiesen, Waldränder
Wert	ausgezeichneter Speisepilz	leicht giftig

Verwandte Arten

Der Weiße Anis-Egerling gehört zur Gruppe der Egerlinge, deren Fleisch leicht gilbt. Die meisten hier beschriebenen Arten dieser Gruppe sind gute Speisepilze.

DÜNNFLEISCHIGER ANIS-EGERLING
Agaricus silvicola

Er ist dem Weißen Anis-Egerling sehr ähnlich, jedoch schmächtiger. Der Pilz, dessen Stiel häufig gebogen ist, bewohnt Laub- und Nadelwälder. Eine Verwechslung der beiden Arten ist daher wohl ausgeschlossen. (→ Tabelle S. 174)
- H: 7–14 cm
- Ø: 5–12 cm
- Schokoladenbraune Sporen

Druckstellen gilbend
Hut und Stiel weiß

SCHIEFKUGELIGER ANIS-EGERLING
Agaricus essettei

Der Pilz besiedelt ebenfalls Nadel-, vor allem Fichtenwälder und ist ein echter Doppelgänger des Dünnfleischigen Anis-Egerlings. Wichtigstes Unterscheidungsmerkmal ist die deutlich gerandete, abgeflachte Knolle. Er ist schmackhafter, zarter und fleischiger als sein Doppelgänger.
- H: 6–12 cm
- Ø: 5–10 cm
- Schokoladenbraune Sporen

Knolle

SCHNEEWEISSER EGERLING[3]
Agaricus albertii

Ein kompakter Pilz mit sehr fleischigem, weißem Hut, der bis zu 30 cm Durchmesser erreichen kann. Der Stiel ist gedrungen, im unteren Drittel dicker und unter dem ebenfalls flockigen Ring mehr oder weniger geflockt.
- H: 7–18 cm
- Ø: 8–20 cm
- Schokoladenbraune Sporen

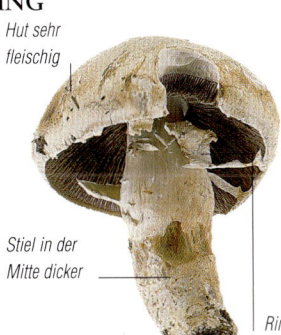

Hut sehr fleischig
Stiel in der Mitte dicker
Ring flockig

RIESEN-EGERLING
Agaricus augustus

Das Fleisch verfärbt sich nur leicht gelb oder rötlich, bevor es bräunlich wird. Der ockergelbe Hut ist gleichmäßig dicht mit fuchsbraunen Schuppen bedeckt. Die Mitte ist dunkler. Der Riesen-Egerling ist mit seinem Bittermandelgeschmack und dem dicken, zarten Fleisch ein guter, aber seltener Speisepilz. Er wächst in lichten Wäldern und an offenen Standorten.
- H: 8–15 cm
- Ø: 8–15 cm
- Schokoladenbraune Sporen

Schuppen fuchsbraun, gleichmäßig
Stiel fleischig, flockig

WEINRÖTLICHER EGERLING
Agaricus semotus

Der Hut dieses kleinen Egerlings ist mit lilarosa Schüppchen besetzt. Der Rand ist viel blasser und leicht gilbend. Der knollige, weiße Stiel hat eine gelbe Basis. Das zumindest dort gelbe Fleisch riecht stark nach Anis mit einer mehr oder weniger ausgeprägten Bittermandelnote.

Diese relativ seltene Art kann giftig sein. Sie wächst im Sommer und im Herbst auf grasigen Lichtungen der Nadelwälder.
- H: 3–6 cm
- Ø: 3–5 cm
- Braune Sporen

Agaricales

Wiesen-Egerling

Agaricus campestris

Anderer Name: Wiesen-Champignon
Synonym: *Psalliota campestris*

Klasse: Basidiomycetes – Ordnung: Agaricales – Familie: Agaricaceae

- H: 4–10 cm ● Ø: 4–10 cm ● Schokoladenbraune Sporen

Ring mehr oder weniger flüchtig

Stielbasis nicht verdickt

Lamellen zart-, später kräftig rosa

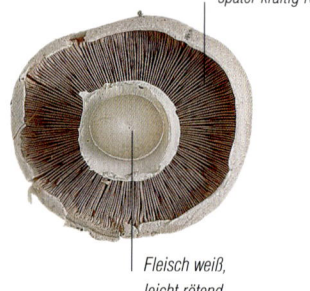

Fleisch weiß, leicht rötend

▼ **Verwechslungsgefahr:**
Karbol-Egerling (*Agaricus xanthoderma*; S. 165)
Fleischbräunlicher Schirmling
(*Lepiota brunneoincarnata*; S. 167)

▋ Bestimmung

Für Pilzsammler ist der Wiesen-Egerling der Champignon überhaupt.

Der mittelgroße **Hut** ist ziemlich dick und fleischig, zunächst kugelig, später ausgebreitet, jedoch lange konvex. Die allgemein reine, glatte Huthaut kann leicht geschuppt sein und sich bräunlich färben. Der Rand bleibt lange eingerollt.

Die gedrängten, bauchigen, freien **Lamellen** haben eine charakteristische zartrosa Färbung, die mit der Zeit in ein kräftiges Rosa übergeht. Später färben sie sich purpurbraun oder gar schwarz.

Der zylindrische, an der Basis etwas zierlichere, ansonsten kurze, gedrungene **Stiel** trägt im oberen Teil einen empfindlichen, einfachen, weißen Ring.

Das dicke, feste **Fleisch** ist weiß, läuft an Bruchstellen leicht rosa, später schmutzigbraun an. Es riecht mild und fruchtig.

▋ Vorkommen

Der Wiesen-Egerling wächst ausschließlich im Gras, auf Wiesen und Weiden und an Wegrändern. Er bricht frühmorgens oft in riesigen Mengen hervor. Man kann ihn auf der gesamten nördlichen Halbkugel und sogar in Australien finden. Vereinzelt wächst er im Frühling oder im Sommer, meist jedoch im Herbst.

▋ Wert

Der zarte Geschmack des jungen Wiesen-Egerlings ist dem des Kulturchampignons weit überlegen. Man muß den weit verbreiteten Pilz jung pflücken, wenn die Lamellen noch rosa sind. Später sieht er weniger appetitlich aus und verliert an Geschmack. Ganz geerntet, kann er sowohl roh im Salat als auch gekocht oder in der Pfanne sautiert allein oder als Beilage gegessen werden. (→ Tabellen S. 163, 166, 167)

Verwechslungen

Der **Karbol-Egerling** (*Agaricus xanthoderma*; S.165), der an lichten Standorten wie Wiesen, Wald- oder Wegrändern wächst, verfärbt sich an Bruchstellen nicht rosa, sondern deutlich gelb. Sein scharfer Geruch und Geschmack sind unangenehm. Er ist für empfindliche Mägen unverdaulich, wenn nicht sogar giftig.

Der Geruch ist ein wesentliches Merkmal bei der Bestimmung von Egerlingen. Die wohlriechenden Egerlinge sind alle eßbar und meistens sogar ausgezeichnete Speisepilze.

Der **Fleischbräunliche Schirmling** (*Lepiota brunneoincarnata*; S. 167) und seine tödlichen Anverwandten sind von daher mit dem Wiesen-Egerling zu verwechseln, da auch ihr Fleisch sich an den Bruchstellen rosa färbt. Ihre Lamellen sind indessen weiß und sie bleiben es auch, überdies ist der Stiel unberingt. Sie wachsen an lichten, grasigen Standorten.

Verwandte Arten

KULTUR- ODER ZUCHT-CHAMPIGNON

Agaricus bisporus

Sein Hut ist flacher und die Farben der rosa Lamellen sind weniger kräftig als beim Wiesen-Egerling.
- H: 5–8 cm
- Ø: 4–10 cm
- Schokoladenbraune Sporen

STADT-EGERLING

Agaricus bitorquis

Er hat einen charakteristischen doppelten Ring. Der feste, dicke Hut dieses schmackhaften Speisepilzes ist am Scheitel abgeflacht. Er wirft in Gärten, Waldlichtungen oder am Wegrand die Erde auf. Der robuste Kamerad paßt sich mühelos an städtische Gegebenheiten an und bohrt sich notfalls sogar durch Asphalt. Er ist ebenso zum Anbau geeignet wie der Kulturchampignon.
- H: 6–12 cm
- Ø: 5–12 cm
- Schokoladenbraune Sporen

Hut abgeflacht, glatt

Stiel kurz, an der Basis spitz zulaufend

Der Kulturchampignon ist weltweit der meistangebaute Pilz. Mit einer Jahresproduktion von rund einer Million Tonnen übersteigt er die auf 200 000 Tonnen geschätzte Produktion des japanischen Shiitake *(Lentinus edodes)*, der im Fernost kultiviert wird, um das Fünffache. Und diese Zahl bezieht sich allein auf die französische Produktion.

Seit er auf allen fünf Kontinenten angebaut wird, interessieren sich die internationalen Märkte für den Kulturchampignon. So hat sich ein heftiger Konkurrenzkampf entsponnen, in dem die reichen Länder der gemäßigten Zone wegen ihrer hohen Kosten nicht den besten Stand haben.

In Frankreich wird die Pilzernte von einem qualifizierten Personal per Hand durchgeführt, da nur Pilze, die ein bestimmtes Reifestadium erreicht haben, geerntet werden. Die mechanische Ernte ist ausschließlich dann möglich, wenn, wie in Holland, nur weit »geöffnete« Pilze gepflückt werden.

Außerdem braucht die in unseren Breiten unterirdisch oder in extra dafür angelegten Stollen betriebene Zucht besondere Bedingungen (so scheinen etwa feuchte Regionen mit Kalkböden am besten geeignet).

In Ländern mit feucht-warmem Klima fallen die Strukturen hingegen weniger schwer ins Gewicht. In Taiwan wird der Champignon beispielsweise unter einfachen Bambusabdeckungen gezogen, und die Asiaten können die Champignonkulturen von heute auf morgen durch andere, z. B. Gemüsekulturen, ersetzen. Wenn der europäische Markt sich nicht durch entsprechende Maßnahmen schützte, könnte er mit Billigchampignons aus Südostasien überschwemmt werden.

Der Anbau des Kulturchampignons geht bis ins 17. Jahrhundert zurück. Die massenhafte Ausbreitung der Art auf Dung und Mist hatte ursprünglich die Gärtner aus der Pariser Umgebung dazu angeregt, den Anbau methodisch, aber in Anlehnung an die natürlichen Wachstumsbedingungen des Pilzes zu betreiben. Der bodenbewohnende Saprophyt ist anspruchslos und braucht zu seiner Entwicklung lediglich ein modernes Substrat. Für einen wirklichen Massenanbau müssen die Umweltbedingungen natürlich optimiert werden.

	Wiesen-Egerling *Agaricus campestris*	Karbol-Egerling *Agaricus xanthoderma*	Fleischbräunlicher Schirmling *Lepiota brunneoincarnata*
Hut	gewölbt, nicht dick	abgeflacht, nicht dick	mit kleinen braunen Schuppen
Lamellen	kräftig rosa, später purpurbraun	lange weiß, rosa, später purpurbraun	weiß, nicht bräunend
Stiel	kurz, gedrungen	lang, knollig	sparrig-schuppig
Ring	einfach, empfindlich	einfach, abstehend	sehr klein
Fleisch	schwach rötend	deutlich gilbend	rötend
Geruch	charakteristisch, angenehm	scharf, unangenehm	schwach, fruchtig
Vorkommen	Wiesen	Wiesen, Waldränder	Wiesen, Gärten
Wert	ausgezeichneter Speisepilz	leicht giftig	tödlich

Agaricales

Wald-Egerling
Agaricus silvaticus

Anderer Name: Kleiner Blut-Egerling
Synonym: *Psalliota silvatica*

Klasse: Basidiomycetes – Ordnung: Agaricales – Familie: Agaricaceae

● H: 5–12 cm ● Ø: 5–10 cm ● Weißliche Sporen

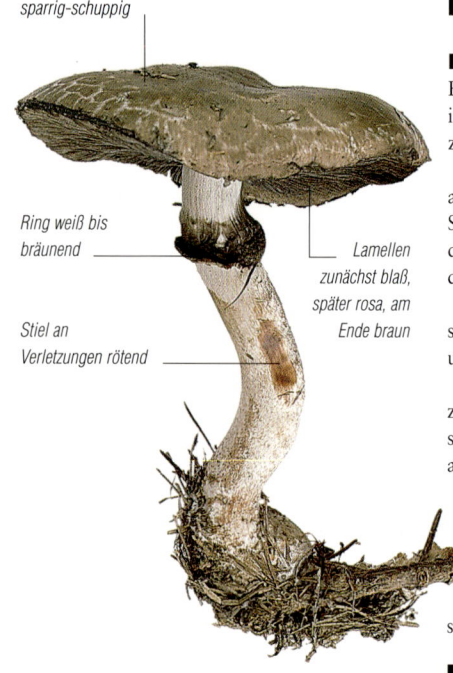

Hut fuchsbraun, sparrig-schuppig

Ring weiß bis bräunend

Stiel an Verletzungen rötend

Lamellen zunächst blaß, später rosa, am Ende braun

▎Bestimmung

Für den Wald-Egerling, der auf den ersten Blick nur seinen charakteristischen Hut zeigt, ist der tief in den Humus reichende Stiel kennzeichnend.

Der mittelgroße, konvex-abgeflachte, dünne, aber fleischige **Hut** ist mit vielen bräunlichen Schüppchen bedeckt, die, am Scheitel klein und dicht, zum Rand hin größer, aber weniger werden. Der Rand bleibt lange eingerollt.

Die dünnen, bauchigen, freien **Lamellen** sind ursprünglich fleischrosa, später gräulich- und im Alter bräunlichrot.

Der lange, stämmige oder schlanke **Stiel** ist zylindrisch oder knollig. Er ist anfangs weiß, später rot und läuft bei Verletzungen fuchsrot an. Er trägt einen einfachen, abstehenden, gleichfarbigen und recht flüchtigen Ring.

Das zarte, weiße **Fleisch** rötet an Schnittstellen deutlich, besonders bei jungen Exemplaren und bei Feuchtigkeit. Der angenehme Geruch ist schwer zu beschreiben. Der Geschmack ist mild.

▎Vorkommen

Der Wald-Egerling wächst sowohl auf sauren als auch auf kalkhaltigen Böden, doch vorzugsweise auf Nadelstreu unter Fichten. Selten findet man ihn auch unter anderen Nadel- und sogar unter Laubbäumen. Der allgemein weit verbreitete Pilz wächst von Sommer bis Herbst.

▎Wert

Der nicht minder köstliche Speisepilz wird im Gegensatz zu anderen Arten dieser Gattung weniger gesucht, möglicherweise weil er weniger bekannt ist. Er sollte nur jung gepflückt werden, wenn er noch sein kompaktes Fleisch hat. Der leicht faserige Stiel wird entfernt. Bei bestimmten Rezepten kann man Wald-Egerlinge durch Riesen-Egerlinge ersetzen.

Verwechslung

Der **Dunkelschuppige Egerling** (Agaricus praeclaresquamosus; S. 166) ist eng mit dem Karbol-Egerling verwandt. Sein Hut ist mit kleinen gräulichbraunen Schuppen bedeckt, sein schlanker, gebogener Stiel ist an der Basis knollig. Charakteristisch sind das beim Reiben deutliche Gilben des Fleisches und der unangenehme, scharfe Geruch, beides besonders gut an der Stielbasis zu beobachten.

Dieser in lichten Wäldern und am Waldrand wachsende Pilz ist ebenso giftverdächtig wie der Karbol-Egerling und kann auch zu Verdauungsstörungen führen.

▼ **Verwechslungsgefahr:**
Dunkelschuppiger Egerling (*Agaricus praeclaresquamosus;* S. 166)

	Wald-Egerling *Agaricus silvaticus*	Dunkelschuppiger Egerling *Agaricus praeclaresquamosus*
Hut	sparrig-schuppig, bräunlich	zart schuppig, bräunlichgrau
Lamellen	rosa, später bräunend	weiß, rosa, später bräunend
Stiel	mehr oder weniger knollig	deutlich knollig
Fleisch	rötend	gilbend
Geruch	angenehm	unangenehm
Vorkommen	Wälder (besonders Nadelwald)	Wiesen, Waldränder, lichte Wälder
Wert	guter Speisepilz	verdächtig

Verwandte Arten

BLUT-EGERLING
Agaricus haemorrhoidarius

Im Unterschied zum Wald-Egerling läuft das Fleisch des Blut-Egerlings an Schnittstellen sofort stark rot (blutrot) an. Er wächst im Wald und am Waldrand.
- H: 10–15 cm
- Ø: 8–14 cm
- Sporenstaub schokoladenbraun

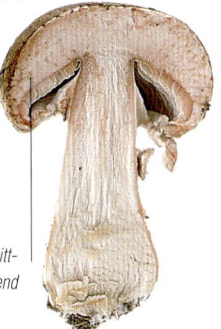

Fleisch an Schnittstellen stark rötend

BRAUNSCHECKIGER STINK-EGERLING[4]
Agaricus impudicus

Dieser mittelmäßige Speisepilz riecht unangenehm. Er wächst überwiegend in Au- und Uferwäldern, ist jedoch selten. Der Hut ist mit grauen oder braunen Schuppen auf weißlichem Grund fleckig bedeckt. Der basal deutlich knollige Stiel ist abstehend beringt.

Mit Schuppen bedeckter Hut

- H: 8–12 cm
- Ø: 7–10 cm
- Schokoladenbraune Sporen

Karbol-Egerling
Agaricus xanthoderma

Andere Namen: Weißer Giftchampignon
Synonym: *Psalliota xanthoderma*

Klasse: Basidiomycetes – Ordnung: Agaricales – Familie: Agaricaceae

- H: 7–13 cm
- Ø: 5–12 cm
- Schokoladenbraune Sporen

Hut am Scheitel abgeflacht
Hut mehr oder weniger gilbend
Stiel weiß
Stielbasis knollig, bei Reibung stark gilbend

▌Bestimmung

Der Karbol-Egerling ist ein schöner, seidig glänzender Pilz, der bei Berührung deutlich chromgelb anläuft.

Der mittelgroße bis große **Hut** ist relativ dick und hat selbst beim jungen Pilz einen charakteristisch abgeflachten Scheitel. Er behält lange eine helmähnliche Form mit eingeschlagenem Hutrand. Im Alter breitet er sich ganz aus und wird leicht fuchsrötlich.

Die bauchigen, freien, lange weißen **Lamellen** färben sich zunächst rosa, später mit zunehmender Reife purpurbraun.

Der zylindrische, an der Basis deutlich knollige **Stiel** ist zunächst stämmig und voll, streckt sich später deutlich und wird dann zerbrechlich, hohl, schlank und gebogen.

Seine Oberfläche ist seidig weiß und läuft bei Berührung, besonders an der Stielbasis, chromgelb an. Im oberen Teil trägt er einen einfachen, weißen Ring, der unten fast wie ein Zahnrad gezackt ist. Er färbt sich mit dem Alter braun und läßt sich bald verschieben.

Das zarte, weiße **Fleisch** wird bei Verletzungen deutlich gelb, besonders an der Knolle. Es riecht sehr stark und auch etwas scharf nach Karbol oder Jod.

Karbol-Egerling

▪ Vorkommen

Der Karbol-Egerling wächst vorzugsweise an offenen Standorten, auf Wiesen und an Wegrändern. Allerdings versteckt er sich auch im Niederwald, am Waldrand und sogar in lichten Wäldern. Der in der gemäßigten Klimazone stellenweise häufige Pilz steht selten allein und bildet gerne Hexenringe oder große Trupps. Er fruktifiziert von Mai bis November.

▪ Giftigkeit

Hängen die nach Genuß des Karbol-Egerlings bei einigen Menschen beobachteten Verdauungsstörungen mit dessen unangenehmem Geruch und Geschmack zusammen, oder ist er wirklich giftig? Tatsächlich ruft er bei manchen Menschen Symptome einer leichten Lebensmittelvergiftung hervor. Normalerweise ist er jedoch genießbar. Wir raten dennoch von seinem Verzehr ab und ziehen es vor, ihn als giftverdächtig zu betrachten. (→ Tabellen S. 160, 163, 166, 172)

Verwechslungen

Mit seinem widerlichen Geschmack unterscheidet sich der Karbol-Egerling von den eßbaren Verwandten, aber auch vom Rosablättrigen Schirmpilz. Halten wir fest, daß sich der Karbol-Egerling an seiner intensiven Gelbfärbung und dem unangenehmen Geruch gleich erkennen läßt, besonders im Fall seiner Stielbasis.

*Der **Weiße Anis-Egerling** (Agaricus arvensis; S. 160) ist gelblich getönt und hat einen deutlichen Anis-Geruch.*

*Der **Wiesen-Egerling** (Agaricus campestris; S. 162) wird nicht gelb und hat einen angenehmen, fruchtigen Duft.*

*Der wertvolle **Rosablättrige Schirmpilz** (Leucoagaricus leucothites; S. 172) läuft ein wenig gelb an und hat einen schwachen, aber angenehmen Duft. Seine weißen Lamellen werden später nur leicht rosa, und sein Stiel trägt einen nur wenig entwickelten Ring.*

Hut bräunlichgrau geschuppt

Die jungen Karbol-Egerlinge haben einen stämmigen Stiel. Im Alter wirkt der Pilz schlank und hochgewachsen. ▶

▼ **Verwechslungsgefahr:**
Weißer Anis-Egerling *(Agaricus arvensis; S. 160)*
Wiesen-Egerling *(Agaricus campestris; S. 162)*
Rosablättriger Schirmpilz *(Leucoagaricus leucothites; S. 172)*

⎡ Verwandte Art ⎤

Es gibt einige Varietäten des Karbol-Egerlings mit gräulichem oder bräunlichem und mehr oder weniger schuppigem Hut.

DUNKELSCHUPPIGER EGERLING
⚠ *Agaricus praeclaresquamosus*

Dieser in der Regel zierlichere Pilz unterscheidet sich vom Karbol-Egerling durch seinen deutlich braungrau geschuppten, weiß gefärbten Hut. Er ist giftverdächtig, wächst an den gleichen Standorten wie sein Verwandter und tritt, z.B. auf Rasen, örtlich massenweise auf. Sein Fleisch riecht, besonders an der Stielbasis, ebenso unangenehm wie das des Karbol-Egerlings. (→ Tabelle S. 164)

- H: 7–13 cm
- Ø: 6–5 cm
- Schokoladenbraune Sporen

	Karbol-Egerling *Agaricus xanthoderma*	Weißer Anis-Egerling *Agaricus arvensis*	Wiesen-Egerling *Agaricus campestris*	Rosablättriger Schirmpilz *Leucoagaricus leucothites*
Hut	abgeflacht, kaum dick	gewölbt, dick	gewölbt, kaum dick	weiß oder leicht gefärbt
Lamellen	grau, rosa, später purpurbraun	weiß, rosa, später purpurbraun	kräftig rosa, später purpurbraun	weiß bis rosa
Stiel	lang, knollig	kurz, stämmig	kurz, gedrungen	weiß, bei Berührung gelb
Ring	einfach, abstehend	doppelt, abstehend	einfach, dünn	deutlich, klein, häutig
Fleisch	gelb anlaufend (chromgelb)	gelb anlaufend (zitronengelb)	schwach rosa anlaufend	weiß, schwach gelb anlaufend
Geruch	scharf, unangenehm	nach Anis, angenehm	charakteristisch, angenehm	schwach
Vorkommen	Wiesen, Waldränder	Wiesen	Wiesen	Wiesen
Wert	leicht giftig	ausgezeichneter Speisepilz	ausgezeichneter Speisepilz	sehr guter Speisepilz

Fleischbräunlicher Schirmling[3]

Lepiota brunneoincarnata

Klasse: Basidiomycetes – Ordnung: Agaricales – Familie: Agaricaceae

- H: 3–7 cm • Ø: 3–7 cm • Weiße Sporen

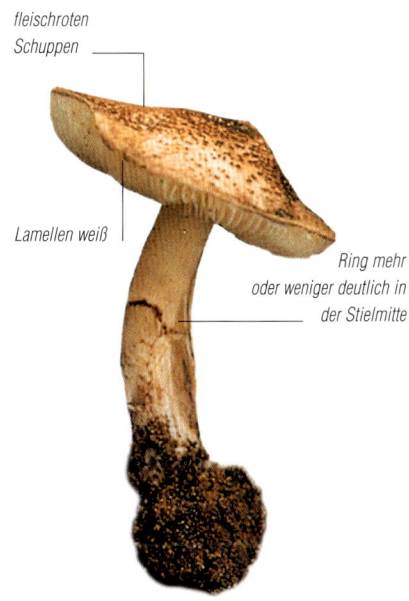

Hut ocker mit fleischroten Schuppen

Lamellen weiß

Ring mehr oder weniger deutlich in der Stielmitte

▌Bestimmung

Der kleine **Hut** erreicht im Durchmesser kaum 5cm. Er ist dünnfleischig, zunächst glockig bis konvex, später ausgebreitet und niedergedrückt mit einem mehr oder weniger deutlichen zentralen Buckel.

Die trockene, filzige Huthaut ist ockrig braun bis fahlgelb und zerreißt in kleine flockige Schüppchen. Die Mitte ist dunkler und kaum geschuppt. Sie färbt sich charakteristisch rötlich.

Die **Lamellen** sind ziemlich gedrängt, bauchig, frei, weiß, später cremefarben.

Der zylindrische **Stiel** ist recht dick oder relativ schlank und an der Basis nicht knollig. Auf halber Höhe bildet sich eine dunklere, häutige, schmal gürtelartige Ringzone, jedoch niemals ein deutlicher Ring. Die im oberen Teil weiße, im unteren Teil dunklere, schuppig-faserige Stieloberfläche wird rosa und am Ende fuchsrot.

Das weiße **Fleisch** verfärbt sich an Schnittstellen rosa und riecht, manchmal kaum wahrnehmbar, nach Obst.

▌Vorkommen

Der seltene Fleischbräunliche Schirmling wächst an lichten, grasbewachsenen, wärmebegünstigten Standorten, meist einzeln oder als kleine Gruppe in lichten Laubwäldern.

Manchmal findet man ihn auch in Parkanlagen, Gärten und auf Trockenrasen, von Sommer bis Herbst.

▼ Verwechslungsgefahr:
Acker-Schirmling *(Macrolepiota excoriata;* S. 171)
Wiesen-Egerling *(Agaricus campestris;* S. 162)

	Fleischbräunl. Schirmling *Lepiota brunneoincarnata*	Acker-Schirmling *Macrolepiota excoriata*	Wiesen-Egerling *Agaricus campestris*
Hut	klein, schuppig	mittelgroß, schuppig	mittelgroß, glatt oder schuppig
Lamellen	weiß	weiß	kräftig rosa, später purpurbraun
Stiel	ziemlich kurz, zylindrisch	lang, knollig	recht kurz, stämmig, zylindrisch
Ring	dunkler, undeutlich, häutig gürtelartig	weiß, deutlich, beweglich	weiß, deutlich, häutig
Fleisch	weiß, leicht rötend	weiß	weiß, leicht rötend
Vorkommen	Weiden, lichte Wälder	Weiden	Weiden
Wert	tödlich	sehr guter Speisepilz	ausgezeichneter Speisepilz

(Fortsetzung)

▎Giftigkeit

Einige der braunen oder rötlichen Schirmlinge haben bereits tödliche Vergiftungen verursacht. Fälle, die auf den Verzehr des Fleischrötlichen Schirmlings und seiner schlanken Form, die früher Inkarnat-Schirmling genannt wurde, zurückgehen, sind aus den vergangenen zehn Jahren belegt. Die Unfälle könnten mit Unaufmerksamkeiten im Kleinanbau von Speisepilzen zu erklären sein. Jeder Pilz, der dort wächst, landet im Kochtopf. Doch leider gehört nicht jeder Pilz der erwarteten Art an. Es schleicht sich mancher Giftpilz ein. Außerdem sei festgehalten, daß die kleinen braunen oder rötlichen Schirmlinge häufig im Garten wachsen. Der spät fruktifizierende *Lepiota brunneolilacina* war 1986 in Brest für den Tod einer Person verantwortlich.

Diese gefährlichen Arten enthalten erhebliche Mengen Amanitin, das phallotoxische, knollenblätterpilzähnliche Vergiftungserscheinungen auslöst. Erste Anzeichen gibt es frühestens vier bis sechs Stunden nach Verzehr der Pilze, manchmal sogar noch später. Nach anfänglichen Brech-Durchfällen folgen Leberversagen und hämolytische Gelbsucht. Die Nieren werden lebensbedrohlich angegriffen. Die Behandlungsmethoden sind die gleichen wie für Knollenblätterpilz-Vergiftungen. (→ Tabellen S. 163, 167)

Verwechslungen

Die kleinen braunen und rötlichen Schirmlinge wachsen in den Wiesen Seite an Seite neben vielen eßbaren Schirmlingen, aber auch Nelken-Schwindlingen und Wiesen-Egerlingen.

Der **Geschundene Schirmpilz** *(Macrolepiota excoriata; S. 171) trägt einen deutlichen, verschiebbaren Ring. Sein Stiel ist an der Basis knollig.*

Der **Wiesen-Egerling** *(Agaricus campestris; S. 162) trägt ebenfalls einen deutlichen Ring. Eine Verwechslung könnte darauf beruhen, daß auch sein Fleisch rosa anläuft. Im Unterschied zum Schirmling sind die Lamellen des Wiesen-Egerlings jedoch rosa und später purpurbraun.*

Verwandte Arten

Es gibt eine ganze Reihe kleiner, sogenannter brauner oder rötlicher Schirmlinge mit schuppigem, weißlichem bis bräunlichem Hut und mehr oder weniger rosa anlaufendem Fleisch. Die meisten sind giftig, manche sogar tödlich. Einige sind nachstehend beschrieben.

FLEISCHROSA SCHIRMLING
 Lepiota brunneolilacina

Die fuchsigbraunen Schuppen heben sich vom rosa Untergrund ab. Der Rand des Rings ist graugrün. Der südländische Pilz wächst spät, manchmal massenweise auf Dünen und Sandböden, etwa an der Atlantikküste.
- H: 3–6 cm
- Ø: 5–7 cm
- Weiße Sporen

FLEISCHRÖTLICHER SCHIRMLING
Lepiota helveola

Früher faßte man unter diesem Namen verschiedene Schirmlinge zusammen, die inzwischen als eigenständige Arten gelten. Der echte Fleischrötliche Schirmling ist ein eher seltener Pilz mit fuchsrot oder weinrosa gegürteltem Stiel.
- H: 4–10 cm
- Ø: 5–10 cm
- Weiße Sporen

Stiel kaum geschuppt, weinrosa

KAMM-SCHIRMLING
⚠ *Lepiota cristata*

Der bleibende Buckel und die konzentrisch angeordneten Schuppen haben ein schönes Orangefuchsrot. Die Grundfarbe des Huts ist weiß. Der Ring verschwindet relativ schnell. Die Stielbasis ist rosarot. Diese verbreitete Art wächst überall in Wäldern, im Unterholz und an Wegrändern. Ihr Fleisch riecht unangenehm.

- H: 3–6 cm
- Ø: 2–5 cm
- Weiße Sporen

SCHWARZSCHUPPIGER SCHIRMLING
⚠ *Lepiota felina*

Dieser Schirmling wächst im Schutz der Nadelbäume, seltener unter Laubbäumen. Der weißgrundige Hut ist mit braunen bis schwarzbraunen, aufgebogenen Schuppen bedeckt. Der Ring sowie der Stielbereich darunter sind braun befleckt. Manche erinnert der Geruch an Geranien, andere an Schimmel.

- H: 3–7 cm ● Ø: 2–4 cm
- Weiße Sporen

Schuppen ockerbraun auf weißem Grund

Ring braunbefleckt

WOLLSTIEL-SCHIRMLING
⚠ *Lepiota clypeolaria*

Der Hut hat in der Mitte einen deutlichen fuchsroten Scheitel und gleichfarbige Schuppen. Der Stiel ist weiß und bis auf die Spitze flockig. Er wächst unter Laubbäumen.

- H: 6–13 cm
- Ø: 4–8 cm
- Weiße Sporen

Stielspitze glatt

Stiel flockig

ROTKNOLLIGER SCHIRMLING
Lepiota ignivolvata

Diese sehr stämmige Art trägt auf halber Stielhöhe einen fuchsrot geränderten Ring, der ein oder zwei schräge Gürtel bildet. Die Stielbasis wird im Alter orange. Der Hut ist mit festen, konzentrisch angeordneten, fuchsroten Schuppen bedeckt. Der seltene Pilz gedeiht unter Nadelbäumen auf Kalkböden.

- H: 8–15 cm
- Ø: 10–13 cm
- Weiße Sporen

Ring schräg, fuchsrot

Schuppen konzentrisch

GELBWOLLIGER SCHIRMLING
⚠ *Lepiota ventriosospora*

Der Pilz ähnelt dem Wollstiel-Schirmling sehr, hat aber einen gelbwolligen Stiel. Er bevorzugt Fichten.

- H: 8–13 cm
- Ø: 5–8 cm
- Weiße Sporen

Agaricales

Parasol

Macrolepiota procera

Anderer Name: Riesen-Schirmpilz
Synonym: *Lepiota procera*

Klasse: Basidiomycetes – Ordnung: Agaricales – Familie: Agaricaceae

- H: 15–30 cm ● Ø: 10–30 cm ● Weiße Sporen

- Schuppen groß, braun
- Buckel
- Lamellen bauchig, weiß
- Ring doppelt
- Stiel braun gegürtelt
- Knolle

▎Bestimmung

Der Parasol oder Riesen-Schirmpilz ist der größte Speisepilz überhaupt.

Jung sitzt der **Hut** zunächst eiförmig auf einem hohen Stiel wie der Klöppel auf einem Trommelschlegel. Anschließend breitet sich der Hut aus und kann einen Durchmesser von bis zu 40cm erreichen. In der Mitte bleibt ein Buckel. Die Hutoberseite ist mit vielen graubraunen, konzentrisch angeordneten Schuppen bedeckt, die sich von einem hellen Grund abheben. Der Hut ist mit Hüllresten behangen.

Die bauchigen, freien bis abgelösten **Lamellen** sind zunächst weiß, färben sich später grau oder schmutzigbraun.

Der hohe, steife, fast zylindrische **Stiel** schwillt an der Basis deutlich zu einer tief eingesenkten Knolle an. Der charakteristisch braun genatterte Stiel trägt einen dicken, doppelten, verschiebbaren Ring.

Das zarte **Fleisch** des Huts und das faserige Stielfleisch sind zunächst weiß, später haben sie einen leichten Rotton. Es riecht angenehm und schmeckt nußartig.

▎Vorkommen

Charakteristisches Kennzeichen des Riesen-Schirmlings ist sein sonnenschirmähnlich ausgebreiteter Hut. Er wächst an Waldrändern, auf Lichtungen, aber auch auf Heideland oder zwischen Farnen auf sauren Böden. Nicht selten stößt man auf Ameisenhaufen, die mit dem Parasol bewachsen sind. Die Ameisen helfen bei der Verbreitung der Sporen und sorgen so für den Fortbestand der Art.

Der Parasol ist weltweit verbreitet. In Europa wächst er im Sommer bis in den Herbst hinein, etwa von Juli bis Oktober.

▎Wert

Der Parasol hat viele Volksnamen, in manchen Gegenden ist er sogar unter mehreren Bezeichnungen gleichzeitig bekannt. Dies zeigt, wie beliebt und begehrt dieser ausgezeichnete Speisepilz ist. Seine Größe, die selbst weniger erfahrenen Pilzsuchern ins Auge fällt, und seine Häufigkeit rechtfertigen ohne Zweifel das Interesse.

Geerntet werden nur die jungen Exemplare, deren Hut sich noch nicht vollständig ausgebreitet hat. Danach verschwindet nämlich der typisch nußartige Geschmack. Der leicht vom Hut ablösbare, stets faserige Stiel wird entfernt. Vergessen Sie jedoch nicht, daß der Stiel ein wichtiges Element bei der Bestimmung des Pilzes darstellt!

Der Hut kann entweder gegrillt oder wie ein Schnitzel paniert werden. Manche Autoren vergleichen seinen Geschmack mit Kalbfleisch.

Verwandte Arten

RICKENS RIESENSCHIRMLING
Macrolepiota rickenii

Eine hochgewachsene, schlanke Art von einheitlich fuchsiger Farbe oder mit feinen Streifen.

- H: 10–20 cm
- Ø: 5–10 cm
- Weiße Sporen

ACKER-SCHIRMLING
Macrolepiota excoriata

Sein weißlicher bis cremefarbener Hut hat Schuppen, die sich farblich kaum abheben. (→ Tabelle S. 167)

- H: 8–12 cm
- Ø: 5–15 cm
- Weiße Sporen

Schuppen hell

Hut weißlich

WARZEN-SCHIRMPILZ
Macrolepiota mastoidea

Der Hut ist markant gebuckelt, hell und mit feinen fuchsroten Schüppchen bedeckt. Der knollige Stiel ist dünn und ebenfalls fuchsrot gefleckt. Dieser Pilz wächst von Sommer bis Herbst in lichten Laubwäldern, an Wald- und Wegrändern bzw. unter Hecken. Er wird oft mit dem Parasol verwechselt, obwohl sein Fleisch dünner ist. Er ist ein recht guter Speisepilz.

- H: 10–18 cm
- Ø: 8–12 cm
- Weiße Sporen

SAFRAN-SCHIRMPILZ
Macrolepiota rhacodes

Im Gegensatz zu den anderen hier behandelten Arten liebt der Safran-Schirmpilz insbesondere den Wald, vorzugsweise die eher lichten Wälder, vor allem auch die Lichtungen der Nadelbaumforste.

Sein Hut ist bedeckt mit großen, braunen, lappigen Schuppen, die über den Rand herunterhängen, und kleineren, aufgebogenen Schüppchen. Die Lamellen laufen bei Berührung rot an. Der Stiel schließt mit einer sehr dicken Knolle ab. Das Fleisch läuft an Schnittstellen langsam rot an.

Einige Lebensmittelvergiftungen werden ihm zur Last gelegt. Sie sollen von einer Varietät (var. *bohemica*) oder einer sehr ähnlichen und jüngst beschriebenen Art, der *Macrolepiota venenata*, verursacht worden sein. Diese beiden Arten wachsen an offenen, nitrathaltigen Standorten wie etwa Gärten und neben Mülldeponien. Es empfiehlt sich daher, um diese Pilze einen Bogen zu machen.

- H: 12–20 cm
- Ø: 5–15 cm
- Weiße Sporen

Rosablättriger Schirmpilz

Leucoagaricus leucothites

Synonyme: *Lepiota subalba, Lepiota naucina, Leuco agaricus pudicus*
Anderer Name: Rosablättriger Egerlings-Schirmpilz

Klasse: Basidiomycetes – Ordnung: Agaricales – Familie: Agaricaceae

● H: 5–10 cm ● Ø: 5–12 cm ● Weiße Sporen

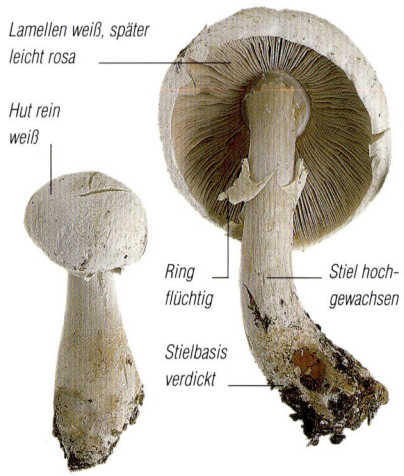

Lamellen weiß, später leicht rosa
Hut rein weiß
Ring flüchtig
Stiel hochgewachsen
Stielbasis verdickt

▼ Verwechslungsgefahr:
Karbol-Egerling
(*Agaricus xanthoderma*; S. 165)
Weiße Knollenblätterpilze
(*Amanita virosa, Amanita verna*;
S. 173–174)
Grüner Knollenblätterpilz
(*Amanita phalloides*; S. 176)

▎Bestimmung

Der mittelgroße, am Scheitel fleischige, seidig glänzende **Hut** ist zunächst eiförmig, breitet sich später aus und ist im Alter sogar niedergedrückt. Die Huthaut ist anfangs rein weiß, wird mit der Zeit rissig und färbt sich, besonders in der Mitte, fleischfarben, ocker bis bräunlich. Der sehr dünne Rand ist leicht fransig.

Die dünnen, gedrängten, freien **Lamellen** sind weiß und färben sich mit der Sporenreife leicht rosa.

Der hochgewachsene, zylindrische, an der Basis verdickte **Stiel** wird rasch hohl und zerbrechlich. Er trägt im oberen Drittel einen häutigen, dünnen und oft flüchtigen Ring. Seine seidige Oberfläche ist durchgehend weiß und läuft auf Druck gelb an.

Das dicke, zarte **Fleisch** ist weiß, schwach gilbend, es riecht und schmeckt angenehm mild.

▎Vorkommen

Der Rosablättrige Schirmpilz erscheint manchmal in umfangreichen Trupps auf Wiesen, Weiden, Brachland, in Gärten und besonders auf grasbewachsenen Wegrändern. Stellenweise tritt er sehr häufig auf. Er wächst von Sommer bis Herbst.

▎Wert

Der feine Speisepilz hat ein dickes, zartes Fleisch, das sehr angenehm duftet und schmeckt. Nach G. Fourré soll er allerdings in einigen seltenen Fällen zu Verdauungsstörungen geführt haben. In jedem Fall wird dieser Pilz häufig wegen seiner Ähnlichkeit mit den tödlichen weißen Knollenblätterpilzen gemieden. (→ Tabellen S. 166, 172, 174)

Verwechslungen

Das Sammeln von weißen Pilzen verlangt größte Sorgfalt und Pilzkenntnis, denn unter ihnen gibt es hochgiftige Pilzarten.

Der **Karbol-Egerling** (*Agaricus xanthoderma*; S. 165) führt zu Verdauungsstörungen. Sein Fleisch läuft beim Reiben gelb an und riecht unangenehm.

Die weißen **Knollenblätterpilze** (*Amanita virosa, Amanita verna*; S. 173 u. 174) und die hellen Formen des **Grünen Knollenblätterpilzes** (*Amanita phalloides*; S. 176) verirren sich gelegentlich ins Gras der Waldränder. Sie unterscheiden sich deutlich vom Rosablättrigen Schirmpilz durch die Scheide an der Stielbasis. Dieses Kennzeichen ist ausnahmslos und unbedingt an jedem einzelnen Exemplar zu prüfen.

	Rosablättriger Schirmpilz *Leucoagaricus leucothites*	Karbol-Egerling *Agaricus xanthoderma*	Weiße Knollenblätterpilze *Amanita virosa, A. verna, A. phalloides* var. *alba*
Hut	weiß oder leicht gefärbt	weiß, fuchsrötlich	weiß oder leicht gefärbt
Lamellen	weiß bis rosa	weiß, rosa, später purpurbraun	weiß, unveränderlich
Stiel	weiß, bei Berührung gelb	weiß, bei Berührung gelb	weiß, unveränderlich
Ring	deutlich, dünn	deutlich, abstehend	deutlich, weit ausgreifend oder reduziert
Stielbasis	verdickt	deutliche Knolle	Scheide
Fleisch	weiß, schwach gelb anlaufend	weiß, deutlich gelb anlaufend	weiß, unveränderlich
Vorkommen	Wiesen	Wiesen, Unterholz	Wald
Wert	guter Speisepilz	giftverdächtig	tödlich giftig

Großer Schleimschirmling
Limacella guttata

Anderer Name: Getropfter Schleimschirmling

Synonyme: *Limacella lenticularis, Lepiota lenticularis*

Klasse: Basidiomycetes – Ordnung: Agaricales – Familie: Amanitaceae

- H: 8–13 cm ● Ø: 6–15 cm ● Weiße Sporen

▍Bestimmung

Der zunächst glockige **Hut** breitet sich, später zentral gebuckelt, gleichmäßig aus und erinnert dann an eine Linse. Die helle, beige bis blaßlederfarbene Huthaut ist in der Mitte häufig dunkler, bei feuchtem Wetter klebrig und glänzend, bei Trockenheit am Rand rissig.

Die weißen **Lamellen** stehen gedrängt und frei.

Der lange, stämmige **Stiel** ist weiß, faserig und an der Basis verdickt. Wenn man den Pilz vorsichtig aus der Erde hebt, erkennt man die sich zwiebelähnlich abschälende Knolle. Der Stiel trägt im oberen Teil einen abstehenden, hängenden, häutigen Ring. Zwischen Lamellen und Ring kann man besonders beim jungen Pilz typische rußbraune Tröpfchen beobachten.

Das dicke, weiße, am Stiel gelbe **Fleisch** ist zart und spröde. Es riecht angenehm nach Mehl.

▍Vorkommen

Der während der Pilzsaison in Fichtenwäldern des Berglands verbreitete Pilz wächst seltener in Buchenwäldern des Tieflands.

▍Wert

Das zarte, duftende Fleisch des äußerlich ansprechenden Großen Schleimschirmlings ergibt ein köstliches Pilzgericht. Allerdings wird der häufig verkannte Pilz nur selten gesammelt.

Weißer Knollenblätterpilz
Amanita virosa

Klasse: Basidiomycetes – Ordnung: Agaricales – Familie: Amanitaceae

- H: 10–18 cm ● Ø: 5–10 cm ● Weiße Sporen

▍Bestimmung

Der Weiße oder Spitzkegelige Knollenblätterpilz ist der klassische tödliche, in unschuldiges Weiß gekleidete Knollenblätterpilz.

Der mittelgroße, dünnfleischige **Hut** ist eiförmig oder glockig und zentral gebuckelt. Bei Trockenheit glänzt die glatte Huthaut seidig. Bei Feuchtigkeit wird sie klebrig-schleimig.

Die weißen engständigen **Lamellen** sind frei.

Der hochgewachsene, gerade oder leicht gebogene **Stiel** ist zunächst voll, später hohl. Die weiße Oberfläche ist mit kleinen Flocken übersät. Im oberen Teil trägt er einen häutigen, fragilen, unauffälligen, schnell vergänglichen Ring. Die Stielbasis ist von einer weißen, häutigen Scheide umhüllt.

Das weiche, weiße **Fleisch** hat einen unangenehm giftigen Geruch und Geschmack.

▍Vorkommen

Der Weiße oder Spitzkegelige Knollenblätterpilz bildet im Norden, auf sauren Böden, im Unter-

(Fortsetzung)

Verwechslungsgefahr:
Dünnfleischiger Anis-Egerling *(Agaricus silvicola;* S. 161)
Rosablättriger Schirmpilz *(Leucoagaricus leucothites;* S. 172)
Fransiger Wulstling *(Amanita strobiliformis)*
Eierwulstling *(Amanita ovoidea;* S. 180)
Grauer Streifling, weiße Form *(Amanita vaginata var. alba;* S. 186–187)

holz manchmal große Populationen. Er liebt die hochgelegenen Buchen- oder Fichtenwälder. Örtlich kann der sonst eher seltene Pilz in großen Mengen auftreten. Er wächst von Frühling bis Herbst, hauptsächlich jedoch im Sommer.

▌Giftigkeit

Der Weiße oder Spitzkegelige Knollenblätterpilz ist in seiner Wirkung ebenso tödlich wie der Grüne Knollenblätterpilz. Er enthält Amanitin und andere Giftstoffe, darunter Virosin. (→ Tabellen S. 172, 174)

Verwechslungen

Man kann nicht oft genug daran erinnern, wie wichtig es ist, vor allem beim Sammeln weißer Pilze im Wald größte Vorsicht walten zu lassen. Achten Sie stets auf die Beschaffenheit des Stiels. Das Vorhandensein einer Scheide deutet auf einen Wulstling.

Das Fleisch des köstlichen **Dünnfleischigen Anis-Egerlings** (Agaricus silvicola; S. 161) riecht nach Anis und läuft zitronengelb an. Der tief im Boden steckende Stiel hat zwar keine Scheide, aber manchmal eine knollige Basis.

Der **Rosablättrige Schirmpilz** (Leucoagaricus leucothites; S. 172) hat ebenfalls keine Scheide an der Stielbasis.

Die weißen **Fransigen Wulstlinge** (Amanita strobiliformis) und **Eier-Wulstlinge** (Amanita ovoidea; S. 180) sind viel stämmiger als die tödlichen Wulstlinge. Die weiße Form (Amanita vaginata var. alba; S. 186–187) des **Grauen Streiflings** hat einen gerieften Rand und keinen Ring.

Verwandte Art

FRÜHLINGSKNOLLENBLÄTTERPILZ
 Amanita verna

Der im Vergleich zum Weißen seltenere Frühlingsknollenblätterpilz wächst in südlicheren Gefilden im Unterholz auf kalkhaltigen Böden ab Juni bis in den Herbst. Hutform und -farbe sind gleichmäßiger als bei seinem Verwandten. Er glänzt seidig und ist weiß bis cremefarben. Der Ring ist leicht gerieft. Der Stiel ist glatt mit kugeliger Scheide.

Zusammen mit dem Weißen oder Spitzkegeligen und dem Grünen Knollenblätterpilz gehört er zum Trio der drei tödlich giftigen Wulstlinge, die ähnliche Giftstoffe enthalten und vergleichbare Vergiftungserscheinungen hervorrufen. (→ Tabellen S. 172, 174)
- H: 7–11 cm
- Ø: 4–10 cm
- Weiße Sporen

	W. Knollenblätterpilz *Amanita virosa*	Dünnfl. Anis-Egerling *Agaricus silvicola*	Rosablättriger Schirmpilz *Leucoagaricus leucothites*	Frühlingsknollenblätterpilz *Amanita verna*
Hut	weiß, seidig bis schmierig	weiß, gelb anlaufend, seidig	weiß	weiß bis cremefarben, seidig glänzend
Lamellen	weiß, unveränderlich	gräulich, rosa, später braun	weiß, leicht rot anlaufend	weiß, unveränderlich
Stiel	weiß, flockig	weiß, gelb anlaufend, glatt	weiß, glatt	weiß, glatt
Ring	flüchtig, häutig	stark abstehend, flockig	sehr klein	verkümmert, leicht gerieft
Scheide	weiß, eng anliegend	keine	keine	weiß, kugelig
Geruch	schwach, giftig	deutlich nach Anis	schwach	schwach, giftig
Vorkommen	Wald (saure Böden)	Wald	Wiesen	lichter Wald (Kalkböden)
Wert	tödlich	guter Speisepilz	guter Speisepilz	tödlich

Gelber Knollenblätterpilz
Amanita citrina

Klasse: Basidiomycetes – Ordnung: Agaricales – Familie: Amanitaceae

- H: 8–15 cm ● Ø: 5–12 cm ● Weiße Sporen

Stiel oberhalb des Rings gerieft

Ring breit, gerieft

Knolle dick

Hut zitronengelb mit Hautfetzen

▌Bestimmung

Der mittelgroße **Hut** ist anfangs halbkugelig, später dann flach. Die zitronen- oder grüngelbe Huthaut ist mit ziemlich großen, häutigen, weißlichen bis ockerfarbenen Hautfetzen bedeckt.

Die **Lamellen** stehen frei, gedrängt und sind weiß.

Der feste, blaßgelbe **Stiel** ist oberhalb des ebenfalls gelblichen Rings gerieft und an der Basis zu einer dicken, weißen, deutlich gerandeten Knolle verdickt. Manchmal sind Reste einer mehr oder weniger gelben Scheide erkennbar.

Das weiße, feste, zarte **Fleisch** schmeckt mild, später bitter und riecht stark nach Rettich oder frischen Kartoffeln.

Aufgrund dieses nicht besonders angenehmen Geschmacks ist der Gelbe Knollenblätterpilz kulinarisch bedeutungslos. Er galt lange als tödlich giftig. Wahrscheinlich wurde er vielfach mit dem Grünen Knollenblätterpilz verwechselt.

▌Vorkommen

Der weitverbreitete Gelbe Knollenblätterpilz wächst von Sommer bis Herbst in Laub- und Nadelwäldern, vorwiegend unter Eichen, auf sauren, gut entwässerten Böden.

Verwandte Arten

GELBER KNOLLENBLÄTTERPILZ, WEISSE FORM
Amanita citrina var. *alba*

Diese Varietät ist ganz weiß oder schwach zitronengelb. Der Pilz wirkt insgesamt schlanker, die Knolle ist weniger deutlich gerandet, und der Hut trägt weniger Schuppen als die typische Art.

- H: 7–15 cm ● Ø: 5–8 cm
- Weiße Sporen

PORPHYRBRAUNER WULSTLING
Amanita porphyria

Den vorigen eng verwandt, ist dieser Pilz schmächtiger. Der bräunliche Hut hat eine leichte Lilafärbung. Der empfindliche Ring haftet am Stiel und wird braungrau. Der seltene Pilz ist kulinarisch ohne Wert.

- H: 8–13 cm ● Ø: 4–8 cm
- Weiße Sporen

Grüner Knollenblätterpilz

Amanita phalloides

Klasse: Basidiomycetes – Ordnung: Agaricales – Familie: Amanitaceae

- H: 10–18 cm
- Ø: 5–15 cm
- Weiße Sporen

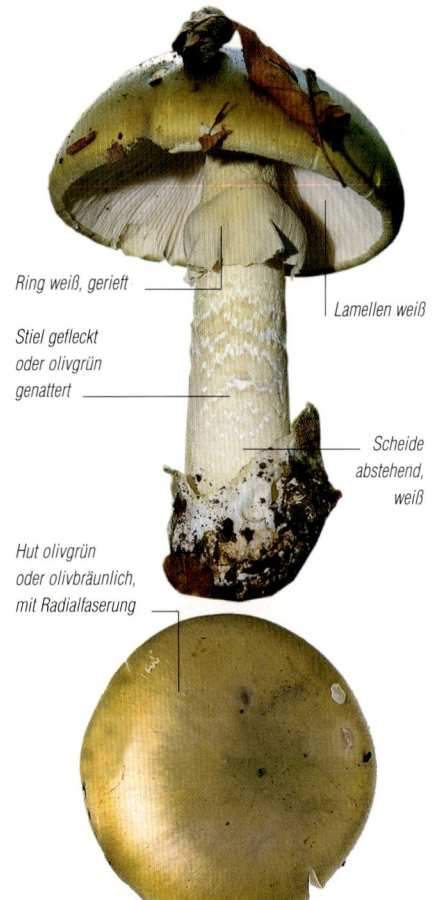

Ring weiß, gerieft

Stiel gefleckt oder olivgrün genattert

Lamellen weiß

Scheide abstehend, weiß

Hut olivgrün oder olivbräunlich, mit Radialfaserung

▎Bestimmung

Der Grüne Knollenblätterpilz ist ebenso gefährlich wie faszinierend.

Der fleischige **Hut** ist zunächst eiförmig, später konvex und schließlich ausgebreitet. Die Huthaut trägt weder Warzen noch Flocken, hat jedoch eine charakteristische Radialfaserung. Der olivgrüne Hut glänzt bei Trockenheit und ist bei feuchtem Wetter leicht schmierig. Die Färbung ist jedoch nicht immer einheitlich. Manchmal mischen sich gelbliche Flecken ins Olivgrün. Einige Formen des Grünen Knollenblätterpilzes sind sehr blaß oder sogar weiß. Der zunächst eingerollte, später wellige Rand ist glatt.

Die bauchigen, ungleich langen **Lamellen** stehen frei und sind weiß.

Der **Stiel** schießt aus dem Ei wie bei der Gemeinen Stinkmorchel. Hochgewachsen, verleiht er dem Pilz eine elegante Note. Die Stieloberfläche ist fein hutfarben genattert. Der Stiel trägt einen gerieften, weißen Ring und ist an der Basis von einer weißen, abstehenden, dauerhaften Scheide umgeben.

Das weiße **Fleisch** ist dick und zart. Es riecht leicht nach Rosenblüten. Der Geruch ist bei älteren oder vertrocknenden Exemplaren stärker.

▎Vorkommen

Der Grüne Knollenblätterpilz wächst gewöhnlich in Laub-, vorzugsweise in Eichenwäldern, besiedelt aber auch Nadelwälder. Der Pilz ist in der gesamten gemäßigten Zone der nördlichen Halbkugel häufig und gesellig. Er tritt in regenreichen Jahren manchmal derart zahlreich auf, daß er im Unterholz der einzige Pilz überhaupt zu sein scheint. Er wächst im Sommer, besonders aber im Herbst, von Juli bis November.

▎Giftigkeit

Im Reich der Pilze gilt der Grüne Knollenblätterpilz als Erzfeind des Menschen. Die »Totenkappe«, wie er bei den Engländern heißt, ist für 95 % der Pilzvergiftungen mit tödlichem Ausgang verantwortlich. Jedes Jahr fordert das stattliche Aussehen und die massenhafte Verbreitung des Pilzes einige Todesopfer unter unvorsichtigen Sammlern. Eigentlich müßten Kinder bereits in der Schule lernen, den gefährlichen Pilz zu unterscheiden.

Eine – zugegeben makabre – Parallele wurde zwischen den üppigsten Knollenblätterpilz-»ernten« und den schlechtesten Weinlesen gezogen. Tatsächlich überschwemmt der Grüne Knollenblätterpilz in regenreichen Jahren just zur Weinlese die Wälder.

In manchen Jahren schossen gerade die beiden giftigsten Pilze, der Grüne Knollenblätterpilz und der Riesen-Rötling, aus den Böden der Eichenwälder. Es kam dann sogar vor, daß die giftigen Pilze körbeweise zu Markte getragen und unwissentlich fast verkauft wurden. Dabei sind bereits die Giftmengen eines einzigen, mittelgroßen Exemplars vom Knollenblätterpilz für den Menschen tödlich! Die Symptome der schrecklichen Amanita-phalloides-Vergiftung treten mit Verzögerung etwa vier Stunden

	Grüner Knollenblätterpilz *Amanita phalloides*	Großer Scheidling *Volvariella speciosa*	Echter Ritterling *Tricholoma equestre*	Schwarzfaseriger Ritterling *Tricholoma portentosum*
Hut	olivgrün bis weiß, faserig-filzig	weiß bis gräulich, klebrig	kräftig gelb, mehr oder weniger klebrig	gelblichgrau, faserig-filzig
Lamellen	weißlich bis gelblich	weiß, später rosa	kräftig gelb	weiß bis gelblich
Stiel	weiß, gestreift, Ring und Scheide	weiß, glatt, Scheide	kräftig gelb, glatt, nackt	weiß bis gelblich, glatt, nackt
Fleisch	zart, weich	weich	fest	fest, spröde
Geruch	schwach nach Rosen	schwach nach Rettich	keiner	schwach nach Mehl
Vorkommen	Laubbäume (Nadelbäume)	lichte Standorte, Nadel- (Laubbäume)	Laub- und Nadelbäume	Nadelbäume (Laubbäume)
Wert	tödlich giftig	guter Speisepilz	tödlich giftig	guter Speisepilz

nach Verzehr der Pilze auf und äußern sich zunächst in Magen-Darm-Beschwerden, Durchfall, Erbrechen und kalten Schweißausbrüchen. Die nicht mehr therapierbaren Brechdurchfälle führen zu starkem Flüssigkeitsverlust und zur Austrocknung.

Der Patient wird dermaßen geschwächt, daß der Tod relativ schnell durch Herzstillstand eintreten kann. Allerdings kann sich der Krankheitsverlauf auch in die Länge ziehen. Leber und Niere werden stark angegriffen. Der Vergiftete bleibt fast bis zum Schluß bei Bewußtsein.

In den letzten Jahren wurden enorme Fortschritte bei der Behandlung erzielt. Die Zahl der Überlebenden stieg deutlich. Entscheidend ist die rechtzeitige Diagnose und umgehende Einweisung ins Krankenhaus. Wichtig ist in solchen Fällen auch die enge Zusammenarbeit zwischen Ärzten und Mykologen.

Bei der Behandlung kommt es darauf an, die Entfernung des Giftstoffs aus dem Körper zu beschleunigen und die Funktion der angegriffenen Organe zu stützen. Ein echtes Gegenmittel gibt es noch nicht. Dr. Bastien schlägt vor, Hefe in Verbindung mit einem Antiseptikum zur Wiederherstellung der Darmflora sowie die Vitamine B und C zu verabreichen. Dadurch könnten die Giftstoffe schneller entfernt und durch das Vitamin C sogar teilweise zerstört werden.

Ist die Leber stärker angegriffen, müssen leberschützende Mittel gegeben werden. Häufig werden Kortison und Gegenenzyme zusammen mit Silymarin, einem Mariendistelextrakt, verabreicht. Bei schweren Nierenkoliken ist eine Blutwäsche oder Dialyse angezeigt. (→ Tabellen S. 90, 172, 176)

Verwechslungen

Viele ausgezeichnete Speisepilze werden leider allzu häufig mit dem gefährlichen Grünen Knollenblätterpilz verwechselt.

Allgemein gilt die Regel: Lassen Sie jeden Pilz mit weißen Lamellen, grünlichem bis gelbem oder weißem Hut und weißem, beringten Stiel mit abstehender Scheide im Wald oder werfen Sie ihn weg.

Der **Große Scheidling** (Volvariella speciosa; S. 121) galt lange Zeit als ebenso tödlich giftig wie der Gelbe Knollenblätterpilz. Später wurde diese Auffassung korrigiert. Der Große Scheidling zählt zu den guten Speisepilzen, die außerhalb der Wälder, vor allem auf Feldern und in Gärten wachsen. Sein Weiß geht später in Grau und Braun über. Im Unterschied zum Grünen Knollenblätterpilz hat er keinen Ring, rötende Lamellen und einen leichten Rettichgeruch.

Manchmal liegt der gefährliche Knollenblätterpilz im Korb eines Ritterlingsammlers. Ritterlinge tragen weder Ring noch Scheide und wachsen vorzugsweise in Nadelwäldern. Eine Verwechslung kommt vor, wenn unerfahrene Sammler den Pilz oberhalb der Scheide und des Rings abschneiden und diese am Standort zurücklassen. Tückischerweise können diese Merkmale restlos dem Schneckenfraß zum Opfer gefallen sein.

Der **Schwarzfaserige Ritterling** (Tricholoma portentosum; S. 88) ist lediglich an seinem festen Fleisch zu unterscheiden. Dies ist allerdings ein sehr subjektives Kriterium, das insbesondere dem unerfahreneren Pilzsammler wenig nützen wird. Auch die Farbe des Huts ist kein zuverlässiges Unterscheidungsmerkmal.

Vergiftungen beruhen jedoch meist auf groben Verwechslungen. So wurde der Grüne Knollenblätterpilz schon öfter für den Riesen-Schirmpilz oder gar den Steinpilz gehalten. Der weißen Form des Grünen Knollenblätterpilzes ähneln folgende sehr gute Speisepilze:

– Der **Rosablättrige Schirmpilz** (Leucoagaricus leucothites; S. 172) hat einen wenig ausgeprägten Ring und einen an der Basis knollig verdickten Stiel ohne Scheide.

– Der **Dünnfleischige Anis-Egerling** (Agaricus silvicola, S. 161) hat keine Scheide. Seine erst graurosa Lamellen färben sich schließlich braun. Überdies riecht er stark nach Anis.

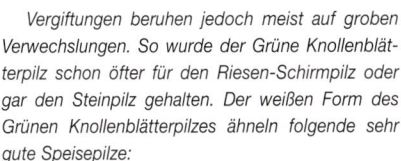

Verwechslungsgefahr:
Großer Scheidling (Volvariella speciosa; S. 121)
Echter Ritterling (Tricholoma equestre; S. 90)
Schwarzfaseriger Ritterling (Tricholoma portentosum; S. 88)
Rosablättriger Schirmpilz (Leucoagaricus leucothites; S. 172)
Dünnfleischiger Anis-Egerling (Agaricus silvicola; S. 161)

Die Hutfarbe des Grünen Knollenblätterpilzes ist kein zuverlässiges Kennzeichen für die Bestimmung. Das Bild zeigt einen schneeweißen Grünen Knollenblätterpilz.

Agaricales

Perlpilz

Amanita rubescens

Synonym: *Amanita rubens*

Klasse: Basidiomycetes – Ordnung: Agaricales – Familie: Amanitaceae

● H: 7–18 cm ● Ø : 6–15 cm ● Weiße Sporen

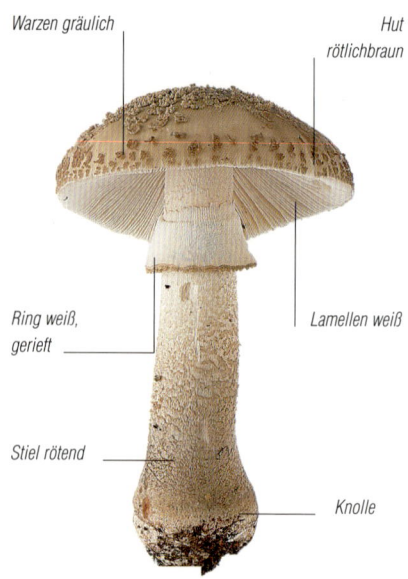

Warzen gräulich
Hut rötlichbraun
Ring weiß, gerieft
Lamellen weiß
Stiel rötend
Knolle

Fleisch an Schneckenfraßstellen rosa anlaufend
Fleisch an Madengängen rosa anlaufend

 **Verwechslungsgefahr:**
Grauer Wulstling (*Amanita spissa*; S. 179)
Pantherpilz (*Amanita pantherina*; S. 181)

▌Bestimmung

Der fleischige, mittelgroße bis große **Hut** ist zunächst halbkugelig, später konvex und am Ende ausgebreitet. Die bräunliche Huthaut variiert von weißlich bis braun und verfärbt sich fleckig, manchmal auch ganz rötlich. Gräuliche, ins Gelb spielende und mit Weinrot vermischte kleine Warzen oder ungleichmäßige Fetzen übersäen die Oberfläche einmal sehr dicht, das andere Mal eher locker. Der Rand ist glatt.

Die gedrängten, ungleichmäßigen, freien **Lamellen** sind weiß und verfärben sich bei Verletzungen rötlich.

Der stämmige, bald hohle **Stiel** ist an der Basis zu einer umgekehrt kegelförmigen Knolle verdickt. Er ist weißlich bis bräunlich und verfärbt sich besonders im unteren Teil rosa oder rot. Er trägt einen abstehenden, gerieften, weißen bis rosa Ring.

Das zarte, weiße **Fleisch** läuft bei Verletzungen weinrot an. Es hat (vor allem im Stielbereich), keinen Geruch, schmeckt gekocht aber mild und angenehm.

▌Vorkommen

Der Perlpilz wächst sowohl unter Laub- als auch unter Nadelbäumen, manchmal ebenfalls freistehend in Baumnähe.

Die Art ist in der gemäßigten Zone häufig zu finden. Ihre Fruchtkörper erscheinen schon im Frühling bis in die Nachsaison hinein.

	Perlpilz *Amanita rubescens*	Grauer Wulstling *Amanita spissa*	Pantherpilz *Amanita pantherina*
Hut	bräunlich (rötend)	braungrau	graubraun bis gelblich
Lamellen	weiß (rosa gefleckt)	weiß	weiß
Stiel	weiß bis bräunlich, rötend	weiß, bräunlich gegürtelt	weiß, unveränderlich
Ring	weiß (rosa), gerieft	weiß, gerieft	weiß, nicht gerieft
Knolle	umgekehrt kegelförmig, rötend	rübig, weiß bis hellbraun	gerandet, weiß
Fleisch	weiß, rötend	weiß, unveränderlich	weiß, unveränderlich
Geruch	keiner	nach Rettich	keiner
Wert	sehr guter Speisepilz	minderwertig	hochgiftig

Wert

Für einige Liebhaber ist der Perlpilz ein ausgezeichneter Speisepilz, den sie mit dem Kaiserling vergleichen. Aber nicht jeder verträgt ihn, und er riecht beim Kochen unangenehm, was seinen Ruf nicht ganz rechtfertigt.

Darüber hinaus sei darauf hingewiesen, daß man ihn vor dem Verzehr gut kochen muß. Grillen oder Dünsten in der Pfanne reichen jedenfalls nicht aus. Der Pilz enthält Hämolysine, die durch Zerstörung der roten Blutkörperchen zu Anämien führen, und sie werden erst bei Temperaturen über 60 °C zerstört. Die Kochzeit muß also ausreichend lang sein, damit die Hitze das gesamte Fleisch durchdringt. Erst dann gibt es kein weiteres Risiko. Auch andere Pilze, beispielsweise Morcheln, enthalten Hämolysine. Für sie gelten daher die gleichen Zubereitungsregeln wie für den Perlpilz.

Verwechslungen

Der Perlpilz ist nicht immer leicht zu erkennen, da er sehr unterschiedliche Formen und Farben annehmen kann. Daher empfiehlt es sich, niemals einen braunen Wulstling zu essen, dessen Fleisch nicht rot anläuft.

*Der **Graue Wulstling** (Amanita spissa; S. 179) ist ein mittelmäßiger Speisepilz, von dessen Verzehr abzuraten ist, weil die Verwechslungsgefahr mit dem Pantherpilz zu groß ist.*

*Der hochgiftige **Pantherpilz** (Amanita pantherina; S. 181) kann ebenfalls ein sehr verschiedenes Aussehen haben. Unterscheidungsmerkmale sind sein nicht rötendes Fleisch, der geriefte Rand und besonders seine deutlich abgesetzt gerandete Knolle, in die der Stiel eingepfropft zu sein scheint.*

Verwandte Arten

Die anderen braunen Wulstlinge mit weißem, unveränderlichem Fleisch haben keinen Rotton.

GRAUER WULSTLING
Amanita spissa

Der Graue Wulstling ist ähnlich stämmig wie der Perlpilz und hat einen bräunlichgrauen Hut mit graulichen, flüchtigen Warzen und einfarbigem Rand. Charakteristisch ist die deutliche Riefung des Rings und des Stiels oberhalb des Rings. Die zu einer rübenförmigen Knolle verdickte Stielbasis ist auf weißlichem Grund dunkel gegürtelt. Das dicke, feste Fleisch ist weiß und unveränderlich. Sein Rettichgeruch und -geschmack machen ihn zu einem minderwertigen Speisepilz, den man wegen der großen Verwechslungsgefahr mit dem Pantherpilz besser meidet. (→ Tabelle S. 178)

- H: 8–18 cm
- Ø: 7–15 cm
- Weiße Sporen

Warzen gräulich

Ring und Stielspitze deutlich gerieft

Mehr oder weniger ockerfarben geschuppt

Stiel knollig

HOHER WULSTLING
Amanita excelsa

Er ist möglicherweise nur eine Varietät des Grauen Wulstlings, wirkt jedoch schlanker. Sein Hut ist blasser und mit dickeren Flocken bedeckt.

- H: 8–15 cm
- Ø: 6–10 cm
- Weiße Sporen

Agaricales **179**

Eier-Wulstling
Amanita ovoidea

Synonyme: *Agaricus albus, Agariucs coccola*

Klasse: Basidiomycetes – Ordnung: Agaricales – Familie: Amanitaceae

- H : 15–25 cm
- Ø : 15–25 cm
- Weißliche Sporen

Hut weiß, seidig glänzend

Stiel dick, flockig

Scheide abstehend, creme- bis ockerfarben

▍Bestimmung

Der Eier-Wulstling gehört zu den mächtigsten Pilzen. Einzelne Exemplare können einen Hutdurchmesser von 40 cm erreichen!

Der **Hut** ist zunächst eiförmig, später weit ausgebreitet. Der Rand ist mehr oder weniger mit flockigen Fransen behangen. Die Huthaut ist glatt, seidig glänzend, zunächst weiß, später ockerfarben. Die ursprünglich weißen **Lamellen** färben sich in der Regel ebenfalls cremefarben mit flockig-fransiger Schneide.

Der **Stiel** ist wie der Hut sehr massig. Der flockige, flüchtige Ring verliert sich bald in den Flocken der Stieloberfläche.

Die Stielbasis ist von einer abstehenden, dicken, creme- bis ockerfarbenen Scheide umhüllt.

Das dicke, weiße **Fleisch** riecht, besonders beim älteren Pilz, fäulnisartig.

Der Eier-Wulstling ist ein mittelmäßiger Speisepilz, der mehr wegen seiner Größe als wegen seines Geschmacks geschätzt wird. Achten Sie darauf, daß Sie ihn nicht aus Versehen mit *Amanita proxima* verwechseln (s. u.).

▍Vorkommen

Der Eier-Wulstling hat eine leichte Vorliebe für kalkreiche Böden in warmen Gegenden. Er ist hauptsächlich im Mittelmeerraum anzutreffen; im Norden ist er selten.

Er wächst vorzugsweise in lichten Wäldern, zwischen Eichen, Nadel- und Buchsbäumen. In den bevorzugten Wachstumsgebieten tritt er häufig auf.

Verwandte Arten

Die nachstehend beschriebenen Pilze bevorzugen wie der Eier-Wulstling die Kalkböden Südeuropas.

ÄHNLICHER WULSTLING
Amanita proxima

Er ist dem Eier-Wulstling so ähnlich, daß er häufig für eine Varietät des nahen Verwandten gehalten wird. Er ist jedoch kleiner und schlanker, vor allen Dingen aber hat er einen häutigen, deutlichen, gerieften Ring. Seine Scheide ist stärker fuchsrot. Man sollte den seltenen Pilz gut kennen, da er bereits nachweislich eine tödliche Vergiftung verursacht hat.

- H: 10–15 cm
- Ø: 6–15 cm
- Weiße Sporen

STACHELSCHUPPIGER WULSTLING
Amanita echinocephala

Der Pilz soll giftig sein. Hut wie auch verlängerte Knolle sind mit kleinen, spitzen, cremefarbigen bis weißen, warzigen Schüppchen besetzt. Der Ring ist häutig, und die Lamellen schimmern wäßrig-grün.

- H: 12–20 cm
- Ø: 6–20 cm
- Weiße Sporen

Pantherpilz

Amanita pantherina

Synonym: *Agaricus maculatus*

Klasse: Basidiomycetes – Ordnung: Agaricales – Familie: Amanitaceae

● H: 7–15 cm ● Ø: 6–12 cm ● Weißliche Sporen

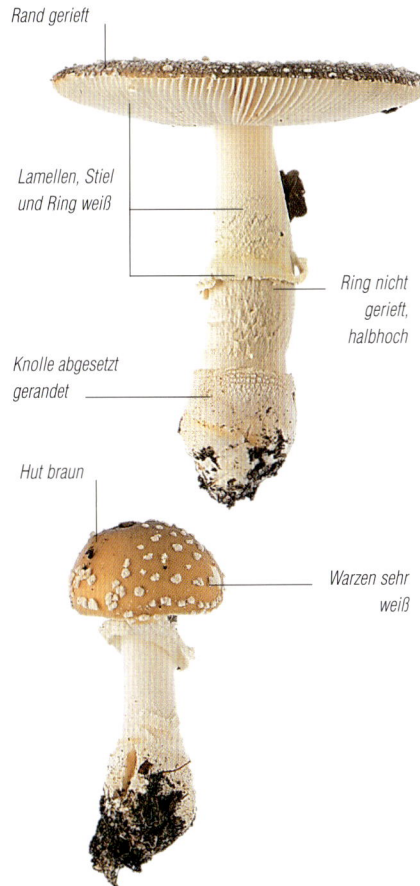

Rand gerieft

Lamellen, Stiel und Ring weiß

Ring nicht gerieft, halbhoch

Knolle abgesetzt gerandet

Hut braun

Warzen sehr weiß

▼ **Verwechslungsgefahr:**
Grauer Wulstling *(Amanita spissa;* S. 179)
Perlpilz *(Amanita rubescens;* S. 178)
Grauer Streifling *(Amanita vaginata;* S. 186)

▍Bestimmung

Der mittelgroße, recht dünnfleischige **Hut** ist zunächst kugelig, flacht aber später deutlich ab. Die von graubraun bis ockerbraun variierende Huthaut ist mit kleinen mehlig-weißen, mehr oder weniger deutlich konzentrisch angeordneten Warzen bedeckt. Charakteristisch ist der gerieft-gerippte Rand.

Die weißen, leicht bauchigen **Lamellen** sind engstehend und frei.

Der zunächst gedrungene **Stiel** schießt mit zunehmendem Alter in die Höhe. Über dem deutlich wulstigen Rand der Knolle schließen sich spiralförmige Gürtelzonen an. Der häutige, hängende Ring ist flüchtig und sitzt auf halber Höhe des vollständig weißen, höchstens im unteren Teil leicht schmutzigbraun verfärbten Stiels.

Das zarte weiße, unveränderliche **Fleisch** riecht manchmal schwach rettichartig.

▍Vorkommen

Der Pantherpilz wächst unter Laub- und Nadelbäumen auf Kalk-, Lehm- oder Sandböden in der gemäßigten Zone der nördlichen Halbkugel, sowohl im Flach- als auch im Bergland.

Der mehr oder weniger weit verbreitete Pilz kann gelegentlich schon früh auftreten, wächst aber überwiegend während der Pilzsaison vom Spätsommer bis Herbstanfang.

▍Varietäten

Der Pantherpilz ist nicht zuletzt deshalb so gefährlich, weil er sehr verschiedene Gesichter haben kann. Der flüchtige Ring kann ganz fehlen. Außerdem gibt es eine Form mit durchgehend gelbem Hut.

In Höhenlagen findet man eine kräftigere Form *(abietum)*, die unter Nadelbäumen wächst. Ihre Warzen sind hellgrau statt weißlich, und der Rand ist erst im Alter gerieft-gerippt. Diese Varietät wächst manchmal auch in alten Nadelholzforsten des Flachlands, die häufig Pflanzengut aus dem Bergland enthalten.

▍Giftigkeit

Der äußerst giftige Pantherpilz enthält ähnliche Giftstoffe wie der Rote Fliegenpilz, jedoch in anderer Zusammensetzung. Sein hoher Muskaringehalt führt zu heftigen Vergiftungserscheinungen mit sehr viel stärkeren Magen-Darm-Beschwerden als beim Fliegenpilz. Erste Anzeichen sind heftiger Durchfall, Erbrechen, Schweißausbrüche, übermäßiger Speichelfluß usw. Sie zeigen sich ziemlich schnell, etwa ein bis drei Stunden nach Verzehr des Giftpilzes. Eine Knollenblätterpilz-Vergiftung kann dann ausgeschlossen werden, da deren Symptome mit Verzögerung auftreten. Die Pantherpilz-Vergiftungen äußern sich jedoch auch in Nervenreaktionen wie Rauschzuständen oder Wutanfällen. Halluzinatorische Phänomene sind beim Roten Fliegenpilz weniger ausgeprägt.

Obwohl der Verzehr des Pantherpilzes den Patienten körperlich und psychisch extrem schwächt, kann er in der Regel durch sofortige stationäre Behandlung gerettet werden. Sie besteht im wesentlichen darin, den Flüssigkeitsverlust auszugleichen, die Herztätigkeit zu unterstützen und die psychischen Störungen abzumildern. (→ Tabellen S. 178, 186)

Verwechslungen

Aufgrund seiner vielfältigen Erscheinungsformen wird der Pantherpilz leicht mit einigen eßbaren Wulstlingen verwechselt. Gerade die Varietät abietum zeigt, daß der weiß beflockte und deutlich gerippt-gerieftе Rand als eindeutiges Bestimmungsmerkmal nicht zuverlässig ist. Die gräulichen Flocken und der nicht gerieftе Rand des jungen Pilzes dieser Art erhöhen die Verwechslungsgefahr mit anderen braunen Wulstlingen. Im Zweifelsfall läßt sich der Pantherpilz an seiner deutlich wulstig-gerandeten Knolle identifizieren.

Der **Graue Wulstling** *(Amanita spissa; S. 179) ist ein minderwertiger Speisepilz mit rübenförmig-knollig verlängertem Stiel und rettichartigem Geruch.*

Der **Perlpilz** *(Amanita rubescens; S. 178) zeichnet sich durch das an der Luft rot anlaufende Fleisch aus. Gekocht ist er ein ausgezeichneter Speisepilz.*

Der **Graue Streifling** *(Amanita vaginata; S. 186) trägt keinen Ring und sieht dem Pantherpilz sehr ähnlich, wenn dieser seinen Ring verloren hat. Er unterscheidet sich durch die Scheide an der Stielbasis.*

Roter Fliegenpilz
Amanita muscaria

Synonym: *Agaricus muscarius*

Klasse: Basidiomycetes – Ordnung: Agaricales – Familie: Amanitaceae

● H: 10–25 cm ● Ø: 8–20 cm ● Weiße Sporen

Hut leuchtend rot mit weißen Flocken

Lamellen weiß

Ring weiß

Scheide mit konzentrischen Gürteln

Verwechslungsgefahr:
Kaiserling *(Amanita caesarea;* S. 185)

▌Bestimmung

Der fleischige, wohlproportionierte **Hut** ist zunächst kugelig, später konvex und im Alter flach. Die zinnober- bis orangerote Huthaut ist beim jungen Pilz fast ganz, beim älteren Pilz etwas weniger mit ungleichmäßigen, weißen oder gelblichen Flocken besetzt. Der Rand wird im Alter fein gerieft.

Die gedrängten, bauchigen **Lamellen** sind weiß.

Der weiße, kräftige, zylindrische **Stiel** ist nach oben verjüngt. Die zu einer Knolle verdickte Stielbasis ist durch konzentrisch warzige Gürtel vom Stiel abgesetzt. Im oberen Teil umgibt ein weißer, flockiger Ring den flockig-flaumigen, manchmal aber auch glatten Stiel.

Das zarte, spröde **Fleisch** ist durchgängig weiß und nur unter der Huthaut leicht orange. Es ist nahezu geruchlos.

▌Vorkommen

Der prächtige Rote Fliegenpilz strahlt leuchtend rot aus dem Unterholz der Laub- und Nadelwälder. Er liebt den Schutz der Birken, saure Böden und die Nähe von Heidekraut. Man findet ihn oft in Gruppen, im Flachland ebenso wie im Bergland, in der nördlichen, gemäßigten Klimazone bis in die Tundragebiete. In der Regel wächst er von Juni bis November.

▌Giftigkeit

Der auffällige Rote Fliegenpilz wird in jedem Schulbuch als der Giftpilz schlechthin beschrieben. Wenn seine Giftigkeit auch nicht unterschätzt werden darf, so ist er doch weitaus weniger gefährlich als viele seiner Verwandten, darunter der Pantherpilz und der Grüne Knollenblätterpilz. Er enthält erheblich geringere Mengen des Giftstoffs Muskarin als der Pantherpilz oder andere Giftpilze, wie der Feld-Trichterling oder die Rißpilze. Der Verzehr des Roten Fliegenpilzes führt wie bei den Rißpilzen zu erhöhtem Flüssigkeitsverlust, der sich in schweren Magen-Darm-Beschwerden, aber auch in gemäßigteren Schweißausbrüchen, Speichel- und Tränenfluß usw. äußert. Nur ein Todesfall ist bekannt. Die Muskarinvergiftung wirkt besonders auf die Psyche. Sie führt zu Rauschzuständen, Halluzinationen, Krämpfen oder Glücksgefühlen, auf die eine subkomatische Depression folgt, die den Betroffenen in einen tiefen, langen Schlaf fallen läßt, aus dem er nur mühsam wieder erwacht. Nordische Völker, wie zum Beispiel die Lappen, kennen die »Tugenden« des Fliegenpilzes und nutzen ihn für rituelle Zeremonien.

Der Gehalt an Muskarin und anderen Giftstoffen kann beim Fliegenpilz sehr stark schwanken. Während grundsätzlich die Gefahr schwerer Vergiftungen immer gegeben ist, wird der Pilz in manchen Regionen, z. B. in Norditalien, offenbar problemlos verzehrt. Enthält die Art mancherorts keine Giftstoffe, oder liegt es an der Zubereitung? Das Abziehen der Huthaut, in der sich die Giftstoffe konzentrieren,

oder das Abgießen des Kochwasser scheinen das Vergiftungsrisiko erheblich zu senken. Andererseits berichten die Geschichtsbücher, daß der Fliegenpilz ein eindeutiger Favorit bei den Giftmorden im antiken Rom war. Wurde er vielleicht in besonders hohen Konzentrationen verabreicht, oder handelt es sich schlicht um eine Verwechslung mit dem Grünen Knollenblätterpilz?

▌ Wert

Die insektentötende Wirkung des Roten Fliegenpilzes wurde wissenschaftlich nachgewiesen und der entsprechende Giftstoff, nämlich Ibotensäure isoliert. Die medizinische Verwendung dieses Pilzes soll hier nicht unerwähnt bleiben. So verabreichen beispielsweise Homöopathen unendlich kleine Dosen des Pilzes unter dem Namen Agaricus als Beruhigungsmittel bei Nervenkrämpfen.

	⚠️ **Roter Fliegenpilz** *Amanita muscaria*	🍄 **Kaiserling** *Amanita caesarea*
Hut	rot, weiße Flocken	orangefarben, nackt
Lamellen	weiß	gelb
Stiel	weiß, weißer Ring, Knolle	gelb, gelber Ring, abstehende Scheide
Fleisch	weiß (unter der Huthaut orangefarben)	weiß (unter der Huthaut gelb)
Wert	giftig	ausgezeichneter Speisepilz

Verwechslung

Einige Formen spielen leicht ins Gelbe, wie die braunhütige Varietät regalis der nordischen Länder. Die Verwechslungsgefahr mit dem Kaiserling ist daher nicht zu unterschätzen.

*Der **Kaiserling*** (Amanita caesarea; S. 185) *ist leicht orangefarben. Er unterscheidet sich vom Roten Fliegenpilz besonders durch seine ausgeprägte Scheide an der Stielbasis.*

Verwandte Arten

Es gibt einige nachstehend beschriebene, seltenere, von der typischen Art abweichende Formen des Fliegenpilzes.

 • Die Form *aureola* hat einen orangefarbenen Hut mit wenig oder gar keinen weißen Flocken. Der Stiel ist kleiner. Sie wächst vor allem in hochgelegenen Nadelwäldern.

 • Die Form *formosa* hat zitronengelb gefärbte Warzen an Hut, Ring und Knolle.

Gelblich-weiße Schuppen

Ring mit gelben Flocken am Rand

Amanita muscaria Form *formosa*

Einige Exemplare des Roten Fliegenpilzes haben von Jugend an einen völlig glatten, flockenlosen Hut.

Agaricales

Narzissengelber Wulstling
Amanita junquillea

Synonym: *Amanita gemmata*

Klasse: Basidiomycetes – Ordnung: Agaricales – Familie: Amanitaceae

- H: 6–12 cm
- Ø: 5–10 cm
- Weiße Sporen

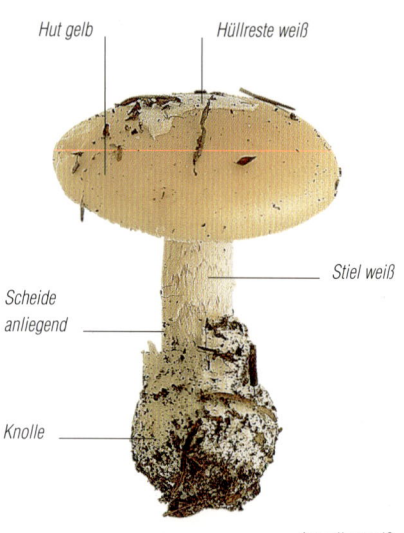

Hut gelb · Hüllreste weiß · Stiel weiß · Scheide anliegend · Knolle

Lamellen weiß, später beige

▼ **Verwechslungsgefahr:**
Fuchsiger Streifling (*Amanita fulva*; S. 187)

■ Bestimmung

Der Narzissengelbe Wulstling weist sich durch die typische Farbe der Frühlingsblumen aus, deren Namen er trägt.

Der dünnfleischige, eher kleine **Hut** ist anfangs glockig, breitet sich jedoch schnell aus. Die leuchtende Huthaut trägt meist weiße, bei Feuchtigkeit glänzende Hüllreste. Die Färbung kann von sehr blassem Gelb bis Ockerorange schwanken. Der dünne Rand ist deutlich gerieft.

Die fast freien, weißen **Lamellen** verfärben sich leicht ocker.

Der zylindrische, schnell hohle und zerbrechliche **Stiel** wächst hoch aus einer kugeligen Knolle heraus. Am oberen Rand der Knolle stehen kragenähnliche Hüllreste. Der schwach ausgeprägte Ring auf halber Stielhöhe ist schnell vergänglich. Der weiße Stiel ist faserig-filzig oder leicht flockig-flaumig.

Das zarte, zerbrechliche **Fleisch** ist unter der Huthaut gelb, ansonsten weiß und fast geruchlos.

■ Vorkommen

Der von Frühling bis Winteranfang wachsende Narzissengelbe Wulstling schmückt das Unterholz der Nadel- (besonders Fichten-) und Laubwälder (besonders Buchen). Er ist gebietsweise ungleichmäßig verbreitet, örtlich jedoch auf sauren Böden stark vertreten, manchmal auch auf Kalkböden.

■ Giftigkeit

Es wird noch darüber gestritten, ob der Narzissengelbe Wulstlings eßbar ist. Viele, die ihn probiert haben, schätzen ihn wegen seines angenehmen Geschmacks. Dabei hat er schon Magen-Darm-Beschwerden hervorgerufen und ist angeblich sogar tödlich giftig. Worauf sind diese Unterschiede zurückzuführen? Denkbar wäre eine Verwechslung mit einer verwandten Art oder einer der zahlreichen mehr oder weniger giftigen Formen des Narzissengelben Wulstlings. (→ Tabellen S. 184, 186)

Verwechslungen

Der **Fuchsige Streifling** (*Amanita fulva*; S. 187) sieht sehr ähnlich aus. Er ist ein guter Speisepilz, aber unberingt und hat eine eng anliegende Scheide.

Verwandte Art

KAMMRANDIGER WULSTLING
Amanita eliae

Dieser seltene Wulstling ist wahrscheinlich giftig. Der sehr lange, tief in den Boden reichende Stiel hat eine kleine Knolle. Der Hut ist ockergelb oder beige mit leichten Rosatönen. Er wächst nur unter Laubbäumen, vorzugsweise unter Eichen.

- H: 7–13 cm
- Ø: 5–10 cm
- Weiße Sporen

	Narzissengelber Wulstling *Amanita junquillea*	Fuchsiger Streifling *Amanita fulva*
Hut	gelb bis orangefarben (braun), Hüllreste ziemlich groß, kaum flüchtig	orange-fuchsig, Hüllreste groß, flüchtig
Lamellen	weiß bis gelblich	weiß
Stiel	weiß	weiß
Ring	flüchtig	keiner
Stielbasis	kugelige Knolle, mit oder ohne Kragen	anliegende Scheide
Wert	giftig	guter Speisepilz

Kaiserling[1]

Amanita caesarea

Anderer Name: Orangegelber Wulstling

Klasse: Basidiomycetes – Ordnung: Agaricales – Familie: Amanitaceae

● H: 10–18 cm ● Ø: 8–20 cm ● Weiße Sporen

Lamellen, Stiel und Ring gelb

Scheide sehr groß, weiß

Manchmal 1 oder 2 weiße Hüllreste

Rand gerieft

Hut leuchtend orange

Verwechslungsgefahr:
Roter Fliegenpilz *(Amanita muscaria; S. 182)*
Gold-Täubling *(Russula aurata)*

Bestimmung

Der hübsche, fleischige, rundliche **Hut** ist anfangs halbkugelig und bleibt später lange konvex. Die in der Regel nackte, glatte Huthaut leuchtet orangerot, manchmal gelb. Der Rand ist gleichmäßig fein gerieft. Die bauchigen, freien **Lamellen** haben eine schöne goldgelbe Farbe.

Der kräftige, fleischige **Stiel** ist am Grund verdickt. Er ist goldgelb wie der abstehende, häutige, gerieftе, bleibende Ring. Die Stielbasis ist von einer abstehenden, weißen, großen Scheide umgeben. Sie ist der Rest vom »Ei«, aus dem der junge Pilz herausbricht.

Das weiße, außen gelbe **Fleisch** ist dick und fest. Es schmeckt mild nach Nuß und riecht sehr angenehm.

Vorkommen

Der Kaiserling wächst in lichten Eichen- und Kastanienwäldern, manchmal unter Nadelbäumen, vorzugsweise auf sauren Böden. Der in den südlichen Gebieten der nördlichen Halbkugel weit verbreitete Pilz verträgt keinen Frost; deshalb findet man ihn selten nördlich des 45. Breitengrads und kaum oberhalb von 1000 m.

Der ausgesprochene Sommerpilz erscheint bereits im Juli, wächst aber in warmen Jahren auch noch bis in den Oktober hinein.

Wert

Der Kaiserling verbindet Eleganz und Schönheit mit unvergleichlichem Geschmack. In der römischen Antike galt er als Speise der Götter und Kaiser, woher auch sein Name stammt. Auf Mosaiken abgebildet und in den Gedichten unter der Bezeichnung Boletus verewigt, gilt er auch heute noch bei vielen Liebhabern als der Speisepilz schlechthin. Allerdings wird er auch häufig verkannt, weil viele die Giftigkeit der Wulstlinge fürchten. Der Preis, zu dem der Kaiserling auf südländischen Märkten angeboten wird, entspricht im übrigen nicht seinem Wert als Speisepilz.

Um den vollen Geschmack des Kaiserlings zu erhalten, ißt man ihn roh als Salat, lediglich mit einem Tropfen Öl, etwas Salz und einer Spur Zitronensaft gewürzt. Bei festlichen Anlässen fügt man mit einigen wenigen Trüffelstückchen den zarten Duft eines weiteren königlichen Pilzes hinzu. Auch gegrillt und mit einer feinen Soße oder als Beilage zu zartem Fleisch serviert, behauptet sich der Kaiserling als ausgezeichneter Speisepilz. (→ Tabelle S. 183)

Verwechslungen

*Der giftige **Rote Fliegenpilz** (Amanita muscaria; S. 182) unterscheidet sich vom Kaiserling durch seinen roten, mit weißen Perlen oder Warzen übersäten Hut, seine weißen Lamellen und seinen weißen Stiel, dessen Basis nicht von einer Scheide umgeben ist, dafür aber als Knolle mit konzentrischen Warzengürteln ausgebildet ist.*

*Der **Gold-Täubling** (Russula aurata) hat einen orangefarbenen Hut und ist ein guter Speisepilz, der sich aber geschmacklich nicht mit dem Kaiserling messen kann. Lamellen und Stiel gilben. Sein Stiel hat weder Ring noch Scheide.*

Grauer Streifling
Amanita vaginata

Anderer Name: Bleigrauer Scheidenstreifling

Klasse: Basidiomycetes – Ordnung: Agaricales – Familie: Amanitaceae

- H: 10–18 cm • Ø: 4–10 cm • Weiße Sporen

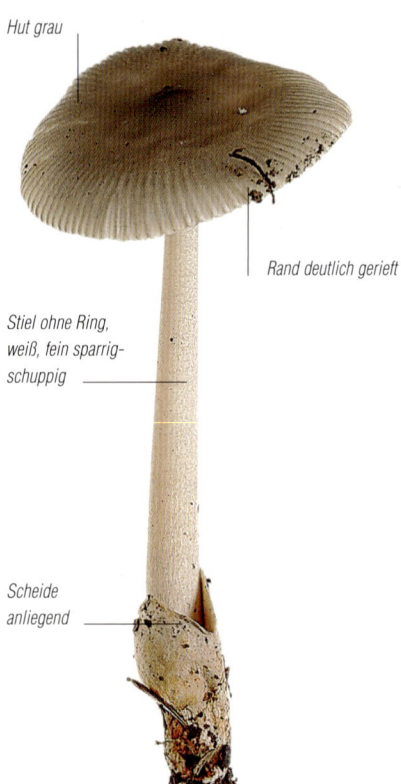

Hut grau

Rand deutlich gerieft

Stiel ohne Ring, weiß, fein sparrig-schuppig

Scheide anliegend

Verwechslungsgefahr:
Narzissengelber Wulstling (*Amanita junquillea*; S. 184)
Pantherpilz (*Amanita pantherina*; S. 181)
Weißer Knollenblätterpilz (*Amanita virosa*; S. 173)

Die bei feuchtem Wetter seidig glänzende oder klebrige Huthaut ist typisch grau und am Rand deutlich gerieft.

Die ungleichmäßigen, freien **Lamellen** sind weiß.

Der lange, schlanke **Stiel** ist nach oben verjüngt und unberingt. Er steckt am Grund in einer weißen, häutigen, aufsteigenden, anliegenden Scheide. Die weiße Stieloberfläche ist mit feinen, gleichfarbigen oder gräulichen Faserschuppen bedeckt.

Das milde **Fleisch** ist eher dünn und brüchig. Es ist praktisch geruchlos.

▌ Vorkommen

Der Graue Streifling wächst in lichten Wäldern, auf Heide- oder Grasland, fernab der Bäume, auf allen Böden. Der häufige Pilz ist weltweit, vom Polarkreis bis in die Tropen, verbreitet und wächst bei uns von Juni bis November.

▌ Wert

Der Graue Streifling hat einen angenehmen Geschmack, ist jedoch leider nicht sehr ergiebig. Das erklärt, warum ihm meist sein Verwandter aus den Bergen, der Verfärbende Streifling, vorgezogen wird. Doch gleichgültig, um welche Form oder Varietät es sich handelt, Streiflinge dürfen niemals roh verzehrt werden, da sie, wie der Perlpilz, die gefährlichen Hämolysine enthalten. Hämolytische Gifte zerstören die Zellwand der roten Blutkörperchen, wobei Hämoglobin frei wird. Dadurch kommt es zu Anämien. Glücklicherweise sind Hämolysine hitzeunbeständig und werden bei Temperaturen von 60 °C oder mehr inaktiviert. Entsprechend verliert der Graue Streifling auch durch Kochen seine Gefährlichkeit.

▌ Bestimmung

Der unterschiedlich, doch eher mittelgroße **Hut** ist ziemlich dünnfleischig. Er ist anfangs glockig geformt, breitet sich aber schnell aus und behält einen kleinen zentralen Buckel. Besonders der junge Pilz ist mit großen, weißen, ziemlich flüchtigen Resten der Gesamthülle bedeckt.

	Grauer Streifling *Amanita vaginata*	Narzisseng. Wulstling *Amanita junquillea*	Pantherpilz *Amanita pantherina*
Hut	braungrau, große, flüchtige Hüllreste, Rand deutlich gerieft	gelb bis orange (braun), ziemlich große, kaum flüchtige Hüllreste	braun bis gelb, mit kleinen Warzen, selten ohne
Lamellen	weiß	weiß bis gelblich	weiß
Stiel	weiß	weiß	weiß
Ring	keiner	flüchtig	ziemlich flüchtig
Stielbasis	anliegende Scheide	kugelige Knolle, mit oder ohne Kragen	gerandete Knolle mit Gürteln
Wert	guter Speisepilz	mehr oder weniger giftig	hochgiftig

Verwechslungen

Die Grauen Streiflinge können viele Farbschattierungen haben und sind leicht mit einigen giftigen, teilweise sogar tödlich giftigen Pilzen zu verwechseln.

Der giftige **Narzissengelbe Wulstling** (Amanita junquillea; S. 184), hat ähnliche Merkmale wie der Pantherpilz, unterscheidet sich aber durch seinen gelben Hut.

Der **Pantherpilz** (Amanita pantherina; S. 181), hat einen braunen, am Rand gerieften Hut und einen flüchtigen Ring. Er hat eine gerandete Knolle mit spiralförmigen Gürteln, jedoch keine echte Scheide.

Die tödlich giftigen, weißen Knollenblätterpilze haben einen manchmal flüchtigen Ring, besonders der **Weiße Knollenblätterpilz** (Amanita virosa; S. 173). Daher wird dem Anfänger empfohlen, vom Sammeln der weißen Varietät des Grauen Streiflings Abstand zu nehmen.

Verwandte Arten

Der Graue Streifling gehört zu einer Gruppe von mehreren Arten, Formen oder Varietäten, die sich durch die Hutfarbe voneinander unterscheiden und durch den fehlenden Ring von anderen Arten derselben Gattung abheben. Alle diese Pilze müssen vor dem Verzehr gut gekocht werden.

WEISSER SCHEIDENSTREIFLING
Amanita vaginata var. *alba*

Diese weiße Form des Grauen Scheidenstreiflings ist seltener als die typische Art, mischt sich aber häufig unter sie.
- H: 10–18 cm
- Ø : 4–10 cm
- Weiße Sporen

VERFÄRBENDER STREIFLING
Amanita battarrae

Der gelbbraune bis olivgrüne Hut hat eine dunklere, zentrale Zone und ist am deutlich gerippten Rand sehr viel heller. Er wird als Speisepilz sehr geschätzt. Es gibt verschiedene Formen im Flachland und in Gebirgslagen.
- H: 10–15 cm
- Ø: 4–8 cm
- Weiße Sporen

RIESEN-STREIFLING[3]
Amanita ceciliae

Der Hut ist fuchsig bis umberbraun. Scheide, Stiel und die auffälligen Hüllreste auf dem Hut lassen sein Aussehen ins Graue spielen. Die Scheide verschwindet sehr schnell. Einige halten ihn für eßbar, andere jedoch für giftverdächtig. Er ist daher nicht zum Verzehr geeignet.
- H: 10–20 cm
- Ø: 8–15 cm
- Weiße Sporen

FUCHSIGER STREIFLING
Amanita fulva

Der Hut ist fuchsig bis orangefarben, die Scheide gleichfarbig gefleckt. Der geschätzte Speisepilz wächst ebenfalls häufig. (→ Tabelle S. 184)
- H: 10–18 cm
- Ø: 4–10 cm
- Weiße Sporen

ORANGEGELBER STREIFLING
Amanita crocea

Farbintensiver als der Fuchsige Streifling wächst dieser ausgezeichnete Speisepilz vorwiegend in lichten Birkenwäldern. Der Stiel ist safrangelb wie der Hut und hat eine sehr weiße Scheide.
- H: 10–20 cm • Ø: 7–15 cm
- Weiße Sporen

1 - Stinkmorchel

- Länglicher, zylindrischer Pilz mit ekelhaftem Geruch

Länglicher, zylindrischer Pilz mit ekelhaftem Geruch

PHALLUS-MUTINUS **Seite 190**

2 - Tintenfischpilz und Gitterling

- Roter Korallenpilz, seesternförmig oder als Gitterkugel

CLATHRUS **Seite 191**

3 - Teuerling

- Winziger, vogelnest- oder fingerhutförmiger Pilz

CYATHUS **Seite 192**

Merkmale der Gasteromycetes

- Im frühen Entwicklungsstadium kugelförmige und mehr oder weniger unterirdisch wachsende Pilze
- Später teilweise weiterhin kugelförmig oder sehr verschiedene Formen entwickelnd. Keine Röhren oder Lamellen

Jung kugelförmige Pilze …

… später weiterhin kugelförmig …

… oder sehr verschiedene Formen entwickelnd

4 - Hartbovist – Stäubling

- Kugeliger oder birnenförmiger Pilz, mit stäubendem Innern bei der Reife

Kugeliger oder birnenförmiger Pilz

Bei der Reife stäubendes Inneres

SCLERODERMA - LYCOPERDON **Seite 193**

5 - Erdsterne

- Grauer oder brauner, seesternförmiger Pilz

GEASTRUM-ASTRAEUS **Seite 197**

Gemeine Stinkmorchel
Phallus impudicus

Synonym: *Ithyphallus impudicus*

Klasse: Basidiomycetes – Ordnung: Phallales – Familie: Phallaceae

- H: 10–25 cm
- Ø: 2–3 cm
- Olivbraune Sporen

Hut weiß, wabenförmig

Hut kegelig, klebrig, olivgrün

Stiel fein grubig

Hexeneireste

▍Bestimmung

Die Gemeine Stinkmorchel hat jung die Form eines Eies oder Kohlrabi, die aus einem weißen, verzweigten, wurzelähnlichen Myzelstrang entsteht. Ein Längsschnitt durch das Hexenei zeigt die embryonale Anlage des Pilzes.

Der kegelige **Hut** hat im reifen Stadium am Scheitel ein weißliches Loch. Er ist mit einer olivgrünen, gelatinösen Gleba überzogen, die im Alter, wenn die Sporen freigesetzt werden, herabtropft und ein weißes, grubiges Gitterwerk hinterläßt.

Der langgezogene, weiße **Stiel** ist hohl und an der Oberfläche porös löcherig durchbrochen.

Das ebenfalls weiße **Fleisch** ist schwammig und zerbrechlich. Es hat einen sehr starken Aasgeruch.

▍Vorkommen

Der starke, unangenehme Geruch verrät von Frühlingsende bis Herbst diesen Pilz schon von weitem im Unterholz, im Wald oder in Gärten.

▍Wert

Die Stinkmorchel ist nur als Ei eßbar, also wenn sie noch jung ist und noch nicht unangenehm riecht. Sie schmeckt scharf nach Radieschen und muß schnell nach dem Pflücken gegessen werden, denn wenn sie einmal aufgeht, verpestet ihr penetranter Geruch das ganze Haus.

Verwandte Art

GEMEINE HUNDSRUTE
Mutinus caninus

Im Vergleich zur Stinkmorchel ist die schlanker, höhergewachsene Hundsrute seltener. Ihre Spitze färbt sich nach dem Verschwinden der grünlichen Sporenmasse rot. Der Aasgeruch ist nicht so stark ausgeprägt.
- H: 8–15 cm
- Ø: 1–1,5 cm
- Olivgrüne Sporen

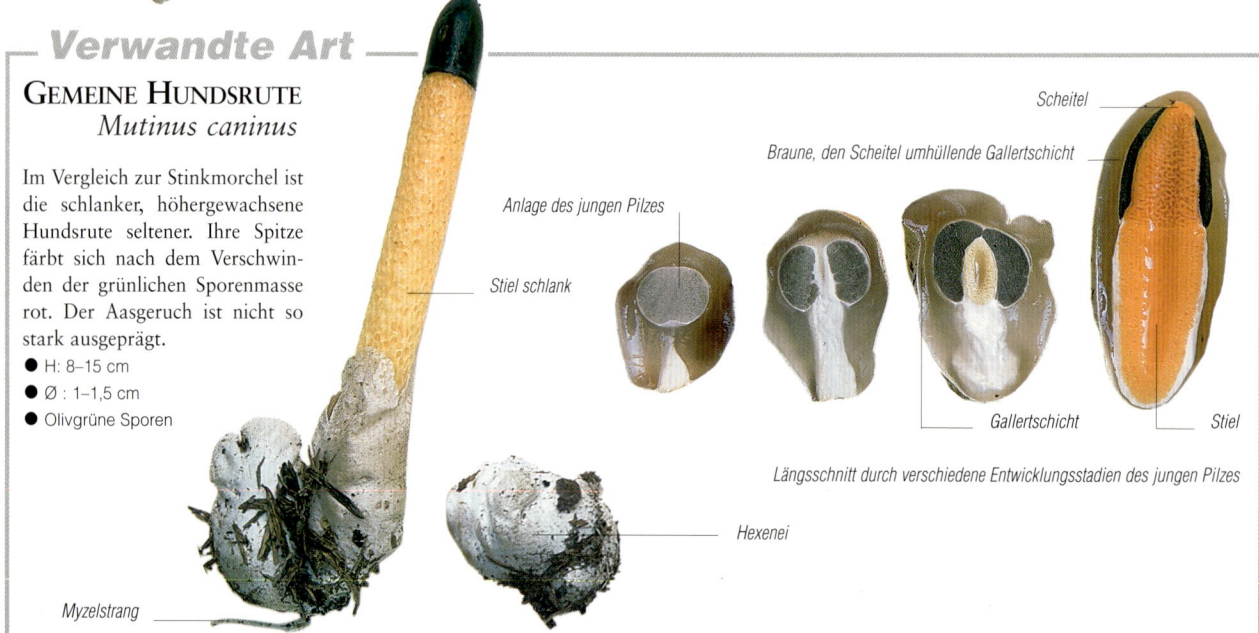

Stiel schlank

Myzelstrang

Anlage des jungen Pilzes

Hexenei

Scheitel

Braune, den Scheitel umhüllende Gallertschicht

Gallertschicht

Stiel

Längsschnitt durch verschiedene Entwicklungsstadien des jungen Pilzes

Tintenfischpilz
Clathrus archeri

Synonym: *Anthurus archeri*

Klasse: Basidiomycetes – Ordnung: Phallales – Familie: Clathraceae

- Ø: 10–18 cm • Olivbraune Sporen

Beim Aufbrechen des Hexeneies am Scheitel verbundene Arme

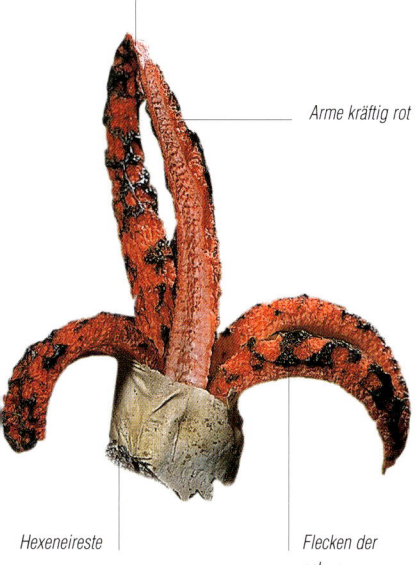

Arme kräftig rot

Hexeneireste

Flecken der schwarzen Sporenmasse

▍Bestimmung

Eingeschlossen in seiner weißlichgrauen Hexeneihülle ist der Tintenfischpilz eher unauffällig. Wenn er allerdings seinen vier-, fünf- oder sechsarmigen, knallroten, sternförmigen **Fruchtkörper** entfaltet, ist er nicht mehr zu übersehen. Reste der bei der Sporenabgabe zerreißenden Gleba hinterlassen schwarze Flecken auf den Armen. Das grubige, zerbrechliche **Fleisch** verbreitet einen ziemlich üblen Geruch.

▍Vorkommen

Ursprünglich wuchs diese exotische Art nur auf der südlichen Halbkugel, tauchte dann erstmals 1920 im Osten Frankreichs auf und breitete sich dann über ganz Europa aus. Wie der Pilz – unbestritten von Neuseeland her – nach Europa kam, ist noch ungeklärt. Zunächst glaubte man, daß im Ersten Weltkrieg neuseeländische Soldaten die Sporen des Pilzes an ihren Schuhen eingeschleppt hätten. Inzwischen hält man es für wahrscheinlicher, daß die Sporen mit neuseeländischer Schafswolle nach Europa kamen, und angeblich hat sich der Pilz zunächst in der Nähe von Wollspinnereien angesiedelt. Er wächst in lichten Wäldern, ist aber auch schon in Gärten aufgetaucht.

▍Wert

Essen lassen sich allenfalls nur die nach Radieschen schmeckenden und riechenden Hexeneier. Später ist der Pilz wegen seines üblen Geruchs ungenießbar.

Verwandte Art

ROTER GITTERLING
Clathrus cancellatus

Der schöne Fruchtkörper dieses Pilzes erinnert an eine korallenrot leuchtende, venezianische Laterne. Der ausgewachsene Pilz riecht sehr übel. Das junge, geschlossene, weiße Hexenei ist eßbar und schmeckt nach Radieschen. Der Pilz wächst hauptsächlich im Süden unter Hecken und in Gärten.

- 5–10 cm • Ø: 4–7 cm
- Olivbraune Sporen

Gestreifter Teuerling
Cyathus striatus

Klasse: Basidiomycetes – Ordnung: Nidulariales – Familie: Nidulariaceae

- H: 1–1,5 cm ● Ø: 0,5–1 cm ● Weiße Sporen

Becherförmig

zottige, steife Haare

weiße, eierförmige Peridiolen

Innenseite blaßgrau, gerieft

▌ Bestimmung

Dieser winzige, vogelnestähnliche Pilz wird häufig übersehen. Das dunkelbraune, urnen- oder vasenförmige »Nest« hat an der Außenseite braune, steife Haare. Anfangs ist die Öffnung mit einer weißen Haut verschlossen. Sie reißt später auf und enthüllt die längsfurchige, gräuliche, kahle Innenseite. Am Grund des Bechers liegen kleine weiße, linsenförmige Körner, die Peridiolen, die mit zunehmender Reife braun werden und die Sporen freigeben. Regentropfen werfen die Peridiolen aus dem Nest, brechen sie auf und sorgen so für die Verbreitung der Sporen.

Wahrscheinlich hat noch niemand die bedeutungslosen Pilze zu essen versucht.

▌ Vorkommen

Der Gestreifte Teuerling siedelt von Sommer bis Herbst in großen Kolonien auf feuchten, mehr oder weniger im Boden vergrabenen Zweigen oder Ästen. Obwohl er häufig ist, bedarf es eines geschulten Auges, um ihn zu entdecken.

Verwandte Art

Es gibt mehrere verwandte Arten, von denen wir hier nur eine recht häufige erwähnen.

TIEGEL-TEUERLING
Crucibulum laeve

Der Tiegel-Teuerling ist heller, außen und innen ocker bis gelbbraun und außen nicht behaart. Die Innenseite ist nicht gefurcht. Er wächst bereits ab Frühlingsende.

- H: 0,5–1 cm ● Ø: 0,5–1 cm
- Weiße Sporen

Gemeiner Kartoffelbovist

 Scleroderma citrinum

Anderer Name: Dickschaliger Kartoffelbovist

Klasse: Basidiomycetes – Ordnung: Sclerodermatales – Familie: Sclerodermataceae

● H: 4–8 cm ● Ø: 4–12 cm ● Schwärzliche Sporen

Innenmasse reif braungrau

Myzelstränge

Kugelform cremebis orangefarben

▌ Bestimmung

Der mittelgroße Gemeine Kartoffelbovist hat einen kugelförmigen, am Scheitel abgeflachten **Fruchtkörper**.

Die äußere Hülle, die **Peridie**, ist dick, fest und sogar zäh. Sie kann cremefarben, orange oder zitronengelb sein, ist flach, vieleckig und mehr oder weniger warzig gefeldert. Bei Reife platzt sie am Scheitel auf und schleudert die Sporen hinaus.

Die **Gleba** auf der Innenseite des Fruchtkörpers ist zunächst weiß, später rosa, schließlich violettschwarz und weißlich geadert. Im Alter zerfällt sie pulverartig, wird blaßgrünlichbraun und riecht unangenehm. Am Grund ist der Kartoffel-Hartbovist über ein Bündel weißlicher Myzelstränge mit dem Boden verbunden.

▌ Vorkommen

Der Gemeine Kartoffelbovist wächst in Wäldern, an offenen Standorten, im Unterholz oder an Wegrändern, mit Vorliebe auf sauren Böden, von Sommer bis Herbst, häufig in Gemeinschaft mit dem kleinen Schmarotzer-Röhrling *(Boletus parasiticus)*.

▌ Giftigkeit

Die zähe Konsistenz und der unangenehme Geruch machen den ohnehin wohl leicht giftigen Pilz ungenießbar. Der Genuß größerer Mengen kann schwere Verdauungsstörungen zur Folge haben.

Verwandte Art

Es gibt mehrere Hartbovist-Arten, die sich durch die feinwarzigere Außenhaut vom Gemeinen Kartoffelbovisten unterscheiden.

BRAUNWARZIGER HARTBOVIST
Scleroderma verrucosum

Der ockerbraune, leicht rötliche Pilz wird von einem kurzen, gedrungenen, aber deutlichen, weißlichen Stiel mit Myzelsträngen getragen. Der Laubwald-Pilz erscheint meist in Gruppen.

● H: 6–10 cm ● Ø: 3–8 cm
● Schwärzliche Sporen

Flaschen-Stäubling
Lycoperdon perlatum

Synonym: *Lycoperdon gemmatum*

Klasse: Basidiomycetes – Ordnung: Lycoperdales – Familie: Lycoperdaceae

- H: 4–9 cm ● Ø: 3–5 cm ● Olivbraune Sporenmasse

Kopf kugelförmig
Warzen kegelig
Stiel weiß, nach unten verjüngt

▌Bestimmung

Der **Fruchtkörper** des eher mittelgroßen Flaschen-Stäublings ist zunächst weiß, wird später gelblich, stempelförmig mit kugeligem Kopf und einem kaum abgesetzten Stiel. Nahezu die gesamte Oberfläche ist mit kleinen weißen, stacheligen Warzen übersät. Die längeren lassen sich leicht abbrechen, die kleineren sitzen sehr fest.

Der verjüngte **Stiel** ist sehr viel weniger rauh, manchmal sogar völlig ohne Stacheln. Er trägt keine Sporenmasse.

Die **Gleba** im Fruchtkörper ist zunächst weiß, wird später olivgelb und schließlich bräunlich. Wenn der Pilz reif ist, platzt die äußere Hülle oder **Exoperidie** und bildet einen Scheitelkrater, aus dem die Sporen entweichen und sich verbreiten können.

▌Vorkommen

Der Flaschen-Stäubling wächst häufig in Wäldern, oft in Gruppen, auf in der Streu vergrabenen Holzabfällen. Man begegnet ihm praktisch das ganze Jahr über, besonders aber im Herbst.

▌Wert

Der Flaschen-Stäubling ist jung eßbar, hat aber kaum Geschmack.

Verwandte Arten

Stäublinge sind nur jung eßbar, wenn die Innenmasse noch weiß ist. Sie sind allerdings mittelmäßige Speisepilze.

BIRNEN-STÄUBLING
Lycoperdon pyriforme

Diese dem Flaschen-Stäubling sehr ähnliche Art ist am Scheitel spitzer. Sie wächst auf morschem Laubholz, an dem sie sich mit weißen, beim Herausreißen gut sichtbaren Myzelsträngen festklammert.
- H: 3–8 cm ● Ø: 1–3 cm
- Olivbraune Sporenmasse

WIESEN-STAUBBECHER
Vascellum pratense

Der leicht abgeflachte Scheitel und die zu einem kurzen, gedrungenen Stiel verjüngte Basis verleihen dieser Art ein klobiges, eher breites als hohes Aussehen.
- H: 2–5 cm
- Ø: 2–5 cm
- Olivbraune Sporenmasse

Farbe im Alter bräunend

Stiel sehr kurz

Innenmasse beim jungen Pilz weiß

IGEL-STÄUBLING
Lycoperdon echinatum

Der kleine kugelförmige Stäubling mit kurzem Stiel ist wie eine Eßkastanie von oben bis unten mit mehreren Millimetern langen, braunen oder ockerfarbenen Stacheln besetzt. Er wächst auf Waldlaub, vorzugsweise auf Buchenlaub.
- H: 3–6 cm
- Ø: 3–6 cm
- Olivbraune Sporenmasse

BLEIGRAUER BOVIST
Bovista plumbea

Dieser auf Wiesen wachsende Bovist hat eine weiße, glatte Außenhaut, die nach einiger Zeit aufreißt und in Schuppen zerfällt. Darunter verbirgt sich eine weitere, bleigraue Hülle.
- H: 1–4 cm
- Ø: 1–4 cm
- Olivbraune Sporenmasse

Riesenbovist
Langermannia gigantea

Synonyme: *Lycoperdon giganteum, Calvatia gigantea*

Klasse: Basidiomycetes – Ordnung: Lycoperdales – Familie: Lycoperdaceae

- Ø: 20–40 cm
- Olivbraune Sporenmasse

Riesiger, kugeliger Fruchtkörper mit Beulen oder Gruben

Oberfläche weiß, seidig glänzend

Bestimmung

Der ballonartige Fruchtkörper kann bis zu 80 cm Durchmesser erreichen und entsprechend schwer sein. Die Außenhülle oder **Exoperidie** ist glatt und gleichmäßig weiß wie Eischnee. Die fragile Haut färbt sich zunächst gelb, später braun, zieht sich schnell zurück und enthüllt die Innenhülle oder **Endoperidie**, die ebenso zerfällt und das Innere preisgibt.

Die festmarkige, beeindruckende **Gleba** oder fruchtbare Innenmasse ist zunächst weiß, zerfällt aber mit zunehmender Sporenreife immer mehr und wird braun. Daraufhin lösen sich braune, große, dünne Fetzen ab und verteilen mit Hilfe des Windes die Sporen in der Umgebung.

Vorkommen

Die Begegnung mit solch einem Naturriesen läßt keinen Spaziergänger unberührt. Der zerstreut, stellenweise häufig auftretende Riesenbovist stellt seinen imposanten Fruchtkörper gern auf Wiesen zur Schau.

Wert

Der Riesen-Bovist ist nur jung eßbar, solange das Fleisch noch festmarkig und weiß ist. Der sehr ergiebige Pilz eignet sich für gigantische Schlemmereien.

Verwandte Arten

BEUTEL-STÄUBLING
Calvatia excipuliformis

Dieser an offenen Standorten und in lichten Wäldern wachsende Stäubling hat einen dicken, langen Stiel, der auch dann noch trocken stehenbleibt, wenn der Kopf verschwunden ist.
- H: 5–20 cm
- Ø: 5–10 cm
- Olivbraune Sporenmasse

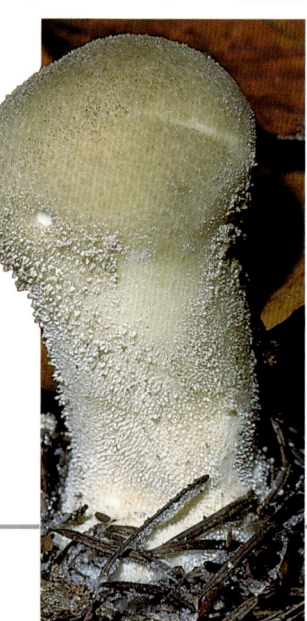

GETÄFELTER STÄUBLING
Calvatia utriformis

Der seltene Getäfelte Stäubling ist mit pyramidenartigen Warzen besetzt, die sich später abflachen. Typisch ist das vieleckig gewürfelte Muster der Oberfläche. Man findet den Pilz vor allem auf Sandflächen und Trockenrasen.
- H: 5–10 cm
- Ø: 7–15 cm
- Lilabraune Sporenmasse

Fransen-Erdstern
Geastrum sessile

Anderer Name: Wimper-Erdstern

Klasse: Basidiomycetes – Ordnung: Lycoperdales – Familie: Gastraceae.

- H: 2–5 cm ● Ø: 3–5 cm (offen) ● Schokoladenbraune Sporen

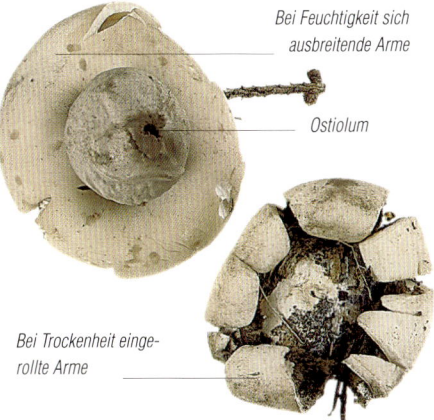

Bei Feuchtigkeit sich ausbreitende Arme

Ostiolum

Bei Trockenheit eingerollte Arme

▍Bestimmung

Erdsterne sind eigenartige Pilze. Der Fransen-Erdstern besteht aus einer äußeren Schale, die in Lappen aufreißt und eine innere Kugel freilegt. Die Außenhülle oder **Exoperidie** reißt in 6 bis 9 dreieckige, glatte, einige Millimeter dicke, cremeweiße bis ockerfarbene Zipfel auf. Je nach Wetter liegen sie ausgebreitet (bei Feuchtigkeit) oder zusammengerollt (bei Trockenheit) auf dem Boden. Der auf den Zipfeln ruhende Pilz hebt sich vom Boden ab.

Der mittlere Teil, die **Endoperidie**, ist kugelförmig, ungestielt, gleichfarbig oder dunkler ockergrau als die Zipfel. Die Konsistenz ist wespennest- bzw. papierähnlich. Am Scheitel bildet sich eine kleine Öffnung, das Ostiolum, dessen Rand unregelmäßig gezähnt ist.

Das zähe **Fleisch** hat einen eigenartigen Geruch und ist zum Verzehr ungeeignet. Der Wert des Pilzes liegt in seiner außergewöhnlichen Form und seiner Anpassungsfähigkeit an Klimaveränderungen.

▍Vorkommen

Der Fransen-Erdstern wächst selten allein. In der Regel siedelt er in Kolonien auf Moos und Nadeln sandiger Nadel- oder Mischwälder. Er ist von Sommer bis Herbstanfang relativ häufig zu finden.

Verwandte Arten

Viele seesternähnliche Arten bewohnen unsere Wälder.

HALSKRAUSEN-ERDSTERN
Geastrum triplex

Dieser größere und häufigere Erdstern hat weiße, sehr dicke, ebenfalls bodenwärts gekrümmte, querrissige Arme. Die innere Kugel liegt in einer fleischigen Schale. Die Scheitelöffnung sitzt erhöht auf einem kleinen, von einem kleinen Graben umgebenen Kegel.
- H: 3–5 cm ● Ø: 6–12 cm
- Schokoladenbraune Sporen

WETTERSTERN[3]
Astraeus hygrometricus

ROTBRAUNER ERDSTERN
Geastrum rufescens

Typisch sind die dickfleischigen (0,5 cm) Arme, die erst ocker- oder rosacremefarben sind und langsam fuchsrot bis braun werden. Er wächst in Kolonien unter Nadel-, manchmal auch Laubbäumen.
- H: 4–7 cm ● Ø: 6–9 cm
- Schokoladenbraune Sporen

Die rissig-feldrigen Arme sind bei feuchtem Wetter sternförmig ausgebreitet, bei trockenen Wetter aber wie eine Blüte zusammengerollt.

Der im Herbst wachsende Pilz bleibt ausgetrocknet bis zum nächsten Frühling stehen. Der eher südliche Wetterstern liebt saure, sandige Böden unter Laub- und Nadelbäumen.
- H: 2–4 cm
- Ø: 5–10 cm
- Schokoladenbraune Sporen

Gasteromycetes

MERKMALE DER NICHT-BLÄTTERPILZE UND PHRAGMOBASIDIOMYCETES

- Trichterförmige Pilze mit weitständigen, unter dem Hut herablaufenden, mehr oder weniger ausgeprägten, lamellenähnlichen Leisten
- Korallenförmige, nicht schleimige Pilze
- Auf Holz (oder auf der Erde) Krusten bildende Pilze
- Pilze mit Stacheln auf der Hutunterseite
- Holzbewohnende Pilze mit Poren auf der Hutunterseite
- Gallertartige oder gummiartige, holzbewohnende Pilze

Trichterförmige Pilze mit weitständigen, unter dem Hut herablaufenden, mehr oder weniger ausgeprägten, lamellenähnlichen Leisten

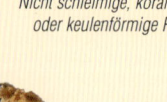 Nicht schleimige, korallen- oder keulenförmige Pilze

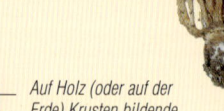

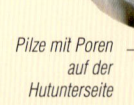 Auf Holz (oder auf der Erde) Krusten bildende Pilze

Pilze mit nicht gallertartigem Fleisch und Stacheln auf der Hutunterseite

Pilze mit Poren auf der Hutunterseite

Holzbewohnende Pilze

 Gallertartige oder gummiartige, holzbewohnende Pilze

1/1

1 - Leistenpilze

- Trichterförmiger Hut
- Weitständige, am Stiel herablaufende, mehr oder weniger ausgeprägte, unter Umständen lamellenähnliche Leisten

Trichterförmiger Hut

Weitständige, am Stiel herablaufende, mehr oder weniger ausgeprägte, unter Umständen lamellenähnliche Leisten

Am Stiel herablaufende Lamellen

CRATERELLUS - PSEUDOCRATERELLUS - CANTHARELLUS - GOMPHUS
Seite 200

2 - Korallen und Keulenpilze

- Korallen- oder Keulenform

Goldgelbe Koralle

Abgestutzte Keule

RAMARIA - CLAVARIADELPHUS - CLAVULINOPSIS
SPARASSIS Seite 205

5 - Porlinge

- Poren unter dem Hut
- Mit oder ohne Stiel
- Holzbewohnender Pilz

Poren unter dem Hut

Mit oder ohne Stiel; Holzbewohnender Pilz

POLYPORUS - DENDROPOLYPORUS - GRIFOLA - MERIPILUS
LAETIPORUS - PIPTOPORUS - GANODERMA - TRAMETES - FOMES
FOMITOPSIS - DAEDALEA - FISTULINA **Seite 212**

3 - Krustenpilze

- Auf Holz wachsende Krustenpilze

STEREUM - CHONDROSTEREUM - PHLEBIA **Seite 209**

4 - Stoppelpilze

- Stoppeln unter dem Hut, nicht gallertartiges Fleisch

Stoppeln unter dem Hut

HYDNUM - PHELLODON - AURISCALPIUM - SARCODON **Seite 210**

6 - Gallertpilze

- Gummi- oder gallertartige, holzbewohnende Pilze

Gummiartiger, runzeliger, holzbewohnender Pilz

Stacheliger Gallertpilz

- Formloser, gallertartiger Zitterling

Formloser, gallertartiger Zitterling

HIRNEOLA - PSEUDOHYDNUM - TREMELLA - EXIDIA **Seite 220**

Totentrompete[3]
Craterellus cornucopioides

Andere Namen: Herbsttrompete, Kraterpilz

Klasse: Basidiomycetes – Ordnung: Cantharellales – Familie: Craterellaceae

- H: 4–12 cm   ● Ø: 3–10 cm   ● Weiße Sporen

Schwarzer, trompetenförmiger Hut

Aschfarbige, fast glatte Oberfläche

Mehr oder weniger schwarzer Stiel

▌Bestimmung

Die Totentrompete erinnert mit ihrer sich verjüngenden Form an ein Füllhorn.

Der dünnfleischige, kraterförmige, braungraue bis schwärzliche **Hut** ist vor allem am umgeschlagenen, bei reifen Exemplaren welligen Rand leicht schuppig.

Die externe **Fruchtschicht** ist fast glatt oder höchstens leicht gerunzelt. Sie hat ein aschgraues Aussehen, ist also wegen der weißlichen Sporen deutlich heller als der Rest des Pilzes.

Der schwärzliche **Stiel** ist hohl wie bei einer Trompete.

Das schwarze, dünne, zunächst zarte **Fleisch** ist stets ein wenig elastisch, vor allem bei älteren Exemplaren. Es hat einen feinen, fruchtigen, besonders angenehmen Geruch.

▌Vorkommen

Die Totentrompete findet man im Tiefland in Laubwäldern und im Bergland in Fichtenwäldern. Ab dem Spätsommer bis zum Herbst leben sie äußerst gesellig an sehr feuchten Standorten. Der Pilz wächst nur in besonders regnerischen Jahren massenhaft und kann sehr unterschiedlich groß werden.

Die Totentrompete, die sich an die unterschiedlichsten Standorte anpaßt, findet man in der ganzen gemäßigten nördlichen Hemisphäre, aber auch im Südosten Australiens.

▌Wert

Trotz ihres tristen Aussehens ist die Totentrompete ein geschätzter Speisepilz mit feinem Duft und qualitativ dem Verbogenen Leistling und dem Grauen Leistling überlegen. Besonders geschätzt wird sie in den Gegenden, wo viel mit Sahne gekocht wird. Ihr zunächst zartes, jedoch stets ein wenig elastisches Fleisch ist hierfür bestens geeignet. Es paßt auch sehr gut zu weißem Fleisch, das durch ihr Aroma köstlich gewürzt wird. Einige Wurstsorten sind übrigens mit Totentrompeten »getrüffelt«! Da die Totentrompeten recht klein sind, kann es recht mühsam sein, sie zu sammeln. Aber in guten Jahren ist der Korb rasch gefüllt. Außerdem haben sie den Vorteil, sich sehr gut trocknen zu lassen.

Nach dem Pflücken sollten sie jedoch spätestens im folgenden Winter verzehrt werden. Denn die Pilze bekommen bei zu langer Aufbewahrung einen ranzigen, abstoßenden Geschmack, der sie ungenießbar macht.

Verwechslung

Selbst bei der einzig möglichen Verwechslung der Totentrompete, nämlich der mit anderen dunklen Leistlingen, würde man nur einen guten Speisepilz durch einen anderen ersetzen.

Der Hut dieser jungen Totentrompeten hat die Form eines regelmäßigen Füllhorns. Erst nach einigen Tagen wird er unregelmäßig und wellig.

Verwandte Arten

GRAUER LEISTLING[3]
Pseudocraterellus cinereus

Er wächst zur gleichen Zeit wie die Totentrompete, ist aber recht selten. Der dunkle, trichterförmige, mit gewelltem Rand versehene Hut liegt über einer im allgemeinen aschfarbenen Fruchtschicht, deren lamellenförmige, gegabelte, sehr geradlinige Leisten ein deutliches Merkmal sind. Das Fleisch riecht angenehm fruchtig, etwa nach Pflaume oder Mirabelle.
 H: 4–7 cm Ø: 3–5 cm
● Weiße Sporen

VERBOGENER LEISTLING[3]
Pseudocraterellus sinuosus

Der kleine Pilz hat einen eingedrückten oder trichterförmigen, braunen Hut mit welligem Rand, dem er auch seinen Namen verdankt. Die Art unterscheidet sich von der Totentrompete durch die gerunzelten oder knotig angeschwollenen, aschgrauen Adern. Das dünne Fleisch riecht meist frisch und delikat nach Mirabelle. Diese Art, die recht selten ist, wächst zur Pilzsaison unter Laubbäumen.
● H: 4–7 cm ● Ø: 3–5 cm
● Weiße Sporen

Echter Pfifferling[3]
Cantharellus cibarius

Andere Namen: Eierschwamm, Reherl

Klasse: Basidiomycetes – Ordnung: Cantharellales – Familie: Cantharellaceae

- H: 5–12 cm
- Ø: 3–10 cm
- Hellbeige Sporen

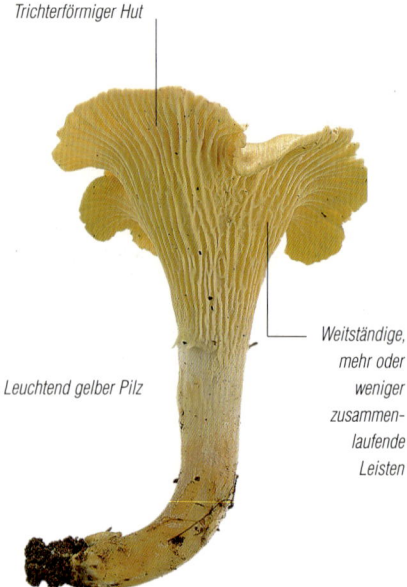

Trichterförmiger Hut

Leuchtend gelber Pilz

Weitständige, mehr oder weniger zusammenlaufende Leisten

Verwechslungsgefahr:
Ölbaumpilz (*Omphalotus olearius;* S. 36)
Falscher Pfifferling (*Hygrophoropsis aurantiaca;* S. 36)

■ Bestimmung

Der köstlich schmeckende Pfifferling gehört auch dank seiner schönen dottergelben Färbung zu den attraktivsten Pilzen.

Der fleischige, sich rasch flach ausbreitende **Hut** ist bei älteren Exemplaren eingedrückt. Der zunächst eingerollte Rand wird wellig, unregelmäßig gelappt und dadurch ziemlich empfindlich.

Die recht weitständigen, in der Nähe des Randes gegabelten und deutlich am Stiel herablaufenden **Leisten** bedecken die Fruchtschicht. Sie ähneln manchmal Lamellen, sind aber im allgemeinen grober. Erst bei älteren Exemplaren haben sie ein deutlich adriges Aussehen.

Der fleischige, unregelmäßige **Stiel** hat die gleiche Farbe wie Hut und Leisten.

Das weiße, feste, kompakte **Fleisch** riecht zuweilen nach Aprikosen oder Mirabellen.

	Echter Pfifferling *Cantharellus cibarius*	Ölbaumpilz *Omphalotus olearius*	Falscher Pfifferling *Hygrophoropsis aurantiaca*
Hut	dottergelb	gelb, orange bis braun	gelb bis orange
Fruchtschicht	lamellenförmige, weitständige, nicht fluoreszierende Leisten	feine gedrängte, fluoreszierende Lamellen	dicke, gegabelte, nicht fluoreszierende Lamellen
Stiel	unregelmäßig, wenig faserig, unveränderlich	gedrungen bis gestreckt, sehr faserig, unveränderlich	schlank, elastisch, bräunend
Fleisch	weiß, kompakt	gelb, zäh	gelblich, weich
Vorkommen	erdbewohnend, unter Laub- und Nadelbäumen	holzbewohnend (nicht immer eindeutig), Laubwälder	erdbewohnend, unter Laub- und Nadelbäumen
Wert	ausgezeichneter Speisepilz	giftig	eßbar

▌Vorkommen

Der im Unterholz von Laub- oder Nadelbäumen wachsende Pfifferling zieht feuchte Standorte, z. B. Gräben oder kleine Erdvertiefungen vor. Er lebt zwar gesellig, ist aber nicht immer sichtbar, denn er wächst gerne unter Moos und Laubbetten, die sein leuchtendes Gelb verdecken.

Er ist in der gemäßigten Zone verbreitet, und man findet ihn häufig nach Sommergewittern. In unserer Klimazone scheint der Monat Juli für sein Wachstum besonders günstig zu sein, man hat ihn aber auch schon an Weihnachten gefunden.

Der sehr begehrte Pfifferling wird manchmal intensiv gesammelt. In bestimmten Regionen wurde die Sammelmenge schon begrenzt. Um fruchtbare Standorte zu schützen, sollte man mit den Pfifferlingen vor allem nicht das Moos herausreißen. Es gilt, die Natur zu achten, dann wird sie es einem in fruchtbaren Jahren hundertfach vergelten.

▌Wert

Der überall bekannte und anerkannte Pfifferling oder Eierschwamm ist ein köstlicher, schon im Alten Rom hochgeschätzter Speisepilz. Er erfreut sich großer Beliebtheit, vor allem weil sein Fleisch einen äußerst feinen, delikaten Geschmack hat und meist weder Insekten noch Schnecken zum Opfer fällt, die ihn nicht zu mögen scheinen.

Wegen seines recht festen und kompakten Fleisches muß er im allgemeinen etwas länger gegart werden als andere Pilze. Da er lokal doch ziemlich häufig ist, bereitet man ihn allein mit einer Petersiliensauce, als Omelett oder als Fleischbeilage zu. Sehr kleine, in Essig eingelegte Pfifferlinge werden als Würzpilze durchaus geschätzt. Verschiedene Arten und Unterarten der Pfifferlinge sind ebenfalls eßbar. Es sollte jedoch darauf hingewiesen werden, daß der Pilz manchmal nicht gut vertragen wird, was aber keine schwerwiegenden Folgen hat. A. Marchand hat bereits darauf hingewiesen, daß der Verzehr von Pfifferlingen in außergewöhnlichen Fällen schon eine leicht abführende Wirkung gehabt hat. Der Amanitingehalt dieser Pilze ist dermaßen gering, daß man mehr als eine Tonne verzehren müßte, um eine toxische Wirkung zu beobachten! Pilzsammler können also völlig beruhigt sein: Der Pfifferling ist und bleibt ein ausgezeichneter Speisepilz.

Er ist nicht zuletzt deshalb so interessant, weil er gesellig wächst und sich gut transportieren läßt. Er ist überall im Handel und wird in großen Mengen zu Konserven verarbeitet. Ideal wäre natürlch die Pfifferlingszucht: Die Pilzforschung war hier schon erfolgreich, bisher allerdings nur im Labor. (→ Tabelle S. 37)

Verwechslung

Der Echte Pfifferling kann mit zwei orangefarbenen Pilzen verwechselt werden, die zwar als Trichterlinge bekannt sind, aber derzeit als Kremplinge klassifiziert werden:

*Der **Ölbaumpilz** (Omphalotus olearius; S. 36), der ein sehr variables Erscheinungsbild haben kann, täuscht den Spaziergänger manchmal: Es kann so aussehen, als sei er erdbewohnend, während er tatsächlich auf Wurzeln wuchert, die weit von ihren Bäumen entfernt liegen. Im Zweifelsfall ist das Fleisch entscheidend: Es ist fest, sogar zäh, vor allem im Stiel, der faserig wirkt. Ein anderes Merkmal ist seine gelbe Farbe, denn das Fleisch des Pfifferlings ist weiß und kompakt. Außerdem leuchten seine feinen, gedrängten Lamellen im Dunkeln. Eine Verwechslung mit dem Ölbaumpilz kann schweren Brechdurchfall nach sich ziehen.*

Man muß vor allem jene »großen Pfifferlinge« meiden, die im Süden Europas büschelweise auf Eichen oder Ölbäumen wachsen. Es handelt sich hier um giftige Ölbaumpilze.

*Den **Falschen Pfifferling** (Hygrophoropsis aurantiaca ; S. 36) erkennt man an seiner geringeren Größe, den gegabelten Lamellen und seiner weichen Konsistenz.*

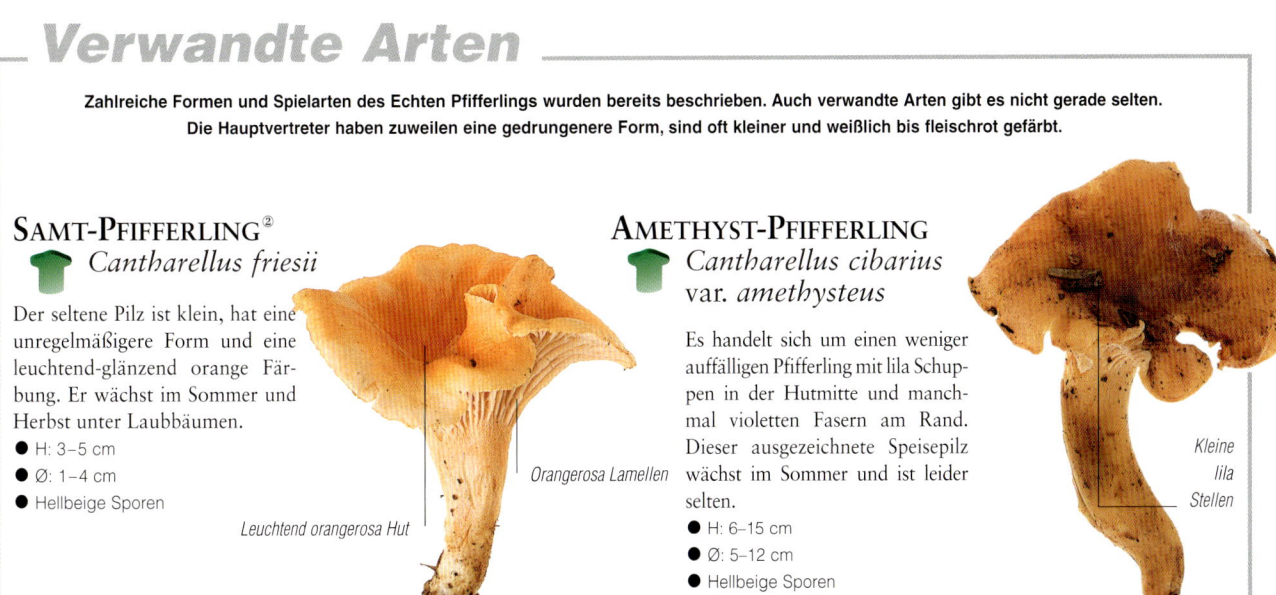

─ Verwandte Arten ─

Zahlreiche Formen und Spielarten des Echten Pfifferlings wurden bereits beschrieben. Auch verwandte Arten gibt es nicht gerade selten. Die Hauptvertreter haben zuweilen eine gedrungenere Form, sind oft kleiner und weißlich bis fleischrot gefärbt.

SAMT-PFIFFERLING[2]
Cantharellus friesii

Der seltene Pilz ist klein, hat eine unregelmäßigere Form und eine leuchtend-glänzend orange Färbung. Er wächst im Sommer und Herbst unter Laubbäumen.

- H: 3–5 cm
- Ø: 1–4 cm
- Hellbeige Sporen

Leuchtend orangerosa Hut

AMETHYST-PFIFFERLING
Cantharellus cibarius var. *amethysteus*

Es handelt sich um einen weniger auffälligen Pfifferling mit lila Schuppen in der Hutmitte und manchmal violetten Fasern am Rand. Dieser ausgezeichnete Speisepilz wächst im Sommer und ist leider selten.

- H: 6–15 cm
- Ø: 5–12 cm
- Hellbeige Sporen

Orangerosa Lamellen

Kleine lila Stellen

Nichtblätterpilze und Phragmobasidiomycetes

Trompeten-Pfifferling

Cantharellus tubaeformis

Klasse: Basidiomycetes – Ordnung: Cantharellales – Familie: Cantharellaceae

- H: 5–12 cm
- Ø: 2–6 cm
- Weiße Sporen

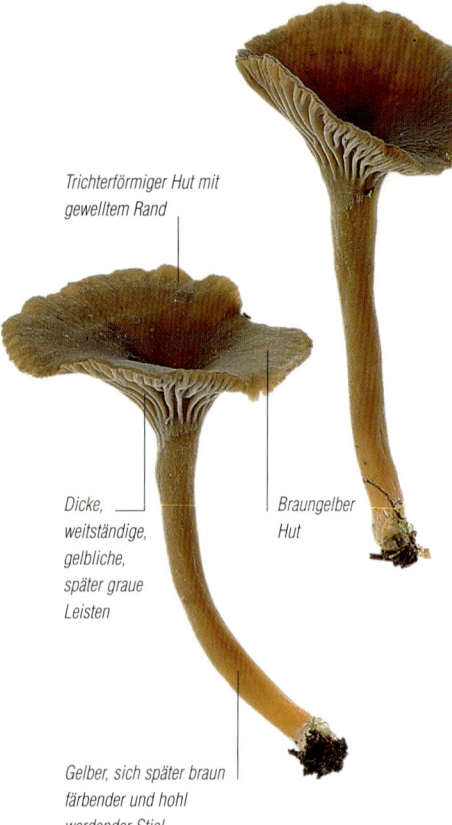

Trichterförmiger Hut mit gewelltem Rand

Dicke, weitständige, gelbliche, später graue Leisten

Braungelber Hut

Gelber, sich später braun färbender und hohl werdender Stiel

▼ **Verwechslungsgefahr:**
Grauer Leistling *(Pseudocraterellus cinereus;* S. 201)
Zimtbrauner Gürtelfuß *(Cortinarius cinnamomeus;* S. 128)

▌ Bestimmung

Der kleine schlanke Trompeten-Pfifferling ist durch sein trichterförmiges Aussehen gekennzeichnet.

Der **Hut** vertieft sich deutlich trichterförmig. Der zunächst eingerollte, dann gekräuselt und nach oben gerichtete Rand ist genauso dünnfleischig wie der Rest des Huts. Die ledergelbe bis braune, trockene Huthaut ist fein filzig.

Die in der Nähe des Rands gegabelten **Leisten** sind dick und recht weitständig. Sie sind gelb gefärbt, jedoch selbst bei jungen Exemplaren eher blaß und mit zunehmendem Alter grau.

Der zylindrische, unregelmäßig eingedellte oder längs gefurchte **Stiel** ist im allgemeinen hohl. Dieser Hohlraum geht in eine Öffnung in der Hutmitte über. Die ursprünglich leuchtend gelbe Färbung des Stiels verblaßt rasch.

Das **Fleisch** ist etwas elastisch. Es riecht sehr unterschiedlich, oft feucht, nicht immer angenehm.

▌ Vorkommen

Der Trompeten-Pfifferling wächst an feuchten Stellen in Laub- und Nadelwäldern. Er ist in der gesamten nördlichen Hemisphäre bekannt und bildet oft große Trupps. Er wächst häufig in Laubbetten und ist durch Größe und Huthautfarbe gut getarnt, also leicht zu übersehen. Von September bis Dezember tritt er häufig auf.

▌ Wert

Er ist ein durchaus geschätzter Speisepilz und die leichte Elastizität seines Fleisches stört z. B. in einem Omelett überhaupt nicht. Sein Duft ist recht verhalten, zu sehr nach dem Geschmack einiger Pilzliebhaber, die ihm die nach Mirabellen duftende Gelbe Kraterelle vorziehen. Ein großer Vorteil des Trompeten-Pfifferlings liegt aber darin, daß er sich sehr gut trocknen läßt.

Verwechslungen

Unter den Pfifferlingen kann der Trompeten-Pfifferling nur mit drei sehr guten Speisepilzen verwechselt werden: Wenn er jung und noch intensiv gefärbt ist, ähnelt er der Gelben Kraterelle; mit zunehmendem Alter könnte man ihn mit dem ebenfalls nach Mirabellen riechenden, jedoch selteneren **Grauen Leistling** (Cantharellus cinereus; S. 201) verwechseln.

Es gibt auch einige kleine, schlanke Schleierlinge, die zu Verwechslungen führen können.

Der **Zimtbraune Gürtelfuß** (Cortinarius cinnamomeus; S. 128) und seine Verwandten sind giftig. Sie enthalten ähnliche Wirkstoffe wie der tödlich giftige **Orangefuchsige Rauhkopf** (Cortinarius orellanus; S. 126). Diese Pilze haben einen langen, brüchigen Stiel, aber ihr Hut, der niemals trichterförmig vertieft ist, trägt Lamellen und keine dicken, gegabelten Leisten.

─ Verwandte Art ─

GELBE KRATERELLE

Cantharellus lutescens

Er ist ein ausgezeichneter Speisepilz und intensiver gefärbt als der Trompetenpfifferling. Sein unregelmäßig gelappter, brauner bis dunkelbrauner Hut verbirgt die Leuchtkraft von Hymenium und Stiel. Die fast glatte oder leicht geaderte Fruchtschicht ist lachsrosa, der Stiel kräftig gelborange. Diese Art bildet lokal in Nadelwäldern gesellige Gruppen, egal ob in Fichtenwäldern, in Bergtannenwäldern oder in Kiefernwäldern an der Küste.

- H: 5–12 cm
- Ø: 2–6 cm
- Weiße Sporen

Schweinsohr

Gomphus clavatus

Anderer Name: Purpur-Leistling
Synonym: *Nevrophyllum clavatum*

Klasse: Basidiomycetes – Ordnung:
Cantharellales – Familie: Gomphaceae

● H: 5–12 cm ● Ø: 5–10 cm ● Ockerfarbene Sporen

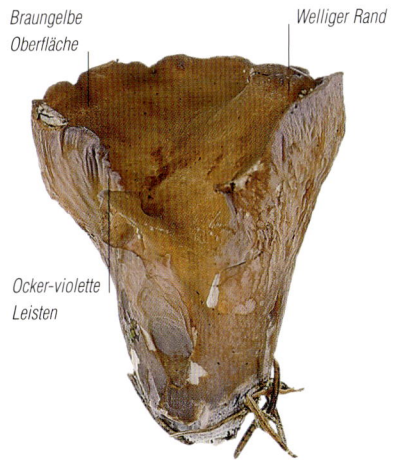

Braungelbe Oberfläche

Welliger Rand

Ocker-violette Leisten

▌ Bestimmung

Das kleine bis mittelgroße Schweinsohr hat bei jungen Exemplaren die Form einer stumpfen Keule und später eines umgekehrten Kegels.

Den **Hut** repräsentiert hier der obere, stumpfe Bereich. Er hat zunächst eine Kraterform und ist bei älteren Fruchtkörpern eingedrückt. Er ist fein samtig, bei jungen Exemplaren lila, dann gelb, zum Schluß braun. Der hochgezogene Rand ist stets unregelmäßig und wellig, bei erwachsenen Exemplaren gekräuselt.

Die zunächst runzelige **Fruchtschicht** wird beim reifen Pilz ganz deutlich sichtbar, wenn sich am Stiel herablaufende, unregelmäßige, stark wellige, manchmal auch knotig adrige Leisten bilden.

Der zur Basis hin sich verjüngende **Stiel** trägt manchmal mehrere, sich teilweise überlappende Hüte. Die leuchtend violette Färbung verschwindet im Alter fast völlig.

Das dicke, relativ knackige, weiße **Fleisch** schmeckt mild. Ältere Exemplare haben jedoch manchmal auch einen leicht bitteren Geschmack.

▌ Vorkommen

An vielen Standorten fehlt das Schweinsohr ganz, an anderen ist es zur Pilzsaison auf Moosteppichen bzw. in Fichten- oder Tannennadelbetten recht häufig.

▌ Wert

Das Schweinsohr ist wegen seines dicken, delikaten Fleisches ein hochwertiger Speisepilz. Es ist zwar zarter als der Echte Pfifferling, hat aber nicht den gleichen Duft.

Steife Koralle

Ramaria stricta

Klasse: Basidiomycetes – Ordnung: Clavariales – Familie: Ramariaceae

● H: 4–10 cm ● Ø: 3–8 cm ● Ockergelbe Sporen

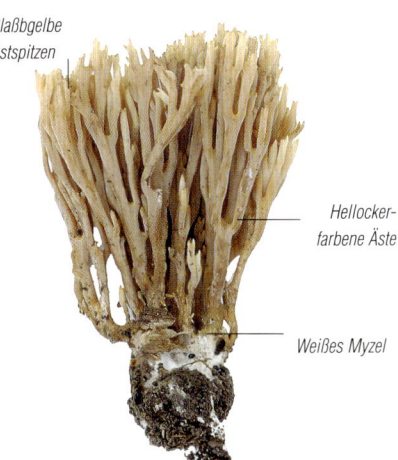

Blaßgelbe Astspitzen

Hellockerfarbene Äste

Weißes Myzel

▌ Bestimmung

Sie sieht aus wie ein kleiner Busch mit nach oben ragenden, engen, gegabelten, geraden Ästen. Bei jungen Exemplaren sind die feinen Spitzen dieser Äste hellgelb gefärbt, während der Rest hellockerfarben ist. Die lebhafte Farbe macht bei älteren Exemplaren einem schmutzigen Rotbraun Platz, das den ganzen Pilz einheitlich färbt.

Ein **Stiel** scheint nicht vorhanden zu sein. Der untere Teil des Pilzes bildet einen kurzen Strunk mit weißen, brüchigen Myzelsträngen, die bis ins Substrat reichen.

Das **Fleisch** ist weiß oder hellgelb und zäh. Es riecht angenehm nach Pilz und schmeckt pfeffrig.

Die Steife Koralle ist ungenießbar.

▌ Vorkommen

Die recht häufige Steife Koralle wächst im Sommer oder Herbst in kleinen Gruppen auf toten, vermordernden Ästen, die manchmal unter Moos oder in der Erde vergraben liegen.

Goldgelbe Koralle[2]

Ramaria aurea

Synonym: *Clavaria aurea*

Klasse: Basidiomycetes – Ordnung: Clavariales – Familie: Ramariaceae

- H: 10–20 cm
- Ø: 6–15 cm
- Ockergelbe Sporen

Sehr zahlreiche gelbe Äste

▼ **Verwechslungsgefahr:**
Dreifarbige Koralle (*Ramaria formosa*; rechts)
Blasse Koralle (*Ramaria pallida*; rechts unten)

▌Bestimmung

Der recht große **Fruchtkörper** kann bis zu 20 cm hoch und 15 cm breit werden.

Die sehr zahlreichen, zylindrischen, welligen, nach oben gerichteten und dicht aneinander sitzenden **Äste** verzweigen sich im oberen Bereich zu Ästchen. Sie haben eine einheitliche Färbung, die im allgemeinen golden oder manchmal auch dottergelb ist. Im Alter verfärbt sie sich durch Freisetzung der Sporen ocker.

Der **Stiel** bildet einen massiven, dicken, fleischigen, weißen bis gelblichen massiven Strunk.

Das weiße **Fleisch** ist zart und die Äste sind spröde, an der Basis elastisch. Sein Geschmack ist mild und sein Geruch leicht aromatisch.

▌Vorkommen

Die Goldgelbe Koralle wächst in Nadel- und Laubwäldern, meist auf Kalkböden oder kieselsauren Böden. Lokal tritt sie von Sommer bis Herbst an feuchten Standorten in Wäldern oder Baumgruppen auf.

▌Wert

Die Goldgelbe Koralle ist ein guter Speisepilz, muß jedoch jung gegessen werden, denn ihr Fleisch wird schnell zäh, ja sogar unverdaulich. Es wird im übrigen empfohlen, sie zunächst abzukochen und das Wasser dann abzugießen.

Wenn der Pilz sich bei Reife ocker färbt, kann er leicht mit anderen Arten verwechselt werden, was unter Umständen nicht ungefährlich ist. Ein Grund mehr, nur junge, leicht identifizierbare Exemplare zu verzehren. Vorsicht ist angebracht! Selbst versierte Pilzkenner haben sich hier schon getäuscht.

Verwechslung

Man sollte die Goldgelbe Koralle und ihre nahen Verwandten vor allem nicht mit nachfolgend aufgeführten Arten verwechseln, die eine sehr stark abführende Wirkung haben und extrem schmerzhafte Vergiftungen nach sich ziehen.

Die grazile und elegante **Dreifarbige Koralle** *(Ramaria formosa) ist schön rosa, am Astende bei jungen Exemplaren gelb gefärbt. Die schöne ursprüngliche Färbung verschwindet nach und nach, so daß ältere Exemplare ockerfarben und schwierig zu erkennen sind. Der Pilz ist giftig.*

Die **Blasse Koralle** *(Ramaria pallida) ist hell gefärbt, am Ende der Äste blaßviolett und bei reifen Exemplaren ocker. Sie ist ebenfalls giftig.*

Verwandte Arten

SCHWEFELGELBE KORALLE[3]
Ramaria flava

Anders als die Goldgelbe Koralle ist sie schwefel- oder zitronengelb und hat, vor allem im Alter, einen braunrot gefärbten Stiel. Sie wächst häufig an denselben Standorten und zur selben Zeit wie die Goldgelbe Koralle.

- H: 10–20 cm
- L: 7–15 cm
- Gelbe Sporen

RÖTLICHE KORALLE, HAHNENKAMM[2]

Ramaria botrytis

Jung hat sie kurze, rosafarbene Äste mit purpurroten Spitzen, die an einem großen Strunk sitzen, wodurch sie ihre typische, blumenkohlähnliche Form bekommt.

- H: 7–15 cm
- L: 8–15 cm
- Ockerfarbene Sporen

Abgestutzte Keule[3]
Clavariadelphus truncatus

Synonym: *Clavaria truncata*

Klasse: Basidiomycetes – Ordnung: Clavariales – Familie: Clavariadelphaceae

- H: 8–15 cm ● Ø: 2–4 cm ● Gelbe Sporen

Grubig-runzeliger Scheitel

Konischer, runzeliger Stiel

▌ Bestimmung

Dieser einfache, mittelgroße Pilz mit der Form eines umgekehrten Kegels sieht aus wie eine oben abgeschnittene Keule, woher er auch seinen Namen hat.

Der **Hut** wird von der oberen Fläche des Pilzes gebildet, die oft sehr unruhig grubig-runzelig ist und am Rand häufig gratartig übersteht. Er ist zunächst hellgelb und im Alter ocker mit rotbraunem Schimmer.

Der gedrungene, später gestreckte, konische, ockerfarbene, an der Oberfläche leicht braunrötliche **Stiel** wird im Alter runzelig, ähnlich wie bei den Pfifferlingen.

Das weiße und zunächst feste **Fleisch** wird rasch schwammig. Es schmeckt meist süß.

▌ Vorkommen

Die abgestutzte Keule wächst im Bergland in Tannenwäldern. Man findet sie nur selten zur Pilzsaison.

▌ Wert

Trotz ihres milden, süßen Geschmacks ist die Abgestutzte Keule nur ein mittelmäßiger Speisepilz. Nichtsdestoweniger imponiert sie durch ihr eigenwilliges Aussehen.

Verwandte Arten

HERKULES-KEULE[3]
Clavariadelphus pistillaris

Der bittere, mittelmäßige, in Buchenwäldern wachsende Speisepilz ist mit der Abgestutzten Keule sehr eng verwandt, hat aber einen abgerundeten Kopf.
- H: 8–20 cm
- Ø: 2–6 cm
- Hellgelbe Sporen

WIESEN-KORALLE
Clavulinopsis corniculata

Die leuchtend gelbe, gelborange oder ockerfarbene, an der Basis weißfilzige Wiesen-Koralle wächst auf moosdurchsetztem Grünland.
- H: 2–8 cm ● Weiße Sporen

Krause Glucke
Sparassis crispa

Synonyme: *Clavaria crispa, Helvella ramosa*

Klasse: Basidiomycetes – Ordnung: Clavariales – Familie: Sparassidiaceae

- Ø: 10–40 cm
- Weiße Sporen

Blattartige, creme- bis ockerfarbene Äste

▌ Bestimmung

Die Krause Glucke ähnelt einem Blumenkohl.

Der **Fruchtkörper** kann eine beachtliche Größe erreichen. Manche Exemplare erreichen sogar einen Durchmesser von 30 bis 40 cm und ein Gewicht von 5 bis 6 kg.

Die abgeflachten, sehr zahlreichen Äste sind ineinander verwoben. Ihre ursprüngliche, im allgemeinen hellbeige Farbe wird später leicht okker. Die gekräuselten, welligen Astspitzen geben dem Pilz sein charakteristisches Aussehen.

Der **Stiel** bildet einen dicken, sehr stämmigen, weißgelblichen Strunk, von dem alle Äste ausgehen.

Das weiße bis cremefarbene **Fleisch** ist trotz des massiven Erscheinungsbilds recht dünn. Es ist zunächst zart, im Alter aber gern elastisch. Es riecht aromatisch und schmeckt mild nussig.

▌ Vorkommen

Die Krause Glucke besiedelt Wurzeln oder Baumstümpfe von Nadelbäumen, vor allem Kiefern und Fichten. Sie ist in der ganzen nördlichen gemäßigten Hemisphäre verbreitet und wächst besonders im Bergland von September bis November.

▌ Wert

In Frankreich vergleichen Volksnamen die Krause Glucke mit der Morchel. Das ist für den Pilz schmeichelhaft, auch wenn er ausgezeichnet schmeckt. Jedenfalls paßt die Krause Glucke wie die Morchel sehr gut zu Sahne. Sie muß jedoch jung gegessen werden, denn ihr Fleisch wird im Alter elastisch oder sogar zäh. Beim Verzehr von alten Exemplaren stellten sich sogar Magen-Darm-Verstimmungen ein.

G. Fourré berichtet, daß die Chinesen viel Aufhebens um den »Silberohr« genannten Pilz machten und ihn auch züchteten. Sie exportieren ihn getrocknet auch in Beuteln nach Europa, wo die chinesischen Krausen Glucken in Feinkostgeschäften verkauft werden. Sie sollen auch als Medizin wirken: Angeblich stärken sie die Abwehrkräfte und werden dementsprechend bei Wintereinbruch Kindern und älteren Leute verabreicht.

Verwechslung

Die Krause Glucke ist durch ihr charakteristisches Aussehen und ihre speziellen Standorte sehr leicht zu erkennen, weist aber dennoch Ähnlichkeiten mit zwei anderen Arten auf, von denen eine starken Durchfall verursacht.

Die **Rötliche Koralle** (*Ramaria botrytis*; S. 206) erinnert noch mehr als die Krause Glucke an einen Blumenkohl, vor allem durch ihre Form, ihre sehr kurzen, zylindrischen Äste und Astspitzen. Die ursprünglich schön rosafarbenen, an den Enden purpurfarbenen Äste werden bei älteren Exemplaren gelb, was das Risiko einer Verwechslung erhöht.

Die giftige **Dreifarbige Koralle** (*Ramaria formosa*; S. 206), wächst wie der vorgenannte Pilz unter Laubbäumen, ist jedoch zierlicher.

Verwechslungsgefahr:
Rötliche Koralle (*Ramaria botrytis*; S. 206)
Dreifarbige Koralle (*Ramaria formosa*; S. 206)

Verwandte Art
BREITBLÄTTRIGE GLUCKE[2]
Sparassis brevipes

Sie unterscheidet sich von der Krausen Glucke durch die blätterförmigen, breiteren und schlaffen, fast durchscheinenden strohgelben Äste. Die viel seltenere, in Eichenwäldern wachsende Art riecht unangenehm nach Chlor und wird rasch zäh. Sie ist nicht empfehlenswert, gilt sogar als giftverdächtig.

- Ø: 20–40 cm
- Weiße Sporen

Zottiger Schichtpilz
Stereum hirsutum

Synonym: *Stereum purpureum*

Klasse: Basidiomycetes – Ordnung: Corticiales – Familie: Stereaceae

- L: 2–5 cm, allerdings ist ein Pilz mit dem anderen so verbunden, daß große Flächen bedeckt sind.
- Weiße Sporen

Dachziegelartig übereinandergeschichtete Hüte

Filzig behaarte, unterschiedlich farbig gezonte Oberfläche

Die **Oberseite** ist filzig behaart und abwechselnd gelb, rostrot und orange gezont. Dort, wo sie am Holz festgewachsen ist, hat sie eine dunklere Färbung.

Die **Unterseite** ist glatt, gelborange, später ocker.

Der **Rand** ist eingerollt, lappig und bei jungen Exemplaren leuchtend gelb.

Das weiße zähe **Fleisch** ist schwer zu schneiden und hat weder einen auffallenden Geruch noch Geschmack. Der Pilz ist ungenießbar.

■ Bestimmung

Die Hüte des Zottigen Schichtpilzes lappen reihig übereinander und wachsen oft dachziegelartig, bilden also richtiggehende Schichten. In den ersten Stadien seiner Entwicklung liegt der Pilz flach auf dem Holz und bildet eine Kruste. Dann heben sich die Ränder an, und der Pilz breitet seine Hüte girlandenförmig übereinanderliegend und miteinander verwachsen aus.

■ Vorkommen

Der Zottige Schichtpilz ist einer der weitestverbreiteten Pilze überhaupt und das ganze Jahr über zu finden. Er überzieht totes Holz vom kleinsten Ast bis zum größten Stamm mit dichten Kolonien. Er wächst oft auf der Schnittfläche von geschlagenem Holz.

Zwar zieht er Laubholz vor, man findet ihn jedoch auch auf Nadelholz, z.B. auf Kiefern und Lärchen. Er zerstört das Holz, so daß es nicht mehr verarbeitet werden kann.

Verwandte Arten

VIOLETTER SCHICHTPILZ
Chondrostereum purpureum

Er ähnelt dem Zottigen Schichtpilz. Die Oberseite ist jedoch nicht farbig gezont, sondern weißlich bis rot und ebenfalls samtig. Die Unterseite ist flieder- oder violett purpurfarben, so daß jede Verwechslung ausgeschlossen werden kann. Er ist häufig, kann sogar ganz gesunde Bäume angreifen und verursacht bei Obstbäumen die Weißfäule. Der Pilz ist genauso ungenießbar wie der Zottige Schichtpilz.
- L: 2–5 cm
- Weiße Sporen

ORANGEROTER KAMMPILZ
Phlebia merismoides

Er bildet eine 2 bis 3 cm dicke, knotenförmig verdickte, leuchtend orange Kruste mit mittlerer grauvioletter Zone. Er tritt das ganze Jahr an Laubholz auf.
- Ø: 8–10 cm
- Weiße Sporen

Semmel-Stoppelpilz
Hydnum repandum

Klasse: Basidiomycetes – Ordnung: Cantharellales –
Familie: Hydnaceae

- H: 5–10 cm ● Ø: 5–12 cm ● Weiße Sporen

Cremefarbener, samtiger Hut

Eingerollter Rand

Weißer Stiel

Cremefarbene Stoppeln

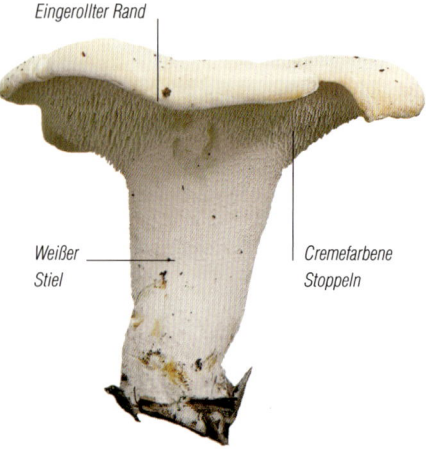

Verwechslungsgefahr:
Echter Pfifferling *(Cantharellus cibarius;* S. 202)
Schaf-Porling *(Albatrellus ovinus)*

Bestimmung

Der fleischige, mittelgroße Hut ist unregelmäßig gebuckelt und eingedrückt. Die trockene, matte Huthaut weist eine blassere von cremeweiß bis semmelfarben variierende Färbung auf. Der recht dicke, jedoch brüchige Rand ist deutlich eingerollt, später lappig und wellig.

Die Stoppeln der Fruchtschicht, die lang und spröde, zunächst weiß, später cremefarben sind, bräunen oder röten im Alter. Sie bilden eine Art Bart, der auch ein Stück am Stiel herabläuft.

Der weißliche, später abschnittsweise sich rotbraun färbende Stiel ist dick und fleischig, meist unregelmäßig und exzentrisch.

Das dicke, feste, jedoch spröde Fleisch ist weiß. Es schmeckt mild und entwickelt bei älteren Exemplaren einen leicht bitteren Geschmack.

Vorkommen

Der häufige Semmel-Stoppelpilz wächst in geselligen Gruppen und bildet unter Laubbäumen (vor allem Eichen) oder Nadelbäumen Ringe oder Linien. Er wächst in der ganzen Welt, vor allem im Tiefland. Seine helle Farbe macht ihn auf feuchten Fallaubbetten gut sichtbar, selbst für ungeübte Augen.

Man findet ihn manchmal im Sommer, vor allem aber im Herbst, ja sogar im Winter, denn er verträgt Temperaturen bis zu –5 °C.

Wert

Vom sehr beliebten Semmel-Stoppelpilz pflückt man junge, schöne Exemplare. Er ist ein ausgezeichneter Speisepilz, der vor allem deswegen von Interesse ist, weil er sehr spät erscheint, d. h. zu einem Zeitpunkt, wo die meisten anderen Pilze schon verschwunden sind. Über seine Qualität gehen die Meinungen jedoch auseinander: Viele schätzen sein besonders festes, sprödes, knackiges, leicht fruchtig riechendes Fleisch, andere finden, daß er überschätzt wird und werfen ihm gerade seinen mangelnden Duft und seinen leicht bitteren, wenig delikaten Geschmack vor. Auf jeden Fall schmecken nur junge Semmel-Stoppelpilze wirklich gut. Die älteren und noch mehr diejenigen, die schon Frost abbekommen haben, werden zäh und bitter. Sie müssen lange gegart werden; man sollte sie abkochen und das Wasser weggießen. Semmel-Stoppelpilze bereitet man alleine zu, brät sie in der Pfanne, rührt sie unters Omelett oder serviert sie zu Fleischgerichten. Man kann sie auch trocknen und in Essig einlegen, um sie später als Würzpilze zu verwenden. Auch in Deutschland werden sie inzwischen öfters verkauft.

Verwechslung

*Der **Echte Pfifferling** (Cantharellus cibarius; S. 202) hat eine normalerweise dottergelbe Färbung, die aber auch manchmal verblaßt und dann der des Semmel-Stoppelpilzes sehr ähnlich ist. Doch es genügt, den Pilz umzudrehen, denn der Pfifferling trägt lamellenförmige Leisten und keine Stoppeln.*

*Der **Schaf-Porling** (Albatrellus ovinus), der im Bergland in Nadelwäldern wächst, ähnelt ebenfalls dem Semmel-Stoppelpilz. Allerdings hat er Poren und keine Stoppeln, was die Bestimmung erleichtert. Er gilt jung als ausgezeichneter Speisepilz, nur wird sein Fleisch im Alter bitter und zäh.*

Verwandte Arten

RÖTLICHER STOPPELPILZ

Hydnum rufescens

Er wird eher als Unterart des Semmel-Stoppelpilzes denn als eigene Art betrachtet. Zwar gibt es Zwischenformen mit identischen Attributen, doch erlauben einige immer vorhandene Merkmale, die beiden Pilze zu unterscheiden. Typische Exemplare des Rötlichen Stoppelpilzes sind wesentlich weniger stämmig und kleiner als der Semmel-Stoppelpilz. Der ebenfalls unregelmäßige Hut hat eine dunklere, rotbraune bis orange Färbung. Seine Stoppeln laufen nicht am Stiel herab und röten im Alter deutlich. Schließlich ist der langgestreckte Stiel wesentlich schlanker.
Er ist weniger häufig als der fleischigere Semmel-Stoppelpilz und wird auch nicht so geschätzt wie dieser. Er wächst in Bergnadelwäldern, aber auch im Tiefland.
- H: 4–8 cm
- Ø: 3–8 cm
- Weiße Sporen

BECHERFÖRMIGER DUFTSTACHELING[2]
Phellodon tomentosus

Der samtige, rötliche Hut ist weiß gerandet und mit konzentrischen Bändern gezont. Die Stacheln oder Stoppeln sind kurz, weiß, später grau. Der teils eingedrückte Stiel ist braunrötlich. Die Einzelpilze sind oft am Hut miteinander verbunden. Das dünne, harte Fleisch ist ungenießbar. Er wächst im Herbst lokal unter Nadelbäumen auf sauren Böden.
- H: 3–7 cm
- Ø: 2–5 cm
- Weiße Sporen

OHRLÖFFEL-STACHELING
Auriscalpium vulgare

Der zähe, nierenförmige Hut ist braun, am Rand heller. Die Huthaut ist von dichten, kurzen, bürstenförmigen Haaren besetzt, die sich zum Rand hin grau färben. Die feinen, 1 bis 2 mm langen Stacheln sind zunächst blaugrau und bräunen im Alter. Der lange, schlanke Stiel sitzt seitlich am Hut. Er ist schwärzlich braun und samtig. Dieser Pilz wächst auf mehr oder weniger im Boden vergrabenen Kiefernzapfen, unter Moos oder auf Nadelbetten. Man findet ihn das ganze Jahr über, aber als Speisepilz ist er völlig wertlos.
- H: 3–10 cm
- Ø: 1–2 cm
- Weiße Sporen

HABICHTS-STACHELING[3]
Sarcodon imbricatus

Die braungräuliche Huthaut ist von großen, dunkleren Schuppen besetzt. Sie sind kreisförmig angeordnet und meist ineinander verzahnt. Die zunächst gräulichen Stacheln färben sich nach und nach braun.
Er wächst gruppenweise in Nadelwäldern, vor allem im Bergland. In manchen Regionen tritt er häufig auf, in anderen selten oder fehlt dort ganz. Selbst jung ist er nur ein mittelmäßiger Speisepilz.
- H: 6–13 cm
- Ø: 10–20 cm
- Braune Sporen

SCHWARZER DUFTSTACHELING[2]
Phellodon niger

Die jungen Pilze haben einen graublauen Hut und weißblaue Stacheln. Im Alter verfärbt sich der Hut schwärzlich und die Stacheln werden grau. Der schwarzbraune Stiel ist von einer dicken samtigen Schicht bedeckt. Das zähe, schwarze Fleisch ist nicht eßbar. Die Art ist selten und wächst im Herbst in kalkliebenden Nadelwäldern.
- H: 4–10 cm
- Ø: 4–10 cm
- Weiße Sporen

Nichtblätterpilze und Phragmobasidiomycetes

Schuppiger Porling
Polyporus squamosus

Synonym: *Melanopus squamosus*

Klasse: Basidiomycetes – Ordnung: Polyporales – Familie: Polyporaceae

- H: 5–10 cm
- Ø: 10–40 cm
- Weiße Sporen

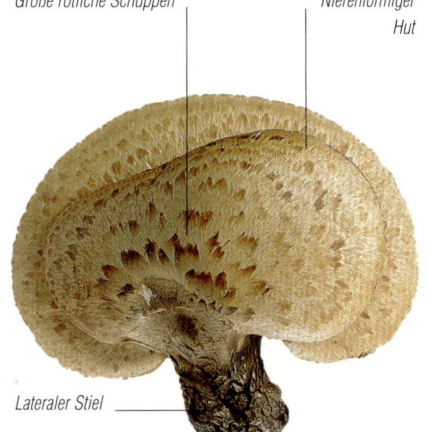

Große rötliche Schuppen

Nierenförmiger Hut

Lateraler Stiel

▌Bestimmung

Der imposante Pilz hat einen großen, im allgemeinen schuppigen Hut und einen lateralen, stämmigen Stiel.

Der sehr dicke, fleischige, groß ausgebreitete **Hut** ist kreis- bis nierenförmig und in Höhe des Stiels eingedrückt. Auf der hellen, gelblichen Oberseite befinden sich große rötlichbraune, anliegende Schuppen.

Die kurzen, nicht voneinander trennbaren **Röhren** laufen weit am Stiel herab. Die großen, eckigen, weißlichen Poren verfärben sich im Alter gelb.

Der stämmige, feste **Stiel** ist lateral. Er ist zunächst weiß, dann färbt er sich an der Basis erst braun, später schwarz.

Das weiße, dicke und kompakte **Fleisch** unterstreicht seinen elastischen Charakter und wird im Alter zäh. Roh riecht es intensiv mehlig.

▌Vorkommen

Der Schuppige Porling wächst auf Laubholz oder Laubbaumstümpfen, vor allem von Weiden und Pappeln. Die Einzelpilze überlappen sich manchmal gegenseitig und bilden umfangreiche Büschel. Diese recht häufige Art wächst vom Frühling bis in den Herbst.

▌Wert

Jung ist der Schuppige Porling eßbar, wird aber rasch zäh und ungenießbar.

Verwandte Arten

LÖWENGELBER PORLING
Polyporus varius

Junge Exemplare haben einen samtigen, braungrauen Hut mit eingerolltem Rand. Die Unterseite ist erst weiß, später cremefarben, mit winzigen Poren. Der Stiel ist zentral und hart, das Fleisch zäh.
- H: 4–7 cm
- Ø: 4–10 cm
- Weiße Sporen

WINTER-PORLING
Polyporus brumalis

Der oft gelappte, ockergelbe oder rötlichbraune Hut ist glatt. Die cremefarbene Unterseite färbt sich im Alter braun. Der Winter-Porling ist vor allem an seiner schwarzen Stielbasis zu erkennen. Er wächst häufig auf lebendem und totem Holz sowie auf Baumstümpfen. Er ist ungenießbar.
- H: 3–7 cm
- Ø: 5–12cm
- Weiße Sporen

Eichhase

Dendropolyporus umbellatus

Synonyme: *Polyporus umbellatus*, *Grifola umbellata*

Klasse: Basidiomycetes – Ordnung: Polyporales – Familie: Polyporaceae

- Büschel: H: 10–30 cm ● Ø: 20–40 cm ● Weiße Sporen

▍Bestimmung

Der große Eichhase wächst aus einem dicken Strunk und bildet aus vielen Hüten einen mächtigen Schirm.

Die kleinen, eingedrückten und in der Mitte genabelten **Hüte** tragen kleine Schuppen und sind leder- bis graubraun gefärbt. Der feine, hochgezogene Rand ist deutlich gewellt.

Die kurzen weißen **Röhren** münden in eckige, kleine, lang am Stiel herablaufende Poren.

Der **Stiel** bildet einen dicken, zylindrisch verästelten Strunk, wobei diese Verästelungen sich wiederum teilen und an jedem Ende ein Hut wächst.

Das dünne, weiche, jedoch stets ein wenig faserige **Fleisch** ist brüchig und spröde. Es schmeckt mild und hat einen angenehmen, leichten Mehlgeruch.

▍Vorkommen

Der Eichhase wächst an der Stammbasis von Baumstümpfen oder von geschwächten Laubbäumen, vor allem Eichen. Er ist unregelmäßig verteilt und tritt im Sommer und Herbst in bestimmten Regionen mit Kalkböden recht häufig auf.

▍Wert

Es handelt sich um einen sehr guten Speisepilz, den man jung genießen sollte. Im Alter bekommt er einen unangenehmen Geruch.

Verwandte Arten

KLAPPERSCHWAMM[3]
Grifola frondosa

Dieser Porling wächst an den gleichen Standorten. Jung ist er ein guter Speisepilz, hat einen kompakten Wuchs und laterale, manchmal aneinandergewachsene Stiele.

- Büschel: Ø: 20–30 cm
- Weiße Sporen

RIESEN-PORLING
Meripilus giganteus

Er bildet imposante Riesenfächer. Die hellen Poren werden auf Fingerdruck dunkel. Er wächst im Herbst an der Stammbasis oder auf Holz von Laubbäumen. Er ist eßbar, aber wertlos.

- Fächer: Ø: 30–70 cm
- Weiße Sporen

SCHWEFEL-PORLING
Laetiporus sulphureus

Diese Art entwickelt ineinander auf verschiedenen Ebenen verwachsene Pilze mit gewellten, zitronengelben Rändern. Geruch und Geschmack sind scharf. Im Sommer wächst er als Parasit auf lebenden Bäumen, vor allem Obst- oder Waldbäumen, z. B. Eichen, aber auch auf Nadelbäumen, meist recht hoch an Ästen.

- Fächer: H: 20–40 cm, Ø: 20–50 cm ● Weiße Sporen

Birken-Porling
Piptoporus betulinus

Klasse: Basidiomycetes – Ordnung: Polyporales – Familie: Polyporaceae

- H: 3–8 cm ● Ø: 10–25 cm ● Weiße Sporen

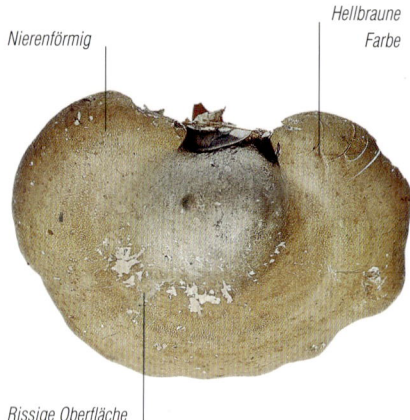

Nierenförmig
Hellbraune Farbe
Rissige Oberfläche

Über die Röhren ragender Wulst

Sehr kleine, weiße, runde Poren

Bestimmung

Der Hut dieses mittelgroßen Pilzes ist zunächst kugelig und breitet sich später rasch aus. Er ist recht dick und rund, im allgemeinen nierenförmig. Die braungräuliche Huthaut ist so dünn, daß sie leicht Risse bildet. Der hellere Rand bildet einen weißlichen Wulst, der die Röhren teilweise bedeckt.

Die weißen, eher kurzen, dickwandigen **Röhren** münden in sehr kleine runde, weiße Poren.

Der laterale, wenig deutliche, sehr kurze oder gar nicht vorhandene **Stiel** fixiert den Pilz auf dem Untergrund.

Das zunächst weiche, elastische **Fleisch** riecht sehr angenehm nach Pilz und schmeckt roh säuerlich. Allerdings nimmt es rasch eine korkähnliche Konsistenz an.

Vorkommen

Dieser Porling wächst ausschließlich an Birken. Er greift geschwächte Bäume an und verursacht eine zerstörende Weißfäule. Abgestorbene Bäume, die noch aufrecht stehen, können oft mit einem einzigen Stoß niedergeworfen werden. Im Herbst beobachtet man häufig zahlreiche Pilze, die alle auf einer Seite des Stamms wachsen.

Wert

Trotz seines pilzigen Geruchs und seines säuerlichen Geschmacks ist der Birken-Porling wegen seiner korkartigen Konsistenz sehr rasch als Speisepilz wertlos.

Früher wurde er nach dem Trocknen als »Leder« verwendet, mit dem man Rasiermesser schärfte oder Uhrenmetall polierte.

Verwandte Art

ANGEBRANNTER RAUCHPORLING
Bjerkandera adusta

Auf der Oberseite ist der häufige, ungenießbare Pilz graubraun und samtig, mit weißem, später grauem Rand. Die weiße, dann graue Unterseite besteht aus winzigen Poren. Er bildet auf Baumstümpfen, an totem und lebendem Holz ineinander verschachtelte, dachziegelartige Gruppen. Er wächst sowohl auf Laub- wie auf Nadelholz.

- L: 4–10 cm ● Dicke: 0,3–0,5 cm

Glänzender Lackporling
Ganoderma lucidum

Klasse: Basidiomycetes – Ordnung: Ganodermatales – Familie: Ganodermataceae

- H: 10–25 cm ● Ø: 10–30 cm ● Braune Sporen

Gebuckelte, jedoch glatte, glänzende, mahagonirote Oberfläche

Unregelmäßiger, lateraler Stiel

▌Bestimmung

Der Name des Glänzenden Lackporlings rührt von dessen lackähnlichem Überzug.

Bei jungen Exemplaren ist der **Hut** nur ein heller Ansatz am Scheitel einer kleinen rötlichen Säule, dem Stiel. Später bildet er sich nieren- oder fächerförmig aus. An der flachen, unregelmäßig gebuckelten Oberfläche befindet sich eine zunächst elastische, später zähe Hornkruste. Sie glänzt, als sei sie mit ganz glattem, mahagonifarbenem Lack überzogen. Der Rand ist lange blaß, weißlich bis gelblich.

Die zunächst weißen **Röhren** verfärben sich beim reifen Pilz rasch braun, ebenso die Poren, die sich auf Fingerdruck grau färben.

Der laterale, aufrecht stehende, unregelmäßige und zusammengedrückte **Stiel** hat die gleiche Kruste wie der Hut.

Das cremeweiße, später hellbraune **Fleisch** ist zunächst schwammig, später korkähnlich.

▌Vorkommen

Er besiedelt vermodernde Baumstümpfe diverser Laubbäume (Eichen und Kastanien) und verursacht Weißfäule. Dabei attackiert er das farbige, harte Lignin eher als die weiße, weiche Zellulose. Vorwiegend wächst er im Sommer und Herbst. Verschiedene Exemplare erscheinen manchmal im Winter, sind aber im allgemeinen nicht wetterfest.

▌Wert

Wegen seiner Konsistenz ist der Pilz für den Verzehr ungeeignet, aber in anderer Hinsicht interessant. Er verwest nicht und behält lange seine leuchtend farbige Kruste, die als Dekoration in japanischen Gestecken und Gärten verwendet wird. Er wird übrigens im Fernen Osten gezüchtet und gilt dort als Symbol des Glücks und des langen Lebens.

In China wird er wegen seiner beruhigenden und verdauungsfördernden Eigenschaften geschätzt. Er ist dort ein bewährtes, appetitförderndes Hausmittel, das überdies bei Schlaflosigkeit zum Einsatz kommt. Aber die Zubereitung eines Tees ist wegen der zähen Konsistenz des Pilzes langwierig und kompliziert. Man muß ihn zunächst einweichen und anschließend in Wasser kochen, um ihm die Wirkstoffe zu entziehen. Im pharmazeutischen Bereich sind ihm derzeit zahlreiche Forschungsprojekte gewidmet, vor allem in Japan. Möglicherweise senkt er den Blutdruck, könnte also in Zukunft die Lebenserwartung erhöhen und somit den Volksglauben der Asiaten bestätigen.

Verwandte Art

Eine andere, sehr häufige Lackporling-Art bildet große ungestielte Konsolen auf Baumstümpfen oder Stämmen verschiedener Laubbäume.

FLACHER LACKPORLING
Ganoderma lipsiense

Er hat einen großen, buckeligen, graubraunen Hut mit wulstigem, zunächst weißem Rand. Sein Fruchtkörper kann mehrere Jahre überdauern.

- L: 10–50 cm ● H: 2–8 cm
- Braune Sporen

Nichtblätterpilze und Phragmobasidiomycetes

Schmetterlings-Tramete
Trametes versicolor

Synonym: *Coriolus versicolor*

Klasse: Basidiomycetes – Ordnung: Polyporales – Familie: Coriolaceae

● H: 4–10 cm ● Ø: 0,1–0,5 cm ● Weiße Sporen

Fächerförmig — *Sehr bunt gezont*

Sehr kurze Röhren

Oft rosettenförmig

Porling sehr dünnfleischig und hat einen gelappten, welligen Rand. Die samtige **Oberseite** ist konzentrisch gezont, wobei die Zonen eine ganze Palette von matten und glänzenden Farbschattierungen enthalten: Grau, Braun, Rot, Violett, Schwarz ... – manchmal ergänzt durch das Grün einer Parasitenalge. Der Rand ist weiß oder hellgelb.

Die **Unterseite** hat sehr kurze, weiße Röhren, die in äußerst feine, mit dem bloßen Auge kaum sichtbare, zunächst weiße, später rotbraune Poren münden. Das außerordentlich dünne, weiße, zähe Fleisch ist natürlich ungenießbar.

▎Bestimmung

Wegen seiner Farbenpracht ist er ein willkommener Schmuck für Blumengestecke. In Farbe und Form sehr variabel, kann er kreis-, fächer- oder auch ziegelförmig ineinander verschachtelt sein oder eine Rosette bilden, wenn er auf einer flachen Oberfläche, z. B. auf der Schnittfläche eines Baumstumpfs, wächst. Eine kleine Basis hält Kontakt zum Substrat. Der Pilz ist für einen

▎Vorkommen

Der Pilz ist zwar ein Einjahrespilz, kann aber unter Umständen auch mehrere Jahre überleben. Es handelt sich um einen der häufigsten Pilze unserer Wälder, Parkanlagen und Wegränder. Er wächst auf allen Holzarten.

Verwandte Arten

Die Trameten haben keine deutliche Trennung zwischen Fleisch und den scheinbar in das Fleisch eingesenkten Röhren.

STRIEGELIGE TRAMETE
Trametes hirsuta

Wie der Name schon sagt, ist diese helle Tramete an der Oberfläche mit langen, steifen, weißen Haaren bedeckt. Die Unterseite ist weiß, später gräulich und regelmäßig mit Poren durchsetzt. Sie wächst das ganze Jahr ziegelförmig auf jeglicher Art Laubholz.

● Ø: 5–12 cm
● Dicke: 0,3–1 cm
● Weiße Sporen

BUCKEL-TRAMETE
Trametes gibbosa

Sie heißt deswegen so, weil am Haftpunkt einzelne Verdickungen zu sehen sind. Die samtige, im allgemeinen weiße Oberfläche wird durch winzige Algen oft grün gefärbt. Die Art wächst das ganze Jahr über allein oder in ziegelförmig übereinander geschichteten Fruchtkörpern an Baumstämmen oder Laubbaumstümpfen (Buche oder Hainbuche).

● Ø: 8–20 cm ● Dicke: 2–5 cm
● Weiße Sporen

Zunderschwamm
Fomes fomentarius

Synonym: *Ungulina fomentaria*

Klasse: Basidiomycetes – Ordnung: Polyporales – Familie: Fomitopsidaceae

- H: 10–40 cm ● Ø: 3–20 cm ● Weiße Sporen

Konzentrische ockerfarbene bis braune Wülste

Bei jungen Exemplaren heller Rand

▌Bestimmung

Der ungestielte, konsolen- oder hufförmige **Hut** kann manchmal bis zu 50 cm breit und 20 cm dick, also erstaunlich groß werden. Die aschgraue Oberfläche ist, außer im oberen Teil, mit konzentrischen Wulsten durchzogen. Sie haben dieselbe Farbe oder sind blaßbraun. Sie bildet eine sehr zähe Kruste. Der zunächst blasse Rand verfärbt sich im Alter braun.

Beim Anschneiden des Pilzes scheint es, als lägen die rostbraunen »**Röhren**« in mehreren dicken Schichten übereinander. Sie münden in sehr kleine, helle, graue Poren, die mit zunehmendem Alter lederbraune Flecken bekommen.

Das lilabraune **Fleisch** wirkt im Vergleich zur Dicke der Röhren eher dünn. Es ist zäh und hat eine korkähnliche Konsistenz.

▌Vorkommen

Der Zunderschwamm ist ein ernsthafter Feind vieler Laubbäume, darunter Buchen, auf denen er mehrere Jahre leben kann.

Er wuchert auf toten Baumstämmen als Saprophyt, aber auch als Parasit an lebenden Bäumen, wo er eine sehr aggressive Weißfäule verursacht.

▌Wert

Er ist als Speisepilz ungeeignet. Früher wurde sein Fleisch getrocknet und zur Herstellung von Zunder, unter anderem für die Herstellung von Feuerzeugdochten, verwendet. Wegen seiner Textur und seines hohen Tanningehalts verwendet man ihn auch als blutstillendes Mittel.

Verwandte Arten

FICHTEN-PORLING
Fomitopsis pinicola

Der hufeisenförmige Pilz ist jung gelb und später braunrot. Er scheint von einer harten, glänzenden Lackschicht überzogen, der Rand bildet einen dicken gelborangefarbenen, überlappenden Wulst. Er wächst auf abgestorbenem Holz.
- Ø: 10–40 cm ● Dicke: 3–10 cm
- Weiße Sporen

EICHEN-WIRRLING
Daedalea quercina

Die Unterseite sieht aus wie ein Labyrinth mit dicken Zwischenwänden, und die Poren erinnern an gegabelte Lamellen. Die ockerfarbene oder gelbgraue Hutoberseite ist flach, die Unterseite gebaucht. Diese Art ist das ganze Jahr präsent und wächst häufig auf Ästen, Baumstümpfen und Eichenholzklötzen. Man findet sie auch, wenn auch weniger häufig, auf Kastanienbäumen.
- Ø: 8–25 cm
- Dicke: 3–8 cm
- Weiße Sporen

Nichtblätterpilze und Phragmobasidiomycetes

Leber-Reischling

Fistulina hepatica

Anderer Name: Ochsenzunge

Klasse: Basidiomycetes – Ordnung: Polyporales – Familie: Fistulinaceae

- L: 10–25 cm   ● Dicke: 2–6 cm
- Hellockerfarbene Sporen

Bei erwachsenen Exemplaren ist der Pilz oben dunkelrot

Die Pilzunterseite ist gelblich, später rosa bis rötlich

▌Bestimmung

Der **Hut** wirkt zunächst wie eine gallertartige Masse. Er breitet sich dann konsolen-, nieren- oder zungenförmig aus. Größe, Konsistenz und Aussehen erinnern an eine Rinderzunge, so ist die sehr schleimige, leicht abziehbare Huthaut ganz von Papillen besetzt, während sie in der Farbe eher frischer Rinderleber ähnelt.

Die zunächst gelben **Röhren** färben sich später rot. Sie sind voneinander getrennt, jedoch nebeneinanderliegend und münden in kleine runde Poren.

Der **Stiel** ist nur ansatzweise, manchmal auch gar nicht vorhanden.

Das dicke faserige **Fleisch** ist vor allem in der Mitte schwammig und gibt einen blutroten Saft ab.

▌Vorkommen

Der Pilz parasitiert auf Baumstümpfen sowie Eichen- und Kastanienstämmen, wo er sich an Verletzungen festsetzt und Braunfäule verursacht. Man findet ihn von Sommer bis Herbstanfang recht häufig im Wald, vor allem im Tiefland.

▌Wert

Beim jungen Pilz wird der salzige, leicht säuerliche Geschmack geschätzt. Roh zählt er zu den guten Speisepilzen und kann als Salat genossen oder wie eine Scheibe Leber gebraten werden.

Verwechslung

Anders als die Porlinge hat er freie, nicht miteinander verwachsene Röhren. Eine Verwechslung dieses markanten Pilzes kann ausgeschlossen werden.

Tränender Hausschwamm

Serpula lacrymans

Anderer Name: Echter Hausschwamm
Synonyme: *Gryophana lacrymans, Merulius lacrymans*

Klasse: Basidiomycetes – Ordnung: Corticiales – Familie: Coniophoraceae

- Ø: 10–50 cm   ● Olivgelbe Sporen

▌Bestimmung

Der Tränende Hausschwamm bildet zunächst sterile Körper, die sich auf dem Substrat ausbreiten, und dann silbrige, zähe Fächer und weiße bis leicht violette, dicke, flockige, watteartige Kissen.

Dann erst entwickeln sich die **Fruchtkörper** auf diesem weichen Teppich. Sie erscheinen in Form einer dicken, unregelmäßig gebuckelten, gelbbraunen Masse, die zu dem gekräuselten, weißvioletten Rand einen deutlichen Kontrast bildet. Nur dieser Rand bleibt steril und behält sein ursprüngliches, wattiges Aussehen.

Die braungelben **Röhren** und **Poren** sind heller als der Rand. Bräunliche Tröpfchen, die in ihrem Aussehen an Tränen erinnern, werden bei jungen Exemplaren an der Oberfläche abgesondert.

Das weißliche, schwammig-wattige **Fleisch** gibt neben den »Tränen« einen deutlichen, eher angenehmen Pilzgeruch ab.

▌Vorkommen

Der Tränende Hausschwamm kann feuchten und schlecht belüfteten Holzhäusern gefährlich werden. Er greift vor allem das harzige Holz von Fußböden, Dachstühlen und Holzverkleidungen an, so daß unbewohnte Häuser zuweilen vom Keller bis unters Dach von ihm befallen sind.

Aus Holz hergestellte Produkte, z. B. Karton und Papier, können ebenfalls von diesem Pilz befallen werden, der unter günstigen Bedingungen quasi das ganze Jahr über wächst.

Auswirkungen und Gegenmaßnahmen

Der Tränende Hausschwamm ist seinem Milieu optimal angepaßt. So verbreitet er sich an Orten mit konstanter Feuchtigkeit sehr schnell.

Lange Myzelstränge, die sogenannten Rhizomorphen, setzen sich in Holz, Erde und sogar Wänden fest. Sie transportieren das Wasser, um das Holz nach Maßgabe ihres Wachstumsfortschritts zu befeuchten. Auf diese Weise sorgen sie großflächig für die Entwicklung des außerordentlich aggressiven Pilzes. Dieser braucht dann nur ein wenig Licht und eventuell Wärme, um fruktifizieren zu können. In diesem Augenblick verbreitet seine Fruchtkörper die Sporen, die den Boden, die Wände, die Decke etc. rostbraun färben und für den Fortbestand der Art sorgen.

In ungezählten Häusern hat der Tränende Hausschwamm schon große Schäden verursacht. Er sorgt für eine starke, sehr hinterhältige Fäule, die lange Zeit unsichtbar bleibt. Das Holz zerfällt in äußerst brüchige, substanzlose Würfel. Schon mehrfach brachen Fußböden oder Decken unerwartet zusammen, was zu schweren, manchmal tödlichen Unfällen führte. Ganze Bibliotheken wurden schon vernichtet, inklusive Mobiliar und Büchern. Man kann dem Tränenden Hausschwamm nur mit einer radikalen Behandlung beikommen. Das befallene Holz muß verbrannt und das bedrohte Holz mit einem Pilzschutzmittel behandelt werden. Vor allem aber ist es notwendig, wenn irgend möglich, Räume mit viel Holz gut zu durchlüften, so daß sich die Feuchtigkeit, die dieser zerstörerische Pilz so schätzt, gar nicht erst festsetzen kann.

Verwandte Art

GALLERTFLEISCHIGER FÄLTLING
Merulius tremellosus

Er bildet Krusten oder gallertartige Konsolen auf geschlagenem Holz und Stümpfen von Laub-, seltener von Nadelbäumen. Er ist nicht sehr dick und fängt beim geringsten Luftzug an zu zittern. Die obere, sterile, rosa-orangefarbene Seite ist mehr oder weniger flaumig, während die untere, also die Fruchtschicht, mit gerunzelten Poren besetzt ist.

Dieser recht seltene Pilz ähnelt durch seinen Wuchs dem Gezonten Ohrlappenpilz *(Auricularia mesenterica)*, der ebenfalls ein runzeliges Hymenium, aber keine Poren besitzt.

- Gr.: 5–15 cm mit netziger Fruchtschicht
- Weiße Sporen

Judasohr
Hirneola auricula–judae

Andere Namen: Holunderpilz, Judenohr
Synonym: *Auricularia auricula–judae*

Klasse: Phragmobasidiomycetes – Ordnung: Auriculariales – Familie: Auriculariaceae

- Ø: 4–10 cm
- Weiße Sporen

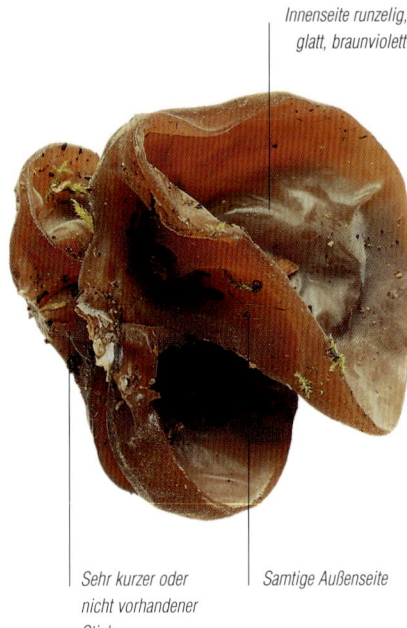

Innenseite runzelig, glatt, braunviolett

Sehr kurzer oder nicht vorhandener Stiel

Samtige Außenseite

▌Bestimmung

Er hat seinen Namen von seiner gelappten, geaderten Ohrmuschelform.

Der mittelgroße **Fruchtkörper** ist zunächst glockig, später konvex und breitet sich etwa in Form eines Tellers aus. Die äußere Oberfläche (meist die Oberseite) ist unterschiedlich gefärbt. Ursprünglich fleischfarben, wird der Pilz schließlich braunrot oder graubraun, manchmal grünlich schimmernd. Sein typisch samtiges Aussehen verstärkt sich im Alter ebenso wie die Adern. Der zunächst regelmäßige und hellere Rand wird unregelmäßig, wulstig gelappt und färbt sich im Alter schwarz.

Die **Fruchtschicht** auf der Innenseite ist glatt und später von zusammenlaufenden Adern durchsetzt. Sie ist fleischfarben bis braunviolett und verfärbt sich stellenweise weiß, sobald die Sporen reif sind.

Der laterale **Stiel** ist rudimentär oder nicht vorhanden.

Das dünne, durchscheinende **Fleisch** ist gallertartig bis elastisch.

▌Vorkommen

Er ist im allgemeinen an geschlagenem Holz zahlreicher Laubbäume, vor allem aber am Holunder zu finden. Er wächst das ganze Jahr, sobald die klimatischen Bedingungen günstig sind, ist jedoch im (milden) Winter und im Frühjahr häufiger zu finden.

▌Wert

Er muß jung verzehrt werden, weil er anschließend knorpelig werden kann. Es handelt sich um einen schwarzen Pilz, den man z. B. roh im Salat essen kann, dem aber die chinesische, vietnamesische und japanische Küche einen hohen Stellenwert einräumen. Er paßt ausgezeichnet zu Reisgerichten und in Saucen auch zu Fleisch und Fisch. Sobald der Pilz mit Wasser in Berührung kommt, erhält er durch seinen Pflanzenschleim eine Viskosität, die vor allem Saucen beim Garen sämig macht. Das Judasohr ist besonders deswegen von Interesse, weil man es sehr gut trocknen kann. Durch einfaches Einweichen in lauwarmem Wasser nimmt es wieder seine ursprüngliche Form an, da sich das Pilzgewebe perfekt rehydriert. Man findet es im Handel getrocknet in Beuteln unter dem Namen »nam meo« oder »mon lah«. Das Judasohr wird auch in Fertigsuppen und manchmal als Morchelersatz in Omeletts verwendet.

▌Zucht

Der Pilz wird im Fernen Osten, vor allem in China und Taiwan, intensiv gezüchtet. 1981 wurden über 25 000 t erzeugt, in der Weltproduktion liegt er also an sechster Stelle direkt hinter dem Schwarzstreifigen Scheidling *(Volvaria volvacea)* und dem Austernpilz *(Pleurotus ostriatus)*. In Taiwan wird die Kultur durch die klimatischen Bedingungen sehr erleichtert. Dort ist es feucht und heiß, was der Entwicklung des Pilzes sehr zuträglich ist. Er wächst geschützt in Strohhütten auf den verschiedensten organischen Abfällen, die nicht einmal kompostiert werden müssen.

Verwandte Art

GEZONTER OHRLAPPENPILZ
Auricularia mesenterica

Der ungenießbare Pilz wächst auf totem Holz von Laubbäumen und bildet dort unterschiedlich große Fruchtkörper. Die Oberseite ist konzentrisch gezont und mit grauen abstehenden Haaren besetzt. Das Hymenium ist grauviolett und hat an seiner Oberfläche verzweigte Adern.

- L: 5–15 cm
- Gr.: 0,3 cm–0,5 cm
- Weiße Sporen

Zitterzahn
Pseudohydnum gelatinosum

Anderer Name: Eispilz
Synonym: *Tremellodon gelatinosum*

Klasse: Phragmobasidiomycetes – Ordnung: Tremellales – Familie: Tremellaceae

- H: 3–6 cm ● Ø: 3–8 cm ● Weiße Sporen

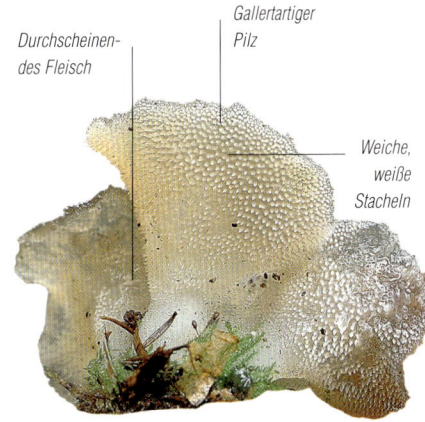

Durchscheinendes Fleisch
Gallertartiger Pilz
Weiche, weiße Stacheln

■ Bestimmung

Der ausgebreitete, oft unförmige **Hut** ist gallertartig und vibriert als Ganzes. Die Oberfläche ist samtig, zunächst weiß und kann im Alter bräunlich oder fahlgelb werden. Der Rand ist, vor allem zu Beginn, recht dick und eingerollt. Aufgrund seiner Form, seiner Konsistenz und der durch die Stacheln des Fruchtkörpers angedeuteten Papillen erinnert der Hut an eine Zunge.

Der weichfleischige **Fruchtteil** ist mit durchscheinenden weichen Stacheln besetzt.

Der laterale, in der Form sehr variable **Stiel** fehlt zuweilen auch völlig.

Das **Fleisch** ist weich und durchscheinend.

■ Vorkommen

Der Zitterzahn ist in den meisten Nadelwäldern häufig anzutreffen, in bestimmten Regionen, vor allem im Süden, jedoch gar nicht.

Er wächst auf vermoderndem Holz, verfaulten Baumstümpfen, und auf Ästen, die in Nadelbetten vergraben sind, so daß er manchmal erdbewohnend wirkt. Man findet ihn unter Umständen im Sommer, jedoch häufiger im Herbst und sogar im Winter. Dann schützt ihn seine dicke Schleimschicht vor den ersten Winterfrösten.

■ Wert

Der Zitterzahn ist trotz seines merkwürdigen Aussehens und seiner Konsistenz durchaus eßbar. Obwohl sein Geschmack immer leicht harzig ist, was an seinen bevorzugten Standort erinnert, kann man ihn im Salat roh genießen.

Verwandte Arten

Zur Familie der Tremellaceae gehören im allgemeinen holzbewohnende, gallertartige Pilze. Das Wort Tremellaceae kommt vom Lateinischen tremulus, »zitternd«, genauso wie der Name Zitterpappel (*Populus tremula*) für einen Baum, dessen Blätter beim geringsten Luftzug zu zittern beginnen. Der einzige Zitterling, der auf der Fruchtschicht Stacheln trägt, ist der Zitterzahn.

GOLDGELBER ZITTERLING
Tremella mesenterica

Man findet seine gallertartige, goldgelbe, runzelige und gelappte Masse, deren Aussehen an Gehirnwindungen erinnert, auf Ästen oder toten Stämmen von Laubbäumen. Bei trockenem Wetter wird er ledrig und schützt sich so vor dem Austrocknen. Bei Feuchtigkeit rehydriert er sehr leicht und nimmt seine ursprüngliche Form wieder an. Die Art ist wunderschön anzusehen, aber als Speisepilz wertlos.

- L: 3–8 cm ● Dicke: 1–4 cm
- Weiße Sporen

ROTBRAUNER ZITTERLING
Tremella foliacea

Er wächst vom Frühling bis in den Herbst auf Ästen oder Stümpfen von Laubbäumen und bildet dort braunrote, flache, wellige Lappen.

- Gr.: 4–10 cm ● Dicke: 2–4 cm
- Weiße Sporen

WARZIGER DRÜSLING
Exidia glandulosa

Er wächst das ganze Jahr auf toten Ästen verschiedener Laubbäume. Seine schwarze, sehr unregelmäßig gelappte, runzelige, gallertartige Masse hat keinerlei praktischen Wert.

- Bis zu 15 cm großer Fruchtkörper
- Dicke: 1–3 cm
-  Weiße Sporen

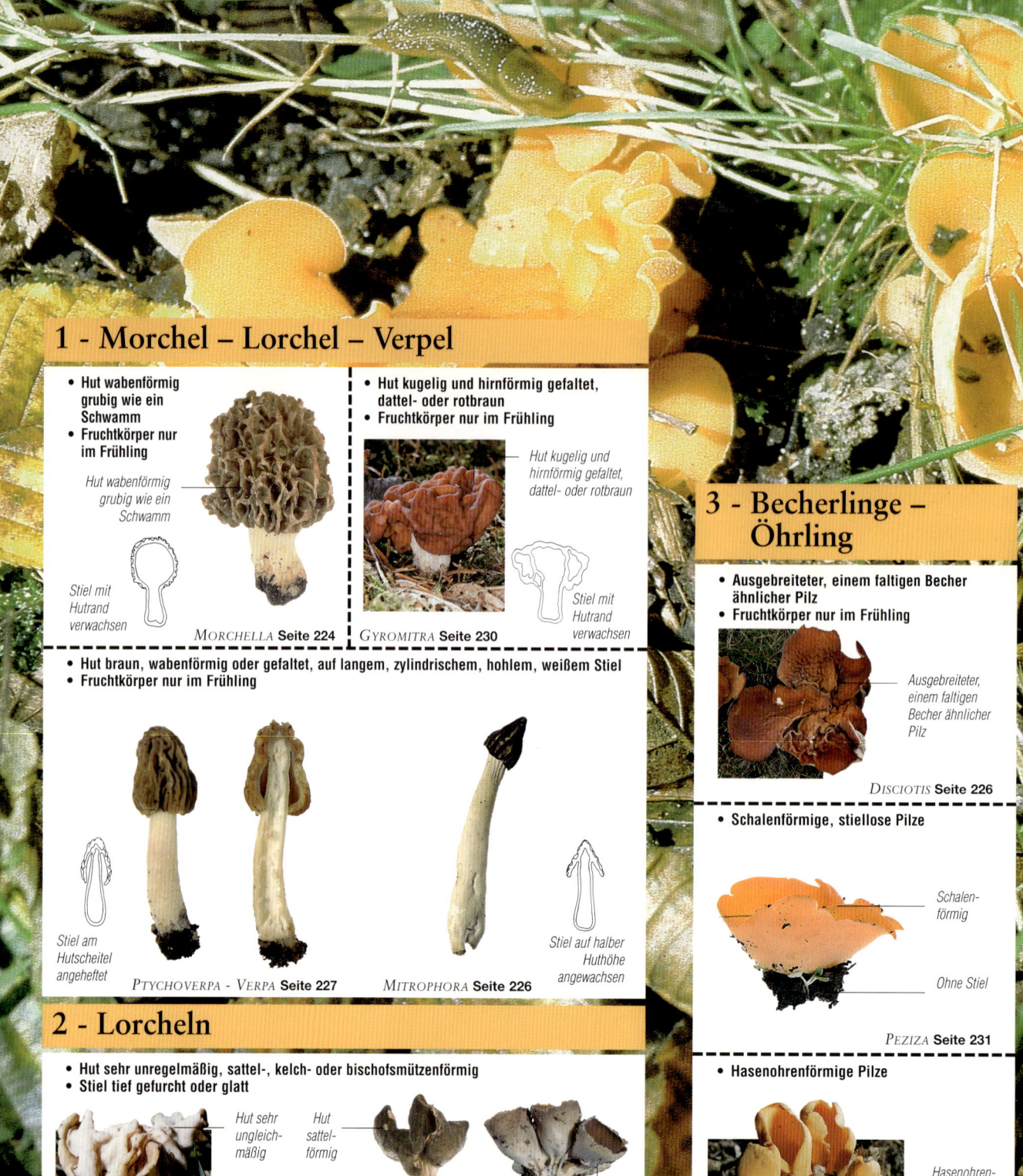

Merkmale der Ascomycetes

- Die Hauptmerkmale dieser Gruppe sind nur unter dem Mikroskop sichtbar. Pilze dieser Klasse können, wie die Gasteromycetes, sehr unterschiedliche Formen aufweisen, sind jedoch jung nicht kugelförmig (mit Ausnahme der Trüffeln). Manche Formen erinnern an Becher, Schwämme, Hasenohren oder Hirschgeweihe.

Knollenförmig, unterirdisch wachsend

Knopfartig auf toten Ästen

Schwammartig   Becherförmig   Geweihförmig

4 - Spateling

- Kleiner spatelförmiger, gelber Pilz

Spathularia Seite 234

6 - Schmutzbecherlinge etc.

- Becher- oder warzenförmige, in großen Kolonien auf Zweigen wachsende Pilze

Bulgaria, *Bisporella*, *Chlorociboria* Seite 235

8 - Holzkeulen

- Keulen- oder elchgeweihförmige, schwarze oder weiße, auf Baumstämmen wachsende Pilze

Xylaria Seite 237

5 - Gallertkäppchen

- Kleiner, nagelförmiger Pilz mit gummiartiger Konsistenz, gelbocker oder gelbbraun

Leotia Seite 234

7 - Trüffeln

- Mehr oder weniger kugelige, unterirdisch wachsende Pilze

Tuber Seite 236

9 - Kernkeulen

- Faden- oder keulenförmige, auf Insekten oder unterirdischen Pilzen parasitierende Pilze

Cordyceps Seite 237

Speisemorchel
Morchella esculenta

Anderer Name: Rund-Morchel
Synonym: *Morchella vulgaris*

Klasse: Ascomycetes – Ordnung: Pezizales – Familie: Morchellaceae

- H: 5–15 cm
- Ø: 3–7 cm
- Ockercremefarbene Sporen

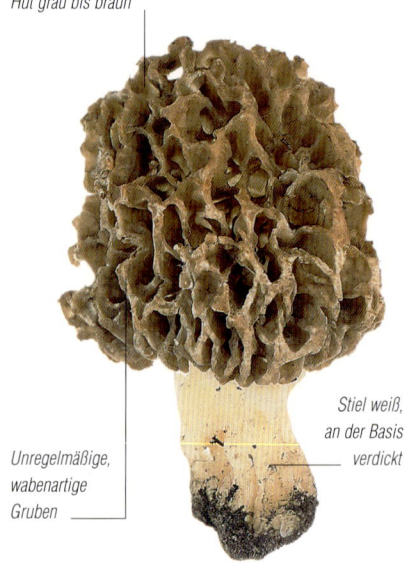

Hut grau bis braun

Unregelmäßige, wabenartige Gruben

Stiel weiß, an der Basis verdickt

▼ **Verwechslungsgefahr:**
Krause Glucke *(Sparassis crispa;* S. 208)
Frühjahrs-Lorchel *(Gyromitra esculenta;* S. 230)

Bestimmung

Die Speise-Morchel erkennt man am wabenartig-schwammähnlich strukturierten, bräunlichgrauen Hut.

Der mittelgroße **Hut** ist rund bis eiförmig mit vielen wabenartigen, tiefen, mehr oder weniger längs angeordneten Gruben, deren Wände meist stark gewunden sind. Die Farbnuancen des meist grauen Huts reichen von Ocker bis Schwarzbraun. Die Kanten der Grubenwände sind häufig heller, manchmal rot. Typisch ist das korallenartige, sehr dekorative Äußere der Speise-Morchel.

Die **Fruchtschicht** der Morchel besteht aus den wabenartigen Gruben.

Der hohle **Stiel** ist mit dem Hutrand verwachsen und mit dem Hut durch einen Hohlraum verbunden. Der Stiel ist weiß und nach oben verjüngt. Die erheblich dickere, faltige Stielbasis ist fest im Boden verankert.

Das zunächst weiße, später gilbende **Fleisch** riecht frisch sehr fein und angenehm nach Pilz oder Obst.

Vorkommen

Die Speise-Morchel gedeiht in feuchten Wäldern, am Waldrand oder dort, wo man sie eigentlich nicht erwarten würde, nämlich in Gärten, Alleen, auf Terrassen und Schuttbergen. In günstigen Jahren erscheint der verbreitete Pilz recht häufig überall in der gemäßigten Zone der nördlichen Halbkugel. Die Sammelzeit beginnt im März und dauert bis Mai. Die Morchelsuche erfordert Geduld und Erfahrung. Man muß die bevorzugten Standorte und den richtigen Zeitpunkt auf den Tag genau kennen. Die listigen Morcheln können plötzlich auf einem freien Stück Land, einem gerodeten Waldstück oder an einer Brandstelle auftauchen und diese Stellen in den Jahren darauf völlig meiden. Was den Zeitpunkt betrifft, kommt es sehr aufs Wetter, die Temperatur und besonders die Feuchtigkeit an. Der Boden darf nicht zu trocken sein; dennoch muß man nach üppi-

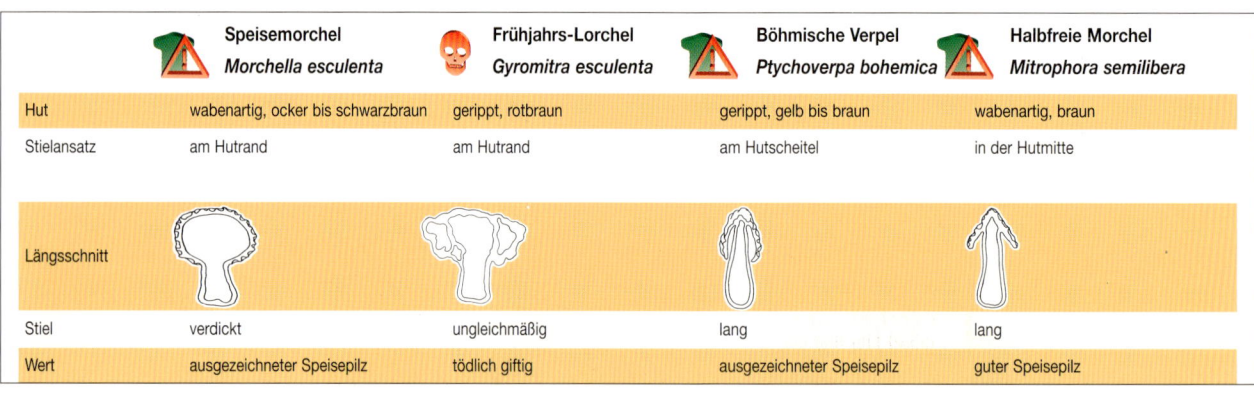

	Speisemorchel *Morchella esculenta*	Frühjahrs-Lorchel *Gyromitra esculenta*	Böhmische Verpel *Ptychoverpa bohemica*	Halbfreie Morchel *Mitrophora semilibera*
Hut	wabenartig, ocker bis schwarzbraun	gerippt, rotbraun	gerippt, gelb bis braun	wabenartig, braun
Stielansatz	am Hutrand	am Hutrand	am Hutscheitel	in der Hutmitte
Längsschnitt				
Stiel	verdickt	ungleichmäßig	lang	lang
Wert	ausgezeichneter Speisepilz	tödlich giftig	ausgezeichneter Speisepilz	guter Speisepilz

gem Regen einige Tage warten, um ergiebige Mengen ernten zu können. Überdies sind die Morcheln in ihrer Umgebung gut getarnt. Der »Neuling« benötigt ein scharfes Auge und darf sich nicht gleich entmutigen lassen.

▋ Wert

Die Dichter der römischen Antike verewigten die Speisemorchel unter dem Namen »Spongia«. Sie gehört zu den besten Speisepilzen überhaupt, besonders die im Bergland wachsende Form. Der feine Geschmack, das feste Fleisch mit dem angenehmen Biß eignen sich ausgezeichnet für Rahmsoßen oder, wenn ausreichende Mengen zur Verfügung stehen, für Füllungen und sogar als Beilage zu Braten oder Geflügel. Im Frühling wird die Morchel in manchen Gegenden frisch auf dem Markt angeboten. Sie ist jedoch das ganze Jahr über konserviert erhältlich. Die Säckchen mit getrockneten Morcheln kommen aus Mitteleuropa und sogar aus Indien. Das einzige, was der Morchelliebhaber diesem Pilz vorwerfen könnte, ist der Gehalt an Hämolysinen, einem Giftstoff, der die roten Blutkörperchen zerstört und den auch einige andere Schlauchpilze (Ascomycetes), z.B. Lorcheln, enthalten. Allerdings ist der Gehalt dieses hitzeunbeständigen Stoffes bei der Morchel niedriger, so daß der Verzehr im gut gekochten Zustand völlig unbedenklich ist.

Verwechslung

Etwa ein Dutzend im Frühling wachsender Arten werden, oft zu Unrecht, unter dem Namen Morchel geführt. So werden die Verpeln (deren Stiel tief im Hut anhaftet) manchmal zum gleichen Preis angeboten, obwohl sie keinem Vergleich mit der echten Morchel standhalten. Dies gilt auch für die etwas hochwertigere Halbfreie Morchel (deren Stiel auf halber Huthöhe anhaftet).

Was mancherorts als **Herbst-** oder **Kiefernmorchel** firmiert, ist nichts anderes als die **Krause Glucke** (Sparassis crispa; S. 208), die zwar kein schlechter Speisepilz ist, sich mit einer Morchel aber nicht messen kann.

Die häufig mit der Morchel verwechselte und als solche verzehrte **Frühjahrs-Lorchel** (Gyromitra esculenta; S. 230) ist hingegen giftig und roh sogar tödlich giftig. Wichtiges Kennzeichen ist ihr hirnförmiger, rotbrauner Hut.

Verwandte Arten

Die Systematik der Morcheln ist ziemlich komplex. Bei den echten Morcheln, deren Stiel mit dem Hutrand verwachsen ist, lassen sich zwei Gruppen unterscheiden: Die Gruppe der Speisemorchel, zu der Pilze mit rundem Hut und ungleichmäßigen Waben gehören, und die Gruppe der Spitz-Morchel, zu der Pilze mit länglichem oder kegeligem Hut und deutlichen Längsrippen zählen.

RUNDMORCHEL

Morchella rotunda

Sie ist, anders als die Speisemorchel, gelblich beige und hat einen runderen, größeren Hut als diese. Sie wächst an etwas offeneren Standorten, häufig unter Apfelbäumen. In Gebirgslagen wächst sie etwas später, von Mai bis Juni, manchmal erst im Juli.

Von dieser sehr kräftig gestielten Art gibt es mehrere Formen.
- H: 5–15 cm ● Ø: 5–12 cm
- Ockercremefarbene Sporen

HOHE MORCHEL

Morchella elata

Sie ist vielleicht die unberechenbarste Morchel. Manchmal wächst sie häufig, dann wieder jahrelang überhaupt nicht.

Dieser sehr dünnfleischige Pilz fällt vor allen Dingen durch seine Größe auf (bis zu 30 cm hoch). Der spitze, sehr lange und fein ziselierte Hut mit den ordentlich übereinander angeordneten Wabenkammern erinnert an die Spitze einer gotischen Kathedrale oder die Fassade eines Wolkenkratzers.

- H: 6–15 cm
- Ø: 3–5 cm
- Ockercremefarbene Sporen

SPITZ-MORCHEL

Morchella conica

Sie wächst eher im Mai und hauptsächlich in Gebirgslagen. Sie unterscheidet sich von der Speisemorchel durch einen kurzen, spitzen, kegelförmigen Hut und einen grob kleiigen, schnell gilbenden oder bräunenden, dünnfleischigen Stiel. Es gibt einige in der Regel fleischigere Varietäten.

- H: 7–13 cm ● Ø: 3–5cm
- Ockercremefarbene Sporen

Ascomycetes

Aderbecherling[3]

Disciotis venosa

Klasse: Ascomycetes – Ordnung: Pezizales – Familie: Morchellaceae

- Ø: 4–10 cm
- Cremefarbene Sporen

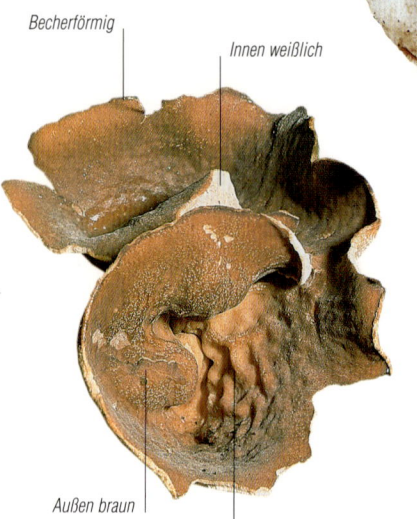

Becherförmig
Innen weißlich
Außen braun
Wülste

Das weißliche **Fleisch** ist wie der Stiel spröde und verbreitet roh einen starken Chlorgeruch.

▮ Vorkommen

Der Aderbecherling ist ein Frühlingspilz, der im Unterholz der Laubwälder, am häufigsten in den Auwäldern längs von Wasserläufen wächst. Er bevorzugt die gleiche Zeit und die gleichen Standorte wie die Speisemorchel.

▮ Bestimmung

Der Fruchtkörper des größten Becherlings ist jung halbkugelig, später becherförmig und fahlrotbraun. Die gelblichweiße Außenseite ist leicht körnig oder feinkleiig. Der wellige Rand ist gelappt, sehr zerbrechlich und reißt mit zunehmendem Alter mehr oder weniger tief ein.

Die **Fruchtschicht** auf der Innenseite hat eine unregelmäßige Struktur und ist zuweilen engmaschig und stark geadert.

Der gedrungene, faltige, weißliche **Stiel** ist zunächst gar nicht sichtbar. Er steckt tief und fest im Boden.

▮ Wert

Da der unangenehme Geruch beim Kochen verfliegt, ist der Aderbecherling ein ausgezeichneter und ergiebiger Speisepilz. Einige behaupten, er sei ebenso köstlich wie die ihm nahe verwandten Morcheln.

Der Aderbecherling ist nicht ganz leicht zu sammeln, da der Hut auf dem fest im Boden verankerten Stiel sehr leicht zerfällt.

Halbfreie Morchel

Mitrophora semilibera

Anderer Name: Käppchen-Morchel
Synonym: *Mitrophora hybrida*

Klasse: Ascomycetes – Ordnung: Pezizales – Familie: Morchellaceae

- H: 8–20 cm
- Ø: 1,5–4 cm
- Cremefarbene Sporen

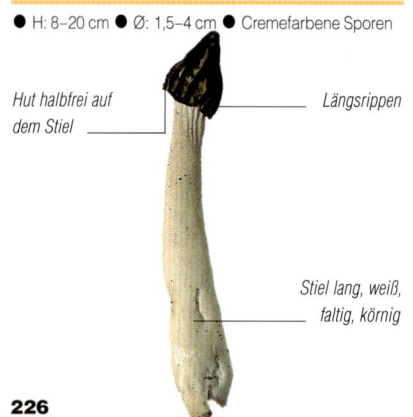

Hut halbfrei auf dem Stiel
Längsrippen
Stiel lang, weiß, faltig, körnig

▮ Bestimmung

Der **Hut** sitzt halbfrei auf dem Stiel und ist kegelförmig. Kleine Querleisten verbinden seine ausgeprägten Längsrippen. Dadurch entstehen tiefe, wabenartige, recht gleichmäßige Gruben. Die meist braune Färbung kann zwischen Schwarzbraun, Olivgrün und Ocker variieren.

Der hohle **Stiel** ist auf halber Huthöhe mit dem Hut verwachsen. Der zunächst gleichmäßig weißliche, an der Oberfläche körnige Stiel streckt sich mit zunehmender Reife in die Höhe, wird gelb und bekommt Beulen und Längsfurchen.

Das dünne, ziemlich zähe, weiße, später gelbliche und zerbrechliche **Fleisch** ist zunächst geruchlos, riecht später jedoch nach Sperma.

▮ Vorkommen

Die Halbfreie Morchel wächst an offenen, grasbewachsenen, feuchten Standorten. Sie ist im April und Mai an Waldrändern, im lichten Wald und an Uferböschungen zu finden.

▮ Wert

Obwohl die dünnfleischige Halbfreie Morchel nur ein mittelmäßiger Speisepilz ist, wird sie häufig als Ersatz für die Speise-Morchel verwendet. (→ Tabelle S. 224)

Böhmische Verpel[3]
Ptychoverpa bohemica

Synonym: *Verpa bohemica*

Klasse: Ascomycetes – Ordnung: Pezizales – Familie: Morchellaceae

- H: 8–20 cm
- Ø: 3–5 cm
- Gelbe Sporen

Stiel bis zum Scheitel in den Hut eindringend

Hut gerippt, gelbbraun

Stiel hohl mit markigen Flocken

Stiel weiß, flockig

Verwechslungsgefahr:
Frühjahrs-Lorchel (*Gyromitra esculenta*; S. 230)

▮ Bestimmung

Die mittelgroße, manchmal hochgewachsene Böhmische Verpel hat einen glockigen **Hut**, der nur am Scheitel mit dem Stiel verbunden ist.

Die **Fruchtschicht** durchziehen auf der Außenseite tiefe, gewundene, überwiegend längsverlaufende, teilweise verzweigte Runzeln. Die gelbbraunen Rippen entlang der tiefen Gräben markieren kleine Gruben, die kein wabenähnliches Muster wie bei den Morcheln bilden. Der freie, wellige Rand schließt den Hut mit einem dünnen, weißen Faden ab.

Der zylindrische, anfangs markig gefüllte **Stiel** wird schnell hohl. Zunächst kurz und gedrungen, schießt er manchmal jedoch erstaunlich hoch und gibt dem Pilz ein schlankes Aussehen. Die gelblichweiße Oberfläche hat weißliche, ringförmig angeordnete, flockige Schüppchen.

Das weiße, eher dünne, zerbrechliche, spröde Fleisch riecht jung angenehm nach Pilz, später unangenehm nach Sperma.

▮ Vorkommen

Die Böhmische Verpel ist ein Frühlingspilz, der überwiegend in Gebirgslagen verbreitet ist. Die Art wächst in regenreichen Jahren örtlich üppig unter Eschen, Ulmen, Haselnußsträuchern und in Mischwäldern. Sie steht meist dort, wo es am feuchtesten ist: auf Moos oder im Laub, aus dem sie nur als reifer Pilz herausragt. Hier wächst sie von März bis Mai.

▮ Wert

Gekocht schmeckt die Böhmische Verpel durchaus fein. Auch wenn sie sich geschmacklich nicht mit der Morchel messen kann, läßt sie sich ähnlich zubereiten, z. B. als Morchelcreme oder Füllung. (→ Tabelle S. 224)

Verwechslung

Zeit, Standort und Erscheinungsbild führen oft zu Verwechslungen mit verschiedenen Morcheln. Die wesentlichen Unterscheidungsmerkmale für morchelähnliche Frühlingspilze sind die Stiel-Hut-Verbindung und die Fruchtschichtstruktur, die bei den Morcheln wabenförmig, bei den Verpeln und Lorcheln runzelig ist.

*Die Verwechslung mit der gerunzelten **Frühjahrs-Lorchel** (Gyromitra esculenta; Seite 230), deren Stiel jedoch mit dem Hutrand verwachsen ist, hat bereits tödliche Vergiftungsfälle verursacht.*

Verwandte Art

FINGERHUT-VERPEL
Verpa conica

Die der Böhmischen Verpel zum Verwechseln ähnliche Fingerhut-Verpel unterscheidet sich von dieser durch die geringere Größe und den fast glatten, höchstens gelappten, jedoch nicht auffällig runzeligen Hut. Sie wächst zur gleichen Zeit und an den gleichen Standorten. Sie ist gekocht eßbar, jedoch zu dünnfleischig und daher bedeutungslos.

- H: 5–13 cm
- Ø: 1,5–3 cm
- Creme- oder hellockerfarbene Sporen

Herbst-Lorchel
Helvella crispa

Anderer Name: Krause Lorchel

Klasse: Ascomycetes – Ordnung: Pezizales – Familie: Helvellaceae

● H: 4–12 cm ● Weiße Sporen

Hut gelappt, cremefarben

Stiel weiß, lang, kräftig

Tiefe Furchen

▌ Bestimmung

Der **Hut** der Herbst-Lorchel ist dünnfleischig, gewunden gelappt und erinnert an einen Sattel oder eine Bischofsmütze. Der sehr unregelmäßige, wellige, aufgebogene Rand läßt die faltige, flaumige, ockergelbliche Innenseite erkennen.

Die **Fruchtschicht** befindet sich außen. Sie ist in der Regel cremefarben, kraus, faltig, bukkelig und bereift.

Der kräftige, feste **Stiel** kann kurz und dick oder lang und nach oben verjüngt sein. Auf der ursprünglich weißen, später gelblichen Oberfläche wechseln sich markante Längsrippen und tiefe Furchen ab.

Das am Hut dünne und am Stiel löchrige **Fleisch** ist gummiartig bis zäh, fast geruchlos und schmeckt fruchtig.

▌ Vorkommen

Die Herbst-Lorchel liebt lichte Wälder, Waldränder sowie angrenzende Weiden. Der Pilz wächst oft in großen Gruppen im Gras und im Laub. Oft erscheint die Lorchel erst spät im Herbst.

▌ Wert

Die Herbst-Lorchel ist gekocht eßbar, jedoch gehen die Meinungen über ihren Geschmack auseinander. Die einen finden, sie schmeckt ähnlich angenehm wie die Morcheln, andere halten sie aufgrund ihres zähen Fleisches für ungenießbar. Wir empfehlen, vor allen Dingen nur junge Pilze zu essen, deren Fleisch noch zart ist. In jedem Fall muß die Lorchel lange gekocht und am besten vorher abgebrüht werden. Lorcheln sind in der Regel roh giftig, da sie Hämolysine enthalten, die zu gefährlichen Anämien führen können. Glücklicherweise sind diese Stoffe hitzeunbeständig und können durch Kochen unschädlich gemacht werden.

Verwandte Arten

GRUBEN-LORCHEL
Helvella lacunosa

Sie unterscheidet sich von der größeren Herbst-Lorchel durch den dunkleren, grauen bis schwarzen Hut und durch ihre Größe. Der kräftiger gefärbte Stiel ist ebenfalls längsfurchig und faltig.

Der weitverbreitete Pilz wächst im Herbst und manchmal auch im Winter unter jeder Baumart. Er ist eßbar, muß jedoch lange gekocht werden.
- H: 5–10 cm
- Ø: 2–5 cm
- Weiße Sporen

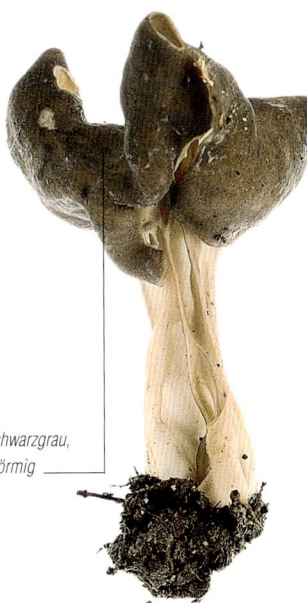

Hut schwarzgrau, sattelförmig

ELASTISCHE LORCHEL
Helvella elastica

Diese kulinarisch bedeutungslose, im Herbst wachsende Lorchel ist zierlicher als die oben beschriebenen Verwandten. Sie ist ähnlich blaß wie die Herbst-Lorchel und hat einen zweizipfeligen, häufig sattelförmigen Hut und einen glatten Stiel.
- H: 5–12 cm
- Ø: 2–4 cm
- Weiße Sporen

HOCHGERIPPTE LORCHEL
⚠ *Helvella acetabulum*

Diese von den anderen Lorcheln deutlich abweichende Form hat einen kurzen, hochgerippten, weißen Stiel und einen fahlrotbraunen, becherförmigen Hut. Sie wächst im Frühling und hat einen hohen Hämolysingehalt.
- H: 3–7 cm
- Ø: 3–6 cm
- Weiße Sporen

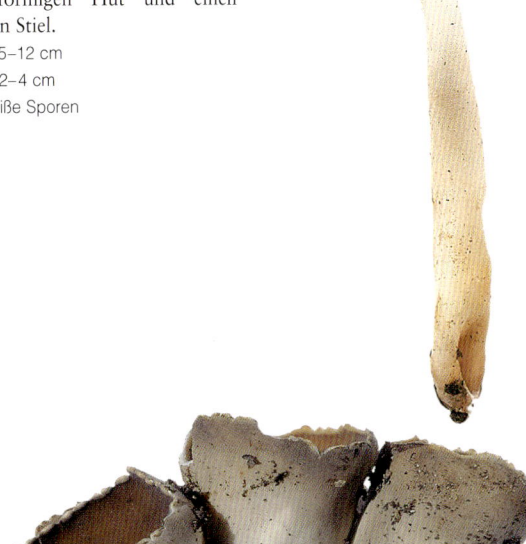

SCHWARZWEISSE LORCHEL
⚠ *Helvella leucomelaena*

Sie ist der Hochgerippten Lorchel sehr ähnlich. Nur der braungraue Teil schaut aus dem Boden heraus, bei Freilegung des Pilzes wird aber die weiße Stielbasis sichtbar. Sie ist kaum oder gar nicht geadert und nur am sehr kurzen Stiel gerippt. Die Rippen reichen nicht, wie bei der Hochgerippten Lorchel, in den breiteren Teil. Die Innenseite ist bei jungen Exemplaren glatt und braungrau. Der Becherrand ist gleichmäßig wellig. Diese Lorchel steht im Frühling in vielköpfigen, dichtgedrängten Gruppen auf nackten, humusarmen Böden. Roh ist sie giftig.
- H: 3–5 cm
- Ø: 2–7 cm
- Weiße Sporen

Frühjahrs-Lorchel
Gyromitra esculenta

Klasse: Ascomycetes – Ordnung: Pezizales – Familie: Helvellaceae

- H: 5–12 cm
- Ø: 5–10 cm
- Weiße Sporen

Hut rotbraun, hirnförmig

Stiel weiß, unregelmäßig

▼ **Verwechslungsgefahr:**
Speise-Morchel *(Morchella esculenta,* S. 224)
Böhmische Verpel *(Ptychoverpa bohemica;* S. 227)

▌Bestimmung

Dieser in der Regel mittelgroße Pilz hat einen typischen hirnförmigen **Hut**. Die insgesamt kugelige Mitra mit ihren häufig unregelmäßigen, unförmigen, auffällig gewundenen Lappen und Wülsten erinnert an Gehirnwindungen. Die Farben reichen von Kastanienbraun bis Mahagonirotbraun. Das Innere ist hohl.

Der weiße, relativ dünne **Stiel** riecht frisch und angenehm fruchtig. Manchmal ist der Geruch recht auffällig.

▌Vorkommen

Sie wächst unter Kiefern und Laubbäumen, besonders unter Kastanien, manchmal im Niederwald oder auf Heideland. Sie bevorzugt feuchte Standorte und siedelt oft an Uferböschungen. Die im Flachland eher seltene Frühjahrs-Lorchel gedeiht um so üppiger im Bergland der gesamten gemäßigten Zone der nördlichen Halbkugel. Sie ist in Mitteleuropa weit verbreitet und schießt gleich nach Winterende aus dem Boden. Man findet sie bis Mai.

▌Giftigkeit

Obwohl sie als eßbar gilt und traditionell ebenso gern gegessen wird wie die Morchel, sollte besonders die rohe Frühjahrs-Lorchel als giftig eingestuft werden.

Dennoch scheint ihr Giftgehalt auffällig zu schwanken. Einige Menschen haben sie schon immer, oft regelmäßig und in großen Mengen ohne die geringsten Beschwerden gegessen. Kinder dagegen sind an ihr bereits nach einer einzigen Mahlzeit gestorben. Ferner wird von ungewöhnlichen Todesfällen berichtet, bei denen Opfer, die jahrelang unbeschadet Frühjahrs-Lorcheln gegessen hatten, plötzlich nach einer Mahlzeit starben. Verantwortlich dafür ist das Gyromitrin, das sich angeblich erst in der Leber in einen Giftstoff umwandelt. Hinzu kommt, daß man möglicherweise erst nach mehrmaligem Verzehr des Pilzes eine kritische Menge akkumuliert.

Gyromitrin ist flüchtig. Daher ist der getrocknete Pilz bereits weniger giftig, jedoch nie ganz harmlos. Außerdem löst sich Gyromitrin in Wasser, so daß auch das Abgießen des ersten Kochwassers die Giftigkeit senkt, jedoch auch dann nicht ganz abgebaut wird. Trotz zahlreicher Warnungen seitens der Mykologen, auf die in der neueren Pilzliteratur auch immer wieder hingewiesen wird, wird die frische Frühjahrs-Lorchel immer noch verzehrt.

Gyromitrin ist ein tödlicher Giftstoff, dessen Wirkung den Amanita-phalloides-Giften in nichts nachsteht. Nach etwa zwölf Stunden beginnen die ersten Anzeichen von Verdauungsstörungen, gefolgt von einer vorübergehenden Beruhigungsphase. Anschließend treten zentralnervöse Symptome, schwere Bewußtlosigkeit und Gelbsucht auf. Die roten Blutkörperchen werden zerstört. In manchen Fällen endet der Krankheitsverlauf tödlich. (→ Tabelle S. 224)

Verwechslung

Wegen ihrer Giftigkeit sollte die Frühjahrs-Lorchel nicht mit anderen gekocht sehr gut eßbaren Frühlingspilzen verwechselt werden.

Die echten Morcheln, darunter die **Speisemorchel** (Morchella esculenta; Seite 224), unterscheiden sich von der Frühjahrs-Lorchel durch den tiefgrubigen, wabenförmig dünngerippten Hut.

Die **Böhmische Verpel** (Ptychoverpa bohemica; Seite 227) hat einen gerippten, niemals rotbraunen Hut, der wie ein Fingerhut auf dem Stiel sitzt.

Kastanienbrauner Becherling

Peziza badia

Synonym: *Plicaria badia*

Klasse: Ascomycetes – Ordnung: Pezizales – Familie: Pezizaceae

- H: 1–3 cm ● Ø: 2–8 cm ● Weiße Sporen

▍Bestimmung

Der **Fruchtkörper** dieses Pilzes ist becherförmig und im Alter ausgebreitet. Der Rand ist unregelmäßig gewellt. Die Außenseite ist feinkörnig und braun, bei Trockenheit rotbraun.

Die **Fruchtschicht** auf der Innenseite ist rotbraun und geht später in Olivbraun über.

Der **stiel**lose Becher sitzt direkt auf dem Boden.

Das dünne, rotbraune **Fleisch** enthält einen wässrigen Saft.

▍Vorkommen

Der Kastanienbraune Becherling wächst von Sommerende bis Herbst auf nackten, sauren Lehm- oder Sandböden. Er siedelt gern an Wegrändern, in Straßengräben und an sehr feuchten Standorten zwischen Birken und Nadelbäumen oder auch am Moorrand. Er ist häufig, jedoch nicht leicht von anderen Becherlingen zu unterscheiden.

▍Giftigkeit und Wert

Roh ist er giftig. Gekocht ist der wohlschmekkende Speisepilz durchaus einen Versuch wert.

Verwandte Arten

BLASENFÖRMIGER BECHERLING

Peziza vesiculosa

Der innen wie außen gelbockerfarbene Pilz hat am Bechergrund oft, aber nicht immer, kleine Bläschen. Er wächst oft büschelweise von Frühling bis Herbst auf gedüngten Böden. Die häufige Art ist roh giftig, gekocht jedoch eßbar.

- H: 1–4 cm ● Ø: 4–12 cm
- Weiße Sporen

GELBMILCHENDER BECHERLING
Peziza succosa

Er sieht dem Blasenförmigen Becherling sehr ähnlich. Das Fleisch und seine milchige Flüssigkeit färben sich beim Anschnitt jedoch innerhalb weniger Minuten gelb. Er ist ungenießbar.

- H: 1–3 cm
- Ø: 1–5 cm
- Weiße Sporen

Ascomycetes

Orangebecherling
Aleuria aurantia

Synonym: *Peziza aurantia*

Klasse: Ascomycetes – Ordnung: Pezizales – Familie: Humariaceae

- H: 1–5 cm • Ø: 2–10 cm • Weiße Sporen

Innen leuchtend orange

Becherförmig

Außen blaß, bereift

Kein Stiel

▌Bestimmung

Das **Apothecium** ist becherförmig und klein, leuchtend orangerot, zunächst konkav, später ganz unregelmäßig geformt. Die eher blasse, orange, gelbliche oder weißliche Außenseite ist zunächst bereift, dann kahl und glatt.

Die **Fruchtschicht** auf der Innenseite des Bechers leuchtet kräftig orangerot. Wie bei allen Becherlingen verbreiten sich die Sporen wolkenförmig, dazu genügt manchmal schon eine leichte Berührung. Der nahezu **stiel**lose Becher sitzt direkt auf dem Boden auf. Das weißliche bis orange **Fleisch** ist dünn, zerbrechlich, spröde und fast geschmacklos.

▌Vorkommen

Der Orangebecherling schmückt gern den Boden feuchter Wald- und Wegränder. Er wächst meist in großen Gruppen zu mehreren dicht aneinandergedrängten Exemplaren. Er besiedelt die ganze gemäßigte Zone der nördlichen Halbkugel und ist ein verbreiteter, manchmal recht später Herbstpilz.

▌Wert

Im Gegensatz zu seinen nahen Verwandten ist der Orangebecherling sogar roh eßbar. Die meisten Becherlinge enthalten Hämolysine, welche die Zellwand der roten Blutkörperchen zerstören. Weil dieser Giftstoff bei Hitze zerstört wird, müssen eßbare Becherlinge in der Regel vor dem Verzehr gut gekocht werden. Aber der Orangebecherling kann roh als Salat oder zusammen mit einem Kirschwasser als kleine Leckerei serviert werden. Selbst wenn Schönheit und Extravaganz den Geschmack übertreffen, ermöglicht diese Art dem Pilzliebhaber doch eine originelle Präsentation seiner Leib- und Magengerichte.

Verwandte Arten

Es gibt viele bunte Becherlingsarten.

SCHILD-BORSTLING
Scutellinia scutellata

Der kleine scharlachrote Becherling mit seinen schwarz gewimperten Rändern wächst am Boden oder auf faulendem Holz.

• Ø: 0,2–1 cm • Weiße Sporen

Zinnoberroter Kelchbecherling
Sarcoscypha coccinea

Die kleinen Becher mit der zinnoberroten Fruchtschicht auf der Innenseite leuchten manchmal so kräftig, daß sie scharlachrot lackiert scheinen. Die bereifte Außenschicht ist viel blasser, zunächst hellrot, dann sehr schnell rosaweiß bis weißlich. Der schmächtige, zähe, ziemlich kurze Stiel ist meist versteckt. Das eher zähe, dünne Fleisch schmeckt relativ fade. Bei diesem Pilz ist lediglich die Tatsache erwähnenswert, daß er feuchte Hecken und lichte Wälder besiedelt. Er ist weitverbreitet und wächst auf toten, moos- und humusbedeckten Ästen von Winter bis Frühling.
- H: 1–3 cm
- Ø: 1–5 cm
- Weiße Sporen

Violetter Kronenbecherling
 Sarcosphaera coronaria

Der ziemlich große Pilz hat zunächst einen kugelförmigen Fruchtkörper, der sehr bald sternförmig in dreieckige Lappen aufreißt. Die weißliche bis bräunliche Außenseite steht im starken Kontrast zur violetten Innenseite. Dieser eindrucksvolle Becherling wächst auf Kalkböden. Er ist nur gut gekocht eßbar, roh kann er sogar tödlich giftig sein.
- H: 4–10 cm
- Ø: 8–15 cm
- Weiße Sporen

Eselsohr
Otidea onotica

Klasse: Ascomycetes – Ordnung: Pezizales – Familie: Otideaceae

- H: 3–10 cm ● Ø: 2–5 cm ● Weiße Sporen

▌Bestimmung

Dieser drollige Pilz erinnert mit seinen auf der einen Seite offenen, länglichen Bechern an Esels- oder Hasenohren.

Der längliche, mittelgroße **Fruchtkörper** hat eine leuchtend orangegelbe bis ockerfarbene Außenseite, die zunächst deutlich bereift, später glatt und kahl ist.

Die **Fruchtschicht** auf der Innenseite ist rosa oder orange.

Der sehr kurze, häufig ganz im Boden eingesenkte **Stiel** ist oft nur an der Farbe und dem weißlichen Filz am Grund zu erkennen. Kleine »Wurzelhaare« verzweigen sich an der Basis.

Das dünne, beige **Fleisch** ist trotz der leicht gummiartigen Konsistenz zerbrechlich und spröde.

▌Vorkommen

Der meist gesellig auftretende Pilz wächst im Unterholz von Laub-, besonders von Eichenwäldern, am Boden oder im Moos, seltener unter Nadelbäumen. Er ist von Juli bis in den Herbst hinein zu finden.

▌Wert

Das Eselsohr ist zwar eßbar, aber als Speisepilz unbedeutend, weil geruch- und geschmacklos, zudem und hat es eine gummiartige Konsistenz.

Dottergelber Spateling
Spathularia flavida

Klasse: Ascomycetes – Ordnung: Leotiales – Familie: Geoglossaceae

- H: 5–8 cm
- Ø: 1–3 cm
- Weiße Sporen

Hut fächerförmig, leuchtend gelb

Spatelförmig

▎Bestimmung

Der spatelförmige Pilz hat einen mehr oder weniger runden, flachen, gelappten, welligen oder aufgeblähten, hellgelben **Kopf,** der den oberen Teil des Stiels umschließt.

Dieser **Stiel** ist weiß oder blaßgelb, dick und mehr oder weniger unregelmäßig. Das gelbliche, elastische **Fleisch** ist geschmack- und geruchlos.

Der kleine, dünnfleischige, gummiartige Pilz eignet sich nicht zum Verzehr.

▎Vorkommen

Der seltene Dottergelbe Spateling wächst im Spätsommer oder im Herbst in Ringen bzw. kleinen Gruppen auf Moos und feuchter Nadelstreu der Fichten- und Kiefernwälder, besonders im Bergland.

Verwandte Art

GRÜNGELBES GALLERTKÄPPCHEN
Leotia lubrica

Während die meisten Mitglieder dieser Familie scheiben- oder becherförmig und holzbewohnend sind, wächst das nagelförmige Grüngelbe Gallertkäppchen auf Moos und Streu feuchter Wälder. Der gelbbraune, ockerfarbene, grüngelbe, gallertartige, flache oder am Scheitel niedergedrückte Hut sitzt auf einem goldgelben Stiel. Wie bei vielen Arten dieser Gruppe ist auch sein Fleisch gummiartig und ungenießbar.

- H: 3–6 cm
- Ø: 1–2 cm
- Weiße Sporen

Schmutzbecherling
Bulgaria inquinans

Klasse: Ascomycetes – Ordnung: Leotiales – Familie: Leotiaceae

- H: 1–2 cm ● Ø: 1–4 cm ● Schwarze Sporen

Inneres leuchtend schwarz

Außenseite braun, körnig

Die glatte, schwarz-leuchtende **Oberfläche** sendet einen tiefschwarzen Staub (Sporen) aus, der sich in der ganzen Umgebung des Pilzes niederschlägt. Auch wer den Pilz berührt, macht sich die Finger schmutzig; daher sein Name.

Die **Außenseite** ist braun und körnig.

Das feste, zähe, gummiartige **Fleisch** des ungenießbaren Pilzes ist braun.

▮ Vorkommen

Der im Herbst und Winter häufige Schmutzbecherling wächst auf der Rinde frisch gefällter Eichen-, Buchen- und Kastanienstämme.

▮ Bestimmung

Der anfangs **kugelige** Pilz breitet sich aus, hat zunächst Kreisel- und schließlich etwa Tellerform.

Verwandte Arten

GEMEINER BUCHENKREISLING
Neobulgaria pura

Der Gemeine Buchenkreisling lebt an den gleichen Standorten wie der Schmutzbecherling, bevorzugt jedoch Buchenstämme, auf denen er in dichtgedrängten Büscheln wächst. Die Fruchtschicht auf der Becherinnenseite ist weißlich oder blaßrosa; die Außenseite ist beigerosa bis fast fuchsrot. Das gallertartig durchschimmernde Fleisch ist ungenießbar.

- H: 1 cm
- Ø: 1–3 cm
- Weiße Sporen

ZITRONENGELBES HOLZBECHERCHEN
Bisporella citrina

Obgleich winzig, ist dieser Pilz mit seiner sehr hellen gelben Farbe und dichtem Wuchs auf den Zweigen verschiedener Laubbäume kaum zu übersehen. Bei näherem Hinschauen erkennt man die flache Becherform.

- H: 0,2–0,4 cm ● Ø: 0,1–0,3 cm
- Weiße Sporen

GRÜNSPANBECHERLING
Chlorociboria aeruginascens

Nur selten zeigt der ungewöhnliche Pilz seine ausgebreiteten, blaugrünen Schüsseln auf dem entrindeten Eichen- oder Haselnußholz. Er verrät sich jedoch durch sein färbendes Myzel, welches das morsche, feuchte Holz typisch grünblau tönt.

- H: 0,2–0,4 cm
- Ø: 0,1–0,3 cm
- Weiße Sporen

Ascomycetes

Perigord-Trüffel

Tuber melanosporum

Synonym: *Tuber nigrum*

Klasse: Ascomycetes – Ordnung: Tuberales – Familie: Eutuberaceae

- Ø: 3–8 cm (zuweilen größer)
- Dunkelbraune Sporen

Fleisch violettschwarz, weiß geadert

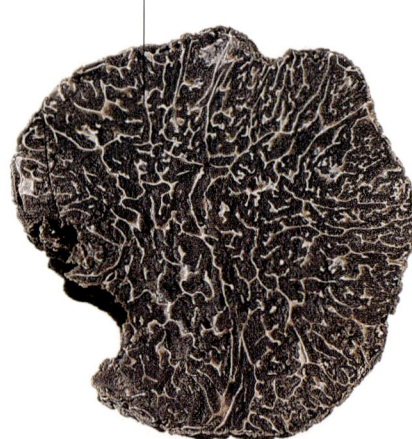

Bestimmung

Die Trüffel läßt sich an ihrem ausgeprägten, unvergleichlichen Geruch und dem schwarzen Fleisch erkennen.

Der **Fruchtkörper** ist eine kleine bis mittelgroße Knolle mit schwarzer, leicht warziger Oberfläche. Die leicht gehöhten Felder sind um so größer, je felsiger der Untergrund ist.

Die innere **Gleba** ist zunächst grau, wird dann rot und schließlich mit Sporenreife deutlich schwarz. Kennzeichnend ist die dünne, silbrigweiße Aderung.

Das **Fleisch** hat einen typischen, ausgeprägt würzigen Geruch. Die Trüffel ist die Pilzart mit dem stärksten Duft.

Vorkommen

Die weltweit bekannte Trüffel wächst unterirdisch in Verbindung mit Eichenwurzeln, seltener mit Wurzeln anderer Laubbäume. Sie liebt eher trockene, gut entwässerte Kalkböden. Ihr Verbreitungsgebiet beschränkt sich auf die warmen Gebiete Südwesteuropas, d.h. die Iberische Halbinsel, Italien und besonders Frankreich.

Die berühmten Trüffelgebiete Frankreichs sind die sonnigen Kalkböden des Perigord und Südfrankreichs, wo die Trüffel im Winter von November bis März Fruchtkörper bildet. Das Sammeln des begehrten Pilzes ist allerdings nur mit Ausnahmegenehmigung erlaubt. Die meist professionellen Trüffelsucher wachen eifersüchtig über ihre Reviere.

Wert

Der unvergleichliche, einzigartige, ausgeprägte Duft und Geschmack dieses außergewöhnlichen Pilzes verfeinern jedes Fleischgericht, jedes Omelett, jede Leberpastete oder Wurst unserer Festtafeln. Leider wird man den »schwarzen Diamanten« der feinen Küche kaum je selbst sammeln können. Doch Feinkostläden bieten ihn an, allerdings zu Preisen, die sicher den genannten Qualitäten des Pilzes entsprechen, für viele aber unerschwinglich sind.

Fälschungen

Der begehrte Pilz ist häufig Gegenstand betrügerischer Machenschaften und mühevoller Fälschungsversuche. So werden Trüffel häufig mit Eiern, die leicht den Duft und den Geschmack annehmen, eingelegt oder gekocht. Für die anschließend mit diesen Eiern zubereiteten Omelettes zahlt man Preise, die nichts mit dem wahren Trüffelgehalt zu tun haben. Im Wurstbereich werden häufig sogenannte »Trüffelpasteten« mit irgendwelchen schwarzen Pilzen angeboten, meist Totentrompeten oder sogar Hartbovisten, jedenfalls nicht mit Trüffeln. Es empfiehlt sich, die Etiketten genau zu studieren. Wo »Perigord-Trüffel« auf dem Etikett steht, muß auch *Tuber melanosporum* enthalten sein und nicht irgendein anderer Pilz.

Anbau

Während in Frankreich die Trüffelproduktion vor einem Jahrhundert noch 1000 bis 2000 t betrug, erreichte sie vor wenigen Jahren kaum noch 50 t pro Jahr. Verschiedene Organisationen, darunter das Nationale Institut für landwirtschaftliche Forschung, bemühten sich daher um die Möglichkeiten der Kultivierung.

Inzwischen ist es möglich, in günstigen Gebieten Trüffel durch Transplantation zu kultivieren. Dazu werden junge Trüffeleichen oder -haselnußsträucher bzw. deren Wurzeln mit dem Myzel der Trüffel geimpft. Mit viel Geduld, Pflege und eventueller Bewässerung kann man nach 5 bis 10 Jahren hoffen, die ersten Trüffeln zu ernten.

Eine gut gepflegte Trüffelkultur kann demnach 50 kg pro Hektar und Jahr erbringen. Suche und Ernte werden handwerklich betrieben, meist unter Zuhilfenahme von abgerichteten Schweinen oder Hunden, die den im Boden vergrabenen Trüffel aufspüren.

Geweihförmige Holzkeule
Xylaria hypoxylon

Klasse: Ascomycetes – Ordnung: Xylariales – Familie: Sphaeriaceae

- H: 3–8 cm
- Ø: 0,2–0,5 cm
- Schwarze Sporen

Elchgeweihförmig · Enden weiß · Basis schwarz

▎Bestimmung

Der ungewöhnliche Pilz läßt an eine Koralle oder eine Flechte denken.

Die kleinen, anfangs fast zylindrischen, an der Basis schwarzen und an den Spitzen weißen, aufrechten **Zweige** spalten sich an den Enden geweihförmig auf und werden dabei flach. Die Enden sind weiß bestäubt.

Die **Basis** bleibt samtartig schwarz. Am Ende ihres Zyklus verwandeln sich die Fruchtkörper in schwarze Fäden mit verdickter Spitze.

Das weiße, zähe **Fleisch** ist kulinarisch bedeutungslos.

▎Vorkommen

Die Geweihförmige Holzkeule wächst praktisch das ganze Jahr über zahlreich, in Gruppen auf Stümpfen oder toten Ästen von Laubbäumen, besonders von Buchen.

Verwandte Arten

VIELGESTALTIGE HOLZKEULE
Xylaria polymorpha

Dieser unregelmäßig, zylindrische, an der Spitze verdickte, spindel- oder keulenförmige Pilz hat einen mehr oder weniger langen, außen mattschwarzen körnigen Stiel. Sein korkartiges Fleisch ist jedoch weiß. Der häufige, ungenießbare Pilz wächst in büscheligen Gruppen an Stümpfen von Buchen und anderen Laubbäumen.

- H: 3–10 cm
- Ø: 1–3 cm
- Schwarze Sporen

ZUNGEN-KERNKEULE
Cordyceps ophioglossoides

Die Art wächst parasitisch auf unterirdischen Fruchtkörpern anderer Pilze. Sie hat einen gelben, glatten, mehr oder weniger langen Stiel mit einer keulenförmigen, schwarzbraunen körnigen, beim reifen Pilz weiß bestäubten Verdickung. Der recht verbreitete, aber meist versteckte Pilz ist leicht zu übersehen. Er wächst im Herbst in Laub- und Nadelwäldern.

- H: 4–8 cm
- Ø: 1–3 cm
- Weiße Sporen

Register

Ackerling, Frühlings- 150
Ackerling, Rissiger 150
Ackerling, Südlicher 150
Ackerling, Trockener 150
Ackerlinge 125
Agaricus albertii 161
Agaricus arvensis 160, 166
Agaricus augustus 161
Agaricus bisporus 163
Agaricus bitorquis 163
Agaricus campestris
 162, 163, 166, 168
Agaricus essettei 161
Agaricus haemorrhoidarius 165
Agaricus impudicus 165
Agaricus praeclaresquamosus
 15, 164, 166
Agaricus semotus 161
Agaricus silvaticus 164
Agaricus silvicola
 161, 174, 177
Agaricus variegans 165
Agaricus xanthoderma
 13, 160, 162, 163,
 165/166, 172
Agrocybe aegerita 150, 151
Agrocybe molesta 150
Agrocybe pediades 150
Agrocybe praecox 150
Aleuria aurantia 232
Amanita battarrae 187
Amanita caesarea 182–183, 185
Amanita ceciliae 187
Amanita citrina 175
Amanita citrina var. *alba* 175
Amanita crocea 187
Amanita echinocephala
 12, 180
Amanita eliae 184
Amanita excelsa 179
Amanita fulva 184, 187
Amanita gemmata 184
Amanita junquillea 12, 184,
 186, 187
Amanita muscaria
 12, 182/183, 185
Amanita ovoidea 174, 180
Amanita pantherina
 12, 178/179, 181, 186–187
Amanita phalloides 14, 44,
 45, 90, 91, 121, 172,
 176/177
Amanita porphyria 175
Amanita proxima 14, 180
Amanita rubescens 178, 181
Amanita spissa 178, 179, 181
Amanita vaginata 174, 181, 186–187
Amanita vaginata var. *alba* 174, 187
Amanita verna 14, 172, 174
Amanita virosa 14, 172, 173/174, 186, 187
Anis-Zähling 70
Armillaria borealis 77
Armillaria mellea 76/77, 145, 147
Armillaria ostoyae 77
Armillaria tabescens 77
Astraeus hygrometricus 197
Auricularia mesenterica 220
Auriscalpium vulgare 211

Baeospora myosura 100
Bauchpilze 189
Becherling, Ader- 226
Becherling, Blasenförmiger 231
Becherling, Gelbmilchender 231
Becherling, Grünspan- 235
Becherling, Kastanienbrauner 231
Becherling, Orange- 232
Becherling, Schmutz- 235
Becherling, Violetter Kronen-
 15, 233
Becherling, Zinnoberroter Kelch- 233
Becherlinge 222
Birkenpilz, Brauner 23
Bisporella citrina 235
Bjerkandera adusta 214
Bolbitius vitellinus 151
Boletus aereus 29
Boletus aestivalis 27, 29
Boletus calopus 30, 32, 33
Boletus chrysenteron 24
Boletus edulis 27, 28, 29
Boletus erythropus
 30, 32, 33
Boletus lupinus 32
Boletus luridus 31, 32
Boletus pinophilus 21, 29
Boletus queletii 31
Boletus radicans 15, 33
Boletus regius 32
Boletus rhodopurpureus 32
Boletus satanas
 15, 30, 31, 32
Boletus variegatus 19
Bovist, Bleigrauer 195
Bovist, Riesen- 196
Bovista plumbea 195
Buchenkreisling, Gemeiner 235
Bulgaria inquinans 235
Butterpilz 20

Calocybe gambosa
 96, 116, 117
Calvatia excipuliformis 196
Calvatia utriformis 196
Cantharellus cibarius
 36, 37, 202, 210
Cantharellus cibarius var. *amethysteus* 203
Cantharellus friesii 203
Cantharellus lutescens 204
Cantharellus tubaeformis
 127, 204
Chalciporus piperatus 24
Champignon, Kultur- 163
Champignon, Zucht- 163
Chlorociboria aeruginascens 235
Chondrostereum purpureum 209
Chroogomphus rutilus 34
Clathrus archeri 191
Clathrus cancellatus 191
Clavariadelphus pistillaris 207
Clavariadelphus truncatus 207
Clavulinopsis corniculata 207
Clitocybe candidus 94
Clitocybe clavipes 73

Clitocybe dealbata
 12, 74/75, 79, 99, 114
Clitocybe flaccida 78
Clitocybe geotropa 73, 95
Clitocybe gibba 78
Clitocybe nebularis
 72, 116, 117
Clitocybe odora 74
Clitocybe phyllophila
 14, 75, 114
Clitopilus prunulus
 74, 114, 116, 117
Collybia butyracea 105
Collybia butyracea var. *asema* 105
Collybia confluens 103
Collybia distorta 106
Collybia dryophila 104
Collybia fusipes 106
Collybia kuehneriana 104
Collybia maculata 106
Coprinus atramentarius 156
Coprinus comatus 158/159
Coprinus disseminatus 157
Coprinus domesticus 157
Coprinus lagopus 159
Coprinus micaceus 157
Coprinus niveus 159
Coprinus picaceus 159
Coprinus plicatilis 157
Cordyceps ophioglossoides 237
Cortinarius alboviolaceus 129
Cortinarius armillatus
 15, 127
Cortinarius bolaris 12, 127
Cortinarius cinnamomeus
 12, 128, 204
Cortinarius elatior 131
Cortinarius orellanus
 15, 126, 204
Cortinarius phœniceus
 15, 128
Cortinarius pholideus 129
Cortinarius purpurascens
 80, 81, 130, 131
Cortinarius sanguineus 128
Cortinarius semisanguineus
 12, 128
Cortinarius speciosissimus
 15, 127
Cortinarius traganus 129
Craterellus cornucopioides 200/201
Crepidotus variabilis 139
Crucibulum laeve 192
Cuphophyllus niveus
 62, 74, 75
Cuphophyllus pratensis 62
Cyathus striatus 192
Cystoderma amianthinum 98

Dachpilz, Löwengelber 120
Dachpilz, Netzadriger 120
Dachpilz, Rehbrauner 119/120
Dachpilze 113
Daedalea quercina 217
Dendropolyporus umbellatus 213
Dickfuß, Lila 129
Dickfuß, Schuppiger 129
Dickfuß, Weißvioletter 129
Disciotis venosa 226
Drüsling, Warziger 221

Düngerling, Glocken-
 13, 149
Düngerling, Heu- 12, 149
Düngerling, Ring- 13, 149
Düngerlinge 125

Egerling, Blut- 165
Egerling, Braunscheckiger Stink- 165
Egerling, Dunkelschuppiger 166
Egerling, Dünnfleischiger Anis- 161
Egerling, Karbol-
 13, 162, 163, 166
Egerling, Perlhuhn- 15
Egerling, Riesen- 161
Egerling, Schiefkugeliger Anis- 161
Egerling, Schneeweißer 161
Egerling, Stadt- 163
Egerling, Wald- 164
Egerling, Weinrötlicher 161
Egerling, Weißer Anis- 160
Egerling, Wiesen- 162, 163, 166, 168
Egerlinge 152
Eichen-Wirrling 217
Eichhase 213
Ellerling, März- 65
Ellerling, Schnee- 62
Ellerling, Wiesen- 62
Entoloma aprilis 119
Entoloma cetratum 12, 115
Entoloma clypeatum 118
Entoloma conferendum
 12, 115
Entoloma lividum
 15, 72/73, 85, 96, 97, 114, 116, 118/119
Entoloma rhodopolium
 14, 117, 119
Entoloma rhodopolium f. *nidorosum* 14, 117
Entoloma sepium 119
Entoloma sericeum 12, 115
Erdstern, Fransen- 197
Erdstern, Halskrausen- 197
Erdstern, Rotbrauner 197
Erdsterne 189
Eselsohr 233
Exidia glandulosa 221

Fälbling, Dunkelscheibiger 13, 133
Fälbling, Gemeiner 12, 132
Fälbling, Rettich- 14, 132
Fälbling, Wurzelnder 133
Fälblinge 122
Fältling, Gallertfleischiger 219
Faserling, Büscheliger 155
Faserling, Schwarzgestreifter 155
Faserling, Lederbrauner 155
Fistulina hepatica 218
Flämmling, Beringter 14, 139
Flämmling, Geflecktblättriger 138
Flämmlinge 123
Flammulina velutipes 98
Fliegenpilz, Roter 12, 182
Fomes fomentarius 217
Fomitopsis pinicola 217

Galerina autumnalis 15, 141
Galerina hypnorum 141

Galerina marginata 15, 140, 144, 145
Gallertkäppchen 223
Gallertkäppchen, Grüngelbes 234
Gallertpilze 199
Ganoderma lipsiense 215
Ganoderma lucidum 215
Geastrum rufescens 197
Geastrum sessile 197
Geastrum triplex 197
Gelbfuß, Kupferroter 34
Gerronema ericetorum 71
Gitterling, Roter 191
Glöckling, Kreuzsporiger 12, 115
Glöckling, Scherbengelber 12, 115
Glucke, Breitblättrige 208
Glucke, Krause 208
Gomphidius glutinosus 34
Gomphidius roseus 34
Gomphus clavatus 205
Grifola frondosa 213
Gürtelfuß, Geschmückter 15, 127
Gymnopilus penetrans 13, 138
Gymnopilus spectabilis 14, 139
Gyromitra esculenta 15, 35, 224, 225, 227, 230
Gyroporus castaneus 18
Gyroporus cyanescens 18

Hahnenkamm 206
Hallimasch, Gemeiner 77
Hallimasch, Honiggelber 76
Hallimasch, Nördlicher 77
Hallimasch, Ringloser 77
Hallimasche 59
Hasenpfote 159
Häubling, Moos- 141
Häubling, Nadelholz- 15, 140
Häubling, Überhäuteter 15, 141
Häublinge 123
Hautkopf, Blutblättriger 12, 128
Hautkopf, Blutroter 12, 128
Hautkopf, Scharlachroter 15, 128
Hautkopf, Zimtbrauner 12, 128
Hebeloma crustuliniforme 13, 132
Hebeloma mesophaeum 14, 133
Hebeloma radicosum 133
Hebeloma sinapizans 14, 132
Helmling, Buntstieliger 110
Helmling, Dehnbarer 108
Helmling, Fädiger 109
Helmling, Gelbmilchender 111
Helmling, Gras- 108
Helmling, Großer Blut- 111
Helmling, Olivgelber 109
Helmling, Purpurschneidiger Blut- 111
Helmling, Rauchiger 110
Helmling, Rettich- 12, 107
Helmling, Rillstieliger 110
Helmling, Rosa 15, 108
Helmling, Rosa Rettich- 108
Helmling, Rosablättriger 110

Helmling, Schwarzgezähnelter 15, 108
Helmling, Viersporiger Nitrat- 109
Helmling, Weißmilchender 111
Helmlinge 61
Helvella acetabulum 229
Helvella crispa 228
Helvella elastica 229
Helvella lacunosa 229
Helvella leucomelaena 229
Hemipholiota populnea 147, 150, 151
Hirneola auricula-judae 220
Holzbecherchen, Zitronengelbes 235
Holzkeule, Geweihförmige 237
Holzkeule, Vielgestaltige 237
Holzkeulen 223
Hundsrute, Gemeine 190
Hydnum repandum 210
Hydnum rufescens 211
Hygrocybe chlorophana 64
Hygrocybe coccinea 64
Hygrocybe conica 13, 64
Hygrocybe miniata 64
Hygrocybe psittacina 64
Hygrocybe punicea 63
Hygrophoropsis aurantiaca 36, 37, 202–203
Hygrophorus agathosmus 66
Hygrophorus cossus 67
Hygrophorus eburneus 67
Hygrophorus hypothejus 34, 67
Hygrophorus marzuolus 65
Hygrophorus nemoreus 67
Hygrophorus olivaceoalbus 67
Hygrophorus penarius 67
Hygrophorus russula 66
Hypholoma capnoïdes 144
Hypholoma fasciculare 12, 143, 145
Hypholoma sublateritium 12, 144

Inocybe asterospora 14, 135
Inocybe corydalina 14, 136
Inocybe dulcamara 133
Inocybe fraudans 13, 136
Inocybe geophylla 13, 83, 137
Inocybe geophylla var. *lilacina* 83, 137
Inocybe griseolilacina 14, 136
Inocybe lacera 13, 136
Inocybe lanuginosa 135
Inocybe patouillardii 12, 96, 97, 118, 119, 134
Inocybe rimosa 134

Judasohr 220

Kahlkopf, Spitzkegeliger 12, 148
Kahlkopf, Trockener 12, 148
Kahlkopf, Weißflockiger 13, 148
Kahlköpfe 125
Kaiserling 185

ammpilz, Orangeroter 209
artoffelbovist, Braunwarziger 13, 189, 193
..artoffelbovist, Gemeiner 13, 189, 193
Kernkeule, Zungen- 237
Keule, Abgestutzte 207
Keule, Herkules- 207
Keulenpilze 198
Klumpfuß, Purpurfleckender 130
Knäueling, Getigerter 70
Knäueling, Herber Zwerg- 69
Knollenblätterpilz, Frühlings- 14, 173–174
Knollenblätterpilz, Gelber 175
Knollenblätterpilz, Gelber, weiße Form 175
Knollenblätterpilz, Grüner 14, 176
Knollenblätterpilz, Weißer 14, 173, 187
Koralle, Blasse 13, 206
Koralle, Dreifarbige 13, 206, 208
Koralle, Goldgelbe 206
Koralle, Rötliche 206, 208
Koralle, Schwefelgelbe 206
Koralle, Steife 205
Koralle, Wiesen- 207
Korallen 198
Kraterelle, Gelbe 204
Krempling, Kahler 15, 35
Krempling, Samtfuß- 35
Krüppelfuß, Gemeiner 139
Krüppelfußpilze 123
Krustenpilze 199
Kuehneromyces mutabilis 76/77, 140, 144, 145

Laccaria amethystina 82, 107, 137
Lactarius auriantiofulvus 50
Lactarius blennius 51
Lactarius camphoratus 57
Lactarius chrysorrheus 15, 49
Lactarius controversus 53
Lactarius decipiens 50
Lactarius deliciosus 54–56
Lactarius deterrimus 55
Lactarius glyciosmus 48
Lactarius helvus 48
Lactarius pergamenus 52
Lactarius piperatus 52
Lactarius plumbeus 50/51
Lactarius pyrogalus 53
Lactarius quietus 49
Lactarius rufus 48
Lactarius salmonicolor 55
Lactarius sanguifluus 55, 56
Lactarius subdulcis 50
Lactarius torminosus 15, 54, 56
Lactarius trivialis 51
Lactarius vellereus 52
Lactarius vietus 51
Laetiporus sulphureus 213
Langermannia gigantea 196
Leber-Reischling 218
Leccinum aurantiacum 22
Leccinum carpini 23
Leccinum quercinum 22
Leccinum scabrum 23
Leccinum variicolor 23
Leccinum versipelle 22
Leistenpilze 198
Leistling, Grauer 201
Leistling, Verborgener 201
Lentinellus cochleatus 70

Lentinus tigrinus 70
Leotia lubrica 234
Lepiota brunneoincarnata 15, 162, 163, 167
Lepiota brunneolilacina 15, 168
Lepiota clypeolaria 15, 169
Lepiota cristata 15, 169
Lepiota felina 13, 169
Lepiota helveola 15, 168
Lepiota ignivolvata 169
Lepiota mastoidea 171
Lepiota ventriosospora 169
Lepista flaccida 78
Lepista nuda 80, 130, 131
Lepista panaeolus 74, 75, 79
Lepista saeva 81, 130, 131
Lepista sordida 81
Leucoagaricus leucothites 166, 172, 174, 177
Leucopaxillus gentianeus 94
Leucopaxillus giganteus 94
Limacella guttata 173
Lorchel, Elastische 229
Lorchel, Frühjahrs- 15, 230
Lorchel, Gruben- 229
Lorchel, Herbst- 228
Lorchel, Hochgerippte 229
Lorchel, Schwarzweiße 229
Lorcheln 222
Lycoperdon echinatum 195
Lycoperdon perlatum 194
Lycoperdon pyriforme 195
Lyophyllum decastes 96

Macrolepiota excoriata 167, 168, 171
Macrolepiota mastoidea 171
Macrolepiota procera 170
Macrolepiota rhacodes 171
Macrolepiota rickenii 171
Maipilz 96
Marasmiellus ramealis 101
Marasmius androsaceus 101
Marasmius oreades 74, 75, 99
Marasmius peronatus 103
Marasmius rotula 101
Megacollybia platyphylla 102
Melanoleuca grammopodia 95
Melanoleuca melaleuca 95
Meripilus giganteus 213
Merulius tremellosus 219
Milchling, Scharfer Schwefel- 50
Micromphale foetidum 101
Milchling, Beißender 53
Milchling, Blasser Duft- 48
Milchling, Eichen- 49
Milchling, Fuchsfarbener 48
Milchling, Goldflüssiger 15, 49
Milchling, Graufleckender 51
Milchling, Graugrüner 51
Milchling, Gründender Pfeffer- 52
Milchling, Kampfer- 57
Milchling, Langstieliger Pfeffer- 52
Milchling, Milder 50
Milchling, Nordischer 51
Milchling, Rosascheckiger 53
Milchling, Samtiger 52
Milchling, Zimtbrauner 50
Mistpilz, Gold- 151
Mistpilze 125
Mitrophora semilibera 224, 226

Mönchskopf 73
Morchel, Halbfreie 226
Morchel, Hohe 225
Morchel, Rund- 225
Morchel, Speise- 224
Morchel, Spitz- 225
Morchella conica 225
Morchella elata 225
Morchella esculenta 224, 230
Morchella rotunda 225
Mürbling, Lilablättriger 155
Mürbling, Wässriger 154
Mürblinge 152
Mutinus caninus 190
Mycena alcalina 109
Mycena arcangeliana 109
Mycena crocata 111
Mycena epipterygia 108
Mycena filopes 109
Mycena galericulata 110
Mycena galopus 111
Mycena haematopus 111
Mycena inclinata 110
Mycena leptocephala 110
Mycena olivaccomarginata 108
Mycena pelianthina 15, 108
Mycena polygramma 110
Mycene pura 12, 107
Mycena rosea 15, 108
Mycena rosella 108
Mycena sanguinolenta 111

Nabeling, Becherförmiger 71
Nabeling, Gefalteter 71
Nabeling, Gemeiner Heftel- 71
Nabelinge 58
Nebelkappe 72
Neobulgaria pura 235
Nyctalis asterophora 97
Nyctalis parasitica 97

Ohrlappenpilz, Gezonter 220
Öhrlinge 222
Ölbaumpilz 14, 36
Ölbaumpilz, Leuchtender 14, 37
Omphalina fibula 71
Omphalina pyxidata 71
Omphalotus illudens 13, 37
Omphalotus olearius 36/37, 202, 203
Otidea onotica 14, 233
Oudemansiella longipes 102
Oudemansiella mucida 102
Oudemansiella radicata 102

Panaeolus foenisecii 12, 149
Panaeolus semiovatus 13, 149
Panaeolus sphinctrinus 13, 149
Panellus serotinus 69
Panellus stipticus 69
Pantherpilz 12, 181, 187
Paxillus atrotomentosus 35
Paxillus involutus 35
Perlpilz 178
Peziza badia 231
Peziza succosa 231
Peziza vesiculosa 231
Pfifferling, Amethyst- 203
Pfifferling, Echter 202
Pfifferling, Falscher 36
Pfifferling, Samt- 203
Pfifferling, Trompeten- 204
Phallus impudicus 190
Phellodon niger 211
Phellodon tomentosus 211

Phlebia merismoides 209
Pholiota alnicola 147
Pholiota cerifera 147
Pholiota flammans 147
Pholiota higlandensis 147
Pholiota lenta 146
Pholiota squarrosa 76, 77, 146/147
Phragmobasidiomycetidae 198
Piptoporus betulinus 214
Pleurotus cornucopiae 69
Pleurotus dryinus 69
Pleurotus eryngii 69
Pleurotus ostreatus 68, 220
Pluteus cervinus 119/120
Pluteus chrysophaeus 120
Pluteus leoninus 120
Pluteus phlebophorus 120
Polyporus brumalis 212
Polyporus squamosus 212
Polyporus varius 212
Porling, Angebrannter Rauch- 214
Porling, Birken- 214
Porling, Fichten- 217
Porling, Flacher Lack- 215
Porling, Glänzender Lack- 215
Porling, Löwengelber 212
Porling, Riesen- 213
Porling, Schuppiger 212
Porling, Schwefel- 213
Porling, Winter- 212
Porlinge 199
Psathyrella candolleana 155
Psathyrella conopilus 155
Psathyrella lacrymabunda 154
Psathyrella melanthina 155
Psathyrella multipedata 155
Psathyrella piluliformis 154
Pseudocraterellus cinereus 201, 204
Pseudocraterellus sinuosus 201
Pseudohydnum gelatinosum 221
Psilocybe crobula 13, 148
Psilocybe montana 12, 148
Psilocybe semilanceata 12, 148
Ptychoverpa bohemica 224, 227, 230

Ramaria aurea 206
Ramaria botrytis 206, 208
Ramaria flava 206
Ramaria formosa 13, 206, 208
Ramaria pallida 13, 206
Ramaria stricta 205
Räsling, Mehl- 114
Räslinge 112
Räubling, Harter Zinnober- 46
Rauhfuß, Eichen- 22
Rauhfuß, Hainbuchen- 23
Rauhfuß, Verschiedenfarbiger 23
Rauhkopf, Orangefuchsiger 15, 26
Rauhkopf, Rotschuppiger 12, 127
Rauhkopf, Spitzbuckliger 15, 127
Reifpilz 122, 138
Reizker, Birken- 15, 56
Reizker, Bitter- 55
Reizker, Blut- 55
Reizker, Bruch- 48
Reizker, Edel- 54

Reizker, Lachs- 55
Reizker, Tannen- 50
Rickenella fibula 71
Rißpilz, Birnen- 13, 136
Rißpilz, Grüngebuckelter 14, 136
Rißpilz, Kegeliger 13, 134
Rißpilz, Lilastieliger 14, 136
Rißpilz, Olivgelber 133
Rißpilz, Seidiger 13, 137
Rißpilz, Seidiger, violette Form 137
Rißpilz, Sternsporiger 14, 135
Rißpilz, Struppiger 13, 136
Rißpilz, Wolliger 135
Rißpilz, Ziegelroter 12, 134, 119
Rißpilze 122
Ritterling, Bärtiger 87
Ritterling, Beringter Erd- 93
Ritterling, Brandiger 87
Ritterling, Brennender 93
Ritterling, Echter 15, 19, 90, 176, 177
Ritterling, Gemeiner Erd- 89, 92, 93
Ritterling, Fastberingter 87
Ritterling, Gefurchter Weich- 95
Ritterling, Gelbblättriger 85, 87
Ritterling, Gemeiner Weich- 95
Ritterling, Gilbender Erd- 93
Ritterling, Grüngelber 88
Ritterling, Kastanienbrauner 87
Ritterling, Ockerfarbener 91
Ritterling, Olivgelber Holz- 84
Ritterling, Pappel- 86
Ritterling, Rötender 93
Ritterling, Rötlicher Holz- 84
Ritterling, Schärflicher 93
Ritterling, Schwachberingter Grauer 93
Ritterling, Schwarzfaseriger 88
Ritterling, Schwarzschuppiger 93
Ritterling, Schwefel- 12, 91
Ritterling, Seidiger 85
Ritterling, Seifen- 91
Ritterling, Silbergrauer Erd- 89, 93
Ritterling, Tiger- 12, 89
Ritterlinge 60
Ramaria formosa —
Röhrling, Bereifter 25
Röhrling, Blutroter 25
Röhrling, Elfenbein- 21
Röhrling, Flockenstieliger Hexen- 30
Röhrling, Gallen- 27
Röhrling, Glattstieliger Hexen- 31
Röhrling, Gold- 21
Röhrling, Grauer Lärchen- 21
Röhrling, Hasen- 18
Röhrling, Königs- 32
Röhrling, Kornblumen- 18
Röhrling, Körnchen- 21
Röhrling, Kuh- 19
Röhrling, Maronen- 26
Röhrling, Netzstieliger Hexen- 31
Röhrling, Pfeffer- 24
Röhrling, Purpur- 32
Röhrling, Rotfuß- 24
Röhrling, Sand- 19

Röhrling, Satans- 15, 31
Röhrling, Schmarotzer- 25
Röhrling, Schönfuß- 33
Röhrling, Schwarzblauer 25
Röhrling, Wolfs- 32
Röhrling, Wurzelnder Bitter- 15, 33
Rötelritterling, Fuchsiger 78
Rötelritterling, Graubrauner 79
Rötelritterling, Schlaffer 78
Rötelritterling, Schmutziger 80
Rötelritterling, Violetter 80
Rötelritterlinge, 59
Rotkappe, Espen- 22
Rotkappe, Heide- 22
Rötling, Alkalischer 14, 117
Rötling, April- 119
Rötling, Blaßbrauner 119
Rötling, Niedergedrückter 14, 117, 119
Rötling, Riesen- 15, 116, 119
Rötling, Schild- 118
Rötling, Seidiger 12, 115
Rötlinge 112
Röttelritterling, Lilastiel- 81
Rozites caperata 138
Rübling, Beringter Schleim- 102
Rübling, Bitterer Kiefernzapfen- 102
Rübling, Braunhaariger Wurzel- 102
Rübling, Breitblättriger 102
Rübling, Brennender 103
Rübling, Butter- 105
Rübling, Fichtenapfen- 100
Rübling, Gefleckter 106
Rübling, Gemeiner Samtfuß- 98
Rübling, Grubiger Wurzel- 102
Rübling, Horngrauer 105
Rübling, Knopfstieliger 103
Rübling, Mäuseschwanz- 100
Rübling, Rotstieliger 104
Rübling, Spindeliger 106
Rübling, Verdrehter 106
Rübling, Waldfreund- 104
Rüblinge 61
Russula aeruginea 12, 45
Russula cyanoxantha 44/45
Russula cyanoxantha var. *peltereaui* 45
Russula delica 40
Russula densifolia 40
Russula drimeia 47
Russula emetica 14, 42, 43
Russula fageticola 42
Russula fellea 41
Russula foetens 41
Russula fragilis 14, 43
Russula integra 43
Russula krombholzii 42
Russula lepida 46
Russula mustelina 45
Russula nigricans 40, 97
Russula ochroleuca 41
Russula sanguinea 47
Russula turci 46
Russula vesca 45
Russula virescens 45

Saftling, Großer 63
Saftling, Kegeliger 13, 64
Saftling, Kirschroter 64
Saftling, Mennigroter 64
Saftling, Stumpfer 64
Saftling, Papageien- 64

239

Sarcodon imbricatum 211
Sarcoscypha coccinea 233
Sarcosphaera coronaria 15, 233
Saumpilz, Tränender 154
Scheidling, Großer 121
Scheidling, Klebriger großer 121
Scheidling, Wolliger 121
Scheidlinge 113
Schichtpilz, Violetter 209
Schichtpilz, Zottiger 209
Schild-Borstling 232
Schirmling, Acker- 167, 171
Schirmling, Amiant-Körnchen- 98
Schirmling, Fleischbräunlicher 15, 162, 163, 167, 168
Schirmling, Fleischrosa 15, 168
Schirmling, Fleischrötlicher 15, 168
Schirmling, Gelbwolliger 13, 169
Schirmling, Großer Schleim- 173
Schirmling, Kamm- 13, 169
Schirmling, Rickens Riesen- 171
Schirmling, Rotknolliger 169
Schirmling, Schwarzschuppiger 13, 169
Schirmling, Wollstiel- 15, 169
Schirmlinge 153
Schirmpilz, Riesen- 170
Schirmpilz, Rosablättriger 172
Schirmpilz, Safran- 171
Schirmpilz, Warzen- 171
Schleierlinge 122
Schleimfuß, Langstieliger 131
Schleimkopf, Blasser 130
Schmierling, Großer 134
Schmierling, Rosa 134
Schneckling, Elfenbein- 67
Schneckling, Frost- 67
Schneckling, Geflecktblättriger Purpur- 66
Schneckling, Natternstieliger 67

Schneckling, Trockener 67
Schneckling, Verfärbender 67
Schneckling, Wald- 67
Schneckling, Wohlriechender 66
Schnecklinge 58
Schüppling, Erlen- 147
Schüppling, Feuer- 147
Schüppling, Hochthronender 147
Schüppling, Kohlen- 147
Schüppling, Pappel- 147
Schüppling, Sparriger 146
Schüppling, Tonfarbener 146
Schüppling, Weißbehangener 147
Schüpplinge 124
Schwamm, Klapper- 213
Schwamm, Tränender Haus- 218
Schwamm, Zunder- 217
Schwefelkopf, Grünblättriger 143
Schwefelkopf, Rauchblättriger 144
Schwefelkopf, Ziegelroter 12, 144
Schwefelköpfe 124
Schweinsohr 205
Schwindling, Ast-Zwerg- 101
Schwindling, Feld- 99
Schwindling, Gemeiner Stink- 101
Schwindling, Halsband- 101
Schwindling, Rosshaar- 101
Schwindlinge 61
Scleroderma citrinum 13, 193
Scleroderma verrucosum 13, 193
Scutellinia scutellata 232
Seitling, Austern- 68
Seitling, Berindeter 69
Seitling, Gelbstieliger Muschel 69
Seitling, Kräuter- 69
Seitling, Rillstieliger 69
Seitlinge 58
Semmelstoppelpilz 210
Serpula lacrymans 218/219
Sparassis brevipes 208

Sparassis crispa 208, 224, 225
Spateling, Dottergelber 234
Spathularia flavida 234
Stacheling, Becherförmiger Duft- 211
Stacheling, Habichts- 211
Stacheling, Ohrlöffel- 211
Stacheling, Schwarzer Duft- 211
Staubbecher, Wiesen- 195
Stäubling, Beutel- 196
Stäubling, Birnen- 195
Stäubling, Flaschen- 194
Stäubling, Getäfelter 196
Stäubling, Igel- 195
Steinpilz 27, 28, 29
Steinpilz, Kiefern- 29
Steinpilz, Schwarzer 29
Steinpilz, Sommer- 29
Stereum hirsutum 209
Stinkmorchel, Gemeine 188, 190
Stockschwämmchen 140, 144
Stoppelpilz, Rötlicher 211
Stoppelpilze 199
Streifling, Fuchsiger 187
Streifling, Grauer 186
Streifling, Orangegelber 187
Streifling, Riesen- 187
Streifling, Verfärbender 187
Streifling, Weißer Scheiden- 187
Strobilurus esculentus 100
Strobilurus tenacellus 100
Stropharia aeruginosa 141
Stropharia coronilla 142
Stropharia rugosoannulata 142
Stropharia semiglobata 142
Suillus bovinus 19, 34
Suillus granulatus 21
Suillus grevillei 21
Suillus luteus 21
Suillus placidus 21
Suillus viscidus 21

Täubling, Blaublättriger Weiß- 40
Täubling, Blut- 47
Täubling, Brauner Leder- 43
Täubling, Buchen-Herings- 42

Täubling, Dichtblättriger Schwarz- 40
Täubling, Dickblättriger Schwarz- 40
Täubling, Fleischroter Speise- 45
Täubling, Frauen- 44
Täubling, Gallen- 41
Täubling, Gefelderter Grün- 44, 45
Täubling, Grasgrüner 12
Täubling, Grüner Birken- 45
Täubling, Grüner Frauen- 45
Täubling, Jodoform- 46
Täubling, Kirschroter Speis- 14, 43
Täubling, Purpurschwarzer 42
Täubling, Stink- 41
Täubling, Tränen- 47
Täubling, Wechselfarbiger Spei- 14, 43
Täubling, Wiesel- 45
Täubling, Zitronen- 41
Teuerling, Gestreifter 192
Teuerling, Tiegel- 192
Tintenfischpilz 188, 191
Tintling, Elstern- 159
Tintling, Gesäter 157
Tintling, Glimmer 157
Tintling, Grauer 156
Tintling, Haus- 157
Tintling, Scheibchen- 157
Tintling, Schneeweißer 159
Tintling, Schopf- 158
Tintlinge 152
Totentrompete 200
Tramete, Buckel- 216
Tramete, Schmetterlings- 216
Tramete, Striegelige 216
Trametes gibbosa 216
Trametes hirsuta 216
Trametes versicolor 216
Träuschling, Grünspan- 141
Träuschling, Halbkugeliger 142
Träuschling, Krönchen- 142
Träuschling, Riesen- 142
Träuschlinge 124
Tremella foliacea 221
Tremella mesenterica 221
Tricherling, Grüner Anis- 74

Tricherling, Rötlicher Lack- 83
Tricholoma argyraceum 89, 93
Tricholoma atrosquamosum 93
Tricholoma auratum 91
Tricholoma cingulatum 93
Tricholoma columbetta 85, 116
Tricholoma equestre 14, 15, 19, 90, 176, 177
Tricholoma flavovirens 90, 177
Tricholoma fracticum 87
Tricholoma fulvum 86
Tricholoma myomyces 93
Tricholoma orirubens 93
Tricholoma pardinum 12, 88, 89, 92
Tricholoma portentosum 88, 89, 176, 177
Tricholoma pseudonictitans 87
Tricholoma saponaceum 91
Tricholoma scalpturatum 93
Tricholoma scioides 93
Tricholoma sejunctum 88
Tricholoma sulphureum 12, 91
Tricholoma terreum 89, 92
Tricholoma tigrinum 89
Tricholoma ustale 87
Tricholoma ustaloides 87
Tricholoma vaccinum 87
Tricholoma virgatum 88, 92–93
Tricholomopsis decora 84
Tricholomopsis rutilans 84
Trichterling, Amethystblauer Lack- 82
Trichterling, Bitterer Krempen- 94
Trichterling, Bleiweißer 14, 74
Trichterling, Braunroter Lack- 83
Trichterling, Feld- 12, 74
Trichterling, Keulenfuß- 73
Trichterling, Ockerbrauner 78
Trichterling, Riesen-Krempen- 94

Trichterling, Zweifarbiger 83
Trichterlinge 58
Trichterling, Krempen- 60
Trichterlinge, Lack- 59
Trüffel, Perigord- 236
Tuber melanosporum 236
Tylopilus felleus 27, 29

Vascellum pratense 195
Verpa bohemica 227
Verpa conica 227
Verpel 222
Verpel, Böhmische 227
Verpel, Fingerhut- 227
Volvariella bombycina 121
Volvariella speciosa 121, 176–177
Volvariella speciosa var. *gloiocephala* 121

Wetterstern 197
Wulstling, Ähnlichster 180
Wulstling, Eier- 180
Wulstling, Grauer 179
Wulstling, Hoher 179
Wulstling, Kammrandiger 184
Wulstling, Narzissengelber 12, 184
Wulstling, Porphyrbrauner 175
Wulstling, Stachelschuppiger 12, 180
Wulstlinge 153

Xerocomus badius 26
Xerocomus chrysenteron 24
Xerocomus parasiticus 25
Xerocomus pruinatus 25
Xerocomus rubellus 25
Xerocomus subtomentosus 25, 26
Xylaria hypoxylon 237
Xylaria polymorpha 237

Ziegenlippe 25
Zigeuner 122, 138
Zitterling, Goldgelber 221
Zitterling, Rotbrauner 221
Zitterzahn 221
Zwitterling, Stäubender 97
Zwitterlinge 60

Bildnachweis

Die Bilder auf den Seiten 6–17, 38–39, 58–61, 112–113, 122–125, 152–153, 188–189, 198–199, 222–223 sind an anderer Stelle nachgewiesen.

Anagnostidis/Nature: 187 or, 233 ol – **Aucante/Nature:** 29 ur – **A. Bidaud:** 57 or, 120 ul, 133 ol, 207 ur – **R.-J. Bouteville:** 21 or, 42 or, 47 or, 50 or, 51 or, 52 or, 71 ur, 77 ul, 94 u, 97 ur, 115 or, 115 ul, 133 ur, 133 ul, 135 or, 142 or, 147 ul, 147 ur, 148 ur, 155 ul, 161 oul, 162 or, 180 ul, 187 ol, 197 um, 211 ul, 213 ol, 219 o, 226 ur – **Chanu/Nature:** 26 u, 43 ol, 70 u, 84 or, 104 u, 106 ur, 139 or, 144 r, 149 ur, 159 or, 196 ul, 221 or – **Chaumeton/Nature:** 16–17, 18 ur, 19 u, 21 ur, 21 ul, 25 or, 25 ur, 26 or, 32 ur, 33 or, 34 ur, 35 ur, 36 u, 39 ur, 39 um, 41 u, 41 or, 43 or, 45 ur, 45 or, 49 ur, 50 om, 51 ml, 53 ur, 53 o, 58–59, 60–61, 62 u, 65 or, 67 ul, 69 or, 70 or, 70 ol, 71 or, 73 ur, 74 u, 75 r, 75 l, 79 u, 79 ol, 80 ol, 81 o, 81 m, 84 ur, 84 l, 85 or, 87 ur, 87 ul, 88 u, 88 or, 89 o, 91 ur, 92 or, 96 ur, 96 o, 100 ur, 101 ul, 102 ur, 102 ul, 102 um, 105 or, 106 or, 107 or, 108 ul, 108 ol, 109 or, 110 ur, 111 um, 112–113, 114 or, 117 u, 119 ol, 126 o, 129 ul, 132 ur, 136 ul, 136 or, 138 ur, 139 ul, 144 l, 146 or, 154 or, 160 or, 163 l, 166 l, 170 or, 170 ur, 173 or, 175 or, 176 or, 182 or, 183 l, 188–189, 192 l, 194 ur, 194 um, 194 or, 195 ul, 197 or, 201 o, 202 r, 205 ur, 206 ur, 206 or, 206 mr, 207 or, 207 ol, 209 ol, 209 or, 214 ur, 214 or, 215 o, 217 ul, 225 ul, 227 or, 230 or, 234 or, 235 ol, 236 or – **Desvilles/Nature:** 196 or – **M. Dupic:** 142 or, 157 ur – **Grospas/Nature:** 20 ur, 22 or, 23 or, 24 or, 25 ol, 28 or, 32 ol, 35 or, 36 or, 48 ul, 49 or, 52 ur, 56 or, 63 l, 64 ol, 64 or, 66 or, 67 ol, 67 ml, 69 mr, 71 ol, 74 or, 77 ur, 87 ml, 91 or, 98 ur, 101 um, 101 ol, 105 u, 108 or, 109 ul, 111 or, 116 or, 119 ur, 120 om, 127 or, 129 ur, 136 ul, 141 or, 143 or, 146 ur, 151 or, 154 u, 169 ur, 169 ol, 173 ur, 186 or, 192 or, 193 ul, 195 ol, 196 ur, 197 ur, 197 ul, 200 or, 201 ur, 209 or, 210 or, 211 or, 212 or, 212 or, 213 um, 215 or, 217 or, 218 o, 219 u, 220 o, 220 or, 221 ul, 231 ol, 232 ur, 234 u, 235 ur, 235 or, 237 o – **J. Guimberteau:** 31 ul, 69 ol, 168 o – **Lamaison/Nature:** 62 or, 62 ol, 63 r, 94 o, 98 or, 119 or, 121 or, 149 ul, 150 u, 213 ur, 226 or, 233 or – **Lamothe/Nature:** 195 ur – **Y. Lanceau:** 4, 5, 18 ul, 18 ol, 19 or, 19 ml, 20 or, 20 ol, 21 ol, 22 ur, 22 ul, 22 ol, 23 ur, 23 ul, 23 ol, 24 ul, 24 ur, 25 m, 26 or, 27 ol, 28 ol, 29 ol, 29 or, 30 or, 30 ol, 31 or, 31 ol, 32 or, 33 ul, 34 ol, 34 ul, 35 ol, 36 ul, 36 ol, 37 ul, 37 ol, 38–39, 40 or, 40 ol, 40 ml, 41 ol, 42 ur, 42 l, 43 ul, 44 l, 44 or, 45 ul, 46 or, 46 ul, 47 ur, 47 l, 48 or, 49 l, 50 u, 50 mr, 51 ol, 52 ul, 53 ol, 54 l, 55 r, 55 ol, 57 l, 64 ur, 64 mr, 65 l, 66 u, 66 l, 67 ur, 67 or, 67 mr, 68 l, 68 or, 69 ur, 71 ul, 72 or, 73 ul, 73 or, 73 ol, 77 o, 77 ur, 78 ol, 80 l, 82 u, 83 ur, 83 ul, 85 l, 86 u, 86 l, 87 or, 87 or, 88 l, 89 u, 91 ul, 91 ol, 91 om, 92 l, 93 or, 93 or, 93 mul, 93 mor, 93 mol, 95 or, 95 ol, 97 ul, 97 om, 98 ur, 99 l, 100 ol, 100 or, 101 or, 102 ol, 103 u, 103 or, 104 l, 105 l, 106 ul, 106 om, 107 ur, 108 ul, 108 ml, 108 um, 110 um, 111 ul, 114 l, 115 ol, 116 l, 117 ol, 119 ul, 120 ul, 120 ol, 121 or, 126 o, 126 ol, 127 or, 127 ul, 128 ol, 128 um, 128 or, 129 or, 130 ul, 130 or, 131 ol, 132 l, 133 or, 134 or, 135 ol, 136 um, 136 ol, 137 ol, 137 l, 137 or, 138 ol, 139 or, 140 l, 140 or, 141 ur, 141 ul, 141 um, 142 l, 143 ul, 145 or, 145 ol, 146 ul, 147 or, 147 ml, 148 ul, 150 or, 150 ol, 152–153, 154 l, 155 or, 155 ul, 155 or, 156 r, 157 l, 159 l, 160 l, 161 or, 161 or, 161 ml, 162 l, 163 r, 164 l, 164 or, 165 ol, 165 or, 166 r, 167 r, 168 u, 169 ul, 169 or, 169 mr, 170 ul, 171 or, 171 ul, 171 mr, 172 ol, 173 ol, 173 ur, 175 l, 176 ul, 176 or, 177 o, 178 ol, 178 ul, 179 l, 180 or, 180 ol, 181 l, 181 or, 182 l, 183 r, 184 l, 185 l, 185 or, 186 l, 187 ol, 187 ur, 190 or, 190 ul, 191 ur, 192 ul, 193 l, 196 ol, 197 ol, 200 l, 201 ol, 202 l, 203 r, 203 l, 204 l, 205 ol, 206 ul, 206 ur, 208 or, 208 ol, 209 ol, 210 ul, 210 ol, 211 or, 211 mr, 212 ol, 213 ul, 216 or, 216 ml, 217 ur, 217 ol, 221 ol, 224 or, 225 or, 228 ol, 229 ul, 229 or, 230 l, 232 l, 234 ol, 235 ul, 236 l, 237 ol, 237 ol – **Lanceau/Nature:** 31 or, 40 ul, 41 ur, 43 or, 50 ol, 52 ol, 54 or, 55 u, 78 ul, 78 or, 83 ol, 86 or, 90 u, 90 ol, 93 mur, 95 ol, 96 l, 99 or, 101 ur, 102 or, 104 or, 110 or, 111 or, 117 or, 118 or, 121 or, 122–123, 124–125, 128 ur, 131 ur, 132 ur, 134 u, 134 ul, 134 ol, 135 u, 138 ol, 141 ol, 147 ol, 157 ol, 165 ur, 171 or, 172 or, 174 or, 175 um, 179 r, 182 ur, 184 ur, 184 or, 187 ol, 190 or, 191 l, 191 or, 198–199, 204 or, 207 ul, 213 or, 216 or, 221 or, 221 um, 222–223, 226 ol, 228 or, 231 o, 232 or, 233 u – **Mayet/Nature:** 24 ur, 82 o – **J. Montégut:** 15 or, 20 ur, 148 or, 148 ol, 205 or – **Nature:** 18 or, 149 or, 149 o – **Pertin/Nature:** 6–7 – **Polese/Nature:** 76 ol, 98 ol, 129 ol, 138 ul, 139 ol, 143 ol, 190 ol, 190 um, 194 ul, 194 or, 195 or, 195 om, 205 ul, 235 mr, 6 ur(3e), 39 o, 39 mr, 69 ul, 72 ul, 72 ol, 74 ol, 87 ol, 103 ol, 106 ol, 107 ol, 110 ol, 113 mh, 113 ol, 131 ol, 146 ol, 146 om, 151 ul, 151 um, 156 l, 158 ul, 158 ol, 204 ul, 212 ul, 214 ul, 214 ol, 216 ul, 216 um, 220 ol, 226 ul, 227 ol, 227 ol, 227 om, 229 ur – **J. Riousset:** 167 l – **Sauer/Nature:** 76 or, 158 or, 206 ol

240